Translation from the English language edition:
The Kyoto Protocol by Sebastian Oberthür and Hermann E. Ott
Copyright © Springer-Verlag Berlin Heidelberg 1999
Springer-Verlag is a company in the BertelsmannSpringer publishing group
All Rights Reserved

S.オーバーテュアー●H.E.オット
国際比較環境法センター●(財)地球環境戦略研究機関 翻訳
岩間 徹●磯崎 博司 監訳

京都議定書

The Kyoto Protocol—International Climate Policy for the 21st Century

21世紀の
国際気候
政策

Springer

シュプリンガー・フェアラーク東京

序文

　本書は，待ちに待たれた時宜を得た書物である．21世紀にあたり，国際環境交渉の政治的，法的側面に関する2人の専門家が，『京都議定書』の包括的かつ詳細なコメンタリーと国際気候政策の将来展望を行っている．1997年12月に採択されたこの議定書は，温室効果ガス排出量の上昇傾向の逆転を試みており，国際環境政策における驚くべき成果の1つになっている．
　いくつかの事実を思い起こしてみよう．世界は，100年以上も前に人為的な温室効果を発見して以来，自然と地球気候に対する大規模な「実験」に着手した．この実験は人間の時間の尺度からすれば不可逆的であり，確かに，文明および何百万人の生命に対する最大の危機の1つである．我々の文明は約1万年前までさかのぼることができる．この1万年はかなり安定した地球気候という特徴をもっていた．しかし，今や我々はこの安定性を危うくしているのである．それは，我々の子供や孫の生命に対して予想できない結果をもたらすおそれがある．
　当面の危機がここ約20年の間に明らかになってきた．我々に突きつけられた挑戦は，化石燃料その他の燃焼に起因する温室効果ガスの世界的な排出量を，次の世紀の中頃までに約60%削減することである．これは大変なことである．しかし，世界の多くの科学者や技術者が言っているように，出来ないことではない．解決策は，太陽，風，バイオマス，水力のような再生可能エネルギー源からおもに得られるクリーンエネルギーに転換するとともに，4以上のファクターによりエネルギーと資源の効率性の革命を行うことである．これは私が「効率性革命」とよんでいるものである．『ファクター4』の書物のなかで，著者であるエイモリー・ロビンス，ハンター・ロビンスと私は，いかに上記のことが今日でも可能であるかを約50の実例をあげて説明した．
　現在，多くの要素が効率性革命を妨げている．しかし，効率性革命は費用をかけずに実現するし，また多くの場合，かなり利潤を生むだろう．いくつかの主要な理由は，我々のエネルギーシステム，インフラストラクチャー

（例えば運輸）および支配的な生産・消費パターンの構造的欠損である．これらの欠損を変えることは容易なことではない．というのは，先見性と長期的計画が求められるからである．政治家は，短期的な結果により関心があるので，通常，この種の挑戦に取り組む十分な準備ができていない．

したがって，世界が1997年12月に『京都議定書』を全会一致で採択したということは，非常に注目すべきことである．これは政治家による長期的計画の試みである．次世紀の大部分，人類を支配するという意味で非常に長期的である．「これまでで最も複雑な非軍事的合意」と呼ばれたものを生み出すために，交渉に関与したすべての人が払った大変な努力は賞賛に値する．ビル・クリントン，ボリス・エリツィン，ドイツの前大統領ヘルムート・コールは交渉に直接参加し，妥協を求めた．

本書は第1部で，交渉の複雑な事情の理解を助け，交渉のアクターを説明し，合意に至った多くの妥協点を入念に明らかにしている．全体像が明らかになるのを見るのはとても興味深い．直接関与した人でさえ，自分の記憶をよみがえらせることに喜びを感じるだろうし，また多くのことを学ぶことができるだろうと，私は確信する．著者たちは，公式会合や多くの非公式会合に参加し，本書で包括的に展開している豊富な洞察力を得た．

第2部は，『京都議定書』の諸規定を説明している．気候政策に関心のある人は誰でも，関心のある素人であれ，大学人であれ，次期交渉に直接関与する人であれ，この包括的なコメンタリーのなかに重要な洞察を見いだすであろう．著者たちは多くの規定の曖昧な点に光を当て，その解釈上の手引きを提供し，京都会議が将来の交渉ラウンドに積み残した「未完の課題」について遠大な見通しを行っている．

最後に，著者たちは我々を次の世紀へと誘ってくれる．彼らは，京都の成果を形成した諸要素から得られる重要な教訓を導き，議定書の慎重な評価を行い，議定書採択後の政治景観を描いている．しかしながら，最も重要なことは，著者たちが，『京都議定書』に生命を吹き込む再開の試みの基礎となるリーダーシップ・イニシアティブの可能性を探ろうとしていることである．

本書は，勤勉性，包括性，創造性のユニークな組合わせによって特徴づけられている．本書が別の話題について書かれていたならば，すべての家庭にあってしかるべきものであったろう．現状では，本書は確かに気候政策に

関心のあるすべての人に読まれてしかるべきであろう．また，本書が世紀の転換期にあたり我々の惑星の運命を握っているということも事実であろう．

エルンスト・ウルリッヒ・フォン・ヴァイツゼッカー
ヴッパタール気候・環境・エネルギー研究所所長
1999 年 7 月

はしがき

　『京都議定書』が10年間の交渉の末に作成されたように，本書は2人の著者がこのプロセスに何年間も関与した後に著されたものである．我々2人は，世界中の外交会議を十分にフォローし，新生の気候レジームに関するさまざまな政策上の，または法的な側面についていろいろ書いてきた．我々はまた，その他の環境レジームについても研究をしてきた．しかしながら，気候変動は我々の知的および感情的注目を絶えず引き，また実際，我々を魅了してきた．

　たぶん，このような魅了の原因は，地球の大気中における温室効果ガスの増大しつつある濃度が人間の文明に突きつけたユニークな挑戦にあるのだろう．それは，人間の発明の才，変化する生活条件に適応する能力，そして最も重要なことは，我々の子供や孫にのみ影響を与える脅威に今日対応する能力に対する挑戦である．主権国家間の取り決めである『京都議定書』の採択は，この問題に取り組む最初の重大な試みである．多くの障害や巣立ちしたばかりの取り決めに脅威を与える強力な力にもかかわらず，我々は，人類はこのような挑戦に十分に応えるだろうという信念を失うことはなかった．

　我々は，本書を出版することを誇りに思う．また本書が人類の将来の道を切り開くのに貢献することを切に希望する．我々の研究は，危機的問題の理解の手助けになるはずであり，気候レジームのさらなる発展の道案内になるはずである．我々はすべての問題を網羅的に扱っているわけではないし，また常に正しい判断をしているわけではない．したがって，我々はいかなるコメントや示唆も歓迎する．

謝辞

　我々は，助言や支援をしてくれた多くの友人や同僚から恩恵を受けている．我々は気候プロセスに長期間参加したため，多くの専門家と問題点を議論した．彼らは，我々の理解を高め，またさもなければ気づかなかったであ

ろう問題に我々の関心をしばしば向けさせてくれた.

我々の考えのいくつかは,これらの有意義な意見交換に源を有している.我々は,本書中でそれらすべてに言及できなかったことを申しわけなく思う.しかし,我々は彼らが自己の貢献を認識していると確信する.

特に,本書を校閲してくれた以下の人たちに謝意を表したい.Matthias Buck, Anke Herold, R. Andreas Kraemer, John Lanchbery, Jürgen Lefevere, Fanny Mißfeldt, Kelly Sims, Stefan Singer, Azza Talaab, Jake Werksman, André Witthöft-Mühlmann, Farhana Yamin. 彼らのコメントは,我々が多くのミスを避ける際に助けとなった.本書中の誤りおよびその他の欠点に対する責任はもちろん著者にある.

我々の研究所の多くの同僚や助手が研究を助け,原稿にコメントを加え,本書を完成させるのを支援してくれた.彼らは以下の人たちである.Thorsten Brinkmann, Matthias Duwe, Markus Kaplan, Malte Meinshausen, Henrike Peichert, Neeta Sharma-Höfelein, Hauke von Seht. Thomas Langrock, Jan-Peter Schemmel および Dennis Tänzler は,本書執筆の最終段階で特に助けになった.彼らがいなければ,本書を期限までに完成させることはできなかったであろう.

Richard G. Tarasofsky は,特別な協力者であった.彼は広範囲に文章を推敲し,国際環境法の専門家として多くの有意義なコメントを加えてくれた.さらに彼は,本書の第 23 章に実質的な貢献をしてくれた.彼がいなければ,本書は確かに別物になっていたであろう.出版社に原稿を提出する前の最後の数日間,Darla Nickel は我々の書いた最終頁を編集し,改良を加えてくれた.

さらに,我々は,EC 第 11 総局,ドイツ連邦環境・自然保護・原子力安全省,ノルウェー環境省,デンマーク環境・エネルギー省,デンマーク環境保護庁の財政的支援に対して謝意を表したい.そのおかげで,国際環境法・開発研究所(FIELD)の Farhana Yamin と協力し,『京都議定書』の初期の分析を行うことができた.

それから,我々の所属するそれぞれのエコロジック研究所とヴッパタール気候・環境・エネルギー研究所に対して謝意を表したい.それらは,我々の研究に対して理想的な研究条件を提供し,外国出張を奨励し,財政的支援者による財政措置の範囲を超えて『京都議定書』に関する研究プロジェクト

を継続させてくれた.

　最後に,我々は家族が本書の出版に際して示してくれた忍耐,理解,支援に対して心より感謝したい.Sigrid, Ute, Pablos, Yassine,ありがとう.

ハーマン・E・オット
セバスチャン・オーバーテュアー
ヴッパタール／ベルリン,1999年7月

監訳者のことば

　地球温暖化は環境分野だけではなく，政治および経済の分野においても国際的な重要問題となっている．ところで，気候変動に関する政府間パネル（IPCC）の最近の報告書は，地球の平均気温の上昇予測を上方修正し，温室効果ガスの実効性ある削減対策をより強く求めている．果たして地球温暖化問題の解決のために国際社会は一致した行動をとれるかどうか．これは，地球社会の将来を占う問題であるといっても過言ではない．

　本書は，H. E. オットおよび S. オーバーテュアー両氏によって，1999年ドイツのシュプリンガー・フェアラーク社から英文で出版された The Kyoto Protocol の翻訳版である．原著は，温暖化対策に向けて，国際社会がどのようなプロセスで温室効果ガスの削減のための交渉を行ってきたのか，特に，その成果である京都議定書の採択に向けてどのような困難を克服してきたのかを詳細に検討している．原著者は，温暖化問題に関する交渉，京都議定書の採択過程について実際に参加して，表舞台での交渉のみならず，非公式交渉の情報も集めて，総合的に交渉の全体像を再現している．

　本書は，研究者，行政および企業の担当者，学生および温暖化問題や地球環境問題に関心のある多くの方々にとって，問題の全体像を把握するのに欠かせないものであると，翻訳者一同，確信している．

　このような評価はすでに原著の草稿段階で与えられていたため，関係者の間で邦訳の可能性が検討された．そして，1999 年 10 月から本格的な翻訳の準備作業が開始された．当時ヴッパタール研究所の客員研究員であった環境庁地球環境部の竹内恒夫氏から，たまたま，その近くのケルン大学に籍を置いていた磯崎に対して翻訳の打診があった．その直後にボンにおいて開かれた国連気候変動枠組条約第 5 回締約国会議において，原著者を交えて協議が行われ，必要な準備と態勢づくりを始めることが合意された．その後も，竹内氏は，資金面および出版社を含め，多くの点について熱心に調整活動を行ってくれた．

　最終的に，財団法人地球環境戦略研究機関（IGES）が契約面および資金

面の責任を引き受け，社団法人商事法務研究会の中にある国際比較環境法センターが翻訳チームを編成し，翻訳作業を進めることとなった．また，出版はシュプリンガー・フェアラーク東京が引き受けてくれた．原著者は著作権料の要求をしないということで，この翻訳出版を支えてくれた．翻訳に際しては，環境省の関係者からも様々な支援を受けた．

　監訳者として，これらの組織および関係者に，また，特に，依頼に応えて短い期間に翻訳作業をしてくれた翻訳者の方々，および翻訳者間の連絡や作業の管理に尽力してくれた社団法人商事法務研究会／国際比較環境法センターの杉山昌樹氏にお礼申し上げたい．

　本書は，分担表に表示する 26 名の翻訳者によって分担されているが，監訳者が全体を通じて用語や言い回しについて統一を図り，修正も行っている．もし誤りなどがあれば，その限りにおいてそれは監訳者の責任である．

　ところで，出版に至る間に，米国が京都議定書からの離脱を表明したため，京都議定書の行く末は不透明になっている．しかしながら，かえって，そのような米国の態度は，京都議定書誕生の経緯とその合意プロセスを正確に把握することが必要であることを我々に再認識させてくれており，本書の価値をいささかも減ずるものではない．

2001 年 5 月

監訳者を代表して　磯崎博司

翻訳者一覧

氏名	所属	担当部分
監訳		
磯崎博司	岩手大学人文社会科学部 教授	
岩間 徹	西南学院大学法学部 教授	
翻訳		
磯崎博司	岩手大学人文社会科学部 教授	1部, 8, 9章
井上秀典	明星大学経済学部 教授	3, 5章
岩間 徹	西南学院大学法学部 教授	序文, はしがき 18, 19, 20章
礒村英司	西南学院大学研究生	19, 20章
佐藤恵子	西南学院大学大学院	18章
大塚 直	早稲田大学法学部 教授	15章
赤渕芳宏	学習院大学大学院	15章
沖村理史	メリーランド大学大学院	4章
加藤久和	名古屋大学法学部 教授	6, 13, 14, 17章
山口裕未	名古屋大学大学院	6章
盧 錦玉	名古屋大学大学院	13章
宮川公平	名古屋大学大学院	13, 23章
瀬川未希	名古屋大学大学院	14章
浪越勇一郎	名古屋大学大学院	17章
加藤峰夫	横浜国立大学経済学部 教授	12章
川島康子	国立環境研究所 社会環境システム部	3部, 21, 22章
小松 潔	（財）地球環境戦略研究機関 研究員	23章
下村英嗣	横浜国立大学 講師	24章

鈴木克徳	環境省地球環境局環境保全対策課長	7章
髙村ゆかり	静岡大学人文学部 助教授	16章
原嶋洋平	拓殖大学国際開発学部 助教授	25章
松本泰子	東京理科大学諏訪短期大学経営情報学科 助教授	2章
森 秀行	国連環境計画地球環境基金調整局ポートフォリオマネージャー	11章
柳 憲一郎	明海大学不動産学部 教授	10章
朝賀広伸	明海大学大学院	10章
山形与志樹	国立環境研究所 地球環境研究センター	1章

(五十音順,所属は2001年4月時点のもの)

目次

第1部	基本要素と交渉史	1
第1章	気候変動の科学	3
第2章	重要なプレイヤーとそれぞれの利害	15
第3章	国連気候変動枠組条約：国際行動の法的基盤	39
第4章	ベルリン・マンデートおよびベルリン・マンデートに関するアドホック・グループ（AGBM）	51
第5章	気候アリーナの外側：多数国間および二国間交渉	71
第6章	バランスを変える：政府および非政府部門の動向	79
第7章	京都：エンドゲーム	95
第2部	『京都議定書』の規定：コメンタリー	115
第8章	第2部の概略	117
第9章	前文および定義（1条）	123
第10章	政策および措置（2条）	127
第11章	排出量の抑制および削減約束（3条）	143
第12章	約束の共同達成（4条）	179
第13章	共同実施（6条）	193
第14章	クリーン開発メカニズム（12条）	209
第15章	排出量取引（17条）	235
第16章	実施のレビューと遵守（5条, 7条, 8条, 16条, 18条, 19条）	261
第17章	開発途上締約国の参加（10条, 11条）	283
第18章	機関（13条, 14条, 15条）	301
第19章	『京都議定書』の検討, 発展および改正（3条9, 9条, 20条, 21条）	317
第20章	『京都議定書』の最終規定（22条-28条）	327

第3部	結論と将来展望	333
第21章	京都プロセスからの教訓	335
第22章	『京都議定書』の評価	343
第23章	他の国際機関との協働作用と紛争	351
第24章	世紀間の国際気候政治の状況	363
第25章	蟻塚からの視点:気候変動のリーダーシップ・イニシアティブにむけて	381
付録	気候変動に関する国際連合枠組条約京都議定書(和文)	395
参考文献		423

Abbreviations　略語一覧

AG 13　　13条アドホック・グループ（Ad Hoc Group on Article 13）
AGBM　　ベルリン・マンデートに関するアドホック・グループ
（Ad Hoc Group on the Berlin Mandate）
AIJ　　共同実施活動（Activities Implemented Jointly）
AOSIS　　小島嶼国連合（Alliance of Small Island States）
APEC　　アジア太平洋経済協力会議（Asia-Pacific Economic Cooperation）
CAN　　気候活動ネットワーク（Climate Action Network）
CDM　　クリーン開発メカニズム（Clean Development Mechanism）
CEIT　　市場経済移行過程諸国（Countries with Economies in Transition）
CER　　認証された排出削減量（Certified Emission Reductions）
CFC　　クロロフルオロカーボン（Chlorofluorocarbons）
CH_4　　メタン（Methane）
CNE　　欧州気候ネットワーク（Climate Network Europe）
CO_2　　二酸化炭素（Carbon Dioxide）
COP　　（気候変動枠組条約）締約国会議
（Conference of the Parties (to the FCCC)）
COP/MO　　（京都議定書）締約国会合として機能する締約国会議
（Conference of the Parties serving as the meeting of the Parties (to the Kyoto Protocol)）
COW　　全体委員会（Committee of the Whole）
EC　　欧州共同体（European Community）
ERU　　排出削減ユニット（Emission Reduction Units）
EU　　欧州連合（European Union）
FCCC　　気候変動枠組条約（Framework Convention on Climate Change）
G-7　　先進7カ国グループ
（Group of Seven Industrialised Countries (Canada, France, Germany, Italy, Japan, United Kingdom, United States)）
G-77 (and China)　　G77および中国（Group of 77 (and China)）

Gt　　ギガトン（Gigatonnes）

GATT　　関税貿易一般協定（General Agreement on Tariffs and Trade）

GEF　　地球環境ファシリティ（Global Environment Facility）

GHG　　温室効果ガス（Greenhouse Gases）

GWP　　地球温暖化係数（Global Warming Potential）

HCFC　　ハイドロクロロフルオロカーボン（Hydrochlorofluorocarbons）

HFC　　ハイドロフルオロカーボン（Hydrofluorocarbons）

ICAO　　国際民間航空機関（International Civil Aviation Organization）

ICLEI　　国際環境自治体協議会
（International Council of Local Environmental Initiatives）

IMO　　国際海事機関（International Maritime Organization）

INC　　（気候変動枠組条約）政府間交渉委員会
（Intergovernmental Negotiating Committee (for a Framework Convention on Climate Change)）

IPCC　　気候変動に関する政府間パネル
（Intergovernmental Panel on Climate Change）

JI　　共同実施（Joint Implementation）

JUSSCANNZ　　JUSSCANNZ（日本、アメリカ、スイス、カナダ、オーストラリア、ノルウェー、ニュージーランド）
（A Group of Countries Comprising Japan, Unites States, Switzerland, Canada, Australia, Norway and New Zealand）

LUCF　　土地利用の変化および林業（Land-use Change and Forestry）

Mt　　メガトン（Megatonnes）

NGO　　非政府組織（Non-Governmental Organisations）

N_2O　　亜酸化窒素（Nitrous Oxide）

O_3　　対流圏オゾン（ozone）

ODA　　政府開発援助（Official Development Assistance）

QELRO　　数量化された排出抑制および削減目標
（Quantified Emission Limitation and Reduction objectives）

QELRC　　数量化された排出抑制および削減約束
（Quantified Emission Limitation and Reduction Commitments）

OECD　経済協力開発機構
(Organization for Economic Co-operation and Development)

OPEC　石油輸出国機構
(Organization of Petroleum Exporting Countries)

PAM　政策および措置（Policies and Measures）

PFC　パーフルオロカーボン（Perfluorocarbons）

SBI　実施補助機関（Subsidiary Body for Implementation）

SBSTA　科学技術諮問補助機関
(Subsidiary Body for Scientific and Technological Advice)

SF_6　六フッ化硫黄（Sulphur Hexafluoride）

UNCED　国連環境開発会議（地球サミット 1992）
(United Nations Conference on Environment and Development (Earth Summit 1992))

UNCTAD　国連貿易開発会議
(United Nations Conference on Trade and Development)

UNDP　国連開発計画（United Nations Development Programme）

UNEP　国連環境計画（United Nations Environment Programme）

UNFCCC　国連気候変動枠組条約
(United Nations Framework Convention on Climate Change)

UNGASS　（アジェンダ21に関する）国連環境開発特別総会
(United Nations General Assembly Special Session(on AGENDA 21)(New York, June 1997))

UNICEF　国連児童基金（United Nations Children's Fund）

UNIDO　国連工業開発機関
(United Nations Industrial Development Organization)

WBCSD　持続可能な開発のための世界産業評議会
(World Business Council for Sustainable Development)

WBGU　気候変動に関するドイツ諮問理事会
(German Advisory Council on Global Change)

WMO　世界気象機関（World Meteorological Organization）

WTO　世界貿易機関（World Trade Organization）

WRI　世界資源研究所（World Resources Institute）

WWF　世界自然保護基金（World Wide Fund for Nature）

第1部　基本要素と交渉史

　国連気候変動枠組条約の第3回締約国会議（COP3）は1997年12月に京都で開かれ，歴史に残る法的文書を作成した．それは，それまでの国際環境問題に関する交渉には見られなかった交渉過程の到達点であった．『京都議定書』は，京都における12日間の会期だけではなく，それをはるかに超える長年にわたる複雑な交渉「ゲーム」の成果である．チェスのプレイヤーと同様に，各政府は，自身の行動およびそれに対する対戦者の行動の短期的および長期的な結果ならびに影響を考慮しつつ，戦略的に行動しなければならなかった．チェスとは異なり，「ゲームのルール」は対戦中に形作られていった．しかし，もちろん，京都会議は単なるゲームではなかった．実際，外務大臣，総理大臣，および国家元首すら関与したことは，気候変動という問題が「高度な政治」分野に高められたことを示した．

　『京都議定書』および気候変動に関する国際政策の将来予測を理解するためには，京都プロセスの基礎となっていた要素およびその上に展開された付随的な政治ダイナミクスを把握する必要がある．最も重要な基本要素については，以下の各章において検討される．

　気候変動の科学については第1章において，重要なプレイヤーとそれぞれの利害については第2章において，1992年の国連気候変動枠組条約については第3章において検討する．さらに，『京都議定書』は，30カ月以上にわたる国際交渉，いわゆる京都プロセスを導いてきたベルリン・マンデートを理解しなくては十分に理解できない（第4章）．その期間には，主要プレイヤーは，国際的または地域的な政治イベント，また，気候政策以外の分野の二国間活動の場も用いて，自分たちの主張を強化し，ほかのプレイヤーの立場および策略の余地を評価した（第5章）．国際的な気候政治は，非政府部門および産業界の進展を含む国内の政治展開の影響も受けていた（第6章）．最後に，京都におけるゲームの結末およびその特色は，きわめて重要であることが明らかとなった（第7章）．

第1章　気候変動の科学

　科学者達が温室効果の存在に気がついてからすでに100年以上になる．スウェーデンの化学者 Svante Arrhenius は，早くも1896年頃には温室効果の基礎的なメカニズムについて記述していた[1]．地球によって反射された太陽からの放射が，大気中の二酸化炭素（CO_2）やほかの温室効果ガスによって吸収されることによって，温室効果が引き起こされる．この天然の温室効果は，地球の平均温度を約15℃増加させている．この温度上昇のおかげで，地球上の生命活動は維持されている．しかし人間活動は，化石燃料を燃やして CO_2 を大気中に放出することにより，この基礎的なメカニズムを変化させ，「地球温暖化」として知られる追加的かつ人為的な温室効果を引き起こしている．

　Svante Arrhenius の時代以来，人間活動が気候に影響を与えるメカニズムや，その結果起こりうる影響に関する理解はかなり進歩してきた．気候変動に関する科学的理解の現状，気候変動が与える影響の度合い，そして気候変動に対処する経済・社会的な問題点に関しては，気候変動に関する政府間パネル（IPCC）による権威ある評価がなされてきた．この章ではまず，気候変動にかかわる学問領域における科学的なコンセンサスを評価する機構として，IPCC が果たしている役割に注目する．次に，気候変動の要因と，その潜在的な影響について要約する．ここで議論される内容はおもに，『京都議定書』に至るプロセスにおいて，交渉担当者に提供されていた科学的知見に基づいている．しかし，京都会議以後も，関連する科学的知見に関しての大きな変更はない．また，京都会議における論争において，「気候変動懐疑論者」が果たした役割について簡単に振り返る．また，科学的な不確実性が存在する状況において，気候変動防止に向けた行動を開始することの合理的な根拠について考究する．

---

[1] Arrhenius 1896.

1.1 気候変動に関する政府間パネル

IPCCは，国連環境計画（UNEP）と世界気象機関（WMO）によって1988年に設立され，定期的に気候変動にかかわる科学的知見の現状のレビューを実施する組織である．国連とWMOのすべての加盟国は，したがってIPCCおよび3つの作業部会の加盟国となる．この3つの作業部会とは，気候変動の現象解明に関する第一作業部会，気候変動の影響，それへの適応と対策に関する科学・技術的分析に関する第二作業部会，気候変動の経済・社会的問題点にかかわる第三作業部会である．このためIPCCは，一面では政治的な政府間組織であると同時に，他方では科学・技術的な側面を併せもつ組織となっている[2]．

政策決定者のための要約を含めて，IPCCの各作業部会の報告は，世界各国の何百人もの専門家によって執筆され査読されている．これらの専門家は，国際機関，政府，非政府組織（NGO）によって指名されるが，活動はあくまでも個人的な能力と責任の範囲で実施されている．1995年のIPCC第二次評価報告書の執筆に際しては，約100カ国から2,500人の科学者が参加した．ドラフトは各国政府からのコメントを受けるために，執筆期間中には定期的に各国に送付され，最終的にはIPCCの作業部会とIPCCの総会（各加盟国の政府代表団が参加）において，政策決定者のための要約と総合報告書の各行毎の内容に関する議論が行われ承認される．一方，評価報告書全体は議論されることなしに「受理」される．このようなわけで，すべてのIPCC報告書は，政治的な「濾過」を受けた科学的知見に関する幅広い国際的なコンセンサスを表している．特に，政策決定者のための要約と総合報告書は，国際的な気候変動に関する国際交渉に対しての，IPCCからのおもな情報提供源となっており，これらは政治的に交渉済みのテキストから構成されている．

IPCCは，ジュネーヴで開催された第2回世界気候会議において，1990年にまとめた第一次評価報告書を提出した[3]．この報告書は，IPCCの補足的報告書（Supplementary Report 1992）[4]とともに，1992年の気候変動国際会

---

[2] IPCCの歴史についてはLanchbery/Victor 1995を参照；IPCCのワーキンググループの任務は過去数年間にわたり若干調整されつつある．
[3] Jaeger/Ferguson 1991; IPCC 1990.
[4] IPCC 1992.

議における国際交渉に対して基礎的な科学的知見を提供した．1995年12月に採択された IPCC 第二次評価報告書は，『京都議定書』に至るプロセスにおける基礎的な科学的知見を確立した．気候変動に関する国際的な議論における歴史上で初めて，IPCC は「さまざまな証拠から，地球気候に対する人間活動の検出可能な影響が認められる」ことを見いだし[5]，さらに，温室効果ガスの排出抑制と削減のための「後悔しなくて済む」対策（すなわち，得られる利益が社会的コスト以上となる対策）の大きな可能性を指摘した．

1.2 原因と影響

19世紀以後，地球表面の平均温度は 0.3-0.6℃上昇した（図1.1）．地球温暖化のため，さらに 2100 年までに温度が 1-3.5℃上昇すると予想されている（最良推定値は 2℃）．地球的規模での変動が予想される一方で，局所的・地域的な気候への影響は場所によって大きく異なることが想定されている．赤道近くの地域より高緯度地域において，温度の上昇が大きくなると予想されている．さらに，激しい嵐や，干ばつ，洪水のような異常気象が発生する頻度が増えるだろう．エルニーニョ現象（普通9年に1回起こり，世界規模で気象パターンに著しい変化をもたらす南半球の海洋における変動）は，温暖化が進んだ世界では，さらに深刻化，頻発することになるであろう[6]．

2100年までに15cmから95cm上昇すると予想される海面上昇によって，沿岸地域や低海抜地に位置する島国が危険にさらされることになるであろう．気候帯の移動は，森林には致命的影響を与え，マラリアのような熱帯性の病気が激増し，これらの病気がこれまで見られなかった地域においても発生するようになる．また，著しい気候変動は，山岳地や湿地における脆弱な生態系を崩壊させる可能性がある．また氷や雪に覆われた地域が縮小する一方で，砂漠は拡大するだろう．この2つの影響から，水不足が深刻となる地域が出てくるだろう．農耕生産と漁業が影響を受け，いくつかの地域において食糧不足と飢餓の危険が増加するであろう．さらに，洪水の危険がある地域で

---

[5] IPCC 1996a; またHoughton 1997とWorld Energy Council（WEC）1996も参照．
[6] グローバルな気候変動により発生すると考えられる影響の記述についてはIPCC 1996b参照．

は，気候変動の結果として生活基盤に大規模な被害を受けることになるであろう[7]．

図 1.1　世界の平均地表面温度（1860-1998 年）

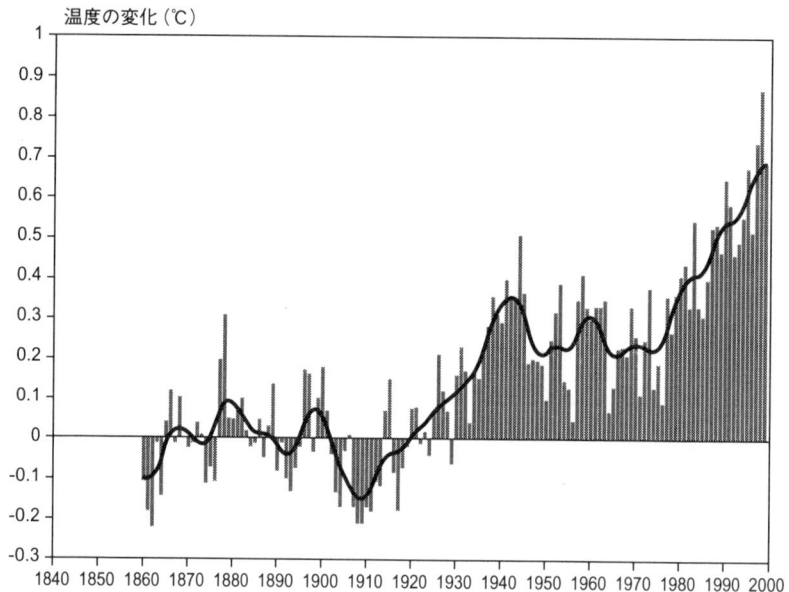

注：棒グラフは年次温度，曲線は 5 年間の平均を示す．
出典：ハドレーセンター　1998

　一般的な常識に反して，地球温暖化は地域的には冷涼化をもたらす可能性がある．例えば，今のところ北大西洋を暖めて西ヨーロッパの気候を緩和しているメキシコ湾流が，これまでと違う進路をとる可能性がある．過去に，氷山が北海に定期的に出現していたときのように，ここ数年ないし数十年以内に，氷山が出現する可能性がある．気候変動により，予想外の現象が発生するかもしれない[8]．さらに，南極氷床が突然隆起し，急激な海面上昇を引き起こす危険も考えられる[9]．温室効果により引き起こされるさまざまな影

---

[7]　IPCC 1996b.
[8]　Rahmstorf 1997.
[9]　IPCC 1996b.

響のため,「気候変動」という表現が,国際的な議論でしばしば使われる「地球温暖化」という表現に代わって用いられるようになっている.

人為的な活動によって排出される数多くのガスが,大気の温暖化に寄与している.主要な温室効果ガスは,CO_2,メタン(CH_4),亜酸化窒素(N_2O),部分的にハロゲン化されたクロロフルオロカーボン(CFC と HCFC)のような含ハロゲン炭素化合物,ハロン(halons)などである.『京都議定書』の削減約束に関係する主要な温室効果ガスの中でも,特に CO_2 は,産業革命以来増大した追加的な温室効果の 70-72%を占めており,最も有害なガスとなっている.一方それに比較して,メタンと亜酸化窒素は,それぞれ 21-22%と 6-7%を占めている(表 1.1).これらに加えて,歴史的に含ハロゲン炭素化合物も温室効果に 10%を占めている[10].しかし,これらの化学物質の多くは,1987 年のオゾン層を破壊する物質に関するモントリオール議定書(『モントリオール議定書』)において規制されており,国際的な気候条約によって規制されることはない[11].しかし,オゾンを破壊しない含ハロゲン炭素化合物は,『モントリオール議定書』では規制されておらず,『京都議定書』の交渉における審議事項となった.これらの中で最も重要なものは,ハイドロフルオロカーボン(HFC),パーフルオロカーボン(PFC)と六フッ化硫黄(SF_6)であり,これらは,産業革命以降の追加的温室効果の 1%以下の効果を占めている.HFC は通常,CFC の代替物質として,多様な目的のために(例えば,冷却剤として)使われている.また,HFC は,HCFC(これも CFC の代替物)製造時の副産物としても放出される.PFC はアルミニウムの生産に伴っておもに排出されているが,おそらくほかの用途で使われるためにも生産された.SF_6 は,防音窓の生産において使用され,その他のマイナーな用途のためにも,また自動車のタイヤを満たす空気としても使われた.

先進諸国の総排出量における各温室効果ガスの最新の割合は,表 1.1 で示されている歴史的な排出量の割合からわずかながら変化している.先進締約国における 1990 年代初頭における,『モントリオール議定書』で規制さ

---

[10] IPCC 1996a.
[11] 『モントリオール議定書』については,特にBenedick 1998a; Parson/Greene 1995; Oberthür 1997; Ott 1998aを参照.

れていないおもな温室効果ガスの，地球温暖化係数（GWP）[12]によって重みをつけられた総排出量のうち，CO_2 は 82%を占めている．一方，メタンは 12%，N_2O の排出は約 7%の割合である．高い GWP をもち，特に大気中濃度が動的に変化する特徴をもつ含ハロゲン炭素化合物の排出は約 2%を占めている（表 1.1，1.2）[13]．含ハロゲン炭素化合物は人間が生産する以前には存在していなかった物質である．一方，CO_2，メタン，亜酸化窒素の濃度は，産業革命以前の水準からそれぞれ 30%，150%と 15%近く増大している（表 1.2）．これらの温室効果ガスは空気中で混合し，これらの濃度増加は世界のすべての場所で観測され，排出場所に関係なく温室効果を進行させる効果をもっている．

表 1.1 『モントリオール議定書』で規制されていないおもな温室効果ガスの人為的な気候変動への寄与

ガス	1990年代における先進国の排出源とその割合	放射強制力への寄与	1990年代初期における温室効果ガス排出量に先進国が占める割合
CO_2	化石燃料の燃焼：>95% 産業プロセス 2-3%	70-72%	ca.82%
CH_4	化石燃料の生産，分配，燃焼：ca.1/3 農業：ca.1/3 廃棄物：ca.1/3	21-22%	ca.12%
N_2O	農業：40% 化石燃料の燃焼：20-25% 産業プロセス：ca.1/3	6-7%	ca.4%
HFCs, PFCs, SF_6	産業プロセス；産業；消費者（シェアは不明）	<1%	ca.2%

出典：IPCC1996a,FCCC/SBI/1997/19 および Add.1 を基にした独自の計算，『モントリオール議定書』に含まれない温室効果ガスのみを合計した．

---

[12] 地球温暖化係数（GWP）はそれぞれの温室効果ガス（GHG）の分子当たりの温室効果強制力の比較を可能とする測度である．ガスの寿命は異なるので，GWPは考えている期間によって変化する．一般的には100年間の期間が選ばれることが多い．異なる温室効果ガスの気候影響を比較するために，排出量にGWPを乗じてCO_2換算量を用いる（CO_2のGWPは1）．メタン（CH_4）分子は21のCO_2分子に等価;亜酸化窒素（N_2O）分子は310のCO_2分子に等価である．
[13] 最も一般的なHFC，HFC134aの急速な生産の発展に関する数値についてはAFEA1998を参照．

最も大きな温室効果ガス排出は，発電，自動車，航空機，その他のエンジンにおける化石燃料の燃焼によって発生している．エネルギー部門以外の大きな排出部門としては，農業（CH_4，N_2O），廃棄物（CH_4），そして産業（産業プロセス：CO_2，N_2O）部門がある．表 1.1 は，1990 年代の先進工業諸国におけるおもな温室効果ガス排出の各部門別シェア（推定値）である．総 CO_2 排出量に追加された 3％の推定値は，国際的な輸送機の燃料の使用から発生している．これは国際輸送における航空機や船舶による燃料の消費によるものである[14]．

表 1.2　各温室効果ガスの大気中濃度，生存時間，温暖化係数

ガス	濃度				寿命 (年)	GWP
	産業化前	現在 (1994)	変化	変化率 (1990年 代中頃)		
CO_2	ca.280ppmv	358ppmv	ca.30%	0.40%	50-200.0	1
CH_4	700ppbv	1,721ppbv	ca.150%	0.50%	12.2(±3.0)	21
N_2O	275ppbv	311ppbv(a)	ca.15%	0.25%	120.0	310
HCFC-22	0	110pptv	—	5.00%	12.1(±2.4)	1,500
HFC-23	0	—	—	—	264.0	11,700
HFC-134a	0	—	—	—	14.6	1,300
CF_4(aPFC)	0	70pptv[a]	—	2.00%	50,000.0	6,500
SF_6	0	3-4pptv	—	5-7.00%	3,200.0	23,900

(a) in 1992
出典：IPCC1996a；100 年間を期限とする GWP を示している．メタンの GWP は対流圏におけるオゾン生成と成層圏における水蒸気の生成による間接効果を含む．HCFC22 の GWP は直接効果のみを考慮している．ppmv=百万分の 1 の体積比率，ppbv=10 億分の 1 の体積比率，pptv=1 兆分の 1 の体積比率．

人間活動は大気中のオゾン濃度にも影響を与えている．オゾンは温暖化に強く影響を与えるガスであるが，『京都議定書』の交渉では取り扱われなかった．自然界に存在するオゾン濃度は，対流圏においては無視できる程度であるが，成層圏では高い．人間活動は二通りの経路でオゾンの分布に影響を与えている．第一に，CFC やハロンのようなオゾンを奪うガスの排出によって，成層圏のオゾンを破壊している．これは，ある程度まで温室効果の

---

[14] FCCC/CP/1996/12/Add.2 または <htttp://www.unfccc.de/emiss/ta10.pdf>; IPCC1999を参照．

影響を相殺する冷却効果をもつ．第二に，さらに重要な経路としては，汚染物質（NOx, CO, メタンを含まない含ハロゲン炭素化合物やその他の物質）を排出することによって，地域的に対流圏オゾンが集まり，それが温室効果を著しく強くすることである．しかしながら，これらのプロセスの科学的不確実性によって，この影響の正確な定量化はなされていない．

また，エアロゾル（特に化石燃料とバイオマスの燃焼が原因で発生する極微粒子）の排出も，『京都議定書』においては考慮されていない．エアロゾルは，太陽光を散乱・吸収し，雲の総量・寿命・性質に影響を与えて，温室効果の進行に対して局所的に異なる冷却効果をもつ．エアロゾルは，酸性雨をもたらす原因であると同時に，現在までの温室効果ガス排出による温室効果の約 20-40%を遮蔽する効果をもっている．さらに局部的には，ネットで冷却効果を引き起こしている可能性がある[15]．しかし，エアロゾルの排出抑制は著しく進歩してきた．その一方，温室効果ガス排出は増大し続けている．温室効果はエアロゾルによる冷却効果を抑えてますます大きくなるであろう．

生物圏における CO_2 の一部は，森林やバイオマス内に蓄えられている．したがって炭素の貯蔵庫である森林や潅木を燃やすことは，追加的な CO_2 の排出を引き起こしている．反対に，新規植林は大気中から CO_2 を吸収し，いわゆる「吸収源」を拡大する（11.3 参照）．しかし，吸収源による吸収量の計算に際しては，大きな科学的不確実性が存在している[16]．1990 年代の初頭における先進締約国諸国の報告によると，土地利用変化と林業部門における大気中炭素のネットの吸収効果は，総 CO_2 排出量の約 10-15%程度に匹敵することがわかっている[17]．

開発途上締約国における温室効果ガスの発生源は，先進締約国とはかなり様子が異なっている．特に熱帯林における森林減少が，多くの開発途上締約国における CO_2 のネットの発生源となっている．1990 年代の初頭における，森林減少による CO_2 排出量は，全世界の CO_2 排出量の約 15-25%にも相当することがわかっている．先進締約国よりも窒素肥料の使用が少ないため，開発途上締約国における温室効果ガス排出量に占める亜酸化窒素排出

---

[15] IPCC 1995.
[16] WBGU 1998.
[17] FCCC/TP/1997/5参照．

量の割合は，先進締約国における割合よりも少ない．一方，メタン放出量は，広範に分布している農業活動に伴う発生源（特にアジアの水田）のため先進締約国よりも高い．それにもかかわらず，化石燃料燃焼からの CO_2 の排出量が，開発途上締約国においてさえも温室効果ガス排出量の最も大きな割合を占めている．しかし，開発途上締約国からの1人当たり CO_2 排出量は，1990年における先進締約国平均の半分以下である（図 2.3）．歴史的な視点から見れば，開発途上締約国は大気中に蓄積した CO_2 とメタンの3分の1以下，先進締約国における CO_2 排出量の20%以下に対する責任を有するだけである[18]．

1.3 気候変動懐疑論者

「気候変動懐疑論者」[19]と呼ばれている小さな活動団体は，IPCC の測定法は不完全であり，利用可能なデータはどれも有意な温暖化傾向を示してはいないと主張した．このような批判は，IPCC 自身が調査プログラムを実施しているのではないことを見過ごしている．IPCC は，査読された論文だけを考慮して，科学的知見の現状を評価しているにすぎない．このような活動の制限を設定することによってのみ，IPCC プロセスにおいて合意できる結論を導き出すことが可能となっている．その結果として，IPCC の成果は，広く国際的な科学的コンセンサスを表していると考えることが可能である．

IPCC が査読された論文だけの評価に専念しているために，気候変動懐疑論者に対して応答する能力も限られている．と言うのは，気候変動懐疑論者のほとんどすべての論文は，それ自体科学的査読に付されておらず，科学的知見の信頼性に疑いがあるからである．しかしながら，IPCC に参加した大多数の科学者達は，気候変動懐疑論者の主張を退けている．前 IPCC 議長である Bert Bolin が指摘したように，「それにもかかわらず，多くのかかる批判は考慮されたが，科学的基礎が不十分であるため，それらの多くは IPCC プロセスにおいて退けられた」のである[20]．

---

[18] IPCC1996c, pp.94-95参照．
[19] これらの科学者たちは実際のところ気候変動の科学を非難し，「気候懐疑論者」と呼ばれている．
[20] Bert Bolin, Report to the Second Session of the Conference of the Parties to the UN Framework

気候変動懐疑論者の信頼性は，気候変動の原因となる人間活動に対する有効な対策に対して，あからさまに反対している組織から，彼らが多くの資金的な援助を受けていた真実によっても損なわれている．1995年には，Richard Lindzen教授やFred Singer教授らのおもな気候変動懐疑論者への資金供給に関する報告により，アメリカ西部燃料協会のような化石燃料団体が彼らの研究だけでなく，政治的な発表の機会を強力にサポートしていたことが暴露された[21]．そのとき以来，エクソン，モービル石油，その他の化石燃料産業が気候変動懐疑論者へ資金供給したという証拠は，これに関与した科学者の信頼性をさらに失わせている．彼らの理論は，多くの化石燃料多国籍企業の所在地である米国で最も熱烈な支持を受けた．さらには，共和党に支配されている米国議会により，京都会議前の政治的討論会において，これらの気候変動懐疑論者が重用された．また気候変動懐疑論者は，同様の資金源からの援助を受けて，ヨーロッパにおける活動も同時に強化した[22]．

1.4　不確実性のもとでの行動

さまざまなコンセンサスが形成されたものの，気候変動の影響に関してだけでなく，温室効果ガスの排出源と吸収源に関する不確実性が，いまだに残されている．何人かの著名な科学者は，IPCCの検討結果に対して批判的であり，重大な科学的不確実性が存在していることを指摘している[23]．このような批判は正当なものであり，批判なしには科学的知見が進歩することはない．実際，そのような批判に啓発されて，気候変動に関する科学の進歩が達成されている．しかし，あまりにも大きな，環境・経済・社会にかかわるリスクを考えるとき，政策決定者は，現時点における最良の科学的知見，すなわち最も批判に耐えることができる科学的知見に通じていなければならない．もし，賛否両論のあらゆる議論を尽くした後にも，大多数の科学者がIPCCの結論を支持するのであれば，政策決定者自身によって認められた，政策決定のための健全な基盤が提供されることになる（第4章参照）．

---

[21] Convention on Climate Change, Geneva, 8 July 1996（著者のファイルに保存）．
Gelbspan 1995.
[22] Gelbspan 1997; Bals 1997; Greenpeace International/Stockholm Institute 1997.
[23] いくつかの不確実性についてはJefferson 1996参照．

しかしながら，不確実性のもとで行動することは，国際環境政策において少しも新しいことではない．『モントリオール議定書』は，顕著な科学的不確実性が残されている状況のもとで，1987年に採択された．今日は受け入れられているクロロフルオロカーボンのオゾン破壊効果については，当時はまだ議論が続いていた．オゾンホールは検知されていたのだが，その原因についてはまだ解明されていなかった．それにもかかわらず，「凶器」が発見されるのを待つことなく，情況証拠に基づいてクロロフルオロカーボンとハロンの生産と消費を制限することが賢明な選択であることを各国政府は決断したのである[24]．

90年代中頃における気候変動に関する科学の状況は，10年前のオゾン層に関する科学の状況と同じである．最初の気候変動の兆候が検知され，IPCCによって，さまざまな証拠から人間活動が気候変動に影響を与えていることが示唆されている．しかしながら，観測されている温暖化の傾向が，人間活動による温室効果ガス排出を原因としていることの究極的な証明は，現時点においてもなされていない．IPCCの第二次評価報告書は，気候変動の原因と予想される影響に関しては，無視できない科学的不確実性が残されている点を強調した．特に，影響のタイミング，範囲，地域的分布については未解明の点が多く，影響に関する知見は，経験的な観測に厳密にリンクしているわけではない．数多くの変数が複雑に絡み合い，相互に影響を与えており，原因と結果を区別することが困難となっているのである．また，気候に与える人間活動の影響を，自然界の変動「ノイズ」の中から検知することも困難である[25]．

科学的不確実性を伴うさまざまなケースと同様に，予防原則に基づいた行動をとるかどうかが問題となる．IPCCにおける将来排出シナリオの分析から，大気中の温室効果ガス濃度を比較的安全な水準に安定させるためには，温室効果ガス排出量の大幅な削減が必要となることが明確にされた．現在の水準に安定させるためには，世界のCO_2，メタン，亜酸化窒素排出量を，それぞれ50-70%，8%，50%削減する必要があり，先進締約国においては，さらにそれ以上の削減が必要となるであろう[26]．このようにして，科学的知

---

[24] Parson 1993; Oberthür 1997; Ott 1998a.
[25] IPCC1996a; またJefferson 1996参照．
[26] IPCC 1995; IPCC 1997; WBGU 1997.

見の進歩と確立された予防原則に基づいて，行動の必要性を認める国際的なコンセンサスが形成されつつある．奇跡的な技術開発の成功によって世界的な排出削減がすぐさま可能となるような未来に期待を託して，現時点における行動を先送りすることは，社会の発展パターンの方向を変えるために必要とされる貴重な時間を失わせる危険性があり，不可逆な気候変動のリスクに地球をさらすことになる．

　このようなわけでIPCCは，第二次評価報告書の中で，気候変動問題に賢明に対処するため，適応と知識の改善に加えて，対策のための多くの政策オプションを提示した．このようなリスク回避型の戦略のもとでは，「いずれにしても後悔しない」対策を超えて，経済的コストがかかる対策活動でさえも正当化することが可能となる．この点に関してIPCCは，エネルギー効率対策から研究までの広範囲にわたり，考えられるさまざまな行動のリストを作成した[27]．気候変動を防止するための現実的な対策オプションが存在することが証明されたため，これらの対策を実施に移すかどうかは政治的決断にゆだねられた．ボールは政策決定者のグラウンドに投げ入れられていたのである．

---

[27] IPCC 1996c.

第2章　重要なプレイヤーとそれぞれの利害

　政府だけが,『京都議定書』を採択する法的能力を有するため,『京都議定書』交渉のプロセスにおいて政府は決定的なプレイヤーであった．交渉における政府の振る舞いや立場は，どこまで科学的な知識をもっているかだけでなく，その国の一見してわかる利益，あるいは真の国益が何であるかに左右された．例えば，化石燃料の生産・消費への依存度は国によって大きく異なるが，これがもととなって「汚染者の利害」に差異が生じる．また，気候変動の緩和や適応において利害が異なるように，気候変動が及ぼす影響に対する脆弱性も国によって異なる．温室効果ガスの排出削減および気候変動への適応策の選択肢をどのくらいもっているかも，もう1つの重要な要素（「補助的な利害」）である．また，政府というプレイヤーが何を目標とするかは，気候変動問題には間接的にしか関連のない要素，すなわち，文化的な限定要素や制度的構造[1]によっても左右される．以上が各国がもつ一連の利害の主要な要素である．汚染者の利害が支配的な国は，そうでない国と比べて温室効果ガスの排出量を抑制するために厳しい対策を策定することに熱心ではないと思われる．気候変動の影響を大きく受け，先に述べた「補助的な利害」が強い影響をもつ国，またはそのどちらかである国は，そうでない国と比べて厳しい対策を支持する傾向がある．一方，そのどちらでもない国は中間の立場をとるであろう[2]．

　『京都議定書』の国際交渉には，170カ国以上の政府，数百のNGOおよび政府間組織が参加した．無論，参加国のすべてが議定書交渉のプロセスに同じように影響力をもっていたわけではない．それぞれ特有の利害に基づき，たくさんの国家グループが交渉プロセスで形成された．こうした国家グループは以下のように分類できる．
● EUとその加盟国
● 米国，日本およびその他のOECD加盟国

---

[1] 環境政策における政策様式と文化の差異に関する概論は，Vogel 1986; Jänicke/Weidner 1997を参照．
[2] 国際的な気候政策における利害の分類に関しては，Oberthür 1993; Prittwitz 1990を参照．

- ロシアおよびその他の CEIT
- OPEC に加盟する石油輸出国である開発途上締約国
- AOSIS の開発途上締約国
- 開発途上締約国の大多数（中国・インドを含む）

これらの国に加えて，多くの NGO および政府間組織が，交渉プロセスに影響を与えるべく多くの資金や人的資源を投じてきた．これらの組織はさらに詳細な分析に値する．

2.1　先進締約国のリーダー：EU

　1990 年代に国際的な気候政策の推進において先進締約国の中で主要なリーダー的役割を果たしてきたのは EU である[3]．1995 年にオーストリア，スウェーデン，フィンランドが加盟したことによって，加盟国は 15 カ国となった．欧州「政府」というものは存在しないため，欧州委員会もまた国際交渉会議に代表を送っている．ほかの国際環境交渉での欧州委員会の強力な役割とは対照的に[4]，気候政策の分野での EU の法的権限は，（拡大しようとする試みがなされてきたにもかかわらず）限定されてきた．したがって欧州委員会の法的権限も限定されている．そのため，欧州委員会は気候変動に関する国際交渉で主要な役割を果たしてきてはいない．その代わりに，欧州委員会も参加して，EU の加盟国が共通のポジションに合意するという方式がとられてきた．6 カ月ごとの輪番制をとる EU の議長国が国際交渉で加盟間の調整を行い，EU のポジションを表明する．EU 加盟国も委員会も議長国の発言に対して追加的な発言を差し控える傾向が益々強まっている．そうすることによって，1 つのアクターとしての EU の対外的なイメージを強めようというものだ[5]．

---

[3] 1993年11月マーストリヒト条約の発効によって，欧州経済共同体（EEC）は「EU」と改名した．さらに，「共通外交・安全保障政策」に関するルールおよび司法と内政分野における協力が「欧州共同体設立条約」とは別に合意され，そこで生まれた政治的主体をEU（欧州連合）と呼ぶことになった．EC条約は国際環境協定におけるEC/EUの参加の法的根拠となっていたが，政治的アクターとしてはEUを引用するのが普通になってきている．以下は，この慣行に従うことにする．

[4] 『モントリオール議定書』に関しては，例えば，Oberthür 1999aを参照．

[5] EUの気候政策における法的権限の分割に関し，一般的なことについてはMacrory/Hession

先進締約国の中で，EU は 1990 年の CO_2 排出量の 24.3% を占めている．絶対値では，3,300 Mt の CO_2 となる．これは世界全体の CO_2 排出量のおおよそ 15-16% に当たる[6]．『モントリオール議定書』で規制されていない温室効果ガスの総排出量は CO_2 換算でおおよそ 4,100 Mt であった[7]．EU 内の 1 人当たりの排出量は 8.7 t であり，これは世界平均の 2 倍，OECD 加盟国平均である 13.1 t と比べると低い．EU 加盟国は排出量の高い国に入るが，米国，カナダ，オーストラリアといったほかの OECD 諸国よりは低い（図 2.1-2.3 参照）．

図 2.1　先進締約国の CO_2 総排出量に占める主要なプレイヤーの排出割合（1990 年）

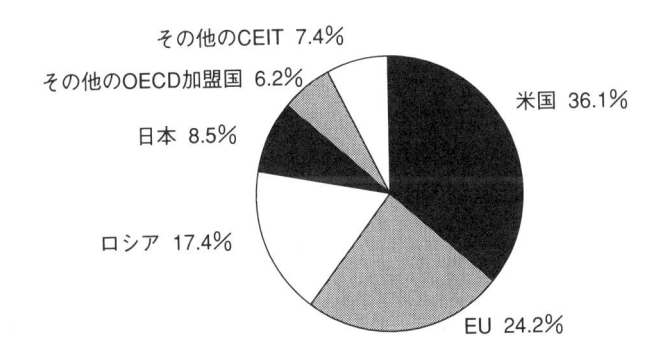

その他のCEIT　7.4%
その他のOECD加盟国　6.2%
日本　8.5%
ロシア　17.4%
EU　24.2%
米国　36.1%

注：ベラルーシ，リトアニア，ウクライナを除く
出典：FCCC/CP/1997/7/Add.A，補遺：総計の数字は独自の計算に基づいたものである．概数で表しているため，個々の寄与率を加算しても 100 とはならない．

EU は化石燃料の輸入大国である．現在 EU 内の生産で賄われているのは，EU のエネルギー需要の半分を少し上回る程度でしかない．政策を変更しなければ，エネルギー輸入への依存度は，2020 年までに EU 域内全体の需要

1996 を，欧州内の気候政策の形成については Haigh 1996; Oberthür/Bär 1998; Mchaelowa 1998 を参照．

[6] 世界全体の CO_2 排出量のデータは不確実であり，出典によって数値が異なる．公式の排出量データはこれまでのところ，先進締約国に関して UNFCCC に報告され編纂されたのが唯一のものである．したがって，以下では UNFCCC のデータを引用する．

[7] European Commission 1996a．以下，特別に指摘がない限り，温室効果ガスとは『モントリオール議定書』で規制されていない温室効果ガス（CO_2，メタン，亜酸化窒素，HFC，PFC，SF_6）を指す．

の 55-70％まで上昇する可能性がある．伝統的に石炭を産出してきた加盟国もいくつかある．1980 年代，英国は，北海油田の大規模な開発を開始し，石油と石炭の主要産出国となった．しかしながら，EU 内の化石燃料の確認埋蔵量はかなり限られた量であり，生産コストは比較的高い．その結果，EU 内での石炭生産はすでに減少し，石油とガスの生産は資源の枯渇により将来的には下降線を辿る運命にある[8]．

したがって，エネルギー消費，特に化石燃料の消費を減らすことに EU の既得権益がある．この既得権益は，欧州のエネルギー料金を大幅に上昇させた 1970 年代，1980 年代初期の石油「ショック」によってより大きなものになった．1990 年代半ば，EU のエネルギー政策の目標は，エネルギー分野の持続可能な発展を促進し，EU 域内のエネルギーの節約量を高めることであった．しかし，1985 年から 1995 年までの間にエネルギー効率を 20％改善するという EU の目標は，おもに世界的なエネルギー価格の低下のために達成されなかった．年間のエネルギー原単位の改善率は 1985 年から 1990 年の 2％から，1990 年から 1995 年の 0.6％まで落ち，1985 年から 1995 年の期間全体を通じると 12％の改善率にしか過ぎなかった[9]．

しかしながら，1990 年以来，東西ドイツの統合や英国のエネルギー産業の民営化に助けられて（前者によって旧東ドイツの経済崩壊が，後者によって石炭からガスへの転換が起きた），EU は CO_2 の排出量削減に比較的成功している．それでも，京都会議以前は，EU の CO_2 排出量は 2010 年までに 1990 年レベルよりおおよそ 8％増加すると予測されていた．一方メタンは 15％，亜酸化窒素は 30％減少するという予測だった．『モントリオール議定書』の規制対象外のフッ素化合物である温室効果ガスの生産・消費は 50％も急増するとされていた．BAU（対策をとらない場合）シナリオのもとの計算では，2010 年までに温室効果ガスの排出量は全体で 5-6％の上昇となった[10]．

1997 年，EU は 2010 年までに CO_2 の排出量を 1990 年比で 15％削減する低コストの方法を明らかにした[11]．根拠となる分析に欠陥があると指摘す

---

[8] European Commission 1996c; IEA 1996; 1998を参照．
[9] ENDS Daily 30 April 1998; European Commission 1997a; 1997b; 1998a.
[10] European Commission 1997c; 1999; Oberthür/Bär 1998.
[11] Blok et al. 1997.

る声もほかのいくつかの締約国からあったが，特に，エネルギー効率の改善，再生可能エネルギーの促進，コジェネレーション技術の使用の拡大によって達成できる大幅な削減の可能性を指摘する研究者はこれまでほかにもいた[12]．欧州は世界市場で再生可能エネルギーとエネルギー高効率技術の大きなシェアをもち，このシェアは国際的な気候政策が進むにつれ拡大する可能性がある．また，その他の温室効果ガスの排出をさらに削減する多くの選択肢も明らかにされている[13]．

気候変動が欧州にもたらす影響に関する研究は人々の注目を大いに集めてきた．欧州は予測されている海面上昇の被害を受けるばかりでなく，植生帯の移動による打撃も受ける可能性がある．さらに，温暖化が進めば南ヨーロッパの加盟国（スペイン，ポルトガル，イタリア，ギリシャ）にすでに影響が現れている砂漠化の問題を悪化させるかもしれない．人々が特に懸念するのは，西ヨーロッパに現在の温暖な気候をもたらしているメキシコ湾流に変化が起きる危険性である．

1990年代初め，欧州の多くの環境保護団体が気候変動問題を組織の最優先事項の1つにした．1989年には，世界的な気候活動ネットワーク（CAN）の地域的なサブネットワークである欧州気候ネットワーク（CNE）が設立された．1998年6月現在，CNEは欧州19カ国に76のメンバーをもつ．ドイツ，オーストリア，スウェーデン，ベルギー，フィンランド，イタリア，アイルランド，フランス，オランダを含むEU加盟国の3分の2以上で緑の党が議会入りを果たした結果，気候変動問題も議会レベルの政治課題になっていった[14]．EUの市民が直接選挙で選ぶ欧州議会もまた，概して厳しい気候政策を支持してきた．その結果，EU内では気候変動に対する懐疑論者の影響は米国と比べ小さかった[15]．

とはいえ，目的と手段すなわち，温室効果ガス削減のための計画と実際

---

[12] 例えば，WWF 1996．
[13] European Commission 1996b; 1997c; このほかに，WWF 1996; CEPS 1997; Oberthür/Bär 1998．
[14] 英国では，英国式の「絶対多数を得た人が当選する」という選挙制度のために，環境保護政党は常に議会入りに失敗し続けてきた．ECのいくつかの加盟国では，「環境保護政党」であるかどうかを規定するのは簡単ではない（例えば，ポルトガル）; Müller-Rommel 1993; Richardson/Rootes 1995を参照．
[15] しかしながら，懐疑論的な見方を欧州へ広げようとする試みがあった（Bals 1997参照）．欧州の地域的な気候変動の影響に関しては，IPCC 1997を参照．Nick Nuttall, "Warning on greenhouse effect: Hotter-than-ever world adds to fear of climate change", in: The Times, Saturday, 6 January 1996．

の履行との間には大きなギャップがあった．京都会議の前，欧州委員会からエネルギー税などの有望な措置が EU レベルで提案されたが，おもに競争上不利になってはいけないという理由で，産業界からの強硬な反対と加盟国の承認を得ることができなかった．加盟国政府はまた共通の政策措置を採択することを躊躇してきた．共通の政策措置をとることによって，法的権限が EU に移り，EU 内の力のバランスが変わってしまうからだ．しかし，これは気候変動に対して効果的な行動をとるためには結局避けられない帰結かもしれない[16]．

EU は『京都議定書』交渉のプロセスにおいて，単一のアクターのように見せることに大方成功したが，EU 内の深刻な意見の相違は常に存在した．中でも最も明白だったのは南北間の溝だ．（アイルランドに加えて）ポルトガル，スペイン，ギリシャといった貧しい南の国々（「欧州財政調整基金受給国」）は，温室効果ガスの排出抑制にあまり熱心ではなく，排出の増加を要求した．その増加分は北の加盟国が補うことになる．オランダ，デンマーク，オーストリア，ドイツ，そして最近では英国が気候政策の主唱者の役割を演じてきたが，これらの国の間でさえも，認識と各国を取り巻く状況の違いから，コンセンサスに至ることは困難であった[17]．しかしながら，効果的な国際レベルの気候政策の必要性を強く主張してきた点で，EU はほかの先進工業国，中でも JUSSCANNZ グループよりはかなり前向きなグループだったといえる．

2.2 後ろ向きな先進工業国："JUSSCANNZ"

『京都議定書』交渉のプロセスにおける EU への主要な対抗勢力は，非公式な連合として知られる JUSSCANNZ であった．JUSSCANNZ とは，日本，米国，スイス，カナダ，オーストラリア，ノルウェー，ニュージーランドの頭文字を意味する[18]．さらに，JUSSCANNZ の会合には時々アイス

---

[16] Macrory/Hession 1996; Haigh 1996; Collier 1997を参照．京都会議以前の気候変動に関する欧州委員会の政策上のイニシアティブの概略はEuropean Commission 1997cを参照．
[17] O'Riordan/Jäger 1996; Brauch 1996; Collier 1996; 1997.
[18] 京都会議に向けての準備段階で，「従来の」JUSCANZの5カ国（日本，米国，カナダ，オーストラリア，ニュージーランド）に，スイスとノルウェーが加わった．そのため，京都会議の前に，このグループを指す際にJUSSCANNZという頭文字が使われるよう

ランドと韓国が参加することがあった．JUSSCANNZ の国々は 1 つ 1 つの問題に関しては異なる立場をもっていたが，温室効果ガスの排出削減のための厳しい約束に対して全般的に反対の立場だという点で共通していた．

JUSSCANNZ の中で最も影響力のある米国は，相対値でも絶対値でも，CO_2 と温室効果ガス全体の最大の排出国である．1990 年，米国の 1 人当たりの CO_2 排出量はおおよそ 20 t にもなり，世界平均の 5 倍近くであった（図 2.3）．米国が排出する約 5,000 Mt の CO_2 は，先進締約国全体の排出の 35% 以上に当たる．その他の温室効果ガスを入れると，この合計は 5,800 Mt とさらに大きくなる．1990 年から 1995 年までの間に，米国の CO_2 排出量は 5% 増加し，温室効果ガス全体としては 6% 増加した．温室効果ガス全体の排出量は，2020 年までに 1990 年と比較して 26% 増加すると予測されている（2010 年までに 23%）[19]．

図 2.2　代表的なプレイヤーの CO_2 総排出量（1990 年）

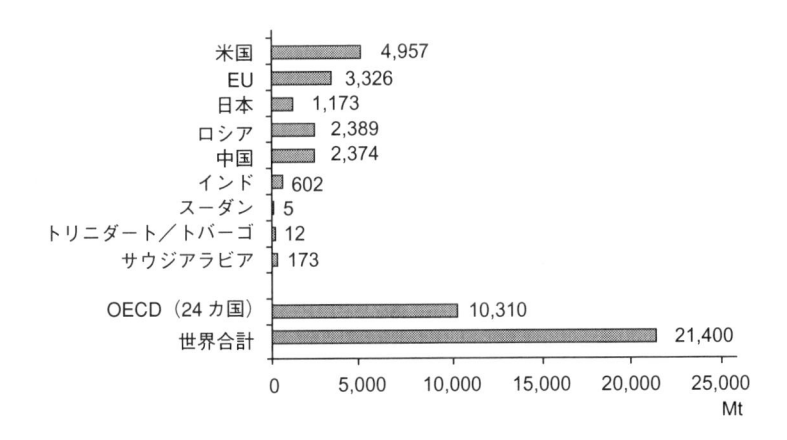

国・地域	排出量 (Mt)
米国	4,957
EU	3,326
日本	1,173
ロシア	2,389
中国	2,374
インド	602
スーダン	5
トリニダート／トバーゴ	12
サウジアラビア	173
OECD（24 カ国）	10,310
世界合計	21,400

出典：UNFCCC 事務局・IEA　1997

米国の気候変動に関するスタンスは，石炭・石油・ガスの純輸入国ではあるものの世界最大の産出国であるという事情によって大方決定されてきた[20]．

になった．
[19] FCCC/SB/1997/19 and Add.1.
[20] エネルギー生産および消費に関するデータは，例えばWRI 1996; IEA 1996; 1998を参照．

気候変動の影響に対する脆弱性について言えば，米国は長い海岸線をもち（海面上昇），温暖化が進むにつれ発生件数が増加する可能性が高い熱帯性サイクロンや干ばつといった異常気象にみまわれやすい地域を抱えている．北米では，マラリアのような特定の媒介性疾病の北上などその他の気候変動の影響も受けるであろう[21]．

米国では，気候活動ネットワーク（CAN）の例のように，環境 NGO が活発でありうまく組織されてきた．1997 年 2 月に行われた全国調査で明らかになったように，京都会議の前には，気候変動に関する地球規模の条約への国民の支持も高かった（67％）[22]．アルバート・ゴアは，米国の副大統領になる前，地球環境の保護を強く支持する「瀬戸際の地球」（"Earth in the Balance"）（訳者注：「地球の掟」という題名で邦訳されている）という本を書いた[23]．1991 年後半，ゴアは気候変動に関する国際交渉におけるブッシュ大統領の姿勢を「唯一無比のひどいリーダーシップの放棄」と批判した[24]．

こうした前向きの人々より影響力が大きいのが，低価格で手に入るエネルギーに大きく依存し，米国を OECD 加盟国の中で最もエネルギー集約的な経済をもつ国の 1 つとしてきた米国の経済的・社会的発展のパターンである．スティーブ・レイナー（Rayner）が述べたように，「米国のエネルギー需要の歴史と今ある資源，インフラストラクチャー，制度は，麻薬中毒者が麻薬を常用しているのと同じくらい米国の経済を化石燃料に依存したものにしている」のである[25]．米国式の技術やライフスタイルに伴いエネルギー原単位が大変高いため，実際には省エネルギーや温室効果ガスの排出を削減する低コストの手段が豊富に存在する[26]．しかしながら，CO_2 の削減は途方もなく費用がかかるという認識（明らかな政治的理由で一部の人々が広めているのだが）が米国ではかなり広く行き渡っている[27]．

こうした人々の頭の中にある効果的な気候政策の実施費用の問題に加えて，世界気候連合（Global Climate Coalition：2.5 参照）のような気候政

---

[21] IPCC 1997.
[22] The Charlton Report 1998: National Issues 1/98 – Environmental Values: Global Climate Change Issue, at<http://www.charltonresearch.com/GCC_398.html>(1998年5月6日付).
[23] Gore 1992.
[24] ECO-Newsletter, 18 December 1991, p.1.
[25] Rayner 1991.
[26] WWF 1997a; IPCC 1996b; CNE/USCAN 1997.
[27] Grubb 1996参照.

策に反対する見事に組織されたロビーグループが米国では特に影響力をもってきた．これにはいくつかの理由がある．第一に，化石燃料の市場を少数の（しかもその数は依然減りつつある），その大部分が本社を米国にもつ大企業（エクソン，モービル，サンオイルなど）が占めていること．このため産業界側を効果的に組織化することが容易だったこと．第二に，「開放的な」米国の政治システムによって，ロビーグループの意思決定者へのアクセスが非常に容易だったこと．そして第三に，米国の政治家は選挙キャンペーンを行うための財政的支援に依存しているため，化石燃料のロビーグループは特に連邦議会の情報を自由に得ることができることである．1994年，共和党の圧倒的な勝利は米国における反環境勢力をさらに強力なものにした．

京都会議（7.1 参照）の主催国であった日本は，JUSSCANNZ の中で2番目に温室効果ガスの排出量が高い国である．1990年に，日本は大気中に1,000 Mt 以上（温室効果ガス全体では，CO_2 換算で約 1,200 Mt）の CO_2 を排出した（先進工業国全体の排出量の8％以上）．日本の CO_2 排出量は1990年から1995年の間に8％増加し，さらに2010年までに12％増加するというのが京都会議前の予測だった．同じような排出傾向と脆弱性をもっているにもかかわらず，米国と日本には多くの点でかなりの違いがあった．日本は国内の化石燃料の埋蔵量が不足しているため，化石燃料，特に石油の輸入への依存度が高い．このため，（大規模な原子力エネルギー部門からみても明らかなように）化石燃料の消費を減らすことは日本にとって自国の利益につながることだった．さらに，最もエネルギー効率のよい先進締約国経済である日本の1人当たりの CO_2 排出量は，米国と比べて半分以下である（図2.1-2.3）[28]．

しかしながら，日本が JUSSCANNZ の一員としての資格を備えているのは日本経済のまさしくこの相対的に高いエネルギー効率ゆえなのだ．日本は過去にエネルギー使用を下げるために特別な努力を行ったため，さらにそれ以上の CO_2 やその他の温室効果ガスの排出削減を行う費用効果の高い可能性はそれだけ限られている．そうはいっても，温室効果ガスの排出を抑制・削減する選択肢は実際にはまだ多く存在している[29]．それに加えて，もし温

---

[28] Japan 1997.
[29] WWF 1997b; CNE/USCAN 1997.

室効果ガスの排出の国際的な規制が実施されると、世界市場で日本のエネルギー高効率の技術に対してより多くの需要が生まれる可能性がある[30]. にもかかわらず、日本は気候変動に関する強力な国際的行動を支持しようとはしなかった.

JUSSCANNZ の日米以外のメンバーの温室効果ガスの排出量はずっと少ない（図 2.1）. 2010 年までに 5% の排出削減を見込んでいるスイスを除き、その他すべての JUSSCANNZ メンバー国で 1990 年から 1995 年にかけて温室効果ガスが増加している. 京都会議以前には、2010 年以降にさらに排出が増加することが予測されていた[31]. しかし、これらの国のほとんどは気候変動の影響を受けやすい国でもある. 南極のオゾンホールの出現で人間が引き起こした大気の変化のマイナスの影響をすでに経験しているオーストラリア、ニュージーランドは特に、将来深刻な干ばつに見まわれる可能性がある. この 2 つの国は環境保護運動がとても活発な国でもある.

しかしながら、政府のポジションに影響を与えるこれ以外の利害については、日米「以外の」JUSSCANNZ で各々さまざまである. どの国も 1990 年時点で米国の 1 人当たりの CO_2 排出量（19.8 t）には達していないが、オーストラリアやカナダはかなり近い数字だった（オーストラリア 16.9 t, カナダ 17.4 t）. オーストラリアもカナダも資源集約的な経済である. オーストラリアは石炭を産出し、カナダは石油と石炭を産出している. また米国とは異なり、両国とも化石燃料を輸出している[32]. 例えば、1995/1996 年にオーストラリアは全エネルギー生産量の約 70%（オーストラリアの輸出収益のおおよそ 18% と見積もられる）を輸出している. 主要輸出品目は黒炭（53%）とウラニウム（33%）である[33].

日米以外の国の中では、ニュージーランドが国内生産でエネルギー消費をほぼ賄うことが可能であり、スイスは需要の約 3 分の 2 を輸入、ノルウェーは北海に石油とガスのわずかな埋蔵量をもっているため、化石燃料の純輸出国となっている. ニュージーランドはまた温室効果ガスの純排出量の増

---

[30] Grubb 1996.
[31] FCCC/SBI/1997/19 and Add.1.
[32] CO_2 の 1 人当たり排出量については FCCC/CP/1996/12/Add.2＜http://www.unfccc.de/emiss/ta9.df＞を参照. エネルギー消費および生産に関するデータは、WRI 1996; IEA 1996; 1998 を参照.
[33] Australia 1997.

加を抑制するために森林面積を大幅に増やすことも計画している[34].

ノルウェーの状況は2つの点で特異である．第一に，1990年のエネルギー消費のほぼ4分の3が水力で供給されていて，（アイスランド同様）エネルギー部門における排出削減の可能性をほぼ使い切ってしまっている．電力需要が少しでも増加すればその分は，化石燃料による電源で賄わなければならず，その結果排出が増加することになる．第二に，（削減可能性が限定されている上に）温室効果ガスの排出につながる石油とガスを産出しているため，ノルウェーの排出はさらに上昇するであろう．石油とガスの生産による排出は1993年のノルウェーのCO_2排出量の23%であった．国内の排出抑制を意図した比較的炭素含有率の低い天然ガスへの，他国からの需要の高まりによって，ノルウェーの温室効果ガスの排出はかえって増加する可能性がある[35].

2.3 ロシアと「市場経済移行過程諸国」

旧「ソ連邦ブロック」の崩壊後，その継承国は「市場経済移行過程諸国」（CEIT）として知られるようになった．ロシアは中でも最も重要なCEITであり，1990年の先進工業国のCO_2総排出量の17.4%を占める（ほぼ2,400 Mt：図2.1と2.2）．ソビエト連邦のその他の継承国（中でも最も重要なのがベラルーシとウクライナだが）は，中・東欧の旧共産主義国（ポーランド，チェコ共和国，スロバキア，ハンガリー，ブルガリア，ルーマニア，スロベニア，クロアチア）同様，絶対値でのCO_2およびその他の温室効果ガスの排出量は，ロシアに比べるとはるかに少ない．CEITの中で，2番目に排出量が多いウクライナは，ロシア（約700 Mt）のおおよそ30%のCO_2を排出している．しかしながら，全般的なエネルギー効率はこれらのすべての国において等しく低かった．

1990年のロシアの1人当たりのCO_2排出量は16 t以上で，世界で最も高い国の1つだった（図2.3）．これはおもにエネルギー資源の非常に非効率な使用によるものである．経済崩壊とともに，ロシアのCO_2排出量は1990

---

[34] ニュージーランドの気候政策の展開については，Gillespie 1998aを参照．
[35] ノルウェーの気候政策に関してはSydnes 1996を参照．

年以来約30％減少している．それにしたがって，1人当たりの排出量も1990年代半ばに10-11 t に下がった．これは OECD 加盟国の平均より低い[36]．ほかの CEIT においても同じような状況がおきている．たとえ着実に経済が成長し，温室効果ガスの排出量が上昇することになっても，排出量が2010年までにもう一度「共産主義時代」のレベルに達するとは考えられない[37]．

図2.3 代表的なプレイヤーの国別1人当たり CO_2 排出量（1990年）

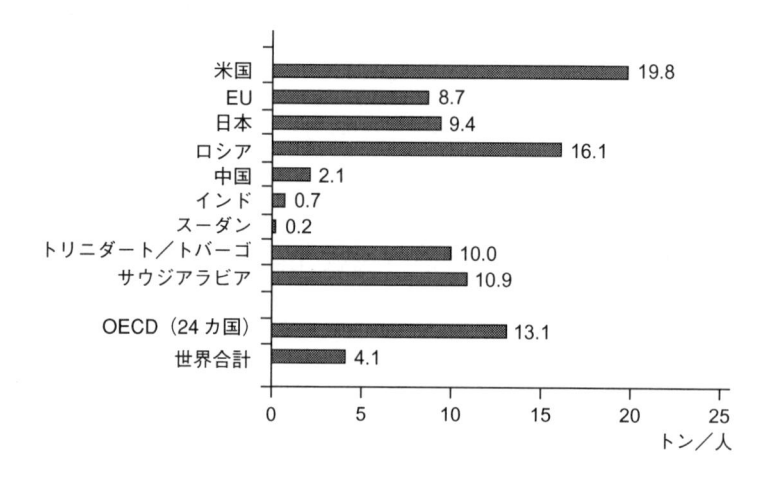

国	トン／人
米国	19.8
EU	8.7
日本	9.4
ロシア	16.1
中国	2.1
インド	0.7
スーダン	0.2
トリニダート／トバーゴ	10.0
サウジアラビア	10.9
OECD（24カ国）	13.1
世界合計	4.1

出典：UNFCCC 事務局・IEA 1997

競争とエネルギー価格の問題で，ある程度エネルギー効率の向上が起こらざるを得ないからである．しかし，それ以上の効率向上はロシアとその他の CEIT におけるエネルギー産業の再建にどのような戦略を選択するかによる[38]．もし新しいエネルギーのインフラストラクチャーをさらなる削減のための既存の可能性をフルに使うように設計すれば，将来の排出レベルを抑

---

[36] IEA 1997.
[37] 例えば Simeonova/Mißfeldt 1997を参照．これはいわゆる「ホット・エア」問題の根源である．ロシアとウクライナは，両国の主張によれば，『京都議定書』の2008年から2012年の約束期間に，両国の1990年レベルと同じ排出をする権利が認められている．それまでにそのような排出レベルに達するとは考えられないため，『京都議定書』の排出量取引のもとで，排出削減の余剰分（なんらかの気候政策の結果生まれた削減ではないため，一般的に「ホット・エア」と呼ばれている）を売る可能性がある．第15章を参照．
[38] CAN-CEE/CNE 1995.

制し，さらに削減すらできる可能性がある．もしこうした機会を逃してしまうと，将来の排出レベルはしばらくの間，この種の投資がもつ長期的な特質のために，マイナスの影響を受けてしまうだろう．

ロシアの政治的エリートの一部はロシアを気候変動による潜在的な勝者だと認識している．特に，永久的に凍結している広大な陸地部分（「永久凍土」）が縮小し（ただし，これは非常に長期的にみて初めて言える話なのだが），農業に適するようになると言っている．また，北極の縁のさらに広い地域が観光地として成り立つ可能性がある．しかし，永久凍土の後退は建築物，化石燃料生産施設，パイプライン，道路，鉄道，通信網などのインフラストラクチャーに損害を与える可能性も高い．適応にはかなりの資金を要するであろう[39]．また，凍土の融解によって，メタンと CO_2 がさらに放出され，それが温室効果を強めることになるだろう[40]．こうした危険性があるにもかかわらず，ロシアの交渉担当者には地球温暖化のロシアにとっての恩恵を強調し，危険要素を控えめに扱う傾向がある．

気候変動問題に関するロシアのポジションにも，化石燃料の大規模な埋蔵量をもつことによる影響が見られる．1990年代のエネルギー部門の衰退にもかかわらず，利用可能な埋蔵量は莫大であり，増加する石油とガスの生産に耐えうると考えられている．こうしたシナリオは旧ソビエト連邦のアジア地域の共和国のいくつかにも当てはまる．中でも最も重要なのが，アゼルバイジャン，カザフスタン，トルクメニスタンである．石油とガスの大規模な埋蔵量をもつ三共和国は，現在集中的な開発にとりかかろうとしている段階である．省エネが輸出収益を上げる機会を増大させうるにもかかわらず，低価格でエネルギーの供給が可能であるため，ロシアはエネルギーを節約する必要性をほとんど感じていない．むしろ，ロシアにとっては国内の化石燃料に対する世界の需要が続くことが自国の利益につながると思ってきた[41]．

CEITは政治および制度上のシステムの能力的限界により，ソビエト連邦の崩壊によって生まれた機会を，高効率のエネルギー部門の再建に十分に利用することができなかった．近代的な行政機関の構築が必要とされる一方で，社会的発展や経済発展の舵とりをする政治的能力はもはやなかった．崩壊後

---

[39] IPCC 1996b: pp. 241-265.
[40] IPCC 1996b: pp.241-265.
[41] 一般的にはIEA 1996, Chapter4; 1998; WRI 1996を参照．

引き継いだ政府が移行プロセスに与える影響は限られたものである．さらに重要なのは，経済的な回復が最優先事項になったことである．しかしながら，エネルギー市場の開放によりエネルギー価格が押し上げられ，それが省エネへのインセンティブとなった点で，気候システムの保護に向けていくぶんかの進歩が偶然達成された．気候変動問題は概して国家の政治課題としては重視されてこなかった．また，ほかの国々では影響力をもつ環境保護運動も，ロシアとその他の CEIT では弱く，ほとんど影響力をもたないという傾向がある[42]．

EU への加盟申請を行っている CEIT，すなわち（キプロスに加えて）チェコ共和国，エストニア，ハンガリー，ポーランド，スロベニアの 5 つの「新規加盟国」は，気候系の保護に明らかに特別な利害をもつ．これらの国は，EU への新規加盟の時点で EU の法律を遵守しなくてはならなくなるため，多くの気候関連の措置の実施を想定し始めている．また，新規加盟を睨んだこの 5 カ国の交渉上のポジションは，「よい子」として振る舞うことで今後さらに強化されていくだろう．これらの国は，『京都議定書』の交渉プロセスにおいて EU のポジションにできる限り近づき，またそれを支持することが自国の利益にもつながることがわかっていた．

2.4 開発途上締約国：細かく砕けた 1 つの塊

開発途上締約国は植民地主義という共通の歴史に根ざす連帯の長い伝統をもっている．独立を求める戦いや北への構造的依存から脱却する戦いには，開発途上締約国を一体化させる強い効果があった．1980 年代，1990 年代に開発途上締約国間での経済格差が増大していったにもかかわらず，この連帯は依然重要な要素である．開発途上締約国は，単独で行動した場合の影響力は限られていることを知っているため，「G77」という枠組の中で共通のポジションを形成しようと努める．G77 は約 130 カ国の開発途上締約国で構成されている．さらに，中国が G77 のポジションに加わることが多い．G77 の議長は，毎年メンバー国が交替で務め，気候変動に関する国際交渉では，

---

[42] Jancar-Webster 1993; Vari/Tamas 1993; Botcheva 1996を参照．

通常「G77 および中国に代わって」発言する．

外見上はこうした結束が見られるが，気候変動に関してはむしろまったく異なる利害をもつ国が G77 という屋根のもとに集まっている．ほかの国際環境政策の分野でもそうであるように，ときに G77 内部で異なるグループがそれぞれ特有の利害を追求することがある．特に 2 つの国グループが開発途上締約国の大多数と立場を異にしている．通称 AOSIS と呼ばれ，小島嶼国連合としてまとまっている低海抜で島国の開発途上締約国と，OPEC の加盟国である．後者の中で最もよく知られているのがサウジアラビアとクウェートだ．

2.4.1　石油輸出国機構（OPEC）

OPEC 加盟国，特にサウジアラビアとクウェートの交渉ポジションには，石油と天然ガスの輸出への利権が著しい影響を及ぼしている．化石燃料を生産していることから，これらの国々の 1 人当たりの CO_2 排出量は開発途上締約国平均をはるかに上回る結果となっている．例えば，1990 年のサウジアラビアの 1 人当たりの CO_2 排出量はほぼ 11 t であったが，これは世界平均の 2 倍半以上である（図 2.3）．しかし，絶対量では，サウジアラビアが世界全体の排出量に占める割合は 1％以下である．

サウジアラビアとクウェートは世界の石油確認埋蔵量の 3 分の 1 以上を有しているが，これは，休みなく生産しても枯渇するには 100 年以上かかる量である．両国の海外からの収益のすべては石油輸出によるもので，サウジアラビアの場合，これが国民総生産の 3 分の 1 以上であった（図 2.4）．両国では，製品の多様化に向けられた努力ですら，肥料生産や化学工業の他部門への投資といった，依然として化石燃料に大きく依存する傾向にある．

特に，巨額の軍事支出と，少なくともサウジアラビアの場合大幅な公的赤字を生んだ 1990/91 年の湾岸戦争後は，いかにこれらの国が化石燃料の輸出による収益に依存しているかがはっきりとわかる．さらに，1980 年代以降，石油価格の下落により OPEC 加盟国の経済的な基盤は悪化している．これは一部には，OPEC に加盟していないノルウェーや英国が石油の増産を行ったためであるが，OPEC が自らの石油生産の制限を実施しなかったことにも起因している．したがって，これらの国にとっては，「気候変動（政

策）は資源戦略全体，および長期的な展望を脅かすものである」[43].

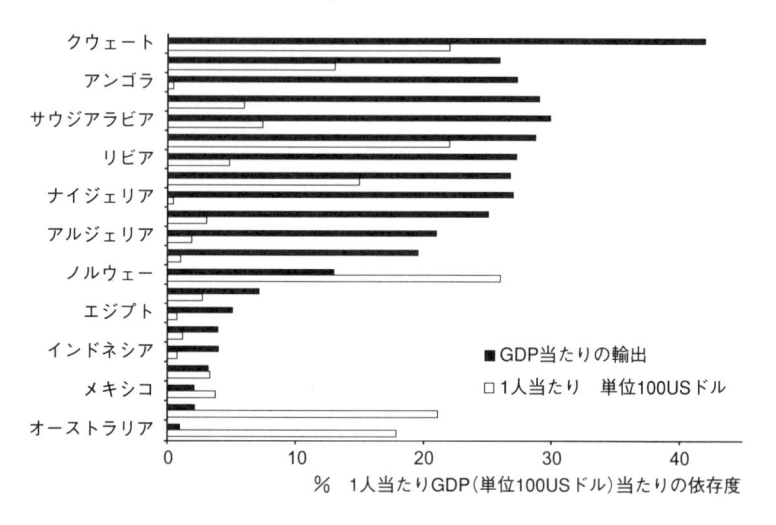

図2.4 エネルギー輸出国の脆弱性

```
クウェート
アンゴラ
サウジアラビア
リビア
ナイジェリア
アルジェリア
ノルウェー
エジプト
インドネシア
メキシコ
オーストラリア

■ GDP当たりの輸出
□ 1人当たり　単位100USドル

0    10    20    30    40
％　1人当たりGDP（単位100USドル）当たりの依存度
```

出典：Kassler/Paterson 1997, p.48

　こうした状況を考えると，地球温暖化に対する国際的な措置がもつ潜在的な利点ですら，OPEC 加盟国から確実に支持を引き出せるような説得材料にはならない[44]．その上，中東地域の一般的な天候条件（少雨，高温）のために，気候変動の悪影響はどちらかといえば小さい．化石燃料の輸出収益を必要な適応措置のための資金として使うということも考えられるが，ほとんどのアラブ諸国が君主制の政治構造をもつために，一般の人々が気候変動の問題に懸念を表明することはいっそう難しい．こうした状況の中で，世界気候連合（Global Climate Coalition）や気候会議（The Climate Council）などの産業 NGO の激しいロビー活動を受けた，OPEC 加盟国，特にサウジアラビアとクウェートは，国際交渉において国際的な共通行動に向けた動きを遅らせる機会があればそれを見逃すことはほとんどなかった．

---

[43] Grubb 1996, p. 152；アラブのOPEC加盟国におけるエネルギー開発およびエネルギー生産と埋蔵量に関するデータは，IEA 1996; 1998; WRI 1996を参照．
[44] Kassler/Paterson 1997参照．

2.4.2 小島嶼国連合（AOSIS）

　AOSIS は 42 の低海抜の発展途上の島国で構成されている[45]．このグループは 1 つの共通する利害，すなわち，気候変動の影響に対する大きな懸念を共有している．今後起こる恐れがある海面上昇，サンゴの白化現象，ハリケーンやサイクロンの頻度や強度の増大は，これらの国にとっては現実の脅威である．これらの国々の国土は平均で海抜 2-3 m しかないため，気候変動によって国の存在そのものが脅かされているところもある[46]．1990 年にツバルの首相が述べたように，「国の存続そのものが危険にさらされている」[47]．国の存続にかかわるほどの危険に直面していることで，AOSIS の国々は，気候変動に関する国際交渉における「エコロジカルな良心」となっている．例えば，AOSIS は国連気候変動枠組条約の COP1 前，交渉を加速させようと 1994 年末までに議定書案を提出した最初の国々であった．

　AOSIS 内にも利害の対立はあるが，こうした深刻な懸念は，AOSIS 参加国にとっていかなる利害にも勝るものである．AOSIS に参加する国の中には，1 人当たりの CO_2 排出量が高い国や「汚染者の利益」が存在する国もある．化石燃料の生産国もあり，そのため対立する内部の利害を抱えてきた．例えば，トリニダード・トバゴは原油の輸出国であり，1 人当たりの CO_2 排出量は 1990 年の EU の平均より高い（図 2.3）．しかし，国の面積がかなり小さいため，絶対値では AOSIS 参加国が世界全体に占める CO_2 の排出量はわずかである．

　AOSIS 参加国間の経済力には開きがあるが（例えば，シンガポールとモルジブ），大部分の国は気候変動の影響への適応や緩和に使える資金が限られている．ほかのすべての開発途上締約国と同様に，衡平性の理由から，気候変動にかかわるコストを負担する意思も，十分ではない．AOSIS は通常

---

[45] 米領サモア，アンティグア・バブーダ，バハマ，バルバドス，ベリーズ，キャップヴェルデ，コモロ諸島，クック諸島，キューバ，キプロス，ドミニカ，ミクロネシア連邦，フィージー，グレナダ，グアム，ギニア・ビサウ，ガイアナ共和国，ジャマイカ，キリバス，モルジブ，マルタ，マーシャル諸島，モーリシャス，ナウル，オランダ領アンチル諸島，ニウエ島，パラウ，ニューギニア，サモア，サントメ・プリンシペ，セイシェル，シンガポール，ソロモン諸島，スリナム，セント・キッツ・ネイビス島，セントルシア，セント・ヴィンセント・グレナディーン島，トンガ，トリニダード・トバゴ，ツバル，米領バージン諸島，バヌアツ．
[46] IPCC 1997.
[47] 1990年11月6日，ジュネーブで行われた第2回世界気候会議でのツバルの首相，ビケニウ・パエニウ閣下の演説（筆者所持の資料）．

気候変動問題の国際政治の舞台で，先進締約国からまず温室効果ガスの排出を削減し，いかなる回避不可能な気候変動にも適応できる十分な資金を開発途上締約国に移転する強い約束を先進締約国に求めてきた．京都会議とその後の交渉では，AOSIS 参加国の多くが，開発途上締約国による将来的な行動の必要性を認め，「自主的な約束」の概念を支持した（第 17 章参照）．

2.4.3 その他の開発途上締約国

たとえ上記の 2 つのグループを除いても，開発途上締約国は文化的，政治的，経済的状況が多様であるため同質ではない．中国，インド，韓国，マリ，コスタリカなどのお互いにまったく異質な国々がこのグループに属している．G77 および中国グループのポジションの形成となると，ブラジル，中国，インドが明らかに影響力をもつ．しかしながら，マレーシア，フィリピン，タンザニア，インドネシア，メキシコといったその他多くの開発途上締約国も『京都議定書』交渉のプロセスには積極的に参加した．

気候変動の交渉におけるこのグループの主要な懸念は衡平性である．グループのおもな目標は，おもに先進締約国が引き起こした問題に取り組むために開発途上締約国の経済的・社会的発展が阻害されないようにすることである．開発途上締約国の 1 人当たりの CO_2 およびその他の温室効果ガスの排出量は世界平均を大きく下回る（図 2.3）．1990 年代初頭，開発途上締約国に生きる世界人口の 4 分の 3 に当たる人々の CO_2 排出量が占める割合は，世界全体の 3 分の 1 以下でしかなかった．こうした状況を背景にして，先進締約国の「贅沢のための排出」と対比させて，開発途上締約国の排出を「生存のための排出」と呼ぶ人々もいる[48]．歴史的な見地からみると，この責任の大きさの違いはさらに顕著になる．人為的な活動による 1800 年以来の CO_2 排出量の合計のうち，開発途上締約国起源は 20% 以下である．開発途上締約国の歴史的累積排出量の割合は，21 世紀半ばまでは世界全体の半分に達することはないであろう[49]．

それでも中国，インド，多くの新興工業国などの絶対排出量は 1990 年にすでにかなりの量であり（図 2.2），ダイナミックな増加傾向を示している．

---

[48] Global Commons Institute 1991.
[49] IPCC 1996c, p.94; WRI 1996, p. 319; Kelly 1990; Global Commons Institute 1991; Agarwal/Nahrain 1991.

中国の CO_2 排出量は 2010 年までに倍増すると考えられている．2020 年頃には，中国が米国にとって代わって世界最大の排出国となり[50]，開発途上締約国全体の CO_2 排出量は先進締約国の合計より高くなる可能性がある．開発途上締約国において気候変動の緩和のための協力的な措置を講ずることは将来非常に重要になるだろう．しかし，開発途上締約国のもつ対応能力は限られているため，温室効果ガス排出抑制のためのコストの高い対策措置を先進締約国からの資金と技術の移転に結びつける交渉戦略をとった．

しかし，だからといって開発途上締約国が地球温暖化に対する戦いに貢献しないというわけではなかった[51]．インドと中国は世界最大の石炭産出国の中の 2 つで，大規模な石炭埋蔵量をもっている．しかし，G77 の大多数にとって，利用できるエネルギー源は非常に限られたものでしかない．中国とインドを含む，大部分の開発途上締約国がエネルギー純輸入国であることを考えると，エネルギーの効率のよい使用は開発途上締約国の国益につながる．京都会議以前ですら，中国，インド，ブラジルを含む多くの国が，化石燃料への補助金の縮小などの気候関連の対策措置を制定している．これらの措置をとった結果，エネルギー原単位が下がり，温室効果ガス排出量の伸びが下がった[52]．

地球温暖化の結果，大部分の開発途上締約国で，現在の不利な自然条件がさらに悪化する可能性が高い．これらの国は，自然資源への依存度が高いため，気候変動に対して特に脆弱である．気候変動に関する政府間パネルが述べているように，「開発途上締約国経済は農業や自然資源のフローのその他の側面への依存度がずっと高い」[53]．しかし，変動する気候条件や，上昇する海面，異常気象の頻度の増加に適応する開発途上締約国の能力は，経済的な資源の不足，そしてさらに行政機構の不備により非常に限られている．1997/98 年のエルニーニョ現象が引き起こした異常降雨と洪水に直面した東アフリカ諸国の無力な姿は，その悲劇的な実例である[54]．

このような脆弱さを抱えながら，一方でこれらの国における一般の人々

---

[50] IEA 1996; 1998; WRI 1996.
[51] Reid/Goldemberg 1997を参照．
[52] FCCC/AGBMm/1997/CRP.5; WRI 1996; IEA 1996; 1998; Baumert et al. 1999; Goldemberg 1999参照．
[53] IPCC 1996c, p.97.
[54] Center for Health and the Global Environment 1998.

の地球温暖化への関心は十分ではない．最近，地球環境問題についての意識が高まってはきたが[55]，環境への関心は国内や地域的な空気と水の汚染という「古典的」な問題に向けられてきた．しかも，こうした問題がいくつもの開発途上締約国で，環境関連の協議事項の中で益々大きな割合を占めるようになってきている[56]．

また，大部分の国では国内および外交上の環境政策を展開する力が十分ではない．インドのような開発途上締約大国の政策決定者ですら，通常，適切な科学的能力やその他の情報能力を駆使できているわけではない．さらに，これらの国の多くは行政的な能力（人材と設備）が欠けているために，国際的なレベルで政策展開に積極的に貢献することが十分にできない．その結果，自国の利益に関して不安を感じ，新しい政策の展開に全般的に懐疑的になってしまう[57]．

経済的および社会的発展は依然として開発途上締約国の最も重要な政策目標である．増加するエネルギー消費とそれに対応して増加する CO_2 の排出量は伝統的にこうした開発の必然的な副産物だと見られている．開発途上締約国は一般的に先進締約国がとる行動を支持はするが，彼らが重要視してきたのは，経済的に可能なエネルギー供給へのアクセスを確保することであった．開発途上締約国はまた，先進締約国の約束が将来開発途上締約国にとって不平等な義務につながるのではないかという懸念を共通して抱いている[58]．先進締約国が，気候変動に関する開発途上締約国での行動の強化を要請すると，強い反発を招いてきた．開発途上締約国側はそういった要請を不当で不公平だと考えるからだ．開発途上締約国側からのこうした反発を見越して，いくつかの後ろ向きな先進締約国は交渉を遅らせるために，騒ぎが起きるような状況を意図的に作り出すようになった（第17章参照）．

---

[55] Gallup 1992.
[56] UNEP 1997; WRI 1996; Taylor et al. 1993; Jänicke/Weidner 1997.
[57] Gupta 1997; 1998.
[58] Gupta et al. 1995; Gupta 1997; Moltke/Rahman 1996を一般に参照．

2.5　NGOと国際組織

　『京都議定書』交渉では政府が最も重要なプレイヤーだが，国際的なレベルでは政府だけが影響力のあるプレイヤーというわけではない[59]．NGOや公的な国際機関は，直接国際交渉に参加はしないが，情報の提供や助言，政策提案，そしてときには直接的なロビー活動によって政府の行動に影響を与えている．合計すると「無数のタイプや規模の非常に数多くの組織」が気候変動に関する国際的な政策立案に参加している（図2.5参照）[60]．

　国連環境計画（UNEP），国連開発計画（UNDP），国連貿易開発会議（UNCTAD），国際民間航空機関（ICAO），世界銀行，地球環境ファシリティ（GEF），OECDおよび国際エネルギー機関（IEA），国連工業開発機関（UNIDO），国連児童基金（UNICEF），世界気象機関（WMO）などは交渉会議に出席し，それぞれの守備範囲の分野における専門知識や予備知識を提供することによって議論に影響を与えた．気候変動に関する政府間パネルの親組織であるUNEPとWMOは，広範囲にわたり議論にかかわった．ICAOのように，特別な関心事（すなわち，国際航空からの排出）が討議の議題となる場合に限り関与してきた組織もある．

　最も重要なのが，250もの非政府組織（NGO）がオブザーバーとして京都会議に参加したことだ[61]．正式には，気候変動に関する国際交渉の枠組においては，組織が誰を代表にするかによって三種類のNGO分野が認められている．最大のグループは環境とビジネスにかかわるNGOで，それぞれのグループの中でも多様な利害とポジションが見られる．これに加えて，多くの地方自治体を代表する国際環境自治体協議会（ICLEI）もある[62]．『京

---

[59] 国際的な環境政治において益々高まる非政府のプレイヤーの重要性については，Hurrel/Kingsbury 1992; Kamieniecki 1993; Princen/Finger 1994; Chatterjee/Finger 1994; Wapner 1996; Schmidt/Take 1997; Take 1997; Chartier/Deléage 1998.
[60] Sprinz/Luterbacher 1996, p.58.
[61] NGOのポジションに関する概括的な報告とポジションの一覧に関しては，Talaab 1998を参照．国連気候変動枠組条約のプロセスにおけるNGOの役割に関しては，Take 1998; Schmidt/Take 1997; Janett 1996; Altvater et al. 1998を参照．
[62] さらに，大学のような「純粋な」研究機関も交渉会議に参加してきた．強いポジションをあらかじめ決定することなく交渉プロセスに参加してきたその他のNGOとして，労働組合やその他の社会運動グループがある．彼らは，だんだんと気候変動問題を千年紀（ミレニアム）の中心的な環境問題として，また，パラダイムとして認識するようになっている．The Global Commons Institute は交渉会議の参加者に衡平性の問題を知らせ，平等な1人当たりの排出の権利を主張することで，特別な役割を演じてきた．この研究所は

都議定書』交渉のプロセスで，ICLEI は約 240 市，1 億人の住民を代表して参加した．

表 2.1 『京都議定書』交渉プロセスにおけるオブザーバー組織の参加

	COP1	COP2	COP3
NGO	165	116	236
政府間組織	12	10	15
国連組織の事務局および専門機関	19	20	27

出典：締約国会議報告書

　1989 年に，第 2 回世界気候会議（1990 年）に向けた準備段階で設立された「気候活動ネットワーク」（CAN）は，八つの地域的なサブネットワークと 260 以上の会員組織で構成されている（1998 年現在）．特に近代的なコミュニケーション技術と電子メールシステムによって，CAN のメンバーは会議と会議の間の期間でも情報を交換し，綿密な調整を行うことができる．戦略の問題を討議し，最新の動きに関する「情報」を交換するために，定期的な集まりが交渉会議の期間中に開かれる．結果的に，環境 NGO は気候変動のレジームの発達と『京都議定書』の採択に大きな貢献をしてきた．

　地球の気候に対して共通の懸念をもつことによって結びついた CAN のメンバーは，交渉プロセスにおいていくつものさまざまな役割を演じている．政府代表への活発なロビー活動に携わる組織も何団体かある．世界自然保護基金（WWF），グリーンピース，地球の友といった国際ネットワークはこの環境活動家の部類に入る．活動の拠点を国内におくジャーマン・ウォッチ（ドイツ）やオゾン・アクション（米国，カナダ）のような組織もやはりこの部類に属する．「グリーン」NGO の中には，気候変動問題のみ，またはそれをおもな問題として取り組む組織もあれば，複数の問題に取り組む組織（すなわち，WWF やグリーンピース）もある．世界キリスト教協議会のような組織もまた，環境分野を超えたより幅広い課題の一部として気候変動の交渉プロセスに積極的に関与している．

インド政府のポジションに特別な影響を与えてきた．

直接的なロビー活動は行わず，テクニカルな，あるいは科学的な助言や政策提案を行う，特別な CAN メンバーのグループがある（もっとも，このグループもそれぞれ程度の差こそあれ「活動家」にはちがいない）．この部類に入るのが，エコロジック（Ecologic），ロンドンに拠点をおく国際環境法・開発財団（FIELD），ストックホルム環境研究所，VERTIC，ウッズホール研究センター，世界資源研究所，ワールドウォッチ研究所，ヴッパタール気候・環境・エネルギー研究所である．

　助言やロビー活動を行う際に，環境派の人々はさまざまな伝達手段やメカニズムを使う．ロビー活動の最も重要な手段の 1 つは，1972 年以来国際環境会議で定期的に発行されてきた NGO のニュースレター「エコ」である．「エコ」は，情報を公表し新しい問題を提起する影響力のある共通の情報伝達機関としての役割を果たす．大部分の政府の代表は通常「エコ」を朝一番に手にして読む．それは，交渉の最新情報に遅れないようにするためでもあり，また，愉快な笑いを求めてでもある．「エコ」の編集者は交渉には概してユーモアが欠如していることをよく知っていて，おもしろい記事を挿むようにしているからだ．NGO によっては，招かれて自国の政府代表団に加わり（例えば，カナダやデンマーク政府代表団），気候変動に関する国際的な政策立案の「中枢」に出入りできる機会を得た組織もある．例えば，FIELDの国際法の法律家達は『京都議定書』交渉プロセスに AOSIS 代表団の一員として参加した．こうした例を別とすれば，NGO は，働きかけが必要な政府の代表を求めて，会議場の廊下を歩きまわっている[63]．

　もう一方の側として，ビジネス NGO もまた国際的プロセスにおいて強い影響力をもつ．より多くの活動資金をもつこれらのグループの会議への代表は，ときに「グリーン」NGO の二倍の数にのぼることがあった．ビジネス NGO の調整役を務めるのは，国際商工会議所（International Chamber of Commerce）である．『京都議定書』交渉のプロセスでは，おもに気候変動への緩和措置が自分達のビジネスに及ぼす経済的な影響に懸念を抱いている強硬路線の「灰色の」ビジネス NGO と，ビジネス界における「薄緑」の一団とがはっきりと区別できた．

　化石燃料の業界は特に大きな影響力をもつ．中でも米国を本拠地とする

---

[63] NGOの機能については，Sprinz/Luterbacher 1996, pp. 59-62; Altvater et al. 1998を参照．

世界気候連合 は最も著しい「灰色」のNGOだ．例えば，エクソン，モービルなどのおもな資金源がそうであるように，世界気候連合そのものが多国籍を志向している組織である．ニューヨークを本拠地とする法律家で，OPEC加盟諸国に助言を行ってきた気候会議のドン・パールマンは，非公式には知られているように，『京都議定書』交渉プロセスにおける「炭素クラブ」を代表するおそらく最も経験豊かな人物だろう．議定書交渉でのOPECの発言のいくつかは実際，このグループが下書きを書いた．

しかし，産業組織の中にはもっと注意深いスタンスをとってきた組織もある．持続可能な開発に関する世界経済理事会（WBCSD）は，ビジネスの発展を混乱させる恐れがないような慎重な行動を求めてきた．さらに先進的な例が，保険産業（例：ミュンヘン再保険）である．保険産業界は，気候変動がおこれば実際には自らが敗者となるかもしれないことを次第に認識し（図6.1参照），『京都議定書』交渉において，産業界の進歩的な一団と手を結んだ[64]．

しかしさらに重要なのは，産業部門において，気候変動を創造性をもって立ち向かうべき課題として認識し始める企業が益々増えていることだ[65]．1990年代に，こうした企業は環境保護団体とのつながりを築き，それを強化した．例えば，気候変動に関する果断な行動がとられた場合に勝者となる可能性が高い企業（すなわち，エネルギー効率のよい機器や再生可能エネルギー技術を提供する産業）の集まりである，持続可能なエネルギーの将来のためのビジネス協議会は，『京都議定書』交渉プロセスにおいて，厳しい行動を支持した．トリゲン・エネルギー株式会社の最高経営責任者が指摘したように，産業界の中で，気候変動が「お金を儲ける非常に大きなチャンス」となる企業の割合は増大しつつある．英国石油（BP）の会長であるジョン・ブラウンは『京都議定書』の採択に熱心に拍手を送り，2010年までに自社の排出量を10％削減することを約束した．BPなどの多国籍企業は，業界団体にグリーンな考え方を積極的に取り入れようとしている．

---

[64] Salt 1998; UNEP 1997参照．
[65] Loske 1996.

第 3 章　国連気候変動枠組条約：国際行動の法的基盤

　京都プロセスに対する法的基盤は，ニューヨークにおいて 1992 年 5 月 9 日に採択された国連気候変動枠組条約の中で確立された．15 カ月間，5 会期にわたる交渉の後，条約は 1992 年 6 月，リオ・デジャネイロにおける国連環境開発会議（UNCED）で署名のために開放された[1]．1 年間で条約は 165 カ国および EU によって署名された．50 番目の批准が行われた後，3 カ月を経て，1994 年 3 月 21 日条約は発効した．1997 年 12 月の京都会議までに，167 カ国および EU が条約によって設立された気候変動に関する国際レジームの当事者となった．

　国連気候変動枠組条約は，このように気候変動に関する国際政治の基盤として普遍的に受け入れられた．しかし，このように普遍的に受け入れられた代償は重大であった．というのは，「ハード」な，すなわち法的に拘束する削減目標は放棄され，「ソフト」アプローチが採択されたからである．国連気候変動枠組条約は，交渉を特徴づけ，京都プロセスの間も変わることのなかった関係者の対立と集合および利害関係の結果であった（第 2 章参照）．京都プロセスにとって条約の主たる重要な点は，条約が基本原則および義務とともに目的を規定しているという事実にある．さらに重要な点は，条約が政治的外交的活動のための枠組みを規定した手続きおよび制度を創設したことである．国連気候変動枠組条約のこれらの規定は，将来の「活動範囲」の輪郭を描き，将来のゲームの基本的なルールを明らかにした．次節では，国連気候変動枠組条約の目的，原則および義務の概略が示される．その後，本章では最も重要な制度および手続規定を概観する．最後に，本章は 1992 年の国連気候変動枠組条約採択後の発展の簡単な評価で締めくくる．

---

[1] 条約は以下のものに再録されている．International Legal Materials (ILM), 13 (1992), pp.851 et seq. 条文および交渉過程は多くの検討のテーマとなってきた．例えばBodansky 1993; Oberthür 1993; Ott 1996a; Rowlands 1995; Sands 1992; 1994; Breitmeier 1996; Mintzer/Leonhard 1994; Sprinz/Luterbacher 1996; Rowbotham 1996参照．

3.1 目的，原則および義務

条約の「究極的な目的」は以下のように 2 条で述べられている．

「気候系に対して危険な人為的干渉を及ぼすことにならない水準において大気中の温室効果ガスの濃度を安定させること．」

この目的は，普段は懐疑的な環境保護主義者によってさえ 1 つの業績として伝えられていた．「水準」は明記されていないが，2 条の第 2 文は次のように規定する．

「そのような水準は，生態系が気候変動に自然に適応し，食糧の生産が脅かされず，かつ，経済開発が持続可能な態様で進行することができるような期間内に達成されるべきである．」

この具体性に欠ける目的は，気候変動への適応および気候変動の緩和の必要性を認識する一方，異なる解釈を許している．

この究極の目的は条約 3 条に含まれている原則を伴なっている．以下の点を考慮に入れつつ，この規定は，条約のもとでのすべての政策の基本的な基盤として，衡平および予防の原則を確立している．

「共通に有しているが差異のある責任および各国の能力．したがって，先進締約国は率先して気候変動およびその悪影響に対処すべきである．」

政策および措置は，温室効果ガスの発生源，吸収源および貯蔵庫ならびに気候変動への適応措置をカバーした包括的なものでなくてはならない．気候変動または地球温暖化に対処する措置によって，最も影響を受ける諸国には特別の配慮が払われるべきである．最後に，締約国は持続可能な開発を促進し，同時に国際貿易における偽装的な制限とならない開放的な国際経済体制を促進しなければならない．

1992 年の交渉者たちは，おもに米国の抵抗のため，これらの原則を先進工業国に対する温室効果ガスを削減（「目標およびタイムテーブル」）するための法的拘束力のある目標という形にしなかった．合意された妥協は先進工業国の報告義務として組み立てられた．117 語からなる核となる文章は，『モントリオール議定書』で規制されていない CO_2 その他の温室効果ガスの人為的な排出量を「個別にまたは共同して 1990 年の水準に戻すという目的」に言及している（4 条 2 (b)．それは，「これまで起草のされたもののうち

で最も不可解な条約上の言い回し」として特徴づけられている[2]．最も広範な解釈をしても，温室効果ガスの排出を先進工業国に対し規制するという法的拘束力をもった義務をそこからは導き出せない[3]．また，OECDのほんの数ヵ国しかこの「目標」を達成しないだろうという点で同規定は政治的にも効果的ではない．

しかし，条約は，その事後の発展のための基礎を規定するその他の重要な義務を含んでいる．すなわち，すべての当事国は，以下のことを行わなければならない．

● 人為的温室効果ガスの排出および吸収源による吸収の国家目録を作成すること．
● 気候変動を緩和する措置および気候変動に対する適応を容易にするための措置を含む国家的および地域的な計画を策定し，実施すること．
● 吸収源および貯蔵庫の持続可能な管理を促進すること．
● （気候変動の影響への：訳者付加）適応に協力すること．
● 他の政策分野を考慮に入れた気候政策の統合および他の関連分野（科学，技術，教育など）の国際協力を推進し，協力すること．
● 目録ならびに関連する政策および措置を通報すること（4条1および12条）．

条約の種々の附属書に従って2つの大きなグループに区分される先進工業国にのみ追加的義務が適用される．附属書Ⅰは，ECと1992年時点で存在するすべての先進工業国を含んでいる．すなわち，1992年時点のOECD24ヵ国と（ユーゴスラビアを除いた）ヨーロッパ市場経済移行過程諸国である[4]．京都では，このリストは，1992年時点で附属書Ⅰからはずされた若干の小国とともに中央および東ヨーロッパの新国家を含むよう変更された．すなわち，チェコスロバキアはリストから削除され，チェコ共和国，スロバキア，

---

[2] Sands 1992, p.273.
[3] 例えば，Bodansky 1993; Sands 1992; Ott 1996a.
[4] 条約附属書Ⅰの（注）にしたがって「市場経済への移行の過程にある国々」．OECD加盟国はその後ポーランド，ハンガリー，チェコ共和国，メキシコ，および韓国の加盟に伴い拡大した．特に断りのない限り，以下で使用するOECDの用語はかっての24加盟国を指す．24のOECD原加盟国のうちの1つであり，同時に開発途上締約国でもあるトルコをリストアップすることが争点になった．しかし，それゆえにトルコは，条約当事国になるのを拒否した．

クロアチア，スロベニア，リヒテンシュタイン，モナコが追加された[5]．主として気候変動枠組条約のもとにおける財政的義務のための参照リストとして役目を果たしている附属書IIは，1992年時点でのすべてのOECD諸国およびECを含んでいる．このように，条約の異なる規定が，(1) すべての国家（開発途上締約国も含む）(2) すべての先進工業国，(3) OECD諸国，または (4) CEITに適用される．

附属書Iに記載されている先進締約国だけが，2000年までに1990年レベルに温室効果ガスの排出を削減することを「目指す」ソフトな義務のもとにある．また，特別の報告義務も課せられている．条約のもとにおける情報の送付は，政策および措置の詳細およびそれらの将来の排出に対する予想される効果を含まなければならない（条約12条）．さらに，先進工業国は開発途上締約国および後発開発途上締約国よりも早く報告しなければならない．時間をかけて，先進工業国および開発途上締約国に対する報告ガイドラインは苦心して作られた．例えば，温室効果ガスの目録のためのガイドラインは，気候変動に関する政府間パネルの作業から引かれている[6]．条約の中では，国別報告書に対する特定の評価は予定されていないが，締約国会議は「締約国による条約の実施状況を評価する」ことになっている（条約7条2 (e)）．

CEITの経済的衰退およびそれに伴うCO_2排出量の減少により，これらの諸国は，1990年と異なる基準年を弾力的に選択することが許されている（条約4条6）．このように，CEITは，条約上の義務として最大排出量の年を選択することが許されている．ブルガリア，ハンガリー，ポーランド，ルーマニア，およびスロバキアは，第2回およびCOP4で受領された第1回目の国家情報／国別報告書を送付した際，この規定を援用した．（表3.1参照）追加的な要請は，条約の実施補助機関（SBI，以下参照）によって決定されるだろう[7]．このような例外とは別に，条約は1990年を先進工業国の約束の基準年，およびその後の交渉の参考年とした．

条約の附属書IIに掲げられているOECD諸国およびECは，財政的援助および技術移転に関する活動について特別の報告義務がある．これらの締約

---

[5] FCCC/CP/1997/7/Add.1の中のDecision 4/CP.3.
[6] IPCC reporting guidelines; FCCC/CP/1995/7/Add.1の中のDecision 4/CP.1; FCCC/CP/1996/15/Add.1の中のDecision 9/CP.2; FCCC/CP/1997/7/Add.1の中のDecision 2/CP.3.
[7] FCCC/CP/1996/15/Add.1の中のDecision 9/CP.2; FCCC/CP/1998/16/Add.1の中のDecision 3/CP.4.

国に対してのみ、条約は新規および追加的資金を開発途上締約国に供与する実質的な義務を課している。つまり先進工業諸国は、気候変動枠組条約12条に従い開発途上締約国が行う報告に関する「すべての合意された費用」(すなわちすべての費用)および、排出削減プロジェクトを含むほかの実施措置に関する「すべての合意された増加費用」を負担しなければならない(4条3, 4, 5)。プロジェクトの増加費用は、通常の条件下でのプロジェクトの実現と比較すると、温室効果ガス排出の追加的削減を可能にする財源である。AOSIS の勢力は、さらに気候変動の悪影響に対する適応のための支援が明確に含まれることを確保した。財政的援助は、最初は暫定的に GEF によって運営された財政メカニズムを通じて行われる(条約21条)。

表3.1 市場経済移行過程諸国の基準年

国	基準年	国	基準年
ブルガリア	1988	ポーランド	1988
クロアチア	(1990)	ルーマニア	1989
チェコ共和国	1990	ロシア	1990
エストニア	1990	スロバキア	1990
ハンガリー	1985-87	スロベニア	1986
ラトビア	1990	ウクライナ	1990
リトアニア	1990		

出典:FCCC/CP/1998/11/Add.2;FCCC/CP/1998/16/Add.1 の中の Decision 11/CP.4;クロアチアは最初の国家通報は未提出.

条約の中で扱われている 2 つの問題は、気候変動に関する国際的政策の発展にとって重要であることを証明している。それらは、いわゆる「吸収源」と共同実施(JI)である。一般的に「吸収」という用語は、不特定の期間中における大気からの温室効果ガスの除去のプロセス、活動またはメカニズムを指すが、主要な争点は成長している樹木による大気中の炭素の吸収である。IPCC は、北半球における森林の成長は年間 0.0 から 1.0Gt の炭素吸収に相当すると推定している(それは、先進工業諸国の CO_2 排出量の 0 から 15-20%

に相当する)[8].温室効果ガスの目録の計算には,発生源による排出および吸収源による除去が含まれるとされているが(条約12条1),異なる種類の森林のもつ炭素吸収機能の規模に関して不確実性が存在する.また,レジームに吸収源を含めることの有効性については依然として争われ,疑問が残されている(11.3参照).

条約4条2に規定されている共同実施(JI)の概念は,経済的な概念である.削減費用は,おもにエネルギー効率の違いから国家間で異なっている.それ故,排出削減は,OECD諸国よりも開発途上締約国およびCEITではより安価なものになっていると考えられる.共同実施は,先進工業諸国に対して他国での気候保護プロジェクトを遂行することによって,クレジットを得,また,資源を節約し,排出削減を最大にすることを可能にする.共同実施の知的な魅力にもかかわらず,実際的および政治的困難が存在する[9].しかしながら,共同実施はノルウェーによって主張され,ほかの先進工業国によって支持されて,4条2(a)にとり入れられた.それによれば,附属書Ⅰの締約国は,政策および措置を「共同で」実施することができる[10].この点は,京都につながる国際交渉において,最も興味深く時間のかかる議論のうちの1つの核心部分であった(第4章参照).

3.2 機関および手続的方向づけ

気候変動に関する国際制度は,その機関および手続きがレジームの絶え間ない発展と実施を支持するために考案されたという点でプロセス志向である[11].この点で気候変動枠組条約は画期的なものである.その理由は,条約は制度的枠組みおよび未発達ではあるが,条約規定をさらに以下のように精緻化するために締約国によって利用される手続きを創設しているからである.

> 「気候変動およびその影響に関する入手可能な最良の科学的な情報および評価ならびに関連する技術上,社会上および経済上の情報に照らして行う」(条約4条2(d))

---

[8] IPCC 1996c.
[9] 以下参照,および Loske/Oberthür 1994; Luhmann et al. 1997.
[10] Bodansky 1993, pp.520-523.
[11] 国際レジームのプロセスの特質に関してはOtt 1998a;Gehring 1994を参照.

第3章 国連気候変動枠組条約　　45

　条約によって設立された最も重要な機関は，締約国会議（COP）である．締約国会議はレジームの中で最高の意思決定機関である（条約7条）．締約国会議の権限および責任は以下の点である．
●条約の実施および約束の適切性を検討すること．
●温室効果ガス目録の方法論の発展および改善を推進すること．
●条約の全体的な有効性を評価すること．
●条約目的達成のために必要な他の機能を履行すること．

　締約国会議は補助（臨時または常設）機関を創設することができ，勧告を行い，決定を行い，条約議定書を採択し，または条約自体を改正することができる（図3.1および機関に関する第18章参照）．

　条約はまた，2つの常設機関を創設している．科学技術諮問補助機関（SBSTA）およびSBIである．これらの機関はすべての締約国に参加のために開放されており，締約国会議の指導のもとに行動する（条約9条および10条）．補助機関の任務は比較的広く一般的なので，特定の任務は締約国会議によってその後付与された．それは権限の重複の故に時々混乱を引き起こした[12]．さらに状況を複雑にしているのは，科学技術上のアドバイスはSBSTAのみならずIPCCによっても行われることである（条約21条2）．締約国にIPCCの結果を送付するにあたり，SBSTAはこのようにIPCCの結果に対しもう1つの政治的なフィルターとなっている．

　条約およびその機関の機能に対する行政的なサポートは，最初は暫定的にジュネーブにおかれた事務局によって提供される（条約8条）．締約国会議の初会合（COP1）の決定に基づき，事務局は1996年，ドイツのボンに移った．気候変動問題の重要性および事務局が行わなければならない多くの任務にしたがって，事務局は特に多くのスタッフをかかえている．1999年1月現在，行政スタッフおよび短期のコンサルタントを含めて，事務局で約100人が働いている．オゾン層保護ウィーン条約および『モントリオール議定書』のための事務局は，4-5人の専門スタッフで運営されてきた．気候変動枠組条約事務局全体の年間支出は1999年1,000万米ドルを超える[13]．気

---

[12] FCCC/CP/1995/7/Add.1の中のDecision 6/CP.1; FCCC/CP/1996/15/Add.1の中のDecision 2/CP.2; FCCC/CP/1997/7/Add.1の中のDecision 13/CP.3.
[13] FCCCC/CP/1997/7/Add.1 の中のDecision 15/CP.3; オゾン・レジームについてはUNEP/OzL.

候変動枠組条約事務局の人員の多さは，問題の複雑さ，およびそこから生じる大量の仕事を反映している．そのことはまた，先進締約国は実質的な義務を明らかに引き受けたくないにもかかわらず，気候変動を特別に重要視していることを示している．

図 3.1　京都以前の気候変動枠組条約の組織システム

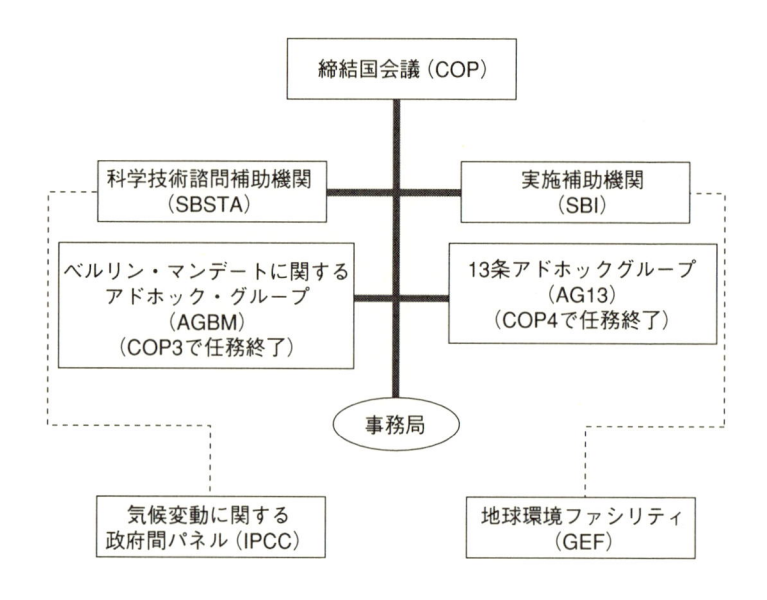

```
                        ┌──────────────────┐
                        │  締結国会議（COP）  │
                        └──────────────────┘
                                 │
        ┌────────────────┐       │       ┌──────────────┐
        │ 科学技術諸問補助機関 │───────┼───────│  実施補助機関  │
        │   （SBSTA）    │       │       │    （SBI）    │
        └────────────────┘       │       └──────────────┘
                                 │
    ┌──────────────────┐         │       ┌──────────────────┐
    │ ベルリン・マンデートに関する │         │       │ 13条アドホックグループ │
    │   アドホック・グループ    │─────────┼───────│      （AG13）      │
    │     （AGBM）       │         │       │  （COP4で任務終了） │
    │   （COP3で任務終了）  │         │       └──────────────────┘
    └──────────────────┘         │
                                 │
                            ┌────────┐
                            │ 事務局  │
                            └────────┘

    ┌──────────────────┐             ┌──────────────────┐
    │   気候変動に関する   │             │ 地球環境ファシリティ │
    │  政府間パネル（IPCC） │             │     （GEF）      │
    └──────────────────┘             └──────────────────┘
```

条約 11 条によって「定義された」財政メカニズムは，制度的構造のもう 1 つの重要な要素である．その設立と設計図は，南北対立のため，条約交渉の中で最も論争があった問題である．このメカニズムは締約国会議の誘導のもとで機能し，締約国会議に対し，責任を負う．開発途上締約国が財政メカニズムとして独立の基金を求めたので，原則としていかなる国際的な主体にでもその運営を任せることができたであろう．しかしながら，先進工業諸国の主張によって，GEF が暫定的な運営主体として設計された．しかしなが

Pro.9/12, Annex IX を参照．

ら，条約は，GEF は公正かつ衡平に代表され，その参加は普遍的で，しかもメカニズムは透明なかたちで再編されなければならないと規定する（条約 11 条および 21 条 3）．締約国会議と GEF 間の取り決めは，適用される政策，計画の優先性および適格基準とともに，後に決定された（後述）．

さらに条約は，履行に際し生ずるであろう紛争および問題の解決メカニズムを包含している（条約 14 条）．二またはそれ以上の締約国間の紛争は，外交交渉または関係締約国が手続きに合意すれば国際司法裁判所への提訴または仲裁を含むほかの平和的手段によって解決することができる．さもなければ紛争は調停に付される．仲裁および調停の場合，条約は適用する手続きを定める附属書の採択を要求している（条約 14 条 2, 7）．しかし，これまでこの点に関していかなる行動もとられていない．条約における義務のソフトな性質の結果，気候変動枠組条約は不遵守手続きを規定していない．その代わり，交渉者たちは，「条約の実施に関する問題の解決のための多数国間の協議手続き」を創設するための機会をつくり出した（13 条，16.2 参照）．

条約および附属書の改正のための手続的要件は気候変動枠組条約 15 条および 16 条で明らかにされている．改正および附属書は締約国の 4 分の 3 の多数で採択される．改正は締約国の 4 分の 3 の批准で発効する．附属書および附属書の改正は，明確に「離脱」すること，すなわち，受諾しないことを寄託者に通知することを選択しなかったすべての締約国に対し自動的に有効となる[14]．例えば 1985 年のオゾン層保護ウィーン条約には含まれていたが，不運にも，条約の交渉者たちは議定書の採択規定の青写真を描いていなかった（条約 17 条）．国際環境法の一般的な流れに従って[15]，気候変動に関する制度は議定書によってさらに，大いに発展することが見込まれた．条約中に議定書の採択に関する規定がなかったので，締約国は，条約の議定書採択のための手続きを決定するために，未だ合意されていない締約国会議の手続規則に戻ることになった．しかしながら，手続規則の採択はコンセンサスを必要とした（条約 7 条 2 (k)）．このことは，手続規則に関するコンセンサスを政府が妨げることを可能にしたことから，条約目的を支持しない各国政府にとって積極的に参加するというインセンティブとなった．また，手続

---

[14] 国際環境法における離脱手続きに関しては特に Sand 1990 参照．
[15] Ott 1998a 参照．

規則がなければコンセンサスが議定書採択のためには必要であろう．このことは，各国政府が議定書に対して拒否権を有することを意味していた[16]．

実質的な約束に関する「ソフトな」言い回しと引き替えに，条約交渉国は，COP1で，「およびその後は定期的に」（4条2（b））約束の適切さを検討（レビュー）することに合意した．条約改正または議定書採択のための規定は，このように，COP1で最初に意味のあるものになった．COP1は条約発効後1年以内に開催されることになっていた．

3.3 条約の展開

多数国間協議プロセス，締約国会議の手続規則，財政メカニズムのための暫定的取り決めの継続，および共同実施の基準を含むいくつかの未解決の問題点が，検討のための議題としてあげられた．最も重要なことは，COP1が条約に含まれる約束の適切さを検討しなければならなかったことである．

50カ国の批准を必要とする発効の前には，条約機関は準備作業を遂行することができなかった．暫定的に，条約の交渉国はそれ故，条約交渉を行ってきた政府間交渉委員会に対して，COP1で採択されるべき決定を作成する権限を与えることにより，「迅速なスタート」をすることに合意した[17]．それによって条約のプロセス志向はさらに明らかになり，また，条約の実施面への適切な移行が確保された．

公衆の関心は，おもに温室効果ガスの削減目標およびタイムテーブルに焦点が当てられていたけれども，多くのほかの重要な問題が条約採択の時から締約国によって扱われ，前進した．例えば財政メカニズムの発展は特に重要である．条約採択の際に，果してGEFが永久的な基盤の上の実施主体として指定されるべきかどうかについて議論が継続した．こういった議論は，GEFの再編に関する交渉が未解決であったため，行き詰まっていた[18]．最終的に1994年，GEFの再編に関して達した合意（管理を透明化し，すべ

---

[16] このことは京都への道に対する主要な障害のうちの1つであることを証明している．
[17] A/AC.237/18（PartⅡ）/Add.1の中のResolution INF/FCCC/1992/1参照；「迅速なスタート」の概念についてはChayes/Skolnikoff 1992参照．
[18] Oberthür 1996b, p.200.

ての締約国に衡平かつ均衡のとれた代表権をあたえる)[19] は,開発途上締約国には不十分なものに思えた.結局,COP1 では,条約の下での財政メカニズムの実施主体として GEF の暫定的な立場を延長することとなった[20].

COP1 以前に,締約国は,また,適応措置のための資金供与を決定する三段階のプロセスについて,およびさらなる政策,計画の優先度と資金供与の適格基準について合意した.締約国会議と GEF の間の具体的な取り決めは,長引く議論の後に,合意された.取り決めは,締約国会議の性質を維持することと,形式的に独立した組織として GEF の性質を維持することとの均衡を見出すことの困難性を特に扱わなければならなかった.一方で同取り決めは,条約に関連する問題においては GEF と締約国会議との密接な関係を規定していた.その結果,締約国会議と GEF の間の覚え書き,および条約の実施のために必要かつ利用可能な資金供与の決定に関する附属書が合意された.最終的に,COP4 は GEF を条約の常設の財政メカニズムとして指定し,定期的にレビューすることにした[21].

このほか多くの問題点がリオ会議以降,気候変動のアジェンダに上った.このうち最も重要なものの中には,技術移転,国別報告書のレビューシステムの精緻化,および条約 13 条に基づく多数国間協議プロセスが含まれていた.多数国間協議プロセスに関して,COP4 は,13 条で考えられる多数国間協議委員会の構成に関する規定および適用される投票規則を除いて,13 条に関するアドホック・グループが作成したテキストを承認することを決定した.(16.2 参照).履行のレビューシステムに関して,先進工業国による報告のためのガイドラインは通過し,詳細なレビュー手続きが合意された.特別の取り決めが,絶えず発展している異なる国家グループ(CEIT,開発途上締約国,後発途上締約国)のために合意された(16.1 参照).これらの問題は『京都議定書』の関連規定を扱った章の中で詳細に述べる.

---

[19] Ramakrishna 1994.
[20] FCCC/CP/1995/7/Add.1の中のDecision 9/CP.1 参照.再編プロセスについてはFairman 1996 参照.
[21] FCCC/CP/1995/7/Add.1の中のDecision 10/CP.1; FCCC/CP/1996/15/Add.1の中のDecision 12/CP.2; FCCC/CP/1996/15/Add.1の中のDecision 13/CP.2; FCCC/SBI/1996/14, Annex Iの中のDecision 1 /SBI; FCCC/CP/1997/7/Add.1の中のDecision 12/CP.3; FCCC/CP/1998/16/Add.1の中のDecision 3/CP.4.

第4章 ベルリン・マンデートおよびベルリン・マンデートに関するアドホック・グループ（AGBM）

リオ会議直後に始まり，京都会議に至る交渉の政治的なプロセスが本章の対象となる．国連気候変動枠組条約は，気候変動政策を巡るゲームの基本的なルールを定めたが，より細かいルールはその後のプロセスに先延ばしにされた．そこで，第1回締約国会議（COP1）では，ベルリン・マンデート（4.1および4.2参照）を決議することによって，京都へのプロセスという舞台を設定した．ベルリン・マンデートを実行するために特別に設けられたベルリン・マンデートに関するアドホック・グループ（AGBM）という交渉会議ではさらに重要な戦略的な決定が行われた（4.3-6参照）．京都に至るプロセスは，1つの分水嶺となったジュネーヴ宣言（4.5参照）を決議したCOP2を挟む前後の期間に分けられる．京都に至るまでは，各国政府はAGBMプロセスを通じてさまざまな選択肢を提示し，絞り込んだが，最も議論を呼んだ争点は未解決のまま日本に集まることとなった．

4.1 ベルリンへ向けて

すでに1992年のUNCEDの段階で，ドイツはCOP1の開催を申し出ており[1]，国連総会の承認を経て，COP1は1995年の春（3月28日-4月7日）にベルリンで開催されることとなった．COP1の準備のために，枠組条約を交渉したのと同じ組織の政府間交渉委員会（INC）が6回にわたって開催された（表4.1参照）．

1992年から1993年の始めにかけて，交渉はゆっくりとしたペースで始まった．というのは，米国は当時政権交代の最中で，国際協議の場でとる戦

---

[1] Umwelt No.12/1992, p.460 参照．"Umwelt"はドイツ環境省の公刊物である．

略をクリントン新政権が打ち出すのに時間がかかったからであった．そのため，最初の INC は手続き事項に焦点が置かれた．そのうち，最も重要な決定の1つは，アルゼンチンのラウル・エストラーダ大使を INC の議長に選んだことであった[2]．エストラーダ氏は枠組条約の交渉を導いたフランスのジャン・リペール議長と交代することになった[3]．

多くの参加者は米国の新政権が交渉状況を再評価し，交渉ポジションを大きく変えることを望んでいた．アル・ゴア新副大統領は選挙戦を通じて特に地球環境問題に関心のある環境派として売り込んでおり，ブッシュ政権を気候変動問題に対する「リーダーシップを放棄した」として公に非難していた（第2章参照）．新政権のもとでは，その他にも例えば新人事などの変化があり，米国が EU と手を組んで気候変動問題に対する環大西洋リーダーシップを発揮する期待が高まった[4]．しかし，この期待は無駄骨に終わった．気候変動問題で実質的な進展を進めることに対して国内での堅固な反対にあったため，米国代表団はそのレトリックを変えただけで基本的な立場を変えることはなかった．1994年の11月に共和党が上院と下院の両方で地滑り的な勝利をものにすると，この状況はさらに悪くなり，米国議会で厳しい気候変動政策が支持される期待はまったくなくなった．

表4.1　ベルリンへ向けた国際交渉会議

会議	日程および場所		議論された主要な争点
INC6	1992年12月7-10日	ジュネーヴ	手続きに関する諸問題
INC7	1993年3月15-20日	ニューヨーク	手続きに関する諸問題
INC8	1993年8月16-27日	ジュネーヴ	資金メカニズムと共同実施
INC9	1994年2月7-18日	ジュネーヴ	約束の妥当性，共同実施，資金メカニズム
INC10	1994年8月22-9月2日	ジュネーヴ	約束の妥当性，国別報告書のレビュー，共同実施，資金メカニズム
INC11	1995年2月6-17日	ニューヨーク	約束の妥当性

---

[2] このプロセスにおけるエストラーダ氏の役割の評価については，7.4参照．
[3] INC6（UN Doc. A/AC.237/24, 4 January 1993），INC7（UN Doc. A/AC.237/31, 22 April 1993）の作業レポート参照．
[4] 例えば，Moltke 1993参照．

第 4 章　ベルリン・マンデートおよび AGBM

　この時期,効果的な気候変動政策が欧州でとられる期待も薄まった.EU加盟国は,EUの気候変動政策の目玉として提案されていたCO_2／エネルギー税に合意することに失敗し,1994年の11月には最終的に棚上げにしたのであった[5].国際交渉プロセスでのEUのリーダーシップは,1990年代初頭の景気停滞と欧州内の数政府が示した気候変動政策の強化への消極性があいまって,良い兆しは見られなかった.

　その結果,ベルリン会議へ向けてのプロセスはリーダーシップを欠くこととなった.新たな約束を押し進める主要先進工業国がいなかったため,議論はゆっくりとしたペースで進んだ.実質的な約束の議論を残す役割はAOSISにまかされ,AOSISはベルリンで公式に採択できるようにCOP1の6カ月前(枠組条約17条2参照)に議定書案を提出した.この提案は先進締約国が2005年までにCO_2排出量を20%削減することを求めるもので,枠組条約4条2(d)に基づきCOP1でとりあげることになっていた,約束の妥当性の第1回目のレビューに関する関心を高めることを目的としていた.AOSIS案に引き続き,ドイツは,附属書Iの締約国が排出量を「x年までにy%」削減するという提案を含んだ「議定書の要素」と題した案を示した[6].

　しかし,これらの提案が交渉会議で詳細に検討されることはなかった.そのかわり,INCは新しいコンセプトである共同実施(以下参照)と制度面での組織を機能させることに没頭していた.資金メカニズム(第3章参照)に関する議論は続いた.さらに,米国が新しい約束を導入することに消極的であったため,新しい約束の前提条件として報告と約束の実施のレビューをどのように効率的なシステムに設計するかという点が議論となった[7].この点に関しては,大きな進展があった.

　最後に,条約事務局によってまとめられた先進工業国の最初の15カ国の「国別報告書」は約束の妥当性に関する議論にはずみをつけた.これらのまとめによって,レビューが行なわれた多くの国でとられている行動は,2000年までに温室効果ガスの排出を1990年レベルにまで削減するという枠組条約で定められた努力目標を達成するには不十分であるということが明らかに

---

[5] Haigh 1996, pp.164-166; Liberatore 1995, pp.55-72.
[6] AOSIS議定書案とドイツの文書については,A/AC.237/L.23 and Add.1参照.
[7] Victor/Salt 1994a, p.280; Victor/Salt 1994b参照.

なった[8]．IPCCによる特別報告書は，たとえ現在のCO_2排出量が全地球レベルで安定化したとしても，大気中の濃度は少なくとも今後二世紀にわたって上昇し続けると指摘した[9]．これらのすべての証拠にもかかわらず，世界気候連合（Global Climate Coalition）と気候会議（The Climate Council）の産業界ロビイストから情報を受けたOPEC諸国は，決して枠組条約の約束を「不十分」と認めることはなかった．

さらに状況は悪化した．OPEC諸国は議定書はコンセンサスで採択すべきであると主張し，また締約国会議のビューロー内に一カ国分の割り当てを求めたのである．これらの要求のため，締約国会議の手続規則は合意されなかった．先進工業国も資金問題に関係する決定はコンセンサスが必要であると主張し，議論を停滞させた．最近に至るまで，手続規則の承認は国際的な環境問題の会議では単なる形式的な手続きであった．しかし，各国政府は気候変動問題の重要性を認識していたため，なんらかの譲歩を引き出すまではこの「拒否権」をあきらめることはなかった．

このような状況の中で，OPEC諸国は米国とJUSSCANNZの暗黙の合意の下で，実質的な議論の進展を妨げることができた．もし先進工業国が議論を進めるためにまとまっていたならば，OPEC諸国はこのようにうまく議論を妨げることができなかったであろう．しかし，交渉の進展に抵抗していた米国は，直接非難されずに現状維持が続くことを望んでいた．この結果，ベルリンにいたるまで，交渉は行き詰まっていた[10]．

4.2　ベルリン・マンデート

準備プロセスの間，実を結ぶ議論はなんら行われなかったので，AOSISによる議定書案はもちろんのこと，いかなる議定書であってもベルリンで採択される可能性はまったくなかった．そのため，次に望まれる最も良い結果は，1996年または1997年のある時期までに強化された約束を採択するという交渉に向けたマンデートを採択することであった．ベルリンのCOP1

---

[8]　UN Doc. A/AC.237/81参照．
[9]　IPCC 1994参照．
[10]　Lanchbery 1997, pp.7-8参照．1992-95年のINCのプロセスについては，特に，Oberthür 1993; Ott 1994; Oberthür/Ott 1995; Earth Negotiations Bulletin <http://www.iisd.ca/ linkages>参照．

でこのような決定がベルリン・マンデートという形で達成された背景には，特別な政治的なダイナミックスが存在した．手続規則に関する合意がなかったため，規則案が投票規則を除き「適用」(「採択」ではない) された．これは生物多様性条約の枠組みにおいても踏襲された[11]．この結果，すべての決定はコンセンサスによって行われることとなった．

結局は，二週間にわたる会期の後半にいくつかの進展があったため，ベルリン・マンデートが採択された．政府代表団に対する報道機関による取材や社会一般からの圧力が高まるにつれ，環境 NGO はより積極的な勢力である G77 と EU の橋渡しをするため努力を重ねた．ホスト国のドイツは，ほかの EU 加盟国とともに，開発途上締約国の約束を議定書交渉の議題に乗せることを求めないと主張して，議論を進展させようとした．これに基づき，インドを中心とした開発途上締約国はいわゆる「グリーン・グループ」(G77 マイナス OPEC) を作り上げ，ベルリン・マンデートを支持し，EU と連携することとなった．グリーン・グループの交渉のポジションを示した「グリーン・ペーパー」の一部は環境 NGO によって創案されたものであった．インド政府の主席交渉担当の言葉を借りれば，これは「希にしか見られない政府代表と NGO の協力関係の一例」であった[12]．

したがって，米国と OPEC の態度に注目が集まった．環境 NGO は報道機関との関係をうまく生かし，交渉が行き詰まっているのは米国と OPEC のせいであると人々に印象づけた．EU とグリーン・グループを一方とし，JUSSCANNZ と OPEC を他方とする 2 つの陣営間の交渉は，会議の最後の数時間に至るまで徹底的に行われた．会期の最後の夜は，会議に参加していた開発途上締約国と先進工業国の大臣は別々の部屋に分けられ，その間で締約国会議の議長を務めたドイツのメルケル環境相が「シャトル外交」を努めていた．

一般社会からの圧力の高まりを前にして，最後に米国政府代表団は妥協に合意した．最も強力な盟友を失ったため，カナダもオーストラリアも OPEC 諸国もあえてコンセンサスを妨げて責められることを望まなかった．ただし，サウジアラビア，クウェート，ベネズエラは留保をつけた[13]．これらの結果

---

[11] Earth Negotiations Bulletin Vol. 9, No. 28, 28-29 December 1994.
[12] FCCC/CP/1995/7, p.23.
[13] COP1については，FCCC/CP/1995/7 and Add.1参照．COP1の交渉と決定については，特

として生まれたのが京都プロセスの端緒となったベルリン・マンデートであった.

ベルリン・マンデート（Box4.1 参照）は，枠組条約に規定された約束は十分でないという認識に基づいたものである．このマンデートには開発途上締約国の支持を得るために，開発途上締約国への新たな義務は次の話し合いのラウンドに盛り込まないということが明記されている．このラウンドは「締約国によるオープンエンドな特別グループ」によって行われ，ベルリン・マンデートに関するアドホック・グループ（AGBM）として知られるようになった．AGBM で討議される内容は明確で，先進工業国の温室効果ガス排出を抑制および削減する目標と時期を含む議定書あるいはその他の法的文書をまとめることであった．この作業は日本が京都で開催することを提案していた 1997 年の COP3 でその成果を採択できるように完了させることとされていた[14]．

実のところ，そのような遠大な結果がベルリンで達成されるとは誰も期待していなかった[15]．消極派に対する譲歩はおもに言葉のレベルに過ぎなかった．米国が「交渉」という文言に抵抗を示したため，この言葉はベルリン・マンデートでは「プロセス」に置き換えられた．しかし，予想された義務は交渉によってのみ達成されるものであった．さらに「目標と時期」という文言のかわりに，「特定された期限の中の数量化された（排出）抑制および削減目的」という表現が用いられた．その上，米国は，将来の義務のベースラインをより高いものにする余地を残すために，将来の義務の基準年として 1990 年が明記されないように努力した．最後に，京都プロセスの進展を遅らせるために主として米国が求めた要求により，「プロセス」は適切な政策および措置を確認するための「分析と評価」に基づいたものとするとされ，議定書「およびその他の法的文書」としてまとめられることとなった．しかし，これらの譲歩にもかかわらず，ベルリン・マンデートは地球の気候系を守るために，先進工業国の約束を強化するための舞台を設定したのであった[16]．

にKrägenow 1995; Oberthür/Ott 1995; Werksman/Yamin 1995; Grubb 1995a参照．
[14] Oberthür/Ott 1995; Krägenow 1995．
[15] Lanchbery 1997, p.8参照．
[16] Oberthür/Ott 1995; Lanchbery 1997．

ベルリン・マンデートに加え，COP1 で採択された共同実施に関する決定は，将来の議定書交渉に潜在的に関連するものであった．広範な議論を経て，この決定では「共同実施活動（AIJ）」の試行期間を開始することが合意され，2000年末までにそのレビューを行うこととなった[17]．したがって，共同実施は AGBM の議題に上らず，1997年の京都会議に至る取引の材料にはならないであろうと目された．しかし，共同実施という手法に対する政治的な支持は強く，有名でもあったため，このコンセプトは議定書交渉の議題の中に残ることとなった[18]．

Box 4.1：ベルリン・マンデート（Decision 1/CP.1）
　締約国会議は，その第1回会議において（中略），4条2（a）および（b）の規定が妥当でないと結論し，
　議定書またはその他の法的文書の採択によって，4条2（a）および（b）で定められた附属書Ⅰの締約国の約束を強化することを含む，2000年以降の期間の適切な行動をとるためのプロセスを開始することに合意する．

1 （略）
2 このプロセスは，とりわけ，
　（a）4条2（a）および（b）の約束を強化するプロセスの優先事項として，附属書Ⅰに掲げる先進締約国その他の締約国の，
　　＊　政策および措置の作成，および
　　＊　『モントリオール議定書』によって規制されていない温室効果ガスの発生源による人為的な排出および吸収源による除去に関する，例えば 2005年，2010年，2020年といった特定された期限の中の数値化された抑制および削減目的の設定，を目的とし（以下略），
　（b）附属書Ⅰに含まれていない締約国に対して，何らの新たな約束を導入せず，と同時に4条1の既存の約束を再確認し，これらの約束の実施の進展を引き続き推進し（以下略），
　（c）-（e）（略）

---

[17] FCCC/1995/7/Add.1の中のDecision 5/CP.1; Oberthür/Ott 1995: pp.146-147;本書第13章．
[18] ベルリン・マンデート・プロセスと共同実施の関係については，Werksman/Yamin 1995; Yamin 1995 参照．

> (f) レビューメカニズムを準備する．
> 3 このプロセスは，気候変動およびその影響に関する入手可能な最良の科学的な情報および評価ならびに関連する技術上，社会上および経済上の情報を考慮して進められ（中略）る．(以下略)
> 4 （略）
> 5 AOSISによる議定書案（中略）は，他の提案や適切な文書とともに，このプロセスの中で考慮に含まれる．
> 6 このプロセスは，遅滞なく緊急の要件として，ここに定められ，第2回締約国会議においてこのプロセスの状況を報告する，オープンエンドな締約国の特別グループによって開始される．このグループの会合は，COP3においてその成果を採択することを目的として，1997年のできるだけ早い時期に作業を完了するように日程を組むこととする．

4.3 争点

　COP1（ベルリン会議）からCOP3（京都会議）まで，国際交渉はINCの議長であったエストラーダ氏が再び議長を務めたAGBMという場で行われ，計8回の会合が開かれた（表4.2参照）．その交渉は，1996年7月に開催されたCOP2を境に2つの期間に分けられる．COP2にいたるまでに3回のAGBM会合が開かれ，AGBM4はCOP2と時期を合わせて開催された．締約国会議は条約の最高意思決定機関であるため，交渉の進展をレビューし，さらにAGBM5からAGBM8にいたる第二期目の国際交渉の方向性を示した．AGBM6以降は交渉会議は新たに条約事務局が設置されたボンに移って開催された[19]．

　当初の段階では，京都プロセスによってまとまるものは，議定書になるのか，条約改正といったその他の法的文書になるのか不透明であった．多くの国々は議定書を支持したが，条約改正は締約国の多数決によって採択することができる（つまり，コンセンサスを必要としない）ため，条約改正という方法の利点も認識していた．法的拘束力のある文書となることに疑いはな

---

[19] FCCC/1995/7/Add.1の中のDecision 16/CP.1参照．

第4章 ベルリン・マンデートおよびAGBM

かったものの,「数量化された抑制および削減目的」も同様に法的拘束力をもつのか（あるいは,枠組条約のように「柔らかい」文言とするのか）については曖昧であった．言うまでもなく,目標と時期の内容は議論の的になる争点である．目標と時期に関して未解決のまま残されていた争点としては,以下の3点があげられる．

- すべての先進工業国に同一の目標を設定するのか（一律削減）,あるいは,差異化された目標を設定するのか
- 対象とするガスをすべての温室効果ガスにするのか,また排出制限は吸収源も考慮したネットにするのか（包括的アプローチ）
- 目標は温室効果ガスをまとめた「バスケット」について設定するのか,あるいはそれぞれのガスごとに設定するのか（ガス・バイ・ガス・アプローチ）（第11章参照）

　その他,先進工業国の義務に関して議論の焦点となった争点としては,最終合意に組み込む政策および措置（PAM）を法的拘束力をもったものにするか否かという点があげられた（第10章参照）．さらに「柔軟性メカニズム」をどの程度交渉で取り上げるのかも不透明であった．共同実施や国際排出量取引などのこれらのメカニズムは,特にJUSSCANNZが求めていたメカニズムであった．米国は単年ではなく複数年にわたる期間（バジェット）を目標年度として採用することを求め,さらに「未利用」の排出量を将来の目標期間へ「繰り越すこと」や,将来の目標期間からの排出量を「借り入れること」（ボロイング）を認めるよう主張していた．EUはこの柔軟性の議論のもとで,排出目標を共同で達成することを認めるよう主張していた．つまり,個々のEU加盟国の排出目標を「EUバブル」の名のもとでまとめることを求めていたのであった（第12-15章）．

　開発途上締約国の約束という争点は,すでにベルリン・マンデートで解決済みであったが,一部の先進工業国（とりわけ米国）は,交渉でこの争点を取り上げるよう繰り返し主張した[20]．その他の交渉の争点としては,先進工業国が新たな約束を実行することによって生じる開発途上締約国への影響,および,議定書（あるいはその他の法的文書）に基づく組織の設立,意思決

---

[20] この要求による影響は本書第17章参照．

定手続き,約束の実施のレビュー,不遵守手続きといった制度的な問題があげられた.

表4.2　AGBMプロセスの年表

会合	日程および場所		性質／主要な進展
AGBM1	1995年8月15-21日	ジュネーヴ	分析と評価
AGBM2	1995年10月30-11月3日	ジュネーヴ	分析と評価,EUによる議定書構造案
AGBM3	1996年3月5-8日	ジュネーヴ	分析と評価,科学／IPCCに関する論争
AGBM4 およびCOP2	1996年7月8-19日	ジュネーヴ	科学に関する論争,米国の拘束力のある目標の支持,ジュネーヴ宣言
AGBM5	1996年12月9-13日	ジュネーヴ	さらなる考慮のための提案の枠組総括案
AGBM6	1997年3月3-7日	ボン	EUの目標提案,米国の議定書枠組案,交渉テキストの採択
AGBM7	1997年7月31-8月7日	ボン	交渉テキストの整理
AGBM8	1997年10月22-31日（1997年11月30日）	ボン（京都）	日本,G77,米国の提案議長による交渉用の改訂テキスト

　これらの問題を解決するために,独創的な交渉技術が通常の政府間交渉と並行して行われ,AGBMプロセスの情報交換に大いに役立った.例えば,AGBM4からAGBM6にかけてエストラーダ議長は,7回にわたるラウンドテーブルを開いた.そのトピックは,政策および措置,数量化された排出抑制および削減目的,先進工業国に導入される新たな約束によって開発途上締約国に生じうる影響（AGBM4）,締約国からの提案（AGBM5,6）,AIJ（AGBM5）,差異化（AGBM6）など,多岐にわたっていた[21].外交上の制約がなかったため,これらのラウンドテーブルは政府外の専門家によるさまざまな視点やインプットを交換する役割を果たした.これに加え,交渉の各セッションは徐々にクリアリングハウスの役割を果たすようになった.国際機関,NGO,政府,研究機関などによるさまざまなサイドイベントは,情報を共有しさまざまな人々と接触する機会を提供した.

---

[21] 各会合のレポートは,Earth Negotiations Bulletin Vol. 12, No.38, 22 July 1996; Vol. 12, No. 39, 23 December 1996; Vol. 12, No. 45, 10 March 1997参照.

4.4 ベルリン・マンデートに関するアドホック・グループ（AGBM）のプロセス：最初の1年

　1995年に2回開催された会合では，AGBM は実質的な進展を生まなかった．米国やその他の消極的な国々は，目標と時期に関する交渉に入る前に政策および措置を徹底的に分析し評価するべきだと主張し，「関心を他に向けさせる議論」と呼ばれる姿勢を示した[22]．OPEC 諸国は先進工業国が行う気候変動防止政策によって開発途上締約国の経済に生じうる悪影響についてより多くの研究が必要だと主張した．EU は目標と時期，政策および措置に関する提案をするに当たって，ある加盟国は政策および措置に基づき目標を決定すべきだと主張し，ほかの国は正反対の立場をとるなど，加盟国内の議論で苦しんでいた．しかし AGBM2 では，EU は議定書の構造案をまとめあげることに成功した．EU 案は，政策および措置のリストをその強制度に応じて，義務・勧奨・自発的の3つに分けた附属書を作るというものであった[23]．

　消極的な国々は，IPCC の第二次評価報告書をまって，将来の約束を決めるべきだと主張した．IPCC は最終的に1995年12月にレポートをまとめあげた．OPEC の反対にもかかわらず，レポートには「さまざまな証拠によると，地球の気候系に人為的な影響が及ぼされているのは明らかである」と述べられていた[24]．IPCC は「今後20年間で……世界中の多くの国々で，コストなし，あるいはきわめて限られたコストで，現在のレベルから 10-30％ エネルギー効率を向上させることが可能であり」，さらに最も進んだ技術を導入することにより，「同時期に，多くの国々でエネルギー効率を 50-65％ 改善させることは技術的に可能である」としていた[25]．

　米国は，おもに米国の研究成果に基づくこの IPCC の知見を受け入れ，公に支持していた．1996年春に開催された AGBM3 では，米国はスタンスを変え，米国が抵抗していたことによって10カ月前のベルリン・マンデートでは盛り込まれなかった用語である「交渉」の時期にいたったと発言した．

---

[22] Lanchbery 1997, p.8.
[23] AGBM1とAGBM2のレポートについては，FCCC/AGBM/1995/2 および FCCC/AGBM/1995/7参照.
[24] IPCC 1995, p.22.
[25] IPCC 1995, pp.36-37.

交渉をはじめるにあたって，米国代表団は COP2 までに米国の目標に関する立場を明らかにすると断言した[26]．しかし実際には，目標に関する米国の提案は 1997 年の秋にいたるまで明らかにされなかった．

　その他交渉に与える影響力のバランスがゆっくりと変化している例としては，産業界内での意見の対立があげられる．「グリーン」な産業界グループからの圧力が高まっていたので，ビジネス NGO は，初めて共通のポジションに合意することができなかった．交渉に向けてのはずみを加速するために，ドイツとその他の欧州諸国の代表団は，先進工業国が CO_2 排出量を 2005 年までに 1990 年レベルから 10％，2010 年までに 15-20％削減するという提案を行った[27]．ドイツのこのイニシアティブはほかの先進的な EU 加盟国が求めていたレベルを示していたが，この段階では EU 内での目標と政策および措置に関する議論はまとまっていなかった（前述）．

　条約体制をより進んだものにしようという勢力は，CO_2 と温室効果ガスの大気中の濃度を安全な最大範囲内（450-550ppm CO_2）に押さえるという議論に引き込もうとしたが，OPEC，オーストラリア，ロシアはみずからの姿勢をかたくなに守り，新しい IPCC の結論を AGBM の議論の前提にすることを受け入れなかった．その結果，SBSTA の議論は AGBM3 が始まった段階では行き詰まっていた．

4.5　高まるプレッシャー：ジュネーヴ宣言

　COP2（および，同時に行われた AGBM と条約補助機関会合）は京都に至る道のりのちょうど中間の時期に開かれ，京都に向けたプロセスの方向性を決める機会となった[28]．大多数の国々は IPCC レポートを議定書を作成する上での基礎として用いることを求めていたが，OPEC 諸国は不確実性を根拠にその主張には正当性がないと反論し続けた．世界気候連合（Global Climate Coalition）と気候会議（The Climate Council）のロビーにより，ロシア代表団も OPEC に同調した．オーストラリアも立場を留保した．

---

[26] AGBM3のレポートについては，FCCC/AGBM/1996/5参照，また, Earth Negotiations Bulletin Vol. 12, No. 27, 11 March 1996; Oberthür 1996aも参照．
[27] 同上．
[28] FCCC/CP/1995/7, p.41; Earth Negotiations Bulletin Vol. 12, No. 21, 10 April 1995, p.9参照．

手続規則がまだ採択されていなかったため，投票による決定は不可能であった．このため，多くの国々は京都に向けたプロセスを示す何らかの方法を探し，COP2 の最後に閣僚による宣言を採択するというアイディアでまとまった．米国代表団もこの動きを支持し，AGBM3 でその立場を明らかにした．COP2 での閣僚セグメントの間，米国代表団のティモシー・ワース国務次官は「現実的な，検証可能な，中期的な拘束力のある排出目標」[29]（1 年前には米国代表団の口からは決してもれることがなかった言い回し）に向けた国際交渉を今まで以上に進めるべきであると述べた．米国の経済状況の好転を利用し，また，環境政策の強化をはかるため，クリントン政権はようやく目標の問題に関する姿勢を転換したように見えた．この結果，交渉に前向きな勢力と後ろ向きな勢力の間の力の配分が決定的に変化した．

Box 4.2：ジュネーヴ閣僚宣言

　国連気候変動枠組条約の COP2 に出席した閣僚およびその他の政府代表は（以下略），

1　（略）

2　IPCC の第二次評価報告書を，現在気候変動の科学に関する（中略）最も包括的かつ権威ある評価として認め，肯定する．閣僚は，地球レベル，地域レベルおよび国家レベルでの行動，特に附属書Ⅰの締約国による温室効果ガス排出抑制および削減に向けた行動を早急に強化するための，および議定書またはその他の法的文書の作成を支持する全締約国のための，科学的基盤を第二次評価報告書が提供すると確信し（以下略），

3-7　（略）

8　各政府代表に対し，法的拘束力のある議定書またはその他の法的文書の文案が，COP3 で採択されるべくしかるべき期限内に整えられるように，その文案についての交渉を加速するよう指示する．その結果は，特に以下の事項について，ベルリン・マンデートの委任事項を十分包含すべきである．

－附属書Ⅰの締約国の以下に関する約束；

---

[29] ティモシー・ワース地球規模問題担当国務次官のスピーチ，Global Issues – Confronting Climate Change（Electronic Journal of the U.S. Information Agency），April 1997, Vol. 2, No. 2, pp.6-8再掲．

> * 適切な場合は，エネルギー，運輸，産業，農業，林業，廃棄物管理，経済的措置，制度およびメカニズムに関するものを含む政策および措置
> * 『モントリオール議定書』により規制されていない温室効果ガスの，発生源から生じる人為的な排出および吸収源による除去に関して，例えば 2005 年，2010 年，2020 年という特定された期限の中で，排出抑制および相当の削減のための数量化された法的拘束力のある目標
>
> －4 条 1 の既存の約束の実施を引き続き推進する全締約国の約束
> －議定書またはその他の法的文書の一部となる約束を定期的にレビューし強化することを可能にするメカニズム
> －気候に優しい技術，手法および工程の開発，導入，普及および移転を加速するための世界全体の努力に関する約束
>
> 9　発展途上締約国が，条約履行のために努力していることを歓迎し（中略），GEF に対しては，発展途上締約国へ迅速かつ時宜を得た支援を提供することを求める（以下略）．
>
> 10　開発途上締約国による既存の約束の継続的な進展のためには（中略），特に附属書 II の締約国による断固とした時宜を得た行動が必要であることを認識する．資金源および環境保全型技術へのアクセス（中略）が，最も重要であろう（以下略）．

　米国の変化により，OPEC（とロシア）は孤立し，ついにジュネーヴ閣僚宣言に向けての合意が可能になった．閣僚宣言では，IPCC レポートを行動を早急に強化するための科学的基盤であると認め，AGBM での交渉を加速することに閣僚とその他の政府代表は合意していた．ジュネーヴ閣僚宣言は AGBM プロセスの結果まとめられる文書が法的拘束力をもつというのみならず，その文書に含められる目標と時期も法的拘束力をもつという点で，COP1 で到達した合意をさらに進めたものであった（Box4.2 参照）．

　ジュネーヴ閣僚宣言を採択する手続きはその内容と同様に重要なものとなった．閣僚宣言に署名した閣僚は，将来の交渉における重要性を高めるために，閣僚宣言が「支持」または「考慮」されることを望んでいた．しかし，OPEC 諸国とロシア（さらにオーストラリアが支持した）が締約国会議で

そのような動きを阻止することは明白であった[30]．しかし，圧倒的大多数の締約国は，このごく少数の国々が交渉の進展を妨げることは許されないという立場をとっていた．しかし，締約国会議の投票ルールが同意されていなかったため，少数の締約国の反対にもかかわらず，手続きを進めるには公式なコンセンサスをまとめる必要があった．

結局，この問題は「コンセンサスマイナス X」により宣言を採択するということで解決した．条約事務局による非常に巧みなサポートを得て，締約国会議の議長であるジンバブエのチェン・チムテングウェンデ氏は最後の全体会合で閣僚宣言を「考慮」することを提案した．この手続きに反対する試みは，議長を支持する圧倒的多数の代表団（とオブザーバー）による度重なる賞賛を前に吹き飛ばされることになった．反対する国々は，保留するか（オーストラリア），解釈宣言するか（ニュージーランド），あるいは宣言に反対した（OPEC，ロシア）が，閣僚宣言を COP2 が公式に認めることを妨げることはできなかった．公式な投票ルールがない中でも少数派に対応する能力を証明したことで，多数派は公式の場で OPEC とロシアに対して進展を妨げることは許されないという強いシグナルを送った[31]．

4.6 京都に向けて

COP2 は，日本が京都で 1997 年 12 月に COP3 を主催するという提案を採択した[32]．これにより，京都でもっともな妥協がまとまる可能性が高まった．というのも，ホスト国は国内外から会議の成功を求める圧力に直面するからであった．この一例としては，日本政府がその直後から世界的な世論を学ぶために国際的な環境 NGO との会合をはじめたことがあげられる．

COP2 は交渉をすぐに加速することにはつながらなかった．1996 年 12 月に開催された AGBM5 では，米国も EU のどちらも目標と時期に関する具体的な提案を示さなかった．その代わりに，締約国からの提案は議定書（お

---

[30] これらの国々は，閣僚級レベルを代表したものではなく，ジュネーヴ閣僚宣言の最初の行に言及された「その他の政府代表」の一部（英文原文で"the"がないことに留意）も構成していない．

[31] COP2に関するより詳細な内容については，FCCC/CP/1996/15 and Add.1; Oberthür 1996b; Earth Negotiations Bulletin, Vol. 12, No. 38, 22 July 1996参照．

[32] FCCC/CP/1996/15/Add.1 の中のDecision 1/CP.2参照．

よびその他の法的文書）がとる一般的なアプローチに焦点を当てたものとなった．COP2 での敗北の後に，OPEC 諸国は戦略を修正し，議定書交渉を妨害するのではなく，先進工業国がとる行動によって開発途上締約国に生じるさまざまなコストを議論することで G77 の間でみずからのポジションの支持を広げる戦略に変えた．AGBM5 は，交渉の基礎を統一するために，すべての既存の提案をまとめる文書を準備するよう議長に求めて終了した[33]．

AGBM6 は，目標の差異化に関する非公式会合（1997 年 3 月 1 日）を開いた後に開幕した．AGBM6 は約束と制度に関する「ノングループ」を設置するかに関して激しい議論が行われ，1997 年 3 月に交渉テキストを採択した[34]．EU 議長国のオランダによってコーディネートされた EU の環境大臣が最初のカードを切った．1997 年 3 月 3 日に開催された EU の各環境大臣会合の決定に基づき，2010 年までに先進工業国が CO_2, メタン，亜酸化窒素の三種の温室効果ガスの合計排出量（「バスケット」）を 1990 年レベルから 15%削減するという提案を出したのである[35]．また，この提案には，EU 内では排出量を実質差異化するという役割分担に関することも含まれていた．これに対して，JUSSCANNZ，とりわけ米国は，将来の義務を履行する上でどのように締約国に最大限の柔軟性を認めるかという点を検討していた．米国は，1997 年 1 月にすでに提案していた「議定書の枠組み案」を紹介したが，そこには，排出期間，共同実施（JI），排出量取引，排出量の前借りと繰越しといった提案が含まれていた[36]．議定書の内容（数字を除く）に関する新たな提案は枠組条約に定められた 6 カ月前の締め切りに間に合うように 1997 年 6 月 1 日までに提出されなければならなかったため，JUSSCANNZ 諸国のプレッシャーは高まった．締め切りの後，エストラーダ議長は 1997 年 6 月 16・17 日にボンに主要な国々の代表団を招いて，先進工業国の約束に関する非公式会合を開き，圧力を掛け続けた．

---

[33] AGBM5のレポートについては，FCCC/AGBM/1996/11参照，枠組総括案については，FCCC/AGBM/1997/2 and Add.1参照．

[34] AGBM6のレポートについては，FCCC/AGBM/1997/3; Ehrmann/Oberthür 1997参照，交渉テキストについては，FCCC/AGBM/1997/3 and Add.1参照．

[35] European Union, General Secretariat of the Council, Meeting Document CONS/ENV/97/1 Rev.1 (SN/11/97 Rev.1), Brussels, 3 March 1997; EWWE, Vol. 6, No. 5, 7 March 1997; 本書第6章参照．

[36] FCCC/AGBM/1997/MISC.1.

第 4 章　ベルリン・マンデートおよび AGBM　　67

　先進工業国は AGBM6 以降，ベルリン・マンデートで明確に議題から取り除かれていた開発途上締約国の約束という争点を交渉課題の 1 つとして取り上げることを求めた．エストラーダ議長は「卒業」あるいは「エボリューション」に関する提案はベルリン・マンデートで定められた範囲外のものであると重ねて裁定したが，特に米国はベルリン・マンデートの「枠組条約 4 条 1 に定められた既存の約束の進展」に基づき開発途上締約国に新たな約束を求める解釈もありうると主張した．米国は法的拘束力のある目標がなくとも自主的に排出制限を設定した国を掲載した附属書 B を議定書に設けることを提案した．さらに，すべての締約国に対する約束を 2005 年までに合意するよう提案した．EU は先進工業国と新規に OECD に加盟した諸国を掲げた附属書 X を設ける提案を行った[37]．AGBM7 の前にエストラーダ議長は主要な代表団をジュネーヴに招き，この争点に関する非公式会合を開いたが，多様な観点を調停するにはいたらなかった．この時点では，先進工業国の要求はすべてのプロセスをぶち壊す危険性を帯びていた．

　オランダを議長国としていた EU 環境大臣会合は，1997 年 6 月に，早期の削減として 2005 年までに先進工業国の温室効果ガスの排出を 1990 年レベルから 7.5%削減するという提案をまとめ，従前の立場を補完した[38]．この提案は，1997 年 8 月に開催された AGBM7 に提出されたが，JUSSCANNZ 諸国はこの段階では数字に関する提案を行わなかった．議定書に関する討議のペースは，4 つの非公式な「ノン・グループ」（目標と時期，政策および措置，枠組条約 4 条 1 項の約束の進展，制度とメカニズム）でさらに加速された．これらのグループは，草案を起草し，議長に報告した．しかし，排出目標の数字が欠けていたため，議論はすべてを含んだものにはならなかった．このため，京都に向けた最後の交渉会議に向け，利用可能な提案を基礎とした整理された交渉テキストを議長がまとめることとなった．

　京都会議までに残された交渉会合はたった一回しか残されていなかったため，合意をまとめ上げる時間はなくなっていた．JUSSCANNZ 諸国は時間を稼いでいたが，『京都議定書』（またはその他の法的文書）にみずからの意見を反映させるためには AGBM8 までに提案をまとめる必要があった．

---

[37] FCCC/AGBM/1997/MISC.1.
[38] EWWE, 20 June 1997（Special Issue), p.2.

京都会議の成功を望んでいた日本は，2010 年までに CO_2，メタン，亜酸化窒素の三種の温室効果ガスの合計排出量（バスケット）を最大 5%削減する差異化の方式を提案した[39]．生態学的観点からは不十分なものであったが，この提案は結果として来るべき約束の差異化への道を切り開く上で重要な貢献だった．

AGBM8 の最初の日に，G77 と中国は新たな提案を提出した．この提案は先進工業国に，CO_2，メタン，亜酸化窒素の三種の温室効果ガスのそれぞれの排出量（ガス・バイ・ガス）を，2005 年までに 7.5%，2010 年までに 15%，2010 年までに 35%削減することを求めたものであった．さらに，開発途上締約国に対する悪影響を最小限にするという主張と，補償基金（先進工業国が気候変動対策をとることでマイナスの影響を受ける国々向けのもの）の設立という 2 つの要求を盛り込むことで OPEC の意向にも釣り合いをとっていた[40]．多くのオブザーバーは，この段階では，開発途上締約国の主張はさほど考慮されないであろう，つまり新しい約束には含まれないものの，最後の取引の材料の一部として取り上げられるであろうと感じていた．しかし，開発途上締約国の多様な利益をもとに考えると，多くの先進工業国はこの G77 のイニシアティブを驚きをもって迎えた．

表4.3　交渉テキストの京都への歩み

日付	テキスト	文書番号
1996 年 11 月 19 日	締約国からの提案の統合	FCCC/AGBM/1996/10
1997 年 2 月	締約国からの提案の枠組総括案	FCCC/AGBM/1997/2 and Add.1
1997 年 4 月	交渉テキスト	FCCC/AGBM/1997/3/Add.1
1997 年 10 月	整理された交渉テキスト	FCCC/AGBM/1997/7
1997 年 11 月	交渉用の改訂テキスト	FCCC/CP/1997/2

舞台は完全に整った．主要なプレイヤーで提案を欠いていたのは米国だけであった．G77 と中国がその立場を明らかにした直後，AGBM が会合を開いていた部屋はほとんど空っぽになった．というのも，クリントン大統領が CNN で米国の立場を明らかにすることを見込んで多くの参加者がテレビ

---

[39] FCCC/AGBM/1997/MISC.1/Add.6 and 10; 本書第11章参照．
[40] FCCC/AGBM/1997/MISC.1/Add.6, 8, 10; 本書第11章参照．

の前に殺到したからであった．クリントン大統領はスピーチを通じて，2008-2012年の複数年度の排出期間に，CO_2，メタン，亜酸化窒素，HFC，PFC，SF_6の六種の温室効果ガスの合計排出量（バスケット）を1990年レベルに戻し，その後削減するという提案を行った．さらに，大統領は共同実施と排出量取引を議定書に含めるよう求め，その上でベルリン・マンデートの範囲外であったにもかかわらず，「米国は主要な開発途上締約国がこの努力に意味ある参加をしない場合，拘束力のある義務を引き受けることはできない」と言明したのであった[41]．この翌日，米国代表団はこの立場を示した文書を公式にAGBMに提出した[42]．

このように，主要なプレイヤーの提案はすべて（ロシアを除く）出そろったが，それぞれの立場はまったく異なっていた．AGBM8は立場の違いを埋める方向性を示すことはできなかったが，締約国はオプションを絞り込んだ[43]．事務局，補助機関，紛争解決，改正，多数国間協議手続きなどの制度面に関する幾つかの問題点（第二部の関連各章を参照）と前文については合意がまとまった．方法論，実施の報告とレビューなどの幾つかの点も合意に近づいた．しかし，最も対立の大きな争点を打開するための交渉は行われなかった．この状況をもとに，議長がCOP3に向けて議定書案を「交渉用の改定テキスト」としてまとめることとなった（表4.3参照）．したがって，多くの重要な問題を京都，あるいは京都までの間に解決する必要があった（第7章参照）．主要な代表団の多くは，エストラーダ議長に「追加的なテキストをまとめる」ように求め，議長が水面下で話を進めることを承認した．

---

[41] 地球規模の気候変動問題に関する大統領の発言，National Geographic Society, Washington, D.C., 22 October 1997, Environmental Policy and Law, Vol. 27, No. 6, pp.503-504再掲，1998年5月26日現在 <http://www.whitehouse.gov/Initiatives/Climate/199710226127.html>で入手可能．
[42] FCCC/AGBM/1997/8; Earth Negotiations Bulletin, Vol. 12, No. 66, 3 November 1997参照．
[43] 同上．

第 5 章　気候アリーナの外側：多数国間および二国間交渉

　気候変動を緩和するには，経済的および社会的発展の支配的な類型を変えることが必要である．このように，気候変動の緩和は，すべての社会分野を横断する持続可能な発展のアジェンダに関する最も重要な問題のうちの 1 つである．その結果，京都プロセスは国際的な環境問題において，前代未聞の注目を世界のリーダーたちから集めた．ほかの環境問題とは異なり，気候変動に関する「対外環境政策」[1] は，気候変動を「ハイポリティックス」へと高め，外務大臣や国家元首を巻き込んだ．

　京都以前の気候外交は，ベルリン・マンデートに関するアドホック・グループ（AGBM）のプロセスをはるかに越えて拡大していった．事実，国家元首，外務大臣，経済大臣，環境大臣およびその他の大臣が交渉の最終段階で「気候について話し合わ」ないというハイレベルの国際会合はほとんどなかった．さらに，最近数カ月間に行われたハイレベルの二国間会合の多くは，京都での合意達成にのみ焦点を置いた．以下の章は国際組織における関連する進展の概要を述べ，1997 年 6 月の国連総会特別会期の気候関連事項を扱い，および最も重要な地域的および二国間の活動を追う．

5.1　国際組織

　気候変動に関する交渉の場として各国政府はさまざまな国際組織を利用し，さまざまな国際組織は京都プロセスに対して重要なインプットを提供した．これらの組織の中で，OECD および GEF は特に重要であり，以下で扱う．世界銀行の地球炭素イニシアティブ（Global Carbon Initiative）内に炭素投資基金を創設することによって共同実施を促進させた点で世界銀行の役割，ならびに UNCTAD が排出量取引の枠組みを進展させた努力もまた，ふれておく価値がある（第 14 章および第 15 章参照）．

---

[1] Prittwitz 1984.

OECD はすでに 1992 年の気候変動枠組条約に関して重要な交渉の場の提供を始めていた．1992 年 4 月の OECD 会合の期間中，米国は条約の拘束力あるいかなる目標およびタイムテーブルも受け入れないと宣言した[2]．京都プロセスの間，OECD は，「附属書 I 専門家グループ」すなわち，先進工業諸国からの専門家グループのために交渉の場を提供した．専門家グループは，特定の問題に関するワークショップと定期会合を 1 年に約 2 回，先進工業諸国にとって特別に関心のある政策問題を議論するために開催した．いくつかの作業報告書が専門家グループを支援するために準備された[3]．その作業および内部対立は国際プロセスをよく反映した．というのは，全体的な政治力学は前記のようなものであったので，地球レベルでの解決以前に，おもな争点がこのグループの中で最初に解決されなければならなかったからである．このように専門家グループは，JUSSCANNZ が焦点の変化を迫った COP2 までは，さまざまな政策および措置に焦点を当てていた．その後，専門家グループは排出量取引に関する議論にアイデアを提供した．排出量取引は引き続き問題として残された．要するに，OECD は先進工業諸国間での議論のための有用な場となったけれど，OECD 内では意見の調整をすることができなかった．

GEF は開発途上締約国および CEIT に対し，地球環境保全を目的とするプロジェクトへの贈与および譲許的基金を提供する．GEF は，1991 年に世界銀行，国連開発計画，国連環境計画によって共同に実施されるパイロット計画としてうち立てられた際，4 つの地球環境問題，すなわち気候変動，生物多様性，オゾン層破壊，および国際水域に焦点を当てた．GEF は，気候変動枠組条約の財政メカニズムを実施する主体として，開発途上締約国における温室効果ガス削減および適応措置に対して資金調達を行う主要な多数国間金融機関である．約 20 億米ドルが 1994-1997 年会計年度に先進工業国によって約束された．1995 年，7 億 6,600 万米ドルのうち 35％が気候保護措置に使用された．1995-1996 年にかけての 86 の GEF プロジェクトのうち，45 が気候変動に関連したものであった[4]．

GEF 理事会では，GEF 信託基金の第 2 回目の補充に関する議論が 1997

---

[2] Oberthür 1993, pp.52-53; Bodansky 1993, pp.489-491.
[3] <http://www.oecd.org/env/cc/freedocs.htm>1998年12月現在参照．
[4] Fairman 1996, p.85; Ehrmann 1997, p.594; GEF Doc. GEF/C.9/Inf.7, 31 March 1997.

年早々に始まり，それがこのように京都プロセスと重なったのである．GEFは条約の財政メカニズムとして機能していたので，補充は，開発途上締約国における気候変動の緩和および適応のために今後数年間利用できる資金供与のレベルにとって重要なものであった．しかし，補充に関する協定は京都以前に合意に達することができなかった[5]．このことは特に京都プロセスにとって良い前兆ではなかった．そのことはまた，先進工業諸国の意図についての開発途上締約国の懐疑論を助長するはずであった．先進工業諸国は，GEFのもとでのさらなる資金供与の要請を拒否する一方，気候変動枠組条約プロセスのもとで開発途上締約国に約束を要請していたからである[6]．

5.2　リオ＋5：UNGASS

　京都へ至る外交行事スケジュールは，世界の指導者に対して気候の議論を推進するユニークな機会を提供した．そのような機会とは，1992年のUNCEDで合意された決定の履行を検討する国連環境開発特別総会（UNGASS，1997年6月23-27日）であった．しかし，主要なプレイヤーは，終盤戦が近づく前には，自分のカードを見せたがらなかった，そしてUNGASSでの公式結果は気候交渉を進展させなかった．気候変動を扱ったUNGASSの最終宣言の一部は，以下のように述べることによって，単に現在の交渉の状況をまとめたにすぎなかった．

　温室効果ガスの著しい削減をもたらすことになる，附属書Iの締約国にとって法的拘束力があり，有意義で，堅実的でしかも衡平な目標を考慮することが必要であるという広範ではあるが普遍的ではない合意がすでに存在する．」[7]

　それにもかかわらず，気候変動に関して重要な展開がUNGASSであった[8]．第一に，ドイツ，南アフリカ，ブラジルおよびシンガポールの首脳は，

---

[5] GEF Doc. GEF/C.10/Inf.4, 3 October 1997.
[6] 1998年2月，20億7,500万米ドルの補充が1998-2002年のGEFに対し合意された．World Bank Press Release No.98/1637S参照．＜http://www.worldbank.org/html/extme/1637.htm＞（1998年12月）現在より入手可．
[7] UN Doc.A/S-19/AC.1/L.1/Add.1参照．
[8] "Sonderteil: Ergebnisse der VN-Sondergeneralversammlung zur Überprüfung der Umsetzung der Rio-Ergebnisse im Juni 1997 in New York," in: Umwelt, No.9/1997参照．

地球環境の包括的組織を創設し，京都で温室効果ガス排出削減の協定を作るためのイニシアティブをうち立てることによって自分たちの野心をあらわにした．このように，さまざまな地域からの有力な開発途上締約国は，京都での強固な協定に対する支持を示した．第二に，おそらくもっと重要なことであるが，米国のクリントン大統領は，演説の中で気候変動に関して強固な姿勢をとった．大統領は気候変動に関するヨーロッパのリーダーシップを賞賛しただけでなく，自分が国際的なリーダーシップをとることができないのは，国内の状況，特に消極的な米国議会によるものであることを明らかにした．しかしながら，「気候変動問題は現実かつ差し迫っていることを米国国民および議会に納得させる」よう働きかけることを約束した[9]．このように大統領は，米国政府は京都で政策を確定することを決定したという強固な政治的シグナルを彼の反対者とともに交渉相手にも送ったのである．

最後に，UNGASS での日本の行動は，京都で政策を調整するという重要な役割の故に，オブザーバーによる特別の精査にさらされていた．日本は，UNGASS（アルゼンチンとともに）において，気候変動に関する大臣グループの共同司会者をつとめるという重要な役割を担っていた．しかしながら，日本は EU と米国の間をほとんど調停できず，最終宣言の中のより強い表現に反対した．このことで，COP3 のホスト国として京都で強固な協定を実現する能力と意欲に疑問が投げかけられた．しかしながら，環境 NGO によって批判されたこと，およびニューヨークでの日本の行動に対する「国際世論」から，日本政府は，京都において日本政府に何が期待されているのかを認識することができた[10]．

5.3　地域的展開

多くの主要な政府は地域的枠組およびほかの小規模なグループのなかで会合をもっていた．環境および自然資源管理に関する G7 の専門家グループの

---

[9] 国連環境開発特別総会，1997年6月26日，演説における大統領意見．＜http://www.whitehouse.gov/Initiatives/Climate/19970909-3216.html＞（1998年5月26日現在）より入手可．
[10] UNGASSについてはBeyerlin/Ehrmann 1997; Earth Negotiations Bulletin vol.5, No.88, 30 June 1997参照．

中で[11]，世界の富裕国は気候変動に関する見解を交わしていた．地球規模の環境，特に気候変動は1980年代後半からG7サミットの議題に上っていた．京都以前においては，気候変動が高い位置を占めていたため，ちょうどUNGASS前のデンバーで開かれた1997年のG7サミットにおいて気候変動が重要な議題として浮上した．ロシア大統領ボリス・エリツィンは公式に同サミットに初めて参加した．ロシアの参加によりG7は，G8になった（それは，しばしばG7+1として引き合いに出される）．ヨーロッパの元首および政府は，ベルリン・マンデートに関するアドホック・グループのプロセスにおけるヨーロッパ諸国の交渉者たちと同じように，2010年までに温室効果ガスを15%削減するというEU提案に対して，G8のほかのメンバー国が支持するよう依頼した．JUSSCANNZ 3カ国の参加に伴い，参加国が「2010年までに温室効果ガスの削減に結びつく有意義で，現実的で，かつ衡平な目標を約束する」意図を表明した際，最終コミュニケは前記目標に達することができなかった[12]．しかしながら，デンバー・サミットは，京都プロセスにおける米国の立場の転換点を示した．クリントン大統領は，伝えられるところによれば，申し合わされたヨーロッパの要請の勢いに感銘し，問題の深刻さを理解した．結果として，クリントン大統領は個人的に関与するようになり，UNGASSでの力のこもった演説はこのような変化の最初の帰結であった．

1997年9月の南太平洋フォーラムには，非常に異なる利害と見解を有する2つの国家グループが集合した．出遅れた先進工業国としてのオーストラリアとニュージーランドおよび14の太平洋AOSISメンバーである．これらの小島嶼諸国がフォーラムの公式コミュニュケに自分たちの関心事項が反映されることを要求したとき，外交上の孤立がオーストラリア首相ハワードとの間でおこった．彼は温室効果ガス排出削減への言及をコミュニュケから削除すべきだと主張した．出席していた小島嶼諸国は，経済的にオーストラリアとニュージランドに依存していたので（両国は海外援助の最大の提供者）グリーンピースが表現したように「言いなりになった」[13]．

オーストラリアは，アジア太平洋経済協力会議（APEC）のリーダーがカ

---

[11] G7：カナダ，フランス，ドイツ，イタリア，日本，英国，米国．
[12] Denver Summit of the Eight, Communiqué, Denver, 22 June 1997, ＜http://www.g7.com/comm.htm＞（1998年3月17日現在）より入手可．
[13] "Australia in Hot Water over Global Warming Stance," 20 September 1997, <http://CNN.com/WORLD/9709/20/pacific.forum/index.html>より入手可．

ナダのバンクーバーで1997年11月末に3日間会合を開いたとき，APEC枠組みの中で居心地が非常によかった．日本，カナダ，オーストラリア，ニュージーランドおよび米国は，アジアの開発途上締約国の数カ国および中国，韓国，インドネシア，マレーシアおよびフィリピンを含む新興工業諸国と会談した．京都サミットの前日，APECの会合はJUSSCANNZメンバーに対して彼らの戦略を調整し，重要な開発途上締約国からの支持を得る機会を提供した．意外なことではないが，最終声明において温室効果ガス排出の削減はもとより，抑制に関する言及はなかった．そのかわりAPECサミットは，単に「地球レベルで温室効果ガスの排出を扱う行動を促進することの重要性」を認識しただけであった[14]．

1997年に開かれたほかの関連する地域会合には1997年11月にエジンバラで開催された英連邦首脳会議が含まれていた．この会議は「現実的かつ達成可能な目標，温室効果ガス排出，著しい削減および全員が役割を果たす必要性の認識」を支援した[15]．共同実施および排出量取引のような気候変動に関するさまざまな側面を取り扱ういくつかの会議があらゆる地域において（水平的なフォーラムを含む）京都会議以前に開かれた．上述したように，少なくとも部分的に地球温暖化を扱わなかった1997年開催のハイレベル会議はほとんどなかった[16]．

5.4 二国間外交

気候変動の中で出遅れた国家およびリーダーは，どのくらい戦術を展開する余裕があり，ほかの国家の支援を得る余裕があるかを探るために，気候変動に関する広範な二国間外交交渉にも関与した．ヨーロッパの政策決定者は，気候政治における米国の重要性および意義ある合意にこぎ着けようとする米国の新たな意欲の故に，大西洋両岸の国々のコミュニケーションの改善

---

[14] APEC Economic Leaders Declaration: Connecting the APEC Community (Vancouver, Canada), 25November 1997, ＜http://www.apecsec.org.sg/econlead/vancouver.html＞ (1998年3月現在) より入手可．
[15] Commonwealth Secretariat, Promoting Shared Prosperity: Edinburgh Commonwealth Economic Declaration, Commonwealth Heads of Government Meeting, Edinburgh 1997, para.10 (著者ファイル)．
[16] 例えば，linkages/journal/,2 (1997) 2-4で提供される環境会合の解説参照．＜http://www.iisd.ca/linkages/journal＞ (1998年12月現在) より入手可．

第5章 気候アリーナの外側　77

を特に重視した．ほかの数多くの会合や諸活動の中で，ハイレベルのヨーロッパ代表は，米国の主席交渉者であるスチュアート・アイゼンシュタットとティモシー・ワースに 1997 年 11 月の最後の AGBM 会期の後に会い，共通基盤の程度を探り，米国の提案する安定目標を引き上げた．その代表には，EU の環境コミッショナーのリット・ビアラハートおよび EU トロイカ，すなわち現在の EU の議長国であるルクセンブルグ，前職のオランダ，その後継の英国の環境大臣が含まれていた．英国の環境大臣ジョン・プレスコットはその後，英国と英連邦の国々との伝統的な親密な関係を築くためにオーストラリアとニュージーランドを訪問した[17]．

　このようなヨーロッパの努力が直接の効果をもたらさなかった一方で，米国の二国間気候外交はより効果的であった．クリントン大統領は，10 月中旬にラテンアメリカ諸国を訪れた際（そこでは米国の影響が伝統的に強いのだが），京都合意に共同実施の概念を含めることに対する支援を要請した．アルゼンチンで，メネム大統領は米国大統領との共同声明を出した．同声明は，地球温暖化問題の意義ある解決は，開発途上締約国の排出抑制の問題を処理しなければならないことを認めている．初めて，多くの影響力のある開発途上大国が，開発途上締約国に対する具体的な排出抑制は受け入れ可能であると公式に表明した．意外なことではないが，このことは合意された G77 の立場を害するため，メネム大統領は，このような行動ゆえにほかの開発途上締約国から厳しい非難にさらされた．米国政府は，またほかの開発途上締約国との協議にかかわっていた．ささやかな具体的な結果が報告されている．

　米国の外交努力は，EU 加盟国による類似の行為によって均衡が保たれかつ補完されていた．例えば，ドイツ環境大臣アンジェラ・メルケルは，京都会議に向けたアプローチの相違をせばめようという目的で 1997 年 8 月に中国および日本を訪問した．ほかのドイツの上級環境官僚は，ロシアおよびほかの CEIT の上級環境官僚と会っている[10]．英国およびフランスは，開発途上締約国に関しては，かつての植民地諸国と協議を行っている．英国はまた米国との連携を回復させたため，それによって 1992 年の気候変動枠組条約交渉で行ったように暗黙に EU との足並みを乱し，そのかわり妥協的解決

---

[17] EWWE, Vol.6, No.21, 7 November 1997, p.15.
[18] Umwelt No. 1/1997, p.6; Umwelt No.10/1997, p.399; Umwelt No.11/1997, p.447.

のブローカーになるのではないか，との懸念を生んだ[19]．

OPEC およびサウジアラビアは，特に数々の外交活動のターゲットとなった．ドイツ高官は 1997 年半ばにサウジアラビアを訪問した．より影響力があったのは，米国政府とサウジアラビアとの間で 1997 年秋にリヤドで行われた会談である．1997 年 11 月はじめ日本の橋本首相がサウジアラビアを訪問したとき，最高の外交レベルが関与することになった．サウジアラビアでの米国の勢力はおもに湾岸地域の安全に起因するのに反し，日本の影響力は強い経済的結びつきに基礎をおいている．橋本首相は，二国間の経済関係をさらに深めることを約束する一方で，京都においてサウジアラビアの建設的な協力を要請した．アブダラ皇太子は京都での日本の立場に対する支援を示した．一方でサウジアラビアから原油をさらに購入することを日本に要請した．それに答えて橋本首相は，石油の輸入状況を慎重に調査することを約束し，また二国間の委員会を創設し，外務次官レベルでの定期的な会談を行い，サウジアラビアでの日本の投資を高める投資保証協定に関する交渉を開始することに合意した[20]．

---

[19] Bodansky 1993, pp.489-491.
[20] "Fahd appears to favor renewing oil concessions in talks with Hashimoto", Daily Yomiuri On-Line, November 1997（著者ファイル）．

第 6 章　バランスを変える：政府および非政府部門の動向

　京都プロセスの複雑さは，幾重にも重なる外交交渉のせいだけではなかった．各国政府はまた国内の政治的ゲームをも行わなければならなかったのである．実際，第一義的には，主要な参加国の国内における選択技と制約が京都での成功の見通しに影響を与えた．『京都議定書』は，先進工業国に対して数値目標と達成スケジュールを導入する目的で作成されたもので，以下では，EU，米国およびほかの JUSSCANNZ メンバー国で起きたいくつかの動向について詳述する．非政府社会のなかで起きた動きもまた京都に至る過程において重要な影響を与えたので，この章では産業界におけるさまざまな動きや環境 NGO の活動を描写して結びとする．

6.1　EU の指導力を強化する

　京都以前のゲームは，EU の加盟国にとって特に複雑であった．というのは，加盟国は国としての立場を決めることに加えて，ヨーロッパ・レベルで行動を調整しなくてはならなかったからである．UNCED のあと，ドイツ，オランダ，デンマーク，オーストリアといった EU 内の数カ国の活動が，EU の姿勢を主導してきた．しかしながら，EU が京都プロセスで指導的役割を果たそうという願望は，自分たち自身の排出レベルが 1990 年のドイツ統一の結果，得をしたという弱みをもっていた．能率の悪い東ドイツ産業の大規模な閉鎖と，それに続く公共設備や住宅建設などへの莫大な投資が，1990年代中頃までにドイツの CO_2 排出量を約 12％減らす結果となった．環境 NGO は，1989 年 11 月にベルリンの壁が崩壊したことを暗に指して，この落ち込みを「壁崩壊の利益」と呼んだ[1]．このような減少が，気候保護を目的とする何の特別な努力もせずに達成されたために，EU の交渉相手は，

---

[1] 対照的に，「旧」西ドイツ各州におけるCO_2排出量は，1990年代前半にわずかに増加した．Germany 1997; Ziesing et al.1998; Beuermann/Jäger 1996 も参照．

ドイツや EU はこの特殊な状況のおかげで他の国に対して排出削減を要求することができるのだと指摘することができた[2].

京都への途中で，EU はより一貫性のある気候戦略を打ち出したため，その信用はますます高まった．いくつかの要因がこうした成果を挙げるのを助けた．EU レベルでは，加盟国は，共通の政策と措置に関する専門家グループを事務局とする「気候変動に関する EU 特別アドホック・グループ」を設立して，ベルリンでの COP1 の後の調整努力を強化した．これらのグループは現行の政策を検討し将来の選択技を探るため，定期的に（毎月）会合した．この EU 内部での組織的取り組みは，京都会議の前に共通の理解を創りだし，EU の立場を調整するための基盤を向上させることとなった．

表 6.1　1997 年 3 月の EU 分担合意

加盟国	2010 年までの排出約束
オーストリア	-25.0%
ベルギー	-10.0%
デンマーク	-25.0%
フィンランド	0.0%
フランス	0.0%
ドイツ	-25.0%
ギリシャ	+30.0%
アイルランド	+15.0%
イタリア	-7.0%
ルクセンブルグ	-30.0%
オランダ	-10.0%
ポルトガル	+40.0%
スペイン	+17.0%
スウェーデン	+5.0%
英国	-10.0%
EU 合計	9.2%

---

[2] 「壁崩壊の利益」は「ただで」得られたという議論に反論するため，ドイツの行政担当者は統一のコストの高いこと，つまり，1991 年から 1996 年の間だけでも，7,500 億 DM 以上（4,500 億米ドル）が新しく加わった州に移転されたことを指摘した．非公式に，彼らはこれにかかった費用の一部を担ってくれる国と排出削減を分け合ってもよいと述べた．

欧州委員会は，ほかの環境交渉で自らが果たした役割がもたらした積極的経験に促され，EU の立場を調整するための交渉権限を与えるよう要請した．しかしながら，多くの政府がヨーロッパ・レベルにさらに権限を移譲するという考えに反対していたため，環境閣僚理事会はその要請に応じなかった[3]．このように，気候変動に関する EU の政策立案は，理事会の交代制の議長職を有する国に大きく依存し続けることになった．理事会の議題を決定したり，準備グループの議長役を務めたり，国際交渉で EU およびその加盟国を調整し代表するのは，そのときの議長国によるのだ．イタリアとアイルランドが議長職についていた 1996 年には，ほとんど前進がなかった．両国とも気候変動に関して進歩的姿勢をとっているとは見られていなかったのである．しかし，1997 年のはじめにオランダが議長職を引き継いだとき，環境理事会の 2 回の会合における議題の中で気候問題は高い位置を占めた．そして両会合は，AGBM6 と 7 の前に開催される予定になっていた．

　オランダの強い決意に駆り立てられ，環境閣僚理事会の 2 回の会合では両方とも決定的な進歩がみられた．EU の専門家グループは，オランダ人専門家の指導のもとで[4]，もし現行および計画された政策が実施されれば，EU 内での CO_2，メタン，亜酸化窒素の排出量が 2010 年までに有意に削減されうるという結論を 1997 年のはじめに出した．その結果，環境閣僚理事会は 2010 年までにこれら 3 つの温室効果ガスの排出を 15％削減することを提案することに同意した．驚くべきことに，議長国が政策および措置の最強の支持者の 1 つであったにもかかわらず，「政策および措置」対「数値目標」についての EU 内の争いは，数値目標のほうを選ぶということで決着した．理事会は，また，加盟国間での分担計画を提案した（表 6.1 参照）[5]．約束された各国の排出削減は，合計しても 9.2％の削減になるだけであったけれども，それを履行するための取り決めの裏づけがあることが示され，この分担合意によって EU の提案に対する信用が高まった．1997 年 6 月には，理事会は 2005 年までに 7.5％削減という中間目標に合意するこ

---

[3] European Commission 1996dを参照．この拒否は，最終交渉でEUが強い役割を果す能力を厳しく制約することとなった．
[4] Blok et al.1997を参照．
[5] "EU Calls for 15％ Climate Emissions Cut By 2010", EWWE, 7 March 1997, 7-9; European Union（General Secretariat of the Council）, Meeting Doc.CONS/ENV/97/1 Rev.1（SN/11/97 Rev.1）, Brussels, 3 March 1997.

とができた[6].

　欧州委員会は，環境閣僚理事会での前進をさらに補完した．1997年3月のAGBM6の直後，委員会は再生可能エネルギーを促進するためのALTENERプログラムへの財源の増額を要求した．同時に，委員会はエネルギー製品（石油，石炭，天然ガス，灯油，電力）については課税最低限を導入し高く設定すること，そして電力とガス部門では需要サイドの管理（DSM）手法の適用を義務づけること，という新たな，または改正立法措置を提案した[7]．加えて委員会は，京都プロセスの最後の年に排出削減についての戦略と展望の概略を公表した．それには以下のものが含まれていた．
● 2010年までにメタンの排出を40％削減するという選択肢についての戦略文書
● エネルギー部門での行動を特定した声明
● 3つのおもな温室効果ガスの排出を削減する選択肢を同定した，京都へ向けたEUのアプローチの公表
● 再生可能エネルギーを促進するための戦略と野心的行動計画の概要を記した白書[8]

　EUの指導力と結束は，英国とフランスという2大加盟国で1997年に起きた政権交代からもまた利益を受けた．メイジャー首相の率いる前の英国保守政権は，EUが気候変動について厳しい政策をとることについて懐疑的であった．他方，トニー・ブレアの率いる労働党新政権は，ヨーロッパの環境政策立案において，より前向きの役割を果たすことに傾いていた．選挙運動中の公約を果たすために，新しい政府は2010年までにCO_2の排出を20％削減するという遠大な目標をたてた．EUレベルでは，新しい英国政府はより協力的になり，先導的なグループに加わった．それによって，EUの気候政策立案のバランスが変化した．（英国は，気候変動に関する新しいヨーロッパ法の制定には躊躇し続けたけれども．）[9]

　リヨネル・ジョスパンが率いるフランス社会党は，選挙運動中にはヨー

---

[6] EWWE 20 June 1997 (special issue), p.2.
[7] European Commission 1997d; 1997e; 1997f.
[8] European Commission 1996b; 1997b; 1997c; 1997d.
[9] EWWE, Vol.6, No.10, 16 May 1997, p.13 and Vol.6, No.14, 18 July 1997, p.9参照.

ロッパの統合について懐疑論を表明してきたけれども，フランスでの変化（1997年5月）は，英国と同じ方向に向いていた．前政権が同意したヨーロッパの共通通貨としてのユーロの社会的影響については懸念しつつも，社会党は環境問題により重きを置くものと考えられた．しかし，まず現行のフランスの気候政策を検討し直さなくてはならなかったので，新政権が気候変動についての立場を変えるのには，時間がかかった．

このように，環境閣僚理事会，欧州委員会および加盟国は，気候変動について行動を強化する方向へとますます結束を固めていった．結果として生じた国際レベルでのEUへの信用の高まりは，しかしながら，「EUバブル」の考え方の下で，加盟国の義務を合体させ，EU内では約束の差異化を認める権利をEUが要請したことによって，再びそこなわれてしまった．ヨーロッパの視点に立つと，バブルは，EUと加盟国との間で権限を特別に分化したことによる論理的な帰結であったが，この提案によって，EUの姿勢が首尾一貫しないものとなってしまった．EUは，ほかのすべての先進締約国に一律の排出削減を要求する一方で，内部では差異化を認めることを要請した．そこには，一部の加盟国が排出量を増やすことができる権利も含まれている．さらにEUは，約束期間満了の5年前までに，内部で分担割合に関する合意を変更する特別の権利を主張した．ほとんど驚くことではないが，JUSSCANNZの国々は，すぐにEUの立場についてこの弱点を攻撃した．そしてこの点は，気候交渉の場におけるEUの主導性をくずし，JUSSCANNZ諸国自身への圧力を軽減するという歓迎すべき機会を提供したのである（第12章参照）．

6.2 米国での動向

米国での政治的シナリオは複雑で，クリントン大統領と米国政府は一般に，比較的強い国際的取り決めを結ぶ用意があったが，産業界と国内の政治勢力による猛烈な反対に直面した．1996年の再選運動で環境保護への積極姿勢を掲げた後，1997年にクリントン・ゴア政権は気候変動についての国内の努力を強化した．1997年2月には，気候変動対策に関する政府の基本姿勢について国民とともに取り組むために，環境諮問委員会と経済諮問委員

会の下に,「ホワイトハウス気候変動タスクフォース」が設置された. 1997年4月には,大統領の持続可能な開発委員会が,温室効果ガスの排出を減らすことができる効果的な国内政策の選択肢と活動について大統領に助言するため,気候変動タスクフォースをつくった[10].

しかしながら,おもな努力は,1997年6月の国連環境開発特別総会におけるクリントン大統領の演説と公約の後に行なわれた(先の第5章参照).米国政府は,この問題について国民の認識を高め,行動への支持を生み出すために,地球規模の気候変動に関するホワイトハウス・イニシアティブというキャンペーンを計画した. その出発点は1997年7月24日にホワイトハウスでクリントン大統領とゴア副大統領が3人のノーベル賞受賞者を含む7人の科学者と会合したことにある. このキャンペーンには,気候変動の影響について全米にわたって開催された地域会議が含まれ,これがこの問題についてのマスメディアによる広範な報道をきたした. 1997年10月には,大統領自らが行動の必要性を説明するために国内を巡回した. 運動は,1997年10月6日にワシントンD.C.で開かれた気候変動に関するホワイトハウス会議で最高頂に達した. この会議には約200人の政治家と市民社会の代表者が参加し,インターネットと人工衛星を経由して国中の32地域で生放送された[11].

米国政府の努力は,社会の一部からの強い支持の上に成り立っていた. 環境NGOは問題に対する関心を高めるよう働きかけ,気候懐疑論者である少数派の主張に一貫して挑戦した. その結果,京都会議の直前に行われたニューヨーク・タイムズの世論調査によると,米国市民の65%が「ほかの国々がどうするかに関係なく」温室効果ガスの排出量をカットすることを支持した. 同じ世論調査では,49%が地球温暖化は温室効果ガスの放出によるものであるとしているが,たった16%が,正常な気候の振れだとしている(気候変動懐疑論者によって主張されているものである)[12]. 加えて,1997年6月には2,400人の科学者が合衆国の温室効果ガス排出量を削減する費用効果的な措置

---

[10] <http://www.whitehouse.gov/CEQ/ctask.html>; <http://www.whitehouse.gov/PCSD/charter>, 1998年3月現在; 京都会議以前の米国の国内政治については,Harris 1998参照.
[11] 地球気候変動に関するホワイトハウスのイニシアチブについての情報は,次のとおりアクセス可能. <http://www.whitehouse.gov/Initiatives/Claimate/main.html>
[12] "Public Backs Though Steps for a Treaty on warming", The New York Times, 28 November 1997, A35.

を支持した．ほかの専門家からも同様な声明が後に続いた[13]．

しかし，気候変動対策の反対者もまたカードを切る能力があることを証明した．化石燃料の圧力団体は，マスメディアを通じた宣伝活動に 1,300 万米ドルを支出した．それは気候変動の科学的根拠を公然と非難するだけでなく，化石燃料の利用を減らすと起きるという厳しい経済的苦難の絵を描くものであった．行動をとらない言い訳は，開発途上締約国で劇的に増大する排出量が先進諸国のどんな排出削減も意味のないものにしてしまうだろう，というものである．開発途上締約国による排出抑制が，必須の条件とされた．そしてこの必須条件は，G77 には受け入れられないということを「炭素クラブ」は非常によくわかっていた．工業国（特に米国）の歴史的責任に鑑み，先進締約国が排出削減およびベルリン・マンデートを実施しないとすれば，開発途上締約国は確実に自分たちの排出抑制には賛成しないだろう．そのため，議論は戦略的に国際的プロセスを沈没させることに的が当てられていた．

しかしながら，開発途上締約国の排出量が実際に増加していることについては論争の余地はなく，炭素クラブの戦略にとっては実り多い土壌を提供した．おもな成果は米国議会上院の超党派の決議であった．提案者にちなんで名づけられた 1997 年 6 月 12 日のバード＝ヘーゲル決議（Byrd-Hagel Resolution）は，開発途上締約国の「意味のある参加」を米国による『京都議定書』批准の前提条件とした．これに従って，「議定書またはその他の取り決めが，同じ期間内に発展途上の締約国にも温室効果ガスの排出抑制または削減を，新たに具体的でかつ期間を限って義務づけるものでない限り，」[14] 上院は排出削減の取り決めを受け入れないであろう．

コンセンサスで可決（95−0）された上院の決議は，気候保護にとっては暗い日を印した．短・中期的にみて，米国の交渉態度に柔軟性を期待することはできなくなった[15]．

バード＝ヘーゲル決議は，的をはずしていなかった．クリントン大統領とその助言者たちは，ベルリン・マンデートのコンセンサスに違反するこ

---

[13] Harris 1998, pp.56-57参照．
[14] 1997年6月12日の第105回議会第1会期上院決議98．
[15] しかしながら，上院でのこの決議に対するコンセンサスは，その提案者が代価を払って得られたものである．というのは，厳しい行動を支持する上院議員が，気候変動に関する政府間パネルの知見を肯定するよう要求し，それに成功した．その結果，京都プロセスの科学的基盤は，上院の強硬論者によってさえ受け入れられたのである．

とにはなるが，上院の要請に従うように交渉の立場をこれに適応させることに決めた．上院の重要な要求の 1 つとして，『京都議定書』への米国の参加は，主要な開発途上締約国の「意味のある参加」に依存することとされた（第 5 章参照）．他方で，大統領は，2008 年から 2012 年までの間に温室効果ガスの排出量を 1990 年レベルで安定化させるよう求めることによって，米国が検討している削減目標の中で最も進歩的な案を選択しようと図ったのである[16].

6.3　ポジションを固める：他の JUSSCANNZ 諸国

　米国政府とは対照的に，オーストラリア政府は厳しい国際的取り決めに熱心ではなかった．オーストラリアの保守派が国の選挙で勝利した 1996 年はじめには，状況はさらに複雑になった．オーストラリアは前労働党政府のもとでは確実に気候について積極的ではなかったが，後任のハワード首相の気候政策に対する態度は，ほとんど敵対的ですらあった．

　オーストラリア政府の懐疑的姿勢は，政府機関の 1 つであるオーストラリア農業資源経済局（ABARE）による経済モデル分析によって支持された．その分析結果は，温室効果ガスの排出を減らすための国際的行動によって，オーストラリアが過度に不利な立場に置かれるだろうということを論証したものとされた．もし排出量が 2020 年までに 1990 年レベルを 10％下回る削減がなされれば，賃金は標準シナリオのもとでより約 20％低くなり，何万もの職がなくなり，オーストラリアの 1 人 1 人がヨーロッパの平均より 22 倍もの重い負担を担わなくてはならないことになるとされた[17].

　まもなく，この研究資金の大半が化石燃料産業から出されており，専門家による検討がまったくなされていなかったので，モデル分析の結果には偏りのあることが明らかにされた．モデル作成の作業を監督する運営委員会の委員に支払われる料金は，50,000 オーストラリアドル（約 35,000 米ドル）と推定された．結果として，運営委員会は石炭，石油，その他の資源産業か

---

[16] Handelsblatt, 20 October 1997, p.10
[17] DFAT/ABARE 1995; ABARE 1997; Hamilton 1997年．

ら構成されていた[18]．オーストラリア連邦行政監察官（オンブズマン）がオーストラリア自然保護財団の申立を是認したのは，京都会議の後のことだった．彼は，モデル分析の作業が環境団体からの情報提供を排除するよう作られていたこと，それは公共行政の基準に従っていなかったし，ピアレビューを経るのを怠っていた，と裁定した[19]．

京都の前には，オーストラリア政府はこのモデル分析に対する批判を受け入れなかった．政府はまた，気候変動対策に対する注目すべき公衆の支持（それは産業界の主要部分においてさえ優勢であった）や，勢いを増す環境NGOの活動に対応することも怠った．逆に，ハワード首相は，もし国連気候変動枠組条約にとどまることが削減目標を容認することを意味するのであれば，国連気候変動枠組条約から脱退するといって脅した．（外務大臣を含むほかの政府高官がこれに追随した）．こうして，京都プロセスでオーストラリアが建設的な役割を演じるという望みは断たれてしまった[20]．

COP3の受け入れ開催国の状況は異なっていた．日本の気候変動に関する政策立案は，通産省と環境庁の間での痛烈な政府機関の争いという特徴があった．通産省は既に会議をホストすることに反対していた．しかし，橋本首相は内閣でこれをひっくり返し，最終決定を下した．日本は会議の成功をもたらすように行動すると期待されたので，京都プロセスにおける日本の立場についてのその後の討議では，日頃は支配的な地位に立つ通産省が圧力にさらされることになった．

加えて，日本でも成長しつつある環境NGO社会が，環境庁を支持した．ベルリンでCOP1の時にドイツの環境NGOを調整した「クリマ・フォーラム」をモデルにして，「気候フォーラム」が1995年に設立された[21]．厳しい気候保護措置を支持する気候フォーラムは，環境グループだけでなく企業の代表者や公共の行政機関も（個人の資格で）参加する混成型のものとなった．加えて，グリーンピースや地球の友といった国際的環境NGOが，日本での活動を強化した．こうした非政府部門の能力の強化は，1990年代に

---

[18] Hamilton 1997.
[19] 「政府は審判の判定を受け入れなくてはならない」および「政府の温室効果研究についてのACFの申し立て認められる」，<http://www.pag.apc.org/~acfenv/mr0398.html>，1998年2月3日現在．
[20] 「オーストラリア政府の温室効果の行程」，<http://www.pag.apc.org./~acfenv/mro398.htm>，1998年3月13日時点．
[21] ドイツ語と日本語の名前は両方とも「気候フォーラム」を意味する．

起きた NGO からの情報や働きかけに対する日本の政治システムの一般的な開放から利益を受けた[22]．さらに，1997 年 6 月の世論調査では，日本の人口の 86％が地球温暖化に懸念を抱いており，たとえ何らかの経済的出費が伴おうとも，84％が排出削減を支持するということがわかった[23]．結果として，気候交渉における日本のスタンスは，米国と EU の間の調停役を果たす方向へと押しやられていった（第 7 章参照）．

　カナダとノルウェーの政治的動向もまた，京都プロセスの見通しを改善させるように見受けられた．両国とも 1997 年の選挙では，反対勢力よりも気候保護により傾いていると考えられる政党が勝利した．これは国際協議の場ではほとんど感じられなかったが，これらの国の政府が京都での失敗の責任者として非難されれば，自国で大変高い政治的損失に直面するであろうことは明白であった．

6.4　企業：ある者は汚染を進行させ……

　政府だけでなく，産業界もまた京都に向けて準備をしていた．「炭素クラブ」は国際協議を妨害しようとして，米国と開発途上締約国に焦点を当てた．米国上院でのバード＝ヘーゲル決議の通過に伴う勝利の後，「灰色」産業が，全米にわたって 1,300 万ドルをかけたキャンペーンを開始した．新聞，ラジオ，テレビを通して，議定書の結果米国市民が巨額のつけを支払らわなくてはならなくなるだろうし，国連の地球気候条約は「地球規模のものではない」と強く主張した．こうして，開発途上締約国の約束をとりつけるよう主張を貫くべきだという圧力が米国政府にかけられた[24]．

　同時に，炭素クラブは開発途上締約国側，特にアジアの開発途上締約国に対して，これとは多少異なるメッセージを行き渡らせた．化石燃料産業

---

[22] Schreurs 1996; 1997.
[23] 朝日新聞，1997年6月21日．
[24] このキャンペーンは多くの公衆から党派的行動とみなされたので，キャンペーンはほどほどの成功を収めただけだという兆候がある．1,300万ドルキャンペーンについては，グリーンピースの1997年10月20日付新聞発表「機械に油をさす：化石燃料ドルが米国の政治過程に注入された」を参照．1998年6月18日現在の<http://www.greenpeace.org/~climate/kdates/october20b.html>にて入手可能; Greenpeace Magazin 6/1997, 23-25; Die Zeit, No. 43, 17 October 1997, 23; 世界気候連合のウェブページ<http://climatefacts/org>も参照; Greenpeace 1998.

にとって大きなこの新興市場は，1997 年後半に経済危機に突入していった．化石燃料業界の「助言」とは，世界の貧しい国々は，自分たちの排出抑制も先進締約国の排出削減も，どちらも自分たちの経済発展を制約するので受け入れられないはずだ，というものであった．こうして，エクソンの会長兼最高経営責任者，リー・レイモンドは，1997 年 10 月中国の北京で開かれた世界石油会議で，「経済成長の首をしめるような政策を阻止するために我々とともに取り組む」よう，開発途上締約国に呼びかけた．科学的証拠を拒み，「後悔しなくて済む」温室効果ガス削減策の大きな可能性を無視して，レイモンドは，開発途上締約国の最も差し迫った環境問題は貧困に関連したものである，と宣言した．この問題に対処するには，「経済成長が必要であり，そしてそれは，化石燃料の利用の抑制ではなく，拡大を必要とするだろう[25]．」

太平洋の両側で行われたこのような活動は，両側を互いに争わせる戦略の一環であった．もし米国が開発途上締約国の排出抑制義務を言い張り，中国その他の国が先進締約国の排出抑制について懐疑的になれば，京都プロセスはついにどこにも行きつかないだろう……世界気候連合や気候会議を通じて協力して取り組んでいる産業界にとっては，望ましい選択肢である．

6.5 ……他の者はグリーン化する

「炭素クラブ」とは対照的に，ある程度強い京都での合意を支持し，あるいは少なくとも受け入れる「緑色の」産業団体の数が増えてきていた．1990 年代初めの国連気候変動枠組条約交渉において「グリーン」産業はほとんど関与しなかったが，潜在的には強い気候政策の勝者となりうる再生可能エネルギー産業，エネルギー効率の良い企業，その他を含むグリーン産業は，京都プロセスではますます目立つ存在になってきた．1996 年には「持続可能なエネルギー未来のためのヨーロッパ産業評議会」(e^5) の設立があった．これには，有力なコジェネレーション産業（熱と電力の生産を同時に行うも

---

[25]「エネルギー アジア太平洋の国々の成長とより良い環境の鍵」，1997年10月13日北京での世界石油会議において，エクソン会社の会長兼最高経営責任者であるリー・レイモンドによる発言（著者のファイル）．

の)が含まれている.自然災害によって引き起こされた損害が増えていることに驚いた保険産業は,排出削減の合意を公然と支持した(図6.1参照)[26].建築部門における省エネルギー努力により利益を受けることができる断熱材産業は,CO_2の排出を削減するための早急な行動を要求し,1997年6月のリスボン宣言を指摘した[27].

図6.1 自然災害と経済的損害

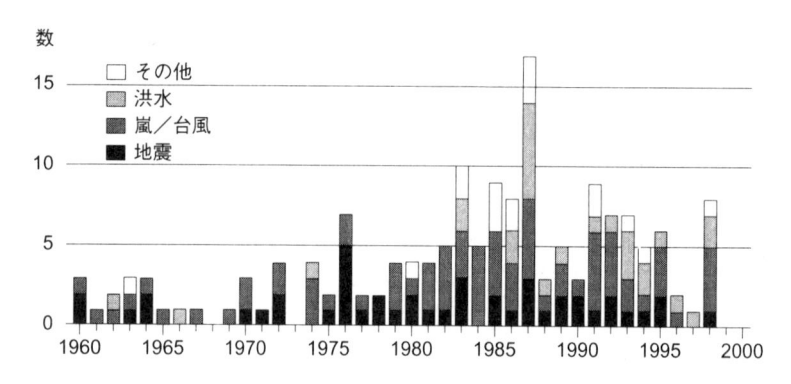

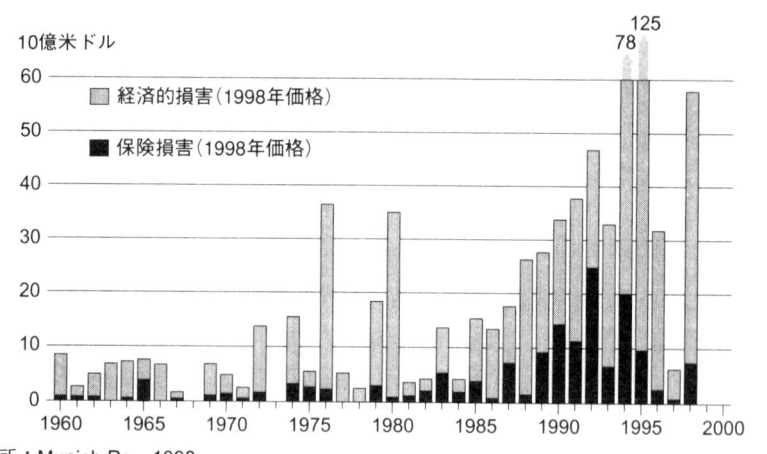

出所:Munich Re, 1998

---

[26] Salt 1998; UNEP 1997.
[27] 「CO_2削減に関するリスボン宣言」,国連気候変動枠組条約締約国の会議への断熱材産

第 6 章 バランスを変える

厳しい行動をとるよう求めることはしないものの，持続可能な開発のための世界産業評議会（WBCSD），国際商工会議所（ICC），その他（例えば，ドイツ工業協会 BDI）は，しだいにもっと急進的な「世界気候連合」から離れていった．要するに，産業界はますます分裂し，「緑色」と「灰色」産業との間のギャップを埋める役割は前述の「中庸派」が果たすこととなった[28]．それは，ますます不可能な仕事であった．1996 年春の AGBM3 で，産業界は，初めて 1 つの共通の立場の表明に合意することができなかった（4.4 参照）．

行動への支持が増えてきたため，ヨーロッパに本部のあるいくつかの石油会社は気候変動に関する立場の再評価を行った．1997 年 5 月にスタンフォード大学でのスピーチの折に，英国石油会社（BP）グループの最高責任者であるジョン・ブラウンは，気候変動について「高まる懸念を無視することは賢明ではなく，潜在的には危険ですらある」ということを認めた最初の石油産業の役員となった．同時にブラウンは，BP がすでに世界市場の 10% のシェアを握っている太陽エネルギーへの投資を拡大し，「次の 10 年をかけて売上高で 10 億米ドルを達成する位置につける」と宣言した[29]．慎重ながらも，ほかの石油産業の役員たちもこの例に従った．例えば，サンオイルの会長は，1997 年の秋にクリントン大統領に宛てた手紙の中で，「今，分別のある緩和措置を開始すること」を支持した[30]．最後に，シェルが 1997 年 10 月にシェル国際再生可能エネルギー会社を設立し，再生可能なエネルギーに弾みをつけた．新しい会社は，5 年以内に 5 億米ドルを投資し，シェルの再生可能エネルギーに対する支出を 3 倍にするという[31]．

6.6 環境 NGO

環境 NGO は，気候活動ネットワーク（CAN）の枠組みのもとで調整されており，「灰色」産業の活動に対抗しようとした．NGO は，2005 年まで

業の提出文書．
[28] Taalab 1998参照．
[29] Browne 1997, pp. 4 and 13.
[30] Martha M. Hamilton, "Oil Executives are Shifting Their Stance", Washington Post, 3 March 1998.
[31] "Shell Makes a Push for Renewable Energy", ENDS Daily, 16 October 1997.

に先進工業国における CO_2 排出量を 20％削減することを要求することで，正式に AOSIS の 1994 年議定書草案を支持した．しかしながら，京都が近づくにつれて，NGO の焦点は形式的には数値化された削減目標に同意する一方で，国内行動を逃れるために先進工業国が利用しうると NGO が感じている「抜け穴」との闘いへと移っていった．特に，温室効果ガスの目録の中に吸収源を含めること，排出量，共同実施，排出量取引の「バンキング」および「ボロイング」，排出削減量を計算するための基準年を 1990 年から 1995 年へと移すという噂話は，まぎれもない抜け穴とみられた．

環境 NGO は京都を前にして，政府および一般国民の両レベルで運動を強化した．炭素クラブより少ない財源しか自由にならないけれども，彼らは国際交渉の間だけでなく自国の首都でも積極的なロビー活動を行った．これは，ニュース・メディアとの緊密な接触を通して可能になったＰＲ活動によって補完された．彼らの努力は，米国，EU，日本というゲームの 3 大先進締約国プレイヤーに焦点をあてた．

日本では，気候フォーラムがたくさんの会議と行事を調整した．米国では環境 NGO が，気候変動政策への国民の支持を呼び起こすために，全米各地でタウンホール・ミーティングを組織した．しかしながら，資金が限られていたために，炭素クラブに大きく影響を受けていた議会に対するロビーイングには成功しなかった（6.2 参照）．ヨーロッパの環境 NGO もまた，京都プロセスへの必要な勢いを生むために，公衆の意識啓発運動に従事した．鍵となる行事は，欧州気候ネットワーク（CNE）とヨーロッパの議員のフォーラムである GLOBE ヨーロッパによって組織され，1997 年 10 月 16 日と 17 日にボンで開催された「京都とそれ以降を目指して」と題する 2 日間にわたる会議であった．多くの交渉担当者や大臣を含む 300 人以上の参加者があった．この行事はまた広く報道された[32]．

CAN のメンバーは公には 1 つの声で話したけれども，70 以上の国の 250 以上の NGO はさまざまな問題について異なる見解をもっていた．新世界と旧世界の間には，文化的な違いが存在した．例えば，自由市場の思想に高い価値を置く社会で活動している米国の NGO は，むしろ規制システムの利点を強調する傾向にあるヨーロッパのパートナーよりは，排出量取引や共同実

---

[32] CNE 1997; 米国の環境NGOの京都以前の活動についてはHarris 1998: pp.54-55も参照．

施のような市場を基にした構想へとより積極的に傾いていた．交渉中に，このほかの問題についても考え方の違いがあることが明らかになった．例えば，基準年を動かす可能性や，フッ素化合物を含めるかどうかによって温室効果ガスの「バスケット」の大きさが変わってくるといった問題である．しかしながら，環境 NGO は，交渉過程に影響を与えることができる唯一のチャンスは，一貫性を保ちつつ一体となって行動することであるということをよく知っていた．だから，彼らは京都の前にも京都会議の場でも，また地域レベルでも地球レベルでも，自分たちの行動と戦略をうまく調整していた[33]．このことが彼らの影響力を高めた．実際，国際環境交渉の観測者たちは，気候変動問題で活躍する NGO が特に効果的なのはこの緊密な調整のおかげである，という点で一致する傾向にある．

---

[33] 世界的なCAN戦略セッションに加えて，ヨーロッパ環境NGOは，例えばベルリンで1997年9月末に開催した内部ワークショップで自分たちのポジションについて討議した．

第7章　京都：エンドゲーム

　1997年11月末に各国代表団が京都へ飛んできた時に，主要なプレイヤーたちはその胸にしっかりと自国のカードを握ってきた．誰も京都会議の結果がどうなるかについて確信をもっていなかったが，世界の世論が京都で合意が達成されることを望んでいることを皆がはっきりと認識していた．日本は特に会議を成功させることに強い関心をもっていた．このため，京都サミットは，国際環境外交において最も特別で目立つイベントの1つとなり，158カ国の締約国および6カ国のオブザーバー国からなる2,200人以上の代表団，4,000人近いNGOや国際機関のオブザーバー，3,700人以上のマスコミの人々が参加した[1]．

　交渉の歴史に関するこの最終章は，京都会議の特別な力学をハイライトする．まず初めに，京都での合意を担保するためにホスト国日本が果たした役割を調べる（7.1）．次に，会議の第1週目にほとんど進展が得られなかった事態を検討する（7.2）．京都会議の成果に決定的な影響を及ぼしたいくつかの鍵となる要因，最も重要なものとしてマスコミとNGOの役割，現代のコミュニケーション技術（7.3），エストラーダ議長のリーダーシップ（7.4）がさらなる分析の対象となる．大きな国際会議の常として，会議の終焉に向けて議論が息もつかせぬスピードに加速化されていく（7.5）．交渉者たちが交渉の最終日の夜の間に解釈が明確でない妥協のパッケージを作り上げたことから，激しい消耗が最終的な妥協をもたらしたもう1つの決定的要因となった（7.6）．

7.1　日本

　日本がCOP3をホストするというCOP2（1996年7月）の決定は，日本が議長国として会議の成功に向けて強いリーダーシップと妥協に向けた意志を示すだろうとの期待から，交渉に希望をもたらした．しかしながら，日本

---

[1] 1997年12月9日付FCCC/CP/1997/INF.5.

が京都プロセスにおもに貢献したのは，京都会議の期間中ではなく，COP3 に先立つ数カ月の期間であった．日本式の外交に従い，強いリーダーシップというよりは慎重な利害バランスの考慮が日本のおもな強みであった．このような日本の外交は，京都に向けての重要なステップであったが，ドイツのメルケル大臣がベルリンの COP1 で示したような強力な「シャトル外交」を日本政府が発揮することを妨げた．例えば石油輸出国機構（OPEC），特にサウジアラビアとの調整に関する外交努力については相当の利点をもつことを示した（第 5 章参照）．さらに，日本は 1997 年内に，主要な代表団を 3 回にわたる日本での非公式会合に招待した．最初の 2 つの会合は先進工業国の約束に焦点を当てていた．（JUSSCANNZ と欧州連合（EU）の代表を含む）10 の OECD 諸国の代表が東京で 4 月 24 日および 9 月 9-10 日に会合し，この問題を討議した．しかしながら，これらの会合は，主として主要な交渉者たちが集まり非公式な意見交換を行うことには役立ったが，これらの会合によりあまり進展が得られたとの報告はない．

2 日間にわたる第 3 の非公式会合は，1997 年 11 月 8-9 日にかけて東京で大臣レベルの会合として開かれたが，前 2 回の会合と比べてより大きな成功を収めた．日本政府は，米国，カナダ，オーストラリア，ニュージーランド，英国，ドイツ，オランダ，ルクセンブルグ，ノルウェー，フランス，イタリア，ロシア，EC，韓国，メキシコ，中国，インド，インドネシア，ブラジル，アルゼンチン，タンザニア，サモア，サウジアラビアの環境大臣およびエストラーダ議長と（気候変動枠組条約）事務局のマイケル・ザミット・クタヤール事務局長を招待した．会合は次の 2 つに分かれて行われた．まず先進工業国の間で討議し，さらに開発途上締約国が 2 日目に参加した．南北間の関係の希薄さを象徴するようにインドと中国とは参加しなかった．もう 1 つのシグナルは，ほとんどの先進工業国からは大臣が来日したが，ほとんどの開発途上締約国からの参加者はより低いレベルの官僚であったことである．

先進工業国間では，削減目標，柔軟性メカニズム，政策および措置（PAM）および開発途上締約国の参加問題が議論された．日本は，米国と EU との削減目標に関する提案の間に共通の基盤をつくろうと試み，また，GEF の再編を含む一連の財政的，技術的支援パッケージを提案した．EU は，妥協の意思を示唆した．イタリアとフランスは，EU が提案していた 15％削減

目標の達成は不可能であると認めたと報告されている．会合後，すべての先進工業国は，5年までのバジェット期間における（法的拘束力のある）削減目標を支持するようになった．この会合がなければ，これまで通り合意に達することはできなかったであろう（第4章参照）[2]．

会合の2日目には議定書への開発途上締約国の参加問題が討議された．米国は，例えば開発途上締約国の約束に関する対話を開始することに開発途上締約国が合意する等，開発途上締約国はさまざまなやり方で議定書に参加することが可能と示唆した．討議にはいささかの進展があったと報告されている．先進工業国が温室効果ガスの排出削減に関し進展を示すことが先だと開発途上締約国は主張し続けたものの，ブラジルと米国は，開発途上締約国と先進工業国間である種の共同実施（JI）を行う仕組みに関し，共通の理解を形成した．開発途上締約国における気候変動緩和対策のための基金を創設するとのブラジル提案を作り上げる過程で，両国は，クリーン開発メカニズム（CDM）となる考え方を発展させた（第14章参照）．

結論として，東京会合は，主要国の大臣たちが参加し，相互理解を深めることに貢献した．さらに，この対話は，開発途上締約国が長期的な排出削減努力に加わるための道筋をつくった．日本のホストたちによれば，「妥協に向けた最初の具体的なステップが踏み出された．」[3]．

中国，インドという2つの最も重要な開発途上締約国が不参加であったことは，しかしながら，会合において著しい障害であった．

京都会議自体では，日本の役割は限定的であった．京都でのプロセスは，締約国会議の議長である日本の大木浩長官というよりむしろエストラーダ議長によって進められた．1997年6月の国連環境開発特別総会後には（部分的には，その役割に関する国連環境開発特別総会での批判の結果，第5章参照），日本政府は，米国とEU間の中間的立場を模索することにより比較的低いパフォーマンスを維持する決意をしたように見える．京都会議への主要な貢献として，日本は，会議での討議を促進するような大変優れた施設を京都で提供した（7.3参照）．

---

[2] 附属書Ⅰの締約国間の非公式大臣会合議長報告，1997年11月8日，東京（文書の写しを著者が保管）．
[3] 東京会合については，「プレ京都会合は，各国がサミットに向けて前進との結論を得た．」との読売新聞を参照（文書の写しを著者が保管）．

7.2 京都会議の力学

　代表団が京都に到着したときには，議定書に関する多くの課題は未解決であった．議長は，事務局と緊密に協力しつつ「交渉用の改訂テキスト」を作成していたが[4]，わずかな条項しか合意に達していなかった．前文，組織の役割，紛争解決，議定書改正，投票権に関する条項および発効に関する規定を除く最終条項が概ね合意されていた．さらに，定義，手法，報告，実施のレビューおよび目標設定に関する一部の問題（特に単一年目標でなく約束期間を選択すること，使用しなかった排出量枠を次の約束期間に持ち越すバンキングの可能性）が合意間近であった．しかしながら，以下に示すものを含むほとんどの実質的な課題はさらに議論を必要とする状況にあった．

- 先進工業国の排出抑制および削減目標の規模，時期，デザイン（単一目標対差異化，対象とする温室効果ガスの数，将来の約束期間からの排出量枠の前借り（ボロイング））および法的性格
- 最終合意に際しての政策および措置の位置づけ（拘束力のある義務対一般的ガイドライン）
- 吸収源による排出削減義務相殺の可能性および可能な場合の相殺の程度
- 自発的な約束や先進工業国の対策による経済への悪影響に対する補償措置を含めた開発途上締約国の参加問題
- 共同実施，排出量取引および EU バブルの排出削減義務への適用可能性および可能とした場合の程度
- 遵守義務違反の取り扱い，および
- 採択される手段のために果たすべき条約機関の役割を含む広範な制度的取り決め，発効規定および約束のレビュー

　議定書またはほかの法的文書（すなわち，特に条約の改正）がこのプロセスから導き出されるのか，また，それは何と呼ばれるのか依然として明らかではなかった．議定書への反対者に対してプレッシャーを増すために，EU はすでに条約 17 条の改正案を提案していた．それは，議定書採択のための

---

[4] FCCC/CP/1997/2.

多数決の可能性を導入し，手続規則が採択できなかった場合に発生するコンセンサスの要因を回避するものであった（第4章参照）．

この提案は，改正の発効前に暫定的に適用できると規定していたため，直ちに議定書が採択できることになっていた．クウェートは，この提案に対抗して，先進国が，開発途上締約国の義務の「すべての増加費用」を充足するために，条約の締約国会議が決定する技術移転を含む資金を提供するよう，条約4条3の改正案を提案した[5]．

すべての残された問題を解決するため，京都の会合は3部構成となった．締約国会議（COP）が始まる前に，これまでの議論を確認し，COPに向けた新たな結論を出すためにベルリン・マンデートに関するアドホック・グループ（AGBM）の第8回会合が1日間再開された[6]．COP自身は，2つの段階に分けられた．第1週目には締約国は，第2週目に開かれる3日間の大臣会合での最終交渉ができるよう，できる限り共通の基盤を確立しようと努力した．

11月30日の日曜日に開かれたAGBM会合は，吸収源の問題に焦点を当てていたが，この会合で結論が出なかったことは驚くには値しない．エストラーダ議長はAGBM報告に吸収源に関する結論（合意）を追加したいと考えていたが，合意に達することはできなかったと報告した[7]．翌日，代表団は再会したが，このときはCOPであった．日本の大木浩環境庁長官の議長のもとで総会（Plenary）は，COPの一般的事項について討議した．同時並行的に，議定書に関する交渉は，より小さな会議室で行われた全体委員会（COW）で進められたが，この会合はエストラーダ氏が議長を務めた．

問題の複雑さと残された課題の多さに鑑み，COWは，組織的事項，開発途上締約国の参加問題と議定書に対する彼らの関心事，政策および措置に関し，いくつかの交渉グループを設立した．エストラーダ議長自身は，目標とタイムテーブルに関する交渉の議長を務めた．さらに，COWは，吸収源，排出量取引，共同実施，開発途上締約国の自発的約束等について数多くの非公式グループを設けた．それだけでもすでに忙しい交渉スケジュールに加え

---

[5] FCCC/SBI/1997/15.
[6] COP3直前のAGBM8の再開は，1997年10月に開かれたAGBM8以降にエストラーダ議長のリーダーシップのもとで進められた作業がAGBMの任務を超えるという批判を防ぐのに役に立った．
[7] 1997年12月13日付Earth Negotiations Bulletin, Vol.12, No.76, p.13.

られたのが，国別のグループ（EU, JUSSCANNZ, OECD, G77 および中国，AOSIS 等）ごとの定期的な協議であった．さらに，二国間，多数国間のコンタクト・グループが，共通の基盤を見いだすために既存の連合を超える形で会合を開いた[8]．

このような状況下では，オブザーバーにとっても政府関係者にとっても進展を把握することは困難であった．公衆には閉ざされた小さな会議室での政府代表による別個の会合ごとに，新たな提案や既存の提案が互いに検討され，比較考量された．ほとんどの場合にはこれらの提案は廊下への道を見いだした．そこでは，政府の交渉者たちが，ときには専門家の助言を求めるため，産業 NGO や環境 NGO，マスコミの人たちと話をした．NGO コミュニティの一部のメンバーは，通常多くの交渉者たちよりも豊富な情報を得ていた．代表団や NGO による記者会見は，新たな情報を提供する潜在的な場であった[9]．

これらの情報は，常に正しいとは限らなかった．会議場の廊下では，非公式会合での真の進展（あるいはその欠如）と単なる噂とが容易に混在した．交渉者たちが，定期的にその代表団と会って情報を提供し議論をしていたのに対し，NGO は，毎日「諜報結果」を交換し，戦略を練るための会議を開催した．大臣会合が近づくにつれて，会議にかかわる人々やイベントの数，交渉の密度が増加した．交渉は，大臣たちが到着し始める予定であった週末には減速した．

エストラーダ議長のノン・ペーパーが交渉の第 1 週目の状況を要約している．このペーパーはゆっくりと収斂が生じつつあるとの証拠を提供している．広範な合意がほとんどの組織的事項についてなされ，また，将来の排出バジェットからの借り入れに関する提案は断念された．吸収源の挿入と開発途上締約国への補償問題に関する合意が得られそうな状況にあった．しかしながら，収斂の程度はそれぞれの課題ごとに異なるものの，これまで言及されてきた多くの実質的な課題が解決からは程遠い状態にあった[10]．少なくとも，条約の改正に関する EU とクウェートの提案とがどちらも第 1 週目の

---

[8] 1997年12月13日付Earth Negotiations Bulletin, Vol.12, No.76参照．
[9] これまでの交渉会議と同様に，研究機関や国際機関，利益団体等による多くのサイドイベントが開催され，参加者の予定をより忙しくした．
[10] 1997年12月7日付FCCC/CP/1997/CRP.2

終わりには取り下げられていたため，会合は明らかに議定書の採択を目指すようになった[11]．

12月8日から10日にかけての京都会議場での大臣会合における活動がハイライトされた．最終的なカウントダウンの開始は，会合が公式に終了する予定であった12月10日の終わりであった．最終日と最終日の夜の交渉は以下の節で扱われる．その前に，『京都議定書』がどのように成立したかに光を当てるため，京都での交渉におけるいくつかの明らかな特徴についてハイライトする．

7.3 近代的なコミュニケーション技術

京都サミットは，かつて例を見ないほど世界の世論の注意を気候変動問題に振り向けた．特に，先進工業国では，人々は京都での成果に高い期待を寄せた．テレビ，ラジオ，新聞は会合の様子を大々的に報道した．会合が進展するにつれてその程度は増していった．新聞記事が会合の場で配布され，また，政府官僚は世論のプレッシャーが増しつつある本国からの情報を直ちに入手したため，マスコミの報道は直ちに交渉プロセスへフィードバックされた．

この世論のプレッシャーには，一部，マスコミと環境NGOの相互作用が貢献している．京都会議に向けて，会合を開催したり背景資料をマスコミに配ったりして，NGOは世論喚起のために大変な努力を払った．そのようにして，この問題に対して，また環境面から受容可能な成果についての高い認識が醸成された（6.6も参照）．NGOの中にはジャーナリストと特に密接なコンタクトをもつものもあり，彼らを通じてより広い人々への情報の伝達が行われた．

このジャーナリストと環境NGOとの「共存関係」は，彼らが同じホールにともにいた京都会議においては，大きな推進道具になったことが証明されている．NGOにとっては，関連情報をジャーナリストに提供することにより，彼らのメッセージを活性化し，またのろのろとしたプロセスを世論のプ

---

[11] FCCC/CP/1997/7, p.26参照．

レッシャーにさらすことができた．環境論者たちは，情報源として歓迎されるのみならず，しばしばマスコミのインタビューの対象にもなった．他方，ジャーナリストにとっては，彼らから交渉の内幕情報を得られるというメリットが得られた．一貫した啓発キャンペーンにより，NGO とマスコミは，交渉期間中，世論によるプレッシャーを維持し，増大させることに成功した．

　外部世界との情報交換，および内部のコミュニケーションにおいて，京都会議はかつて例を見ないほど近代コミュニケーション技術に依存した．これは，会議が近代技術に高い関心をもつことで知られた日本という国で開催されたためかもしれない．日本のホストと事務局は，会議の参加者に対し，自由で常に利用可能なインターネットへのアクセスを提供した．その結果，会議のニュースは即時に伝達された．交渉者とオブザーバーは，朝食の前に前日の会議の詳しい報告を見ることができた．新聞記事や会議の状況に対するコメント，最新の進展に関する話は，容易に，かつ直ちに京都から世界中に伝達された．報道機関はこの新たな機会を活用した．例えば，CNN と BBC とは彼らのテレビのプログラムにある定時のニュースに加えて，交渉の状況をまさに時間差なくインターネットで配信した．同様に，母国の状況に関するニュースもこのチャンネルにより容易に得ることができた．公文書でさえ，最も重要なものは『京都議定書』そのものであったが，インターネットを通じて発表後数分で世界中でアクセス可能になった．

　内部的には，インターネットは，京都の前のインターセッション期間中，かつて例を見ないような重要な役割を果たした．交渉テキスト案と関連文書が E メールで広範に回覧され，討議された．一般に，E メールは，京都会議の準備にかかわったすべての者が互いに密接に連絡することを可能にした．ボンの条約事務局と当時の在中国大使であったエストラーダ議長とは E メールにより一日に数回互いにやりとりをすることにより，緊密な連絡をとり合った．「バーチャル外交」は，このように京都の前から始まっていた．京都では，米国と英国の代表団は，各種の提案を直ちに評価できるよう，自国のコンピュータ・センターとオンラインで接続していた．

　交渉者たちを世界の監視の目にさらすことは，明らかに，気候変動に関する国際交渉の歴史において初めて，公式セッションといくつかのイベント（例えば京都を訪問中の米国ゴア副大統領の記者会見）が生放送されたという事実により促進された．会議場の随所でアクセス可能なテレビスクリーン

は，交渉者たちとオブザーバーが，個別交渉をしたりコーヒーを飲みに行きながら公式交渉をフォローすることを可能にした．しかしながら，より重要なことは，公式の記録がインターネットで配信されることにより，放送が会議場をはるかに超える範囲で流されたことである．インターネットに配信された当日の生ビデオ放送により，インターネットにアクセスさえできれば，世界中のどこにいる誰でも公式会合における政府代表の演説や発言をそのまま聞くことができた．テレビ局のスタッフは，これまで作業部会としては例のないことであったが，COWの最終セッションにまで立ち会うことを許された．このようなテレビカメラの存在は，この歴史的な瞬間の緊急性と重要性とに関する認識を著しく高める効果があった．

京都における最も顕著な特徴の1つは，携帯電話が常に鳴り続けていたことである．あえていうならば，膨大な数の公式，非公式会合は，携帯電話なしには開催できなかったであろう．同時に，これらの携帯電話は，しばしば鳴ることにより，それらの会合を著しく妨げた．携帯電話により，会議の参加者は，本国と直接コンタクトをとったり，ほかの会合の状況に関する最新情報を得たり，インタビューのアレンジ等を行うことができた．携帯電話はまた，いくつもの同時に開催される会合への参加に関し，代表団の内部調整を可能にした．

携帯電話は，さらに，NGOが直接非公式な交渉セッションへの参加を許されなかったため，交渉プロセスにおける彼らのロビーイング戦略を変えた．携帯電話は，公開である総会での政策決定者へのNGOのアクセスを担保する役にも立った．これは，NGOが会議場へ入ることを許されず，バルコニーから傍聴することしかできなかったためである．この手続は，INC11以来採用されたものであるが，グレイの服を着た産業NGO（特に気候会議（The Climate Council））が一部の国の代表団に混じり，しばしば発言を行ったためである．携帯電話を用いることにより，NGOの専門家は，キーとなる代表団の関係者と常にコンタクトを保ち，彼らの見解を伝えたり，新たな情報を与えたり受けたりすることが可能になった．代表団の中には，キーとなるNGOのオブザーバーを呼び出し新たな情報を流したり，アドバイスを求めるものもいた．これらの電話によるコンタクトは交渉の最終段階で，時間が徐々になくなってきたときに特に頻繁になった．

京都サミットは，このように環境外交分野における近代コミュニケーシ

ョン技術の最終的勝利を記録するものとなった．その結果，交渉者たちは，世界が監視していると感じるようになった．交渉の進展を阻害しようとする試みを隠しておくことが困難になり，交渉者たちの説明はより明快なものとなった．これにより，明示的に京都会議の成功を阻害しようと試みる国は，後日批判を受けることになると承知したため，妥協への意思が促進されることとなった．さらに，京都における近代コミュニケーション技術が果たした役割は，環境外交が 21 世紀に向けて変化しつつある（技術）環境に急速に適応しつつあるとの証拠になった．この認識は京都以後に強化された．近代コミュニケーションは，気候変動交渉に際し常に見られる特徴となった．しかしながら，望まぬ副次効果として，この進展は，後発開発途上締約国がそのような技術にアクセスする術を持たないため，後発開発途上締約国を交渉への参加という面からさらに困難な状況に陥れることになった．

7.4 エストラーダ・ファクター

『京都議定書』交渉の歴史を通じて，エストラーダ議長は顕著なリーダーシップを発揮した．京都プロセスの成果は，リオ以降の INC の議長，その後は AGBM の議長，京都会議では COW の議長を務めた当時の在中国大使を正当に評価せずに理解することはできない．5 年間にわたる議長職を通じて，彼は，モメンタムを作りだし，交渉者たちを意味のある結論に導くために遺憾なくリーダーシップを発揮した．

彼の議長ぶりは，彼の前任者であるフランスのジーン・リペールのやり方と好対照であった．リペールは，気候変動枠組条約交渉を，より伝統的な外交スタイルでリードし，議論では常に中立を保った．ときに応じ，外交的な慎重さを踏み外して，エストラーダ議長はしばしば各国代表に彼らの任務を思い出させ，よく知られている立場の単なる繰り返しにすぎないような議論に対し，強力に介入した．ときに応じ，各国代表たちに対し，発言前に彼らの議論の内容をチェックするよう要求した．例えば，サウジアラビアが議定書交渉に入る前に先進工業国の政策および措置が開発途上締約国に及ぼす影響について調査する必要があると主張した際には（AGBM3 において），エストラーダは，20 年前に OPEC が石油価格を引

第7章 京都：エンドゲーム

き上げた際にはその措置が開発途上締約国に及ぼす影響について誰も議論した記憶がないと指摘した[12]．さらに，彼は交渉の妨害には容赦しないとし，OPECに対し，彼らの関心事にどう対処すべきかの建設的な提案を要求した．同様に，彼は何度も，開発途上締約国に約束を求めることはベルリン・マンデートの枠外であるとして米国の要求を拒否した．

エストラーダは京都で合意に達すると決意し，常に議定書採択に向けた合意づくりの道を探った（4.5参照）．京都前の最後のAGBMの最終局面において，3カ国を除いてテキスト案への合意が得られたと彼が宣言したときに1つの可能性が開かれた．3カ国のうちの1カ国が緊急動議を提出したとき，エストラーダは，各国代表は彼の采配に挑戦することはできるが，もとに戻すためには3分の2の多数決を要すると宣言した．このときには公式の挑戦は避けられた．このようにして，エストラーダは，少数の反対者がおり，公式に投票規則が定められていなくとも議定書がコンセンサスで採択できることを示した[13]．AGBM8において，こうして彼は『京都議定書』採択の基礎を築いた．

エストラーダは，条約事務局およびその事務局長であるマイケル・ザミット・クタヤールと密接に協力しながら，重要な課題に関する主要プレイヤーたちの立場を知悉し，綿密にその進展をフォローした．交渉における中心的な人物として，彼はまた，さまざまなプレイヤーたちがもつ異なる課題に対しての認識を把握することができた．彼の卓越した識見の結果の1つとして，彼は，1997年7月にすでに約束の差異化が解決への鍵であると確信し，その方向に交渉プロセスを導いていった[14]．

条約事務局の支援を得て，エストラーダは京都自体においても，交渉プロセスが加速化した際にもすべての進展を把握することができた．彼は，彼自身がすべてのプロセスには直接参加しなかった（例えば三極協議）にも拘わらず，すべての交渉グループの進展プロセスを最も良く見極めた．その結果，彼は12月9日から11日にかけて2日間完全に徹夜した．それにも拘わらず，彼は京都プロセスの，特に最終セッションの主人公であった．最終

---

[12] 1996年3月11日付Earth Negotiations Bulletin, Vol.12, No.27, p.5.Oberthür 1996aも参照．
[13] 1997年11月3日付Earth Negotiations Bulletin, Vol.12, No.66, p.6.
[14] 気候変動に関するOECDフォーラムにおけるラウル・エストラーダの発言．ラウル・エストラーダによる「京都議定書交渉に関するキーノートアドレス」（OECD気候変動フォーラム，1998年3月12-13日パリで開催）参照（写しは著者が保管）．

日の夜におけるエストラーダ議長のリーダーシップと中心的な役割なくしては，京都会議の結果はきわめて異なったものとなっていたであろう．どのようにエストラーダが各国代表に実質的に合意を強いたか，その結果として彼を「京都の英雄」[15] にしたかについては，以下の節で論ずる．

7.5 最終的な閉幕へのアプローチ

　第 2 週初めの大臣セッションに参加するための米国ゴア副大統領の京都への到着は，会議の最終段階の始まりを告げた．数日前までは来るかどうか定かではなかったが，会議で演説するとの彼の決断は，日本で合意に達するとの彼の個人的な約束と同時に，米国の約束を示すものであった．12 月 8 日の総会開会における彼の出席は最大限の関心をもって待たれ，広い会場は満場が埋め尽くされた．ゴアの演説は，日本の橋本龍太郎総理大臣，コスタリカのフィグレス・オルセン大統領，ナウルのクロドゥマー大統領の演説に続いた．小島嶼国であり，気候変動の脅威にさらされている国家の大統領として，クロドゥマー大統領は，クリントン大統領が行った削減の約束を思い出させ，ゴアに対して「我々は固唾を飲んであなたの発表を待っている」と語りかけることによりさらにプレッシャーを増加させた[16]．

　ゴア副大統領は微妙な状況にあった．一方で，米国は京都で意味のある成果を欲しており，ゴアは妥協に向けた意思を示す必要があった．他方，ポーカーがそうであるように，早めに譲歩した場合には交渉の相手方からさらなる要求をなされるため，交渉者たちはぎりぎり最後まで手札を隠そうとしていた．しかも，この段階における大幅な譲歩は，ゴアが米国の利益を裏切ったと主張しようとしている米国の「炭素クラブ」に確実に論拠を与えることになる．ゴアはきわめて率直な態度でこの挑戦を切り抜けた．彼の演説全体を通じて，彼は良く知られた米国の立場を繰り返し，米国の合意は，市場原理の導入，現実的な目標とタイムテーブル，主要な開発途上締約国の意味のある参加とに依存すると主張した．しかしながら，演説の終わりに彼は妥

---

[15] 1998年6月4日UNFCCC補助機関会合におけるUNFCCC事務局長マイケル・ザミット・クタヤール．
[16] 1997年12月8日日本の京都でのキンザ・クロドゥマーナウル大統領かつ対外交渉大臣による総会演説．

協への徴候を示した．これは，クリントン大統領の承認は得ていたものの，彼の参謀たちの反対にも拘わらず入れられたと語られている．ゴアは，米国代表団に対し，「もし包括的な計画が実現するのであれば，交渉に対してより大きな柔軟性を示す」よう指示した[17]．このいささか微妙な演説はマスコミが期待したものとは異なるが，交渉者たちに米国の積極姿勢に対する印象を与えることに失敗はしなかった．

大臣セッションの開会式の後，COP総会は3日間にわたり125の大臣，いくつかの国際機関やNGOの演説に入ったが，聴衆は大幅に減った．良く知られた立場を繰り返すのを聴くかわりに，交渉者たちは廊下の反対側の会議室で再会されたCOWや文字通り時間との競争の中で開かれた多くの交渉グループに注意を戻した．目標の正確なサイズに関する討議が，米国，EU，日本による三極のフレームのもとで集中的に行われた．明らかにこれらの討議は吸収源や排出量取引，共同実施と密接な関係にあった．ほかの代表団は，三極交渉の結果が出て自分たちの立場が決定できるよう待たされた．

交渉のスピードと密度が増すにつれて，内部的な意思決定手続の複雑さのために，EUのリーダーシップ能力が大きな制約を受けるようになった．EUの議長国としてのルクセンブルグの能力が限られていたため，交渉は，ルクセンブルグの前の議長国であるオランダと次の議長国である英国とのトロイカ体制で行われた．英国の外交能力と交渉力のため，英国副総理のジョン・プレスコットが急速にリーダーシップを発揮するようになった．しかしながら，立場の変更や譲歩は加盟国による内部調整会議で公式に承認されねばならなかった．すでに一杯になっている加盟国の交渉者たちのスケジュールに加え，EUの内部調整会議は，コンセンサスを必要とするためにきわめて時間を消費するプロセスであった．それにも拘わらず，外部交渉に直接従事していない多くのEU加盟国は疎外されたと感じ，トロイカが簡単に譲歩しすぎるとの疑念をもった．デンマークの環境大臣であるスベン・オークンは最もこの傾向が顕著であり，トロイカの交渉活動を公に批判して多くのマスコミの注目を浴びた．

この煩わしい意思決定手続は負担となり，EUが交渉においてイニシアティブを発揮したりほかからの提案に柔軟に対応することを妨げた．少なくと

---

[17] 1997年12月8日京都での締約国会議における国際連合気候変動委員会におけるゴア副大統領の演説（原文に誤りあり）．

もある機会において，EU グループはすでに国際交渉で決定され，覆すことができない問題を何時までも討議していた（7.6 参照）．EU 内部に焦点を当てていた結果，国際的な連合を樹立するための非 EU 諸国，特に開発途上締約国とのネットワークには EU の官僚はほとんど時間もかけなければ努力も注意も払わなかった．この状況は，会議が最終日の夜を迎えたときにさらにひどくなった．最後の数日間は，東欧，中欧の非 EU 諸国との組織的協議も行われなくなった．内部の力学にとらわれ自分たちのみで堂々巡りをしていたため，EU は京都で「バンカー症状」として知られる状態に陥った[18]．

交渉者の数が限られていたにも拘わらず，EU，日本，米国間の三極交渉は 12 月 9 日の夕刻になっても終了しなかった．時間がなくなってきたため，議長は初めて，討議の現状を反映していると彼が考えた数字を盛り込んだ新たなドラフトを提示した．このドラフトは，以下の点についての各国政府のさらなる譲歩を求めていた．
- 2006 年から 2010 年の約束期間における差異化された目標
- 法的拘束力のない政策および措置
- （開発途上締約国の影響に関する）補償基金の削除
- 先進工業国間の共同実施，約束の共同達成（EU バブル）
- 約束のレビュー
- 不遵守に関する規定
- ある種の吸収源[19]

新たなドラフトに対しての議論を一切行わずに，とぎれることなく非公式交渉を続けるため COW は中断された．オブザーバーたちは，最終討議のために COW が再開されるのを待つことになった．何時間も経過したが，最終合意が得られたとの徴候はなかった．その代わりに噂が広まった．東京の橋本総理は記者会見を開く予定であったが延期し続けた．京都の夜の真っ最中に，ホワイトハウスのスポークスマンは，クリントン大統領が現在進行中の交渉について期待をもっているもののその成果には自信がないと言ったと伝えられた．

---

[18] CNE "Hotspot" No.1, April 1998参照．
[19] 1997年12月9日付FCCC/CP/1997/CRP.4．

数値目標に関する三極交渉において，その日の晩のうちに日本，米国および EU は選択肢を狭め，合意に近づいた．しかしながら，ほかの関連する事項（排出量取引，開発途上締約国との共同実施，開発途上締約国の参加問題）は依然として大きな問題となっていた．ほかの先進工業国の約束も同様に大きな問題であった．問題の重要性のため，世界のリーダーたちは，代表団と，また，彼ら自身の間で緊密に連絡をとり合った．首府間の連絡がより密になり，電話が外交の手段としてより多く用いられるようになった．クリントン大統領，ブレア首相，橋本総理およびコール首相が最も活発にほかの OECD 諸国や CEIT およびロシア，開発途上締約国と連絡をとった．ゴア副大統領は，翌日橋本総理に電話をし，テーブルの上におかれた数値目標を受け入れるよう要請した[20]．英国のブレア首相は，米国やオーストラリア等に働きかけた．これらは，地球的な気候変動問題が（世界の首脳を動かすような）重要な政策課題になったことを示している．

夜が更けても会議場内外の外交活動は休まずに続けられた．午前3時頃，エストラーダ議長はそれまでの進展を踏まえた報告を COW に行った．合意は，対象とするガスとして CO_2，メタン，亜酸化窒素および温室効果を有するフロン類を含み，また，ある種の吸収源を含めるものと考えられた．議定書の採択は翌朝と予定された．

7.6 消耗による交渉

COW の最終セッションの開会は12月10日の午前11時から午後1時に，さらに午後4時に延期された．最終的に午後7時に議長が COW を開会した後，彼はさらなる非公式交渉のため，直ちにセッションを中断した．議長が国際環境外交で最もエキサイティングな夜のセッションを再開したときには，すでに1997年12月11日の午前1時になっていた．COW の最終セッションは，大会議場ではなく，より小さな会議場で開かれた．この会議場は，マイクロホンなしで交渉できるような，いかにも最終交渉をするとの雰囲気

---

[20] 1997年12月11日のジーン・スパーリング（経済政策に関する大統領補佐官），ジュム・スタインバーグ（国家保障に関する大統領補佐官補）およびレオン・ファース（国家保障に関する副大統領へのアドバイザー）の記者会見．

を確信させるような部屋であった．会議場の後ろに控えたカメラ要員たちは，最終セッションの緊急性に関する認識をより高めた．その結果，代表団は，最終的な合意形成に向けてほとんど物理的なプレッシャーを感じていた．ここで何らかの合意に達することができなければ COP3 は失敗に終わることが明らかであった．

数多くの問題が（前述のように）会議中に合意に達したにも拘わらず，排出量取引や開発途上締約国の参加問題のようないくつかの鍵となる問題が未だに論点となっていた．その中には，開発途上締約国との共同実施のための CDM も含まれていた．このメカニズムは，会議中の最後の数日間に出てきたものである（第 14 章参照）．さらに，多くの先進工業国の数値目標や，吸収源に関する表現についてもさらに明確にされる必要があった．これらに加えて，すでに非公式グループで合意されていた開発途上締約国の限定的な参加に関する問題も，正式会合で承認される必要があった．すべてを含めたパッケージが少なくとも原則においてそれぞれの代表団に受け入れ可能となる必要があり，どの問題も単独では解決できないとの共通認識が得られていた[21]．

オブザーバーや代表団たちは，この決定的なセッションを 24 時間以上待っていた．彼らの多くは，この 2 日間，ほとんどまたはまったく寝ていなかった．このように，議長が最終的に COW の第 14 回会合を再開したときには，多くの参加者はすでに消耗しきっていた．この状況は夜が更けるに連れてさらに悪化した．早朝の発言において，タンザニアの代表は，最終日の夜の手続は「消耗による交渉」であるということにより，この状況を的確に表現した．別の会合がこの会議場で明日予定されているとの噂により，プレッシャーがより高まった．会議の冒頭に，新たな議定書案が配布された[22]．先進工業国の約束に関する正確な数値は空欄のままであった．ロシアとウクライナは，安定化を超える排出削減は彼らとしては受け入れられないと直ちに発言した．

このような基盤に立って，国際環境外交における特別な夜は，歴史に残る展開をした．議長は，AGBM8 で試した方法に従った．ある問題について

---

[21] それぞれの問題に関する議論の説明は関連する章を参照されたい．
[22] 1997年12月10日付FCCC/CP/1997/CRP.6．

第 7 章　京都：エンドゲーム　111

合意に達することができなかった場合には，会合のために議長が決定を行った．この決定を受け入れられない者は誰でも公式に議長の采配に挑戦しなければならず，3 分の 2 の多数決をもって決定を覆すことができる．実際には，誰も議長に挑戦はしなかった．仮にどこかの代表団がそのような挑戦に勝てるチャンスを見いだしたとしても，そのような挑戦は全体プロセスを崩壊させてしまうことが明らかであった．そのようなことをした場合には，他者もほかの問題について議長の采配に挑戦することにより，容易に対抗することができるようになり，妥協の雰囲気を壊し，議論を混乱に導く恐れがあった．

　このような状況のもと，エストラーダ議長による槌の使用は，1997 年 12 月 11 日早朝の政策決定の主要な特徴となった．コンセンサスの欠如が原文の削除または保持を導くかどうかは，議長の判断に委ねられた．会合の全体的な雰囲気に関する彼の認識と主要プレイヤーたちにとっての基本的な問題に関する彼の知識とが，彼が最終的な采配をする際に決め手となった（7.4 参照）．エストラーダの経験と戦略とは，最終的に成果を生みだした．一度議長が決定をした後には議長自身ですら議論を再開できないことがこのゲームのルールであった．そうしなければ，議長の権威が著しく損なわれてしまうからである．もし議長がいったん終息した議論を覆すことができるとした場合には，主権国家の代表にも，同じことができてしまうだろう．

　交渉者たちは，まず中心的論点であった 3 条から比較的スムーズに議論を開始した．排出量取引の条文の議論になったときに，インド，中国および多くの開発途上締約国が強力に反対した．G77 が一枚岩でなく，いくつかの中南米諸国，韓国，フィリピンおよび AOSIS は賛成しまたは少なくとも受け入れる姿勢を示したものの，最も強力な開発途上締約国からの強い反対により，セッションは完全な失敗への崖っぷちに立たされた．排出量取引について解決策が見いだされない限り米国や日本は合意しないだろうことは，会議室にいたすべての者が承知していた．日本は，米国がすべての排出量を買い上げることにより自国での削減をまったく行わないような事態を特に恐れた．このため，日本は，排出量取引市場における透明性に関して特別な規則を設けることを主張していた．午前 4 時少し過ぎに，エストラーダ議長は，主要なカウンターパートたちによる最後の最後の非公式協議を行うために 5 分間セッションを中断することを決定した．45 分後に，議長は妥協案を提示することができた．排出量取引に関するやや修正された表現が別の条

文として挿入されることになり（第15章参照），議定書は救われた．

　この問題を解決したことにより，セッションは主要なハードルを越えた．多くの白熱した，または長引いた議論はあったものの，それ以降は，完全なデッドロックに陥る危機は生じなかった．開発途上締約国の約束は行わないという原則を勝ちとることにより，開発途上締約国はその力を示し，先進工業国はそのメッセージを受けとった．議論が開発途上締約国の自発的な約束の条文案に達したときには（第17章参照），先進工業国は，ブラジル，中国およびインドによるこの条文への基本的な反対を受け入れるほかほとんど選択の余地はなかった．いくつかの開発途上締約国は彼らのグループで最強のメンバーの意見に同意しなかったものの，エストラーダは議定書を救うためにこの条文案を削除した．

　最終日の長い夜は更けてゆき，議論は条文ごとに進められていった．修正が提案されたが，ほとんど全会一致で受け入れられることはなく，議論が行われ，時々採択されたが，ほとんどの場合はこのセッションの通常の手続に従って，すなわち議長の槌により却下された．COWの議論と併行して，会議室の外においてほかの会合が開かれた．いくつかのグループが実質的な事項を討議し，法律専門家は別室で，まとまりつつある条文を適正な法律用語とするよう最後の瞬間の努力を行った．EUの大臣たちは彼らの立場を調整しようと試みたが，しばしば加盟国の合意が得られる前にCOWの決定が行われてしまったと報じられている．例えばCDMについて（第14章参照），EU加盟国が議長に排出削減に関するバジェット期間前のクレジットについての彼らの反対を伝えたときには，決定がすでになされており，議論を再開することはできなくなっていた．

　議論が長引くにつれて，参加者の疲労は決定的になっていった．そのような中で，米国代表団は特によく組織されており，交渉代表者を数時間ごとに変更した．2, 3の問題については，目を覚ましてさらにエネルギーを費やそうとすることの利益が決定的な違いをもたらした．しかしながら，バランスの問題として，疲労と消耗とが徐々にすべての参加者から広範な議論を展開しようとの熱意を失わせていった．

　最後の主要な未解決の課題である（開発途上締約国を含む）すべての締約国の約束に関する第10条において，エストラーダは，部分的に開発途上締約国の自発的な約束に関する規定の削除を補償する機会を得た．G77の

第 7 章　京都：エンドゲーム　　113

議長国であるタンザニアから槌を使うよう求められたとき，エストラーダは，スウェーデン大使による妥協案を採択するよう試みたが，結局タンザニアに拒否された．その後，COW は，議定書の採択に伴うべき COP の決定を取り扱った．先進工業国の正確な数値目標は明らかにされていなかったが，代表や大臣たちは，予定されたフライトに間に合うよう，徐々に会議場を去っていった．午前 8 時 45 分には，通訳たちがその仕事を終え，交渉者たちは英語のみを使わねばならなくなった．

　午前 9 時頃，大木長官が突然現れて，東京で重要な仕事をしなければならないため，COP の議長を辞任して来たるべき COP の最終総会の議長を他者に任せなければならないと表明したことは，何か奇妙なことが起こりつつあるとの雰囲気をさらに広めることになった．大木長官が立ち去った後まもなく，やや困惑した議場の注意は，議定書の附属書 B における先進工業国の最終的な目標数値に移った．戦術的な理由により，また，いくつかの国が首都のクリアランスを待っていたため，数値は会議の最後になって初めて公表された．そのときには，いずれの国も敢えて反対意見を述べることはできなくなっていた．エストラーダの最後の槌が，『京都議定書』を全会一致で採択すべきとの勧告を採択した．大木長官が辞任を取り下げ，最後の総会の議長を行うことができるようになったとの報告がなされたとき，何か奇妙なことが起こりつつあるとの雰囲気が復活した[23]．

　1997 年 12 月 11 日午前 10 時 17 分に COW がその業務をすべて終了したときには，締約国会議の最終総会が公式に議定書を採択し，付随する締約国会議の決定に合意する必要があった．午後 1 時までに疲労しきった事務局スタッフは，議定書の最終素案を含む最終文書を作成し，大木長官が最終総会を開会した．エストラーダ議長が議定書テキストを紹介した．彼のゆっくりとした口調は，彼の疲労ぶりを明らかに示していた．それにも拘わらず，最終的な名称となった「国際連合気候変動枠組条約京都議定書」(『京都議定書』) が，多くの締約国会議の決定とともに採択された．最終日に大急ぎで作成されたため，1998 年 3 月 16 日の議定書の署名への開放の前に，編集

---

[23] 大木長官は，京都駅で列車に乗る直前に電話を受け，彼が出席しなければならない国会が延期されたと通知されたと報告されている．しかしながら，彼の辞任は，より有能な外交官がCOPの最後の総会の議長を務める機会を開くために行われたのかもしれない．COWにおける議定書の全会一致の採択の後には，COP3の最終セッションにおいて合意を守るために特別な外交的な手腕が必要とされるとの恐れはなくなった．

上の修正が行われるとの理解のもとで採択は行われた．COP3 は，このようにして，1997 年 12 月 11 日午後 3 時前，予定より約 1 日後にその業務を終了することができた．

　オブザーバーや各国代表たちが最終的に京都会議場を立ち去ったとき，彼らは歴史的イベントに立ち会ったと言えよう．しかしながら，消耗が明らかに満足感をしのいでいた．さらに，『京都議定書』にやっと合意した代表たちは，正確には何が達成されたかほとんど承知していなかった．交渉者たちや NGO，科学者たちがこの議定書が何を意味するのか十分に理解するのにはその後数カ月を要した．しかしながら，参加者たちは，京都がこれまでの交渉の終了であると同時に，合意内容に肉づけをし，また，それらの意味を明らかにするための新たな交渉プロセスの開幕であることを十分に理解していた．

第2部　『京都議定書』の規定：コメンタリー

第8章　第2部の概略

　国連気候変動枠組条約の『京都議定書』は，これまでに採択された法的文書の中で最も野心的なものであるとともに，おそらく最も曖昧なものでもある．その規定内容の多くは，「未完成事項」であり，今後の仕上げ作業をさらに必要としている．議定書は，長さと詳しさの異なる 28 箇条の条文および 2 つの附属書からなっている（表 8.1 参照）．本章は，以下の第 9 章から第 20 章において詳細に検討される主要規定について簡単な概略を示す．なお，『京都議定書』の全文は，本書の末尾に収録されている．

　『京都議定書』の中心条文は 3 条である．それは，先進工業諸国全体での温室効果ガスの排出を 2008 年から 2012 年までの約束期間において，1990 年レベルから少なくとも 5％削減するとの共同約束を含んでいる．それに対応する各国ごとの「排出抑制削減約束」は，3 条 7 および附属書 B に含まれている．『京都議定書』は，このように，先進工業諸国に対して差異のある拘束的目標と実施日程表を定めている．

　交渉において取り上げられた温室効果ガスはすべて 3 条の規制下に置かれている．それらは，CO_2，メタン，亜酸化窒素，HFC，PFC および SF_6 である．これらの「6 ガス・バスケット」と呼ばれる要素は，議定書の附属書 A に掲載されている．それとともに，温室効果ガスの排出の「セクターおよび排出源分類」も掲載されているが，その分類は議定書本文においては触れられていない．CO_2，メタンおよび亜酸化窒素の削減のための基準年は 1990 年であるが，締約国はフッ素化合物である残りのガスについては 1995 年を基準年に選ぶことができる．

　限られた範囲内で，3 条は，温室効果ガスの「純」排出算定に吸収を含めることも認めている．議定書の関連規定は，しかし，対象となる活動の定義（現在は，新規植林，再植林および森林消失に限定されている）を拡大する余地を残している．議定書のこの規定の範囲と意味は曖昧である．3 条については，第 11 章において分析および検討する．

　数量目的に関する完全な評価は，いわゆる「柔軟性メカニズム」（というのは，それらは，締約国に対して約束を実行する際に「地理的な柔軟性」を

与えているからである）を考慮しない限りできない．それらには，4条（バブル）の下での複数国による約束の「共同達成」，6条の下の先進工業諸国間における事業の共同実施，12条に定義されているCDMの多角的枠組みにおける先進工業諸国と開発途上諸国との間の共同実施，ならびに，議定書の17条の下の先進工業諸国間における排出量取引制度の樹立が含まれる．

柔軟性メカニズムは，おもに，京都目標の遵守に要するコストの削減を目的としている．排出量取引とバブルは，先進締約国間で排出余剰量を移転することを認めている．先進OECD諸国は，中央および東ヨーロッパ諸国との共同実施ならびに開発途上諸国とのCDMの両方において，特定の温室効果ガスの軽減事業に資金を提供することによって，これらの諸国においては低コストで排出量の削減ができることを利用しようとしている．

バブルに関する規定は明確に定義されており，締約国集団（特に，EU諸国）に対して，附属書Bに定められているそれらの国の合計排出量を超えない限りにおいて，それらに割り当てられた排出量をその構成国間で再配分することを認めている．その他の3つのメカニズム（共同実施，CDMおよび排出量取引）は，まとめて「京都メカニズム」と呼ばれている．これらのメカニズムに関する具体的なルールは策定されておらず，「未完成事項」に含まれる．京都メカニズムの基本設計によっては，それらは先進工業諸国が国内政策および措置を回避するための抜け穴となってしまう．もし抜け穴とならないようにすることができれば，そのメカニズムは，国際環境政策にこれまで見られなかったレベルの市場手段を導入しており，主要な革新的制度であると考えられる．より詳細な評価は，議定書の関連条文を扱っている章（表8.1参照）および第22章に含まれている．

さらに，地球レベルの気候保護は，開発途上諸国における排出量の増加が制約されない限り達成できない．開発途上諸国は，『京都議定書』において（特に，CDMに関して）重要な役割を有している．開発途上諸国に関する数量目的については，おもに，それは交渉の目的とされていなかったために，『京都議定書』においては合意されていない．すべての締約国に適用される（したがって開発途上締約国にも適用される）10条の規定は総論的性格にとどまっており，また，財政メカニズムに関する11条は，開発途上諸国による実質的な排出制限につながることを期待できるような新しい要素はまったく導入していない．このように，温室効果ガスの排出を削減する世界

的努力に開発途上諸国がどのように参加すべきかという問題は，将来の政策プロセスのうち主要で最も論争的な事柄の1つとなっている（第17章参照）．

『京都議定書』の実効性はその他の規定の実施にも左右される．2条に定められている政策および措置は拘束的性格ではない．これらの規定を実効的にするためには，議定書の枠内で具体的な政策および措置の透明な実施のためのメカニズムが策定される必要がある（第10章参照）．

『京都議定書』が首尾良く実施されるかどうかは，実施レビューのための効果的な制度をどのように設計するかにもかかっている．『京都議定書』は，報告（5条および7条），実施レビュー（8条），実施に関する多数国間協議プロセス（16条），不遵守手続（18条）および紛争解決（19条）に関する関連規定を有している．特に，不遵守手続きの形態は，今後のプロセスにおいて入念に推敲される必要があろう（第16章参照）．

『京都議定書』の機構構造は少し特別である．国連気候変動枠組条約の締約諸国は，同条約の締約国会議が『京都議定書』の締約国の会合としても機能すると決定した．しかしながら，締約国の構成が異なることおよび議定書の締約国にのみ投票権が与えられることから，その名称にも拘わらず，この機関は条約からは独立している．同様の手法は，SBSTAおよびSBIについても選択された．さらに，条約の事務局は，議定書の事務局の機能を果たすこととされた．議定書は，条約の財政メカニズムについても利用している（11条，13-15条，第18章参照）．

『京都議定書』は，また，入手可能な最善の科学的，技術的，社会的および経済的な情報に照らして，議定書の機能を定期的に検討することを定めている（9条）．そのため，新しい情報が入手可能となり，また，政治的な「機会の窓」が開けられるにつれて，締約国は一般的に，将来，議定書を強化（または弱化）することができるであろう．その際に，締約国は，条約およびその附属書を改正するための規定を利用することができる．いずれにせよ，義務の実質的な変更が効力を有するためには，そのための締約国の同意を必要とする．こうして，議定書のダイナミックな発展が可能ではあるが，締約国による高度な合意を要する．

『京都議定書』が発効するかどうか，いつ発効するかについては，不明確なところがある．発効のためには，先進工業諸国の1990年におけるCO_2排出量の合計の少なくとも55％を占める55カ国以上の批准等を必要とする

表 8.1 『京都議定書』の規定と対応する章

議定書の規定	内 容 (a)	本書の対応する章
第 1 条	定義	第 9 章
第 2 条	政策および措置（PAM）	第 10 章
第 3 条	数量化された目標（吸収源を含む）	第 11 章
第 4 条	共同達成（バブル）	第 12 章
第 5 条	排出目録に関する国家制度	第 16 章
第 6 条	共同実施（JI）	第 13 章
第 7 条	国家情報／国別報告書	第 16 章
第 8 条	実施のレビュー	第 16 章
第 9 条	議定書のレビュー	第 19 章
第 10 条	すべての締約国の約束	第 17 章
第 11 条	資金供与制度	第 17 章
第 12 条	クリーン開発メカニズム（CDM）	第 14 章
第 13 条	締約国会合として機能する締約国会議（COP/MOP）	第 18 章
第 14 条	事務局	第 18 章
第 15 条	補助機関	第 18 章
第 16 条	多数国間協議プロセス	第 16 章
第 17 条	排出量取引	第 15 章
第 18 条	不遵守手続	第 16 章
第 19 条	紛争解決	第 16 章
第 20 条	議定書の改正	第 19 章
第 21 条	附属書の改正	第 19 章
第 22 条	投票権	第 20 章
第 23 条	寄託	第 20 章
第 24 条	署名および批准	第 20 章
第 25 条	効力発生	第 20 章
第 26 条	留保	第 20 章
第 27 条	脱退	第 20 章
第 28 条	言語	第 20 章
附属書A	温室効果ガスの排出およびセクター／排出源分類	第 11 章
附属書B	数量化された排出量の抑制または削減目標	第 11 章

(a)『京都議定書』の条文には見出しがついていない．内容見出しは著者による．

（25 条）．1999 年半ばまでは，先進工業諸国はすべて，批准について決定せずに，京都メカニズムに関する交渉の成果を待っている状態であった．これらのメカニズムに関する決定は，2000 年末または 2001 年始めの COP6 において行われることが予定されている．その時点までに主要な事柄が解決されうるとしても，批准，特に，米国の批准は，その国内政治状況の故に依然として不確実であろう．ほかのアクター，特に，EU は，気候変動に関する国際政策を前進させるために率先して批准するだろう．これらについては，第 24 章および第 25 章で取り扱う．

『京都議定書』は，先進工業諸国の温室効果ガスの排出を抑制および削減するための法的拘束性のある数量目標を導入しているという点で注目すべき成果である．しかしながら，どの程度，『京都議定書』が行動面での変更を誘発できるかは不明確である．合意された規則に関する具体的な解釈および意味が不明確であることは，国際環境条約の文脈においては珍しくない．しかしながら，『京都議定書』ほどの不確実さを内在するものには前例がない．

第 2 部の以下の章は，『京都議定書』の規定の詳細な分析を提供する．条文は交渉段階の実体的な事柄を反映しているために，その分析は，一般的に条約の構成に沿っている．読者は，表 8.1 を参照することによって個々の条文がどの章において取り扱われているか簡単に見つけることができる．それぞれの章は，個々の条文の交渉背景を示し，その内容を分析し，その評価および見通しとともに結論を示している．

第9章 前文および定義（1条）

　国際条約は，通常，前文で始まり，それに定義が続くことが多い．『京都議定書』も，そのようになっている．それらは国際法の基本要素であるが，議定書の前文も定義も特定の義務を定めていないため，それらはレジームの発展に限定的な影響を有する．いずれの規定も交渉過程において大きな対立を生じさせず，京都において比較的早期に合意が得られた．以下の章は，『京都議定書』のこれらの導入要素の内容に関する簡単な分析に焦点を絞っている．

9.1　前文

　国際条約の前文は，伝統的に，導入，締結に至る要因の想起，採択に至る外交手続き段階，ほかの国際的枠組みにおける先例活動の認識などに触れる[1]．それらは，条約の実体部分に組み入れられなかった国家による要請を含むこともできる．このように，前文の項目は，法的拘束性のある義務または援用可能な権利を創設するものではないが，それらは，確かに条約の一部であり，したがって，単に条約の解釈を助けるための必須要素以上のものである[2]．

　国連気候変動枠組条約の前文を構成している多くの項目と対照的に，『京都議定書』の前文の項目は，たった何行かの長さであり，おもに条約の規定を想起している．この簡潔さは，部分的には議定書が条約から生まれたという事実によっており，それ故，長い導入を必要としないのである．また，前文の項目を推敲することは不要な紛争を生じさせるため，それを避けることが賢明であると考えられた．G77 および中国，クウェートならびに AOSIS がそれぞれ提出した提案の違いを比較するだけで，これらの提案内容に含まれる潜在的な対立点を把握することができよう[3]．

---

[1] Bodansky 1993, p.497参照．
[2] ウィーン条約法条約（1969年）31条2参照．
[3] FCCC/AGBM/1997/2, p.7 et seq.

『京都議定書』の誘因と背景については，前文は，「条約第 2 条に規定する条約の究極的な目的を追求し」と述べている．このことは，条約の 2 条が関連するすべての法的文書に適用されることを単に想起しているだけである．したがって，『京都議定書』は，気候系に対する危険な人為的な介入を防止するレベルに大気中の温室効果ガスの蓄積を安定化させるために採択された（第 3 章参照）．

前文は，さらに，締約国は，議定書の起草に際して条約の 3 条に従ったことを記している．国連気候変動枠組条約の 3 条に含まれている原則は，条約の主要要素の 1 つであり，締約国会議またはその下部機関の会合において頻繁に引用されている[4]．条約におけるそれらの法的地位は，具体的な義務が定められていないために曖昧である．それらは，しかしながら，個々の締約国に特定の法的権利を付与する法的基準を含んでいる[5]．もっとも，議定書の前文は，これらの原則を『京都議定書』には組み入れていない．したがって，それらの重要性は，おもに政治レベルにおいてであるが，かなりの強さを有している．

9.2 定義

気候変動条約の定義（それらは議定書にも適用される）に加えて，『京都議定書』の 1 条は，いくつかの字句と概念の正確な意味を明らかにする定義を含んでいる．それらのいくつかは，「条約とは気候変動に関する国連枠組条約をいう」のように，かなり明白な記述である．その他の定義は，明確に定めていないという点で際だっている．例えば，「締約国会議とは条約の締約国会議をいう」と定められている．しかしながら，この定義は，議定書の最高意思決定機関であり，締約国の会合として機能する締約国会議について法的地位を定義していない．それが定められていないのは，この機関の機構的性格が多分に曖昧なままにされているからであり，締約諸国はその点について取り扱うことを慎重に避けてきた（第 18 章参照）．

---

[4] これらの原則に関する論議については以下を参照．Bodansky, 1993, p.501; Ott 1996a, p.64 以下．
[5] 同上およびDworkin 1972. p.24以下; Alexy, Robert 1995, p.177以下, p.182以下.

IPCC の定義は厳密には必要ではないが，定義条項の中にそれが存在することは，気候変動枠組条約プロセスにおける主要な科学諮問機関として IPCC が徐々に受け入れられてきていることを示す政治的勝利である．「締約国」という字句は「この議定書の締約国」であると定義されている．それは目立たないがしかし重要な説明であり，議定書は気候変動枠組条約とは法的政治的に別個のものであることを再確認している．

「出席しかつ投票する締約国」とは出席しかつ賛成または反対の投票を行う締約国を意味するという定義が置かれていることは，条約条文においては珍しい．というのは，この明確化が行われる通常の場所は手続規則の中だからである．しかしながら，条約締約国は投票手続きに合意することはできず，手続規則案の関連規定は実際には適用されていない[6]．『京都議定書』の 13 条 5 は，条約の下で適用される規則と同じものが議定書の下でも適用されると定めており，それにより，条約の下での行き詰まりは『京都議定書』にも持ち込まれている．それ故，議定書の条文におけるこの定義は，議定書の下でとられるべき投票プロセスにおいて重要なステップである．

最後の定義は，附属書 I の締約国とは修正を含め条約の附属書 I に含まれる締約国または条約の 4 条 2 (g) に基づき通告した締約国をいうと定めている．この後者の規定の下で，開発途上締約国は単に通告を行うだけで附属書 I の締約国になることができる．そうすることによって，その開発途上締約国は，『京都議定書』において温室効果ガスの数量目標を一切受け入れる義務なしに，附属書 I の締約国を対象国として定めている議定書規定の利益を享受することができる．特に，このような締約国は，共同実施に参加することができるが，17 条が取引に参加しようとする締約国は議定書の附属書 B に掲載されていなければならないとの要件を定めているために，排出量取引には参加できない．

---

[6] この規則案については，FCCC/CP/1996/2を参照して欲しい．この手続規則は採択されていないが，投票に関する第42規則を例外として，COP1以降実際に適用されている．

第10章　政策および措置（2条）

　気候変動の緩和に関する共通で調整された政策および措置は，非公式にPAMと呼ばれているが，EUが最優先課題としていたため，京都会議以前では，主要な問題であった．しかし，最終的に『京都議定書』で合意された政策および措置に関する規定は，当初のものに遠く及ばないものであった．とりわけ，議定書は具体性にかけ，法的に関係当事国にさらなる対策をとることを要求していない．これは，政策および措置の問題が長い交渉期間を有してきた重要性と好対照である．

　国際レベルにおける共通で調整された政策および措置のおもな提案国がEUであったので，2条はEUの敗北を意味する．同時にその交渉プロセスは，欧州と国際間の政策決定の相互作用や相互関係を説明する非常によい例を示している．これについては次節で詳しく取り扱う．本章では京都会議後のプロセスの範囲内で，共通で調整された政策および措置が将来的に前進する可能性があるかどうかについて調査した結論を述べる．しかし，これまでのところ，この問題については，京都会議以前に比べて大して注目されてきていない．とはいえ，2条は政策および措置を調整する新たな努力の基礎となりうるし，成功した気候変動対処戦略からの相互学習を促進する可能性も兼ね備えている．

10.1　交渉プロセス

　京都会議のような政策および措置に関する交渉は，ベルリン・マンデートに始まる．おもにEUの主張で，交渉マンデートには，附属書Ⅰの締約国（前述第4章参照）を対象として，政策および措置と数量化された排出抑制および削減目標（QELRO）を詳細に策定すべきことが規定された．この規定に基づき，特にEUは共通で調整された政策および措置を国内で発展させ，履行してきた長い経験があるので[1]，政策および措置の提案を詳細に

---

[1] EUにおける気候変動に関する共通で協調的なPAMの問題については，例えば，

策定する努力に着手した. すでに 1995 年の 10-11 月の AGBM2 において, EU は議定書に 3 種類の政策および措置の盛り込みを提案していた. これらの政策および措置は以下に分類される. すなわち, 第一に義務的なもの, 第二に義務的ではないが最優先課題にするもの, 第三に義務的ではないが各国の事情に沿った形で最優先課題にするものである[2].

EU が政策および措置の主導権をとる動機として, 特に 2 つの要因があげられる. すなわち, (1) EU の内部政策, (2) 目標とタイムテーブルに関する早期の米国の反対, である. 欧州の CO_2／エネルギー税の提案の歴史が, EU 内部の政策をよく表している. この場合, 比較的海外貿易に頼っている (図 10.1 参照) 数少ない EU 加盟国が, エネルギー税案に関して EU レベルにおける共通で協調的な行動を盛んに要求した. ほかの EU 加盟国はこの方法についてはずっと懐疑的で, ほかの主要な競争相手を委員会に巻き込む必要を指摘することによって 1994 年の論争に勝利した. その結果, 税の提案は米国と日本が同等の措置を導入する意思を表明するまで棚上げされた, すなわち, 欧州の税の提案は事実上, 放棄されたのである[3].

その後, 気候変動に関する EU アドホック・グループで, 政策および措置に関する同様の議論が繰り返し同じ国によってなされた. 本質的には, これらの議論は AGBM における議論と同じように, 情報と認知の構築や自主的協定および経済的手段 (税金や排出課徴金) から伝統的な規制命令的手段に至るまで, 政策決定者にとって利用可能な政策手段全体に及んでいた. EU 内で効果的な措置について合意できなかったので, この問題は, 主要な競争国である日本や米国から協力的なサポートが得られることを期待して, 国際的レベルに移された.

この内部の推進力は, 早い段階から目標とスケジュールに反対していた米国の影響で, さらに強固なものとなった. 数量化された排出抑制および削減目標に関する議論を避けようと, 米国は AGBM の最初の 1 年間は, 「附属書 I の締約国に対する可能な政策および措置の分析と評価」のプロセスを主張した[4]. 米国は, エネルギー関連の温室効果ガス排出削減に向けた政策

Oberthür/Bär 1998; WWF1996を参照.

[2] Report of AGBM2, FCCC/AGMB/1995/7; 4.4を参照.
[3] Haigh 1996, pp.164-166; Liberatore 1995.
[4] FCCC/CP/1995/7/Add.1, para4の中のDecision 1/CP.1; 1995年および1996年AGBM 会合の最初の3会合の報告書: FCCC/AGBM/1995/2 and 7, FCCC/AGBM/1996/5も参照.

図 10.1 各国の GDP に占める輸出額の割合（1997 年）

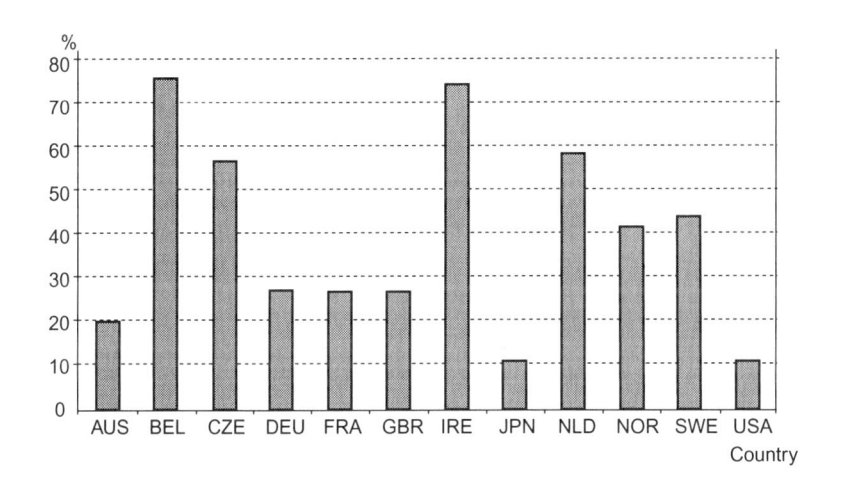

注：AUS：オーストラリア；BEL：ベルギー；CZE：チェコ共和国；DEU：ドイツ；FRA：フランス；GBR：英国；IRE：アイルランド；JPN：日本；NLD：オランダ；NOR：ノルウェー；SWE：スェーデン；USA：米国．
出典：<www.oecd.org/publications/figures/trade_a.pdf>, July 1999.

および措置の評価を行うことにさえ一定の努力を注いだ[5]．結果として，EU 加盟国のいくつかの国は，米国は目標やスケジュールよりも，共通で調整された政策および措置について議論する意向をもっているのではないか，という印象をもったほどである．これと歩調をあわせて，AGBM プロセスの最初の 1 年間，OECD 専門家グループの議論の焦点は政策および措置にあった．「共通行動のための政策および措置」という議題のもとで，補助金，炭素税，バンカー燃料および航空機燃料からの排出といった一連のワーキングペーパーが発行された[6]．

これらの 2 つの主要な要因に基づき，EU のリーダーシップは，すぐさま自己増強の力を獲得した．1996 年と 1997 年の間に，EU は政策および措置に関する膨大なリストを提案された附属書の中に含めて提出した[7]．この段

---

[5] US Department of Energy 1996.
[6] 1998年12月現在＜http://www.oecd.org/env/cc/freedocs.html＞でアクセス可能．第5章参照．
[7] FCCC/AGBM/1996/10; FCCC/AGBM/1997/2 and Add.1; FCCC/AGBM/1997/3/Add.1の中の各部を参照．最後に言及された報告書は，締約国によって提出されたPAMに関するすべての主要な提案が掲載されている．Box 10.1も参照．

階に至って，EU はそのアプローチを根気強く主張し，他国からの賛同はほとんどないことが明確であっても，妥協する意思をほとんど示さなかった．これが，ほかの問題（QELRO，柔軟なメカニズム）に関する JUSSCANNZ への圧力を維持する目的だったとしても，その戦略の非効率性はますます明白になった．義務的な政策および措置に対する反対が大きな広がりをみせる中で，EU の提案が受け入れられる予測はまったくなくなり，取引材料としてのかなり限られた価値しかなくなってしまった．

すでに第 2 回締約国会議（COP2）において，米国は法的拘束力のある数量化された排出抑制および削減目標（QELRO）[8]を支持すると決めてからは，政策および措置の国際的調和に賛同するいかなる試みに対しても強硬に反対した．京都会議における米国の主席交渉担当官が述べたように，京都以前のプロセスにおける米国政府の立場は，「目標に達するためにわれわれに課される義務的で調和された政策および措置に対しては断固として反対する」ことであった[9]．確かに，米国の政策および措置の初期の分析と評価において（上述参照），「協力」については何の言及もなかった．これは，ほとんどの JUSSCANNZ やほとんどの開発途上締約国，および OPEC を含む締約国の大半の考え方とも一致していた．G77 は，先進工業国が実施するいかなる政策および措置も，開発途上締約国に対して負の影響を及ぼすべきではないとし，特に OPEC は，今リストに取り上げられている政策および措置から課税の項目の削除を要求した．それに加えて，これらの石油輸出国は，議定書の下で，先進工業国が政策や措置を実施したときの経済への負の影響に関する補償メカニズムを要求したのである．（第 17 章を参照）

AOSIS と EU 加盟を望んでいる東欧のいくつかの市場経済移行過程諸国（CEIT）だけが EU のアプローチに同調していたが，この問題を積極的に推進する努力をしたわけではなかった．AOSIS は，手続き指向のアプローチを提案した．それはこの膠着状態を解決したかも知れなかった．調整が有利に働く可能性のあるすべての政策および措置に関して助言を提供できるような調整メカニズムが設定されるはずであった．実質に関する合意は期待で

---

[8] Speech by Timothy Wirth, Under Secretary of State for global affairs, reprinted in: Global Issues-Confronting Climate Change, April 1997, Vol.2, No.2, pp.6-8.
[9] Stuart Eizenstat, Statement before the House International Relations Committee, Washington, D.C., 13 May 1998, as released by the Bureau of Oceans and International Environmental and Scientific Affairs（著者ファイル）．

きず,さらなる詳細な議論と評価の必要性が認識されたので,AOSIS は,議定書に沿った京都後のプロセスを設定し,異なる政策場面において,共通で調整された政策および措置に関する共通の理解を徐々に醸成していくことを目標とすることにした[10].

日本は同様に政策および措置の調整の有用性については認識しており,それぞれの先進工業国がある数の政策および措置をメニューから選択すること(候補を上げてそこから選択する)を提案した.加えて,日本は,先進工業国は政策および措置を含む国家計画を策定すべきであると提案した.これらの政策および措置の実施における進歩は,国際的に合意された行動指標を用いて評価されることになるであろう.この指標を用いて,国家が政策および措置を実施して,排出目標を達成したかどうか,またどの程度達成したかどうかを確定することができるようになるであろう.ほかの国々は,特定の分野における調整された政策および措置(例えばニュージーランドはバンカー燃料)についてのみ,考慮の対象にした[11].

京都会議が近づくにつれて,政策および措置に関する EU のアプローチが採用される機会はほとんどないことが,ますます明白になった.1996 年半ばの AGBM4/COP2 の円卓会議の議論では,一般的な限界がはっきりと明らかになり,反対が広がった[12].結果として,政策および措置は京都会議における交渉の議題の中でますます下位に落ち込んだ.京都会議では,政策および措置は比較的簡単に解決できる問題の中に数えられ,すでに京都会議の開始から 2 週目に解決された.1997 年 12 月の議長草案に含まれていた 2 条の文言は事実上 EU の意向をまったく反映しておらず,ほとんど修正されずに『京都議定書』の中に掲載された[13].これは,EU 自身が勝負の敗北を認めたことを意味している.結果的に,2 条は,京都会議の最終日の夜に,詳細な議論抜きで採択されたのである(第 7 章参照).

---

[10] FCCC/AGBM/1997/2, pp.16,72; Yamin 1998a, p.116参照.
[11] PAMに関する異なる立場/提案およびその展開については,FCCC/AGBM/1996/10; FCCC/AGBM/1997/2 and Add.1; FCCC/AGBM/1997/3/Add.1.参照.
[12] Earth Negotiations Bulletin, Vol.12, No.38, 22 July 1996.
[13] この草案の2条(FCCC/CP/1997/CRP.4)と京都議定書2条を比較せよ.

10.2 『京都議定書』における政策および措置

　特に EU による政策および措置を支持する長期間の取り組みが行われたが，『京都議定書』2 条の 4 つのパラグラフにはソフトな法的文言が含まれており，むしろ無味乾燥な結果になっているようにみえる．EU の目標とは裏腹に，2 条は先進工業国が特定の政策および措置を追求することを要求していない．好意的に見れば国連気候変動枠組条約とは対照的に，2 条は政策行動のための多数の優先分野について強調している．これは各国内における履行のプロセスで，政策議論をサポートする役割を果たすであろうし，将来，国際的に調整された政策および措置に関するさらなる作業の基礎となるものであろう．

　2 条 1 (a) は，附属書 I の各締約国が「自国の状況に応じて政策および措置を実施し，および／またはさらに発展」させなければならないと述べており，特に，以下のような分野，「例えば」（EU の提案した「特に」という強い表現から入れ替わっている），エネルギー効率，吸収源および貯蔵庫，農業，新・再生可能なエネルギー資源と炭素固定，市場手段[14]と市場の不完全性，輸送および廃棄物管理などをあげている．

　さらに，2 条 1 (b) は 2 条 4 と連動して，政策および措置の国際的調整に関するさらなる議論のプロセスを保証するような基盤を提供している．2 条 1 (b) は「政策および措置の個別的およびその組合わせの効果を増大させるために」締約国が協力するように要求している．COP/MOP は，第 1 回もしくは可能な限りその後の会合で，そのような協力を促進する方法を考慮するように要求されている．将来的なプロセスの予測については，2 条 4 でさらに強化され，それは COP/MOP が政策および措置の「調整を発展させるための方法と手段を検討する」ことを要求している．しかし，そのような調整の有益性が COP/MOP で判明するかどうかが条件となる．どちらの条項も将来的な調整というオプションとして残っているが，この条文はおもに米国とほかの JUSSCANNZ メンバーの妥協がないために，締約国に対して拘束力のある約束を課すには至っていない．

---

[14] 京都後の調和されたエコロジー税の展望について，Weizsäcker/Ott 1998a 参照．

2条2は、航空機燃料と船舶の「バンカー」燃料（例えば、国際的な航空機および船舶輸送に用いられている燃料）からの排出について特に言及している。すなわち、それは政策および措置の調整という観点から、それらが特に重要であることを認めているのである。バンカー燃料からの排出は1990年に附属書Ⅰの締約国により報告されたCO_2排出の約3%に当たり、排出はますます増加している[15]。関連ビジネスにおける国際競争が激しいため、この分野における政策調整の要求は特に高い。結果として、政府がバンカー燃料を一方的に規制しようとすると、特に政策的な困難に直面することになる。また、バンカー燃料からの排出は国際的な側面をもつことから、国連気候変動枠組条約に基づいて別々に報告され、各国の排出は算出されていない。つまり、この排出を規制するインセンティブは欠落しているのである。京都以前のプロセス（10.3を参照）で、バンカー燃料からの排出の割り当ての決定に到達することは不可能であることがわかっていた。京都会議においてこの問題が解決に至ることは予想できなかったので、バンカー燃料はCOP3の議題の中でも注目度は低かった。

このような状況下、『京都議定書』に2条2が盛り込まれたのは、おもに、多くの締約国（EU、ニュージーランド、スイスを含む）が厳密にいえば、気候レジームの完全な傘下にはない分野に対して継続的な関心をもっていたからである。しかし、実際には、議定書はこの問題をほかの国際フォーラムに移している。すなわち、締約国は、国際民間航空機関（ICAO）や国際海事機関（IMO）といった航空または船舶輸送を取り扱う先進的な国際機関を通して、バンカー燃料からの排出の抑制および削減のために行動するよう要請されているのである。

最後に、2条3は、「気候変動による悪影響、国際貿易への影響および他の締約国に対する社会的、環境的および経済的な影響を最小限にするような方法で、……政策および措置をとるように努力する」ことを締約国に要求している。この条項は、締約国それぞれの意向が反映されている混成物である。貿易や経済的影響についての言及は、特にG77とOPECの意向を反映しているといえるが、このことは、環境への影響、気候変動による悪影響および条約3条に含まれる原則について言及することでバランスがとられている。

---

[15] FCCC/SBI/1997/19 and Add.1; FCCC/CP/1998/11 and Add.1 and 2.

しかしながら，2条3は，3条14とともに，またDecision 3/CP.3と関連し，OPECに対して『京都議定書』の受容を促進させるための「アメ」と一般的にとらえられている[16]．京都で採択されたDecision 3/CP.3は，SBIに対して，「気候変動による悪影響，および／または，対応措置の実施の影響から発生する……開発途上締約国の特定のニーズを満たすために必要な行動を明らかにし，かつ決定するプロセスに着手すること」を要請している（1項）．この条項は，OPECが京都会議後，補償を求めることを可能にする根拠を提供したことになる．

10.3 評価および監督

10.3.1 『京都議定書』における調整された政策および措置の展望

政策および措置に関する国際的議論は京都会議後，その勢いを失った．EUでさえ，近い将来，義務的な政策および措置は行われないだろうということを受け容れたかのようにみえた．2条は，議定書のCOP/MOPに対して，さらなる行動をとるという課題を割り当てているが，準備作業の必要性については触れていない．さらに重要なのは，COP3は補助機関に対して方法論的な問題も京都メカニズムについては要請していたが，（第1回）COP/MOPの決定作成に従事することについては要請してはいない．したがって，京都会議の直後においては，政策および措置問題についてはほとんど議論がなされなかった．

しかし，COP/MOPは「第1回会合またはその後のできる限り早い時期の会合において」活発に議論すべしという2条1（b）の規定に基づいて，ブエノスアイレスのCOP4において，政策および措置は国際気候政策の議題として復活した．SBSTAは，「2条1（b）における政策および措置の個別および協力的な有効性を強化するために，協力を促進する方法を考える」準備作業を行うべきである，とCOP4において締約国は決定した[17]．

---

[16] Yamin 1998a, p.117参照.
[17] FCCC/CP/1998/16/Add.1, p.38の中のDecision 8/CP. 4.

第 10 章　政策および措置　　135

　SBSTA11 における SBSTA の政策および措置に関する検討の基礎となるように，事務局は 1999 年末までに「最善の実例集」についての報告書をまとめるよう要請された．その後，政策および措置に関する「最善の実例集」に関するワークショップが組織され，2000 年の COP6 でその成果が報告される運びとなった．

　これらの活動は，政策および措置に関するさらなる国際的な議論に対する「学習アプローチ」の基礎となるであろう．最終的には，すべての国が国内行動により自国の約束を十分に実施する必要が出てくるようになるであろう．2 条 1 (b) の中で要請されているように，異なる国々の国内実施におけるさまざまな政策および措置の有効性を測定し，比較可能性や透明性を増すような指標が開発されるであろう．そのような行動指標の開発は，京都会議プロセスにおいて政策および措置に関する日本の提案（上述参照）の中で描かれていたが，CSD や OECD その他の枠組みの中で現在進行中の指標開発に関するその他の国際的なプロセスと関連づけることができる[18]．これは，究極的には各国の「政策および措置のランクづけ」の基礎になり，有効な政策および措置を実施するのに役に立つインセンティブになるであろう．

　京都会議プロセスのみならず，国際的な環境政策の歴史の経緯は，「共通の」政策および措置に合意することの困難さを十分に証明している．これはなぜかというと，国家の政府と議会は政治的発展に対する柔軟性と主権的統制を失うことを恐れるからである．しかし，「政策および措置の調整は，必ずしも同様な障害物に出会うことはない[19]．上記の学習プロセスに基づいて，経済のグローバリゼーションの中で，国際的に調整された政策および措置に対する要求は増大しつつあり，やがて実現されるであろう[20]．政策および措置の調整について合意を見いだし，あるいは共通の行動を起こす（例えば，国際課税の導入）ためには，京都プロセスにおける AOSIS 提案にみられるように（上述参照），長期的な信頼と合意形成のための努力が要求されるだろう．このような努力は，主権的統制と民主的正統性を失う懸念の問題を検

---

[18] UN 1996; 1999; OECD 1993a and b 参照．
[19] 「共通の」政策および措置は一般的に，政策の調和として言及されるが（例えば，いくつかの国に対する共通の技術的基準の導入），政策および措置の「調整」は，厳密な意味での調和をすることなしに類似の政策的手法の導入を求めるので，それほど厳しくない（例えば，課税レベルを調和することなしに CO_2/エネルギー税の調整的導入）．
[20] 経済のグローバリゼーションと環境政策との関連に関しては，OECD 1997 を参照．

討しなければならないであろうし，また，政治的文化に根ざす多様な国益（例：米国の課税反対）や輸出依存型の国民経済を考慮に入れなければならないであろう（図10.1参照）．

このような困難性から，調整された（またある場合は，かつ共通の）政策および措置に関する議論は，COPで開始される制度化プロセスから恩恵をこうむるかもしれない（第25章参照）．信頼と合意を構築するには，当初は，（共通で）調整された行動が最も明白に求められている分野（Box10.1を参照）に焦点を当てることが最善であろう．第一に，一方的な行動の結果，各国が国際間の自由貿易において競争的不利益や妨害を懸念するような分野がある．それは，エネルギー税および気候に悪影響を与える活動（例えば，石炭燃焼）やバンカー燃料に対する補助金の撤廃といった政策および措置に該当する．第二に，調整的な取り組みが実質的な協働作用をもたらすことを保証するような場合がある（例えば，電気製品のエネルギー効率基準に関して）．

Box10.1：京都会議以前にEUが調整を提案した優先的な政策および措置の選択肢
● 潜在的に費用対効果のある再生可能エネルギー手段の市場における普及を妨げる障壁を取り除くこと
● 家庭用電化製品とその他の器具のためのエネルギー効率基準とラベリング
● すべての附属書Ⅰの締約国に適用されるミニマムな燃料消費税
● 新規登録車の平均的な燃料効率性／平均的な CO_2 排出量の目標値
● 特定の補助金（例えば化石燃料に対するもの）の削減／廃止
● すべての附属書Ⅰの締約国に対して環境税のスキームを導入する枠組み
● 国際的志向性を有する産業セクターにおける国際的な自主協定の導入
● エネルギー効率性基準および財政インセンティブの利用に関する国際調整
● 産業セクター機構との政策および措置の発展における国際協力

注：FCCC/AGBM/1997/3/Add.1 から引用．

『京都議定書』の下での政策および措置の調整は，COP と COP/MOP の決定を通じて，政治的合意と法的約束という形態をとることができた．有効性が証明されたほかの国際環境条約における上位の管理機関が採択した決定の中で遠大な合意が規定されている[21]．政策および措置については，ほかの締約国に対して彼らが望まない措置をとることを強制せず，調整が有益なものでありうるという相互理解と政治的意思および合意を促進することが重要である．経済のグローバリゼーションおよび深化しつつある経済的，政治的な相互依存性は，時間との調整に対する要請を増大させることになる．同じように，もし政策調整を真剣に行うならば，ほかの国際的な規制（例えば，貿易ルール）との抵触を考慮する必要性も同様に増大するだろう（第 23 章参照）．

OPEC が過去に政策および措置と補償をリンクさせようと試み，ある程度は成功した経験があるが，これら 2 つは別の問題として議論されるであろう．そのことは議定書の 2 条 3 によって明らかである．同条項はほかの締約国に対する政策および措置の多様なマイナスの影響を最小化するよう要請しているからである．COP4 は，2 つの別個の決定の中に上記 2 つの問題を含め別の問題として明らかに扱っている[22]．補償問題は，気候変動と対応措置によって特に影響を受ける国々に関連する広範囲な問題を包含し，OPEC が要求している補償はそのほんの一部である．附属書 I の締約国が OPEC の考えている補償メカニズムの設立に合意するということはまずありえない．化石燃料の輸出に大きく依存する国々の状況に関して建設的な議論を行えば，エネルギー輸出者を関与させることができるという目的は達成されるが，上記規定は OPEC の補償要求の根拠にもなり，また将来的プロセスをさらに混乱させる可能性も有しているのである．

10.3.2　航空機燃料および船舶バンカー燃料

バンカー燃料からの排出は，もう何年もの間，劇的に増加している．IPCC はその航空機に関する特別報告書の中で，国際輸送からの排出に関する議論

---

[21] Ott 1998a, p.166以下参照.
[22] 政策および措置（上述参照）に関するFCCC/CP/1998/16/Add.1の中のDecision 8/CP.4および国連気候変動枠組条約4条8ならびに4条9および議定書2条3ならびに3条14の実施計画を規定するFCCC/CP/1998/16/Add.1の中のDecision 5/CP.4.

に対して新たな刺激剤を与えた[23]. IPCC は,航空機は 1992 年における人為的な気候変動の原因の約 3.5%を占め,航空機からの CO_2 の排出量は 2050 年には 10 倍に増大するであろうと結論した.

この問題は,国際的な気候変動の交渉の場で,何年もの間議題になってきた. 1996 年 12 月には,SBSTA は船舶のバンカー燃料と航空機燃料からの排出割当という未解決の問題を解決するために 8 つのオプションを特定した. SBSTA は以下の 3 つを却下した.すなわち,①国ごとの排出量に応じた割当て,②乗客や貨物の本国または原産国に基づく割当て,③実際に排出が行われる場所に基づく割当て.残る 5 つのオプションは「この問題に対してさらに取り組みをおこなう」[24]ための基礎として選択された.換言すれば,それらの重要性については合意には達しなかったということである.それらは,以下のとおりである.

● 割当てなし
● バンカー燃料が販売されている国への割当て
● 輸送会社の本国,航空機や船舶の登録国,または操業者の本国への割当て
● 航空機や船舶が出発または到着する国への割当て(排出量を両国間で配分することも含む)
● 乗客や貨物が出発または到着する国への割当て(排出量を両国間で配分することも含む)[25]

締約国は,これらの排出量割当について,以下の 2 つの理由によって,決定的な前進には至らなかった. 1 つには,航空機燃料および船舶バンカー燃料からの排出量が増加傾向にあったので,どのオプション(またはその組合わせ)を選択するかによって,排出削減義務を果たすにあたって不利になる国が異なるからである.その結果として,例えば,ロッテルダムのような大規模な港をかかえるオランダのように,国際航空と海運の基地が整備されている国は,自国の輸送プラットフォームで売却する燃料の燃焼から発生する排出に対する責任を拒否したのである(図 10.2 参照).第二に,これらの国々がバンカー燃料からの排出を一方的に制限するために利用できる選択肢

---

[23] IPCC 1999.
[24] FCCC/SBSTA/1996/20, p.12.
[25] FCCC/SBSTA/1996/20 and FCCC/SBSTA/1996/9/Add.1.

第 10 章　政策および措置　　139

は，関連するビジネスや協定の国際的な性格および ICAO と IMO の役割から，かなり限られているからである．例えば，ICAO のガイドラインは，多くの二国間航空輸送協定の基本となっているものであるが，航空機燃料への一方的な課税を排除している．ノルウェーは 1999 年の春に，灯油課税の導入に対する障壁を乗り越えようとしたが，国際航空会社が不満を述べ，支払い拒否をしたため，課税をあきらめざるをえなかった[26]．港湾間の競争や船舶バンカー燃料からの排出に対する IMO の権限は，さらにこの分野における一方的な行動を抑制することができる[27]．これは，バンカー燃料からの排出が国連気候変動枠組条約の下において特別な地位を担保されているおもな理由でもある（換言すれば，国ごとの排出割当ではない）．

　このような状況下で，締約国による航空機燃料と船舶のバンカー燃料に関する共通または調整された行動に支持する強力な事例がある．2 条 3 は，ICAO と IMO による行動を要請することによって，そのことを承認している（前述参照）．割当てに関してとても合意に達しない様子だったので，京都会議の交渉担当者はこの問題をほかの言及された国際機関に移してしまった．この方法によれば，当該問題を国際的な議題として継続させ，ICAO と IMO との抵触を回避できたかもしれないが，一方では国際的な気候変動問題の場面から当該問題を取り除いてしまった．もし，ICAO/IMO が行動しなければ，国際気候政策のこの重要な分野に関連し，数年が無駄に過ぎていくであろう．

　気候政策の重要な側面に対する規制権限を一般的に経済と運輸の所管省庁が主導している国際機関に譲るということは，まるでキツネにガチョウの見張りをさせるようなものである．さして驚くことではないが，1998 年の第 32 回 ICAO 総会は，2001 年の次期総会までに民間航空機からの温室効果ガスの排出を抑制または削減する政策オプションを調査することを決めたが，行動を起こす意思はほとんどみせなかった[28]．

　前述の IPCC の航空機に関する特別報告書は，国連気候変動枠組条約の締約国に対して，ICAO や IMO への圧力を強めるようにと誘導するかもし

---

[26] ENDS Daily, 22 January 1999; EWWE, Vol.8, No.3, 5 February 1999, p.9参照．
[27] 船舶のバンカー燃料と航空機燃料への課税について，Michaelis 1997a and b参照．
[28] 国際民間航空機関（ICAO）からの国連気候変動枠組条約第4回締約国会議（Buenos Aires, 2-13 November 1998）への陳述については，<http://www.icao.int/icao/en/env/cop-4.htm>でアクセス可能．

れない．ICAO/IMO による対策いかんにかかわらず，『京都議定書』の締約国は，上述のクライテリアの 1 つ（またはその組合わせ）に基づいて航空機燃料とバンカー燃料からの排出の割当てを決めることができる．このことは，締約国にとってこの問題に関する国内的および／または調整された行動をとるために必要なインセンティブとなるであろう．

図 10.2　1990 年の各国の CO_2 総排出量に占めるバンカー燃料からの排出量の割合

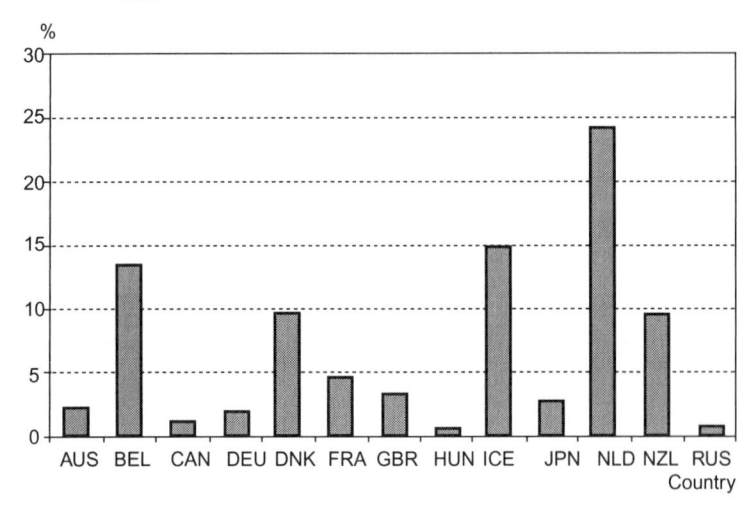

注：燃料が販売された国の割合．AUS：オーストラリア；BEL：ベルギー；CAN：カナダ；DEU：ドイツ；DNK：デンマーク；FRA：フランス；GBR：イギリス；HUN：ハンガリー；ICE：アイスランド；JPN：日本；NLD：オランダ；NZL：ニュージーランド；RUS：ロシア．
出典：FCCC/CP/1998/11/Add.2

10.3.3　結論

『京都議定書』のほかのさまざまな規定と同じように，2 条は将来的な行動のための潜在的な基礎をなしている．2 条の文言は 政策および措置について言及し，いくつかの鍵となる行動分野をリストアップすることによって，国連気候変動枠組条約を超えているが，締約国に対して特定の行動をとるよう法的な拘束はしていない．この制約にもかかわらず，鍵となる行動分野の

リストが関連の国内政策協議のための議論に影響を及ぼすことから，2条は現在の形のままでも，『京都議定書』の実施に影響を与えるであろう．

　2条のもつ国際プロセスの範囲は，比較するとさらに重要であることが判明するであろう．2条1（b）に基づいて，政策および措置に関する政治的，経験的合意形成プロセスとその効果（可能な調整も含む）を予見したり，2条4の下で，政策および措置の調整プロセスの可能性の基礎を築いたりすることによって，『京都議定書』における政策および措置の重要性は，現在の議定書の条文の範囲をかなり超えるであろう[29]．それは締約国が学習プロセスを始めて，関連する問題の共通理解をするかどうかに大きく依存するだろう．

　航空機燃料と船舶のバンカー燃料からの排出は，締約国が共通および／または調整された行動の要請に見合うような意思と能力があるかどうかを判定する初期のテストケースとなるであろう．おそらく，国際輸送からの排出に関する分野はほかの分野に比べ調整が求められる分野であろう．しかし，政策および措置の調整は，相互にかなりの利益をもたらすであろうし，エネルギー課税，電気製品のエネルギー効率性基準，気候に悪影響を与える活動（例えば，石炭燃料）への補助金の撤廃などほかの重要な分野における障壁を取り除くであろう．それゆえ，政策および措置の調整は，次世紀において有効な気候政策を実施していく上で重要なのである（第25章参照）．

---

[29] Weizsäcker/Ott 1998a参照．

第 11 章　排出量の抑制および削減約束（3 条）

　数量化された目標，いわゆる「数量化された排出抑制および削減目標（QELRO）」に関する交渉は，京都会議に至る折衝過程で中心的なものであった．国連気候変動枠組条約は法的に拘束力のある義務を欠いていたために，先進工業諸国のほとんどで国内の温暖化関連政策に本当の意味での変化をもたらすには不適切であることがわかっていた（第 4 章参照）．このような現行の条約の義務が不適切であるとの認識にたって，COP1 は，ベルリン・マンデートを採択した．それは，歴史上初めて，温暖化の主要な原因となっている温室効果ガスを抑制しあるいは削減するための，明確で法的に拘束力のある義務を『京都議定書』の中で確立するための段階をつくるものであった．その結果，国連気候変動枠組条約の『京都議定書』は，附属書 B に掲げられている先進工業諸国に対し，法的拘束力をもつが，国ごとに異なる温室効果ガスの削減（または抑制）目標を含んだものとなった．議定書の目標は，4 つのガス（CO_2, CH_4, N_2O, SF_6）と 2 つのグループのフッ素系ガスを一括して対象とし，2008 年から 2012 年までの約束期間の間に，先進締約国全体で少なくとも 5％の削減をするというものである．

　11.1 では，このような結果を生んだ複雑で微妙な交渉プロセスを詳述する．11.2 では，議定書の意味と効果を決定づける合意された目標と目標達成時期について，おもな特徴のいくつかを分析する．そのうちの 1 つが吸収源の取り扱いに関するものであり，これは 11.3 で独立の節を設けて検討する．11.4 の全般的評価は，『京都議定書』に含まれている目標と目標達成時期の有効性に関し，一定の検証をしようとするものである．

11.1　交渉の歴史

　AOSIS によって 1994 年の 9 月に提案された議定書の最初の案と，それを補足するものとして数日後にドイツが提出した「国連気候変動枠組条約の包括的な議定書の要素」は，AGBM のプロセスで，実質的な提案としては，

相当の間，唯一のものであった[1]．ドイツの提案の主要な要素は，附属書Iの締約国が採用しなければならない政策措置のリストであった．一方，AOSISの提案は，2005年までにCO_2の排出量を20%削減するという「トロント目標」を含んだものであった．AOSISの提案は，フッ化炭素を含むCO_2以外のおもな温室効果ガスに関する目標の採択も含んでいたが，それらについては明確な目標やタイムテーブルは示していなかった．この20%の削減目標は，交渉の最後にいたるまで，検討俎上にある提案のうちで最も厳しいものであった．さらに，この目標は，ほとんどすべての環境NGOにより支持され，通常まとまりにかける環境グループを団結させる共通の目標として機能した．

1995年10月のAGBM2で，EUは，政策および措置に重点をおいた「合意されうる議定書の構成に関する概要」を提案した（第10章参照）[2]．この後提出されたEUの二度目の提案[3]は，最初に提出された議定書の構成に関する提案を，より詳しくしたものにとどまった．しかし，その中でも主要な今までにない新しい点は，新たに「先進締約国およびその他の締約国による約束」により拘束される国のリストを含んだ，「附属書X」を提案したことであった．この提案は，議定書に開発途上締約国の約束を含める可能性を，公式に示唆した最初の文書であった．これは，ベルリン・マンデートからの明確な逸脱であり，当然に開発途上締約国からの支持を受けることはなかった．

1996年3月，ドイツは，先進工業諸国によるCO_2の排出量を，1990年を基準として，2005年までに10%，2010年までに15%から20%削減するという提案[4]をし，交渉過程を前進させようとした．2005年および2010年という時期については，ほかのEU諸国の同意を取りつけていたものの，提案された目標のレベルはドイツ一国の判断によるものであった．ほかのEU諸国は目標に関し，文書による正式な提案をしなかったが，そのうち7カ国は交渉の過程で口頭でそれぞれの見解を表明した[5]．日本や米国など主要な非EU諸国は，1997年の終盤になるまで，削減または抑制に関する具

---

[1] この2つの提案については，FCCC/AGBM/1996/MISC.2を参照.
[2] FCCC/AGBM/1996/MISC.2, p.18参照.
[3] FCCC/AGBM/1996/MISC.2/Add. 2,p.19参照.
[4] FCCC/AGBM/1996/MISC.2, p.30参照.
[5] FCCC/AGBM/1996/MISC.2/Add.2のヨーロッパ提案のリスト参照.

第 11 章　排出量の抑制および削減約束　　145

体的提案を提出しなかった．

　1997 年 3 月 3 日，EU の欧州理事会・環境大臣会合は，AGBM6 の初日に当たるこの日，EU 共通の削減目標と EU 内での目標の分担について合意し，交渉プロセスは再び促進されることとなった（表 6.1 参照）．EU の提案は，3 つのガス（CO_2，CH_4，N_2O）を一括して対象とし，1990 年を基準とし，2010 年までに排出量を 15％削減するというものであった[6]．さらに，1997 年の 6 月の末には，EU の環境大臣は，同じ 3 つのガスを一括して対象として，2005 年までに 7.5％削減することに合意することができた[7]．

　次に削減目標に関する提案を行ったのは日本で，それは 1997 年 9 月のことであった．日本は，削減目標の差異化を，最も熱心に主張してきた国の 1 つであった．約束の差異化は，特別の状況を国内に有する日本，オーストラリア，ノルウェー，アイスランドのような国々が主張してきた．EU の中では，電力供給において原子力の割合が高いため，1 人当たりの排出量が低いフランスが，同様な立場をとっていた[8]．オーストラリアとノルウェーが差異化された目標を要求した最初の国々であったが[9]，日本の差異化に関する提案は具体的なものであった．まず，CO_2，CH_4，N_2O の 3 つのガスについて 2010 年までに一律で 5％削減する目標を設定する．そして，次に，以下の 3 つのクライテリアに基づき目標を調整する．

● 1 人当たりの排出量
● GDP 当たりの排出量
● 人口増加[10]

　この結果からすれば，名目上最初に提案された削減目標は 5％の削減目標が，日本の場合はわずか 2.5％，オーストラリアは 1.8％，ドイツは 3.7％となったであろう[11]．ほかの条項によるさらなる柔軟措置により，実際の日標はさらに低くなり，日本提案で法的に拘束力のある部分は 1990 年レベルでの排出量の安定化を意味するにとどまったのである．しかしながら，この日

---

[6]　FCCC/AGBM/1997/MISC.1/Add2, p.35参照．
[7]　EWWE, 20 June 1997（special issue），p.2参照．
[8]　FCCC/AGBM/1997/MISC.1, p.22参照．
[9]　FCCC/AGBM/1996/MISC.2/Add.2, p.3 and 25参照．
[10]　FCCC/AGBM/1997/MISC.1/Add.6参照．
[11]　これはドイツ自身が2005年までにCO_2の排出を25％削減するとしていたことと矛盾していた．計算方法については，Greenpeace 1997を参照．

本の提案により，差異化した目標を基礎としたアプローチは，その後の交渉にしっかりと確立された．このアプローチは，京都での交渉を成功裏に終了させる上で決定的に重要な役割を果たすことになった．

　米国は，目標を差異化するという考え方を支持しなかった．そのおもな理由は，およそ考えられる限りの合理的なクライテリアのどれを基にしても，米国はほかの先進工業国のどれよりも高い目標を受け入れざるをえなくなることであった．そして，1997 年 12 月，米国は以下の事項を含んだ「柔軟」なアプローチを選択した．
- 複数年にわたる目標
- いくつかのバジェット期間にまたがるバンキング（使用しなかった排出量の次のバジェット期間への移動）およびボロイング（次のバジェット期間からの排出量の移動）
- 6つのガスに対する包括的なアプローチ
- 排出量取引
- 共同実施[12]

　上記の事項のうち『京都議定書』に含まれなかったのは，次の約束期間から排出量を借りてくる「ボロイング」という考え方[13]のみであることから，米国の戦略が成功したのは明白であった．

　クリントン大統領は，交渉プロセスの終盤となった 1997 年 10 月 22 日，国立地理協会（National Geographic Society）での演説の中で，米国の数量目標を提案した．2008 年から 2012 年の間までに 1990 年のレベルに達し，その後 5 年間で 1990 年のレベルを下回るという提案は，EU，ほとんどの開発途上締約国，および環境グループを失望させた．大統領は「地球規模の気候変動に関するホワイトハウス・イニシアティブ」の過程で，気候変動の脅威に関し雄弁な演説を自ら行っており，この提案は余計に中身のないものと受けとられた．さらに，この提案は，ベルリン・マンデートに反し，開発途上締約国の参加を条件としていた．この条件は，全会一致で合意されたバード=ヘーゲル（Byrd-Hagel）による「上院の常識」決議にしばられた結果

---

[12] FCCC/AGBM/1996/MISC.2/Add.4, p.26参照．
[13] しかし，「不遵守」の場合の「罰則としてのボロイング」という考え方は，議定書に最終的に含まれることになるかもしれない．16.3参照．

であった．決議は，米国による気候変動に関する法的文書の批准は，開発途上締約国の「意味のある参加」を条件とするというものであった（6.2 参照）[14]．大統領の演説は，ホワイトハウスにより，それまで検討されていた「救済メカニズム」とか「上限費用」というような考え方を含んでいなかった．このことは，炭素排出権の世界の価格があらかじめ決められた（炭素 1t 当たり，25 から 50 米ドルという）レベルを超えた場合，排出量取引の仕組みの下で，実際の排出削減に基づかない「ペーパー・クレジット」を各国政府が売るのを許す結果になると考えられた．

クリントン大統領の提案の少し前，G77 と中国は，CO_2，CH_4，N_2O のそれぞれのガスについて，先進工業国は 2005 年までに 7.5％，2010 年までに 15％，2020 年までに 35％削減すべしという提案を行った（4.6 参照）．これにより，開発途上締約国は，目標に関しては，実質上 EU の支持を表明したことになる．JUSSCANNZ グループの 2 つの重要な国が米国の表明を待って，京都でそれぞれの目標を明らかにした[15]．カナダのクレチャン首相は，カナダは気候変動に関する政策で「米国よりベターである必要がある」とし，「温室効果ガスの排出量」を 1990 年のレベルから 2010 年までに 3％，2015 年までにさらに 5％削減することを表明した．ニュージーランドは，これに 1 日遅れて，2005 年以降から始まる 5 年間の約束期間の間に，1990 年レベルより 5％削減する目標を発表した．これらの提案がなされたタイミングは，JUSSCANNZ グループ内の慎重な調整の結果であるとの印象を与えた．EU が 15％削減するとの提案を行い，孤立しているように見えたが，一方で米国は単なる「安定化」を提案し，対極的な立場をとったのである．このような中で，日本は，大いに必要とされていた妥協を体現するものとして，名目的には 5％（しかし実質は 3％程度）という中間的な目標を提案する栄誉を担ったのである．カナダとニュージーランドは，それぞれの立場で，中間的な位置をしめる目標を提出した．

---

[14] この「意味のある」という言葉は，国立地理協会に対する演説の中には含まれていたが，文書による大統領の提案には含まれていなかった．
[15] このグループの一員であるスイスは，1997年3月に，附属書Iの締約国全体としての排出量が2010年に10％削減されるような差異化された目標とすることを提案していた（FCCC/AGBM/1997/MISC.1/Add.2, p.67）．また，オーストラリアは，欧州の削減量の共同分担方式を皮肉る試みとして，「2010年までに30％の削減から40％の増加」の範囲内で，差異化された目標を設定するという主張をしていた（FCCC/AGBM/1997/MISC.1/Add.2, p.6）．

これらが京都で交渉が本格化し始めるときに，各国がとっていた立場である．しかし，このような多様な提案の中で，実際に許容しうる排出量のレベルを決めることはきわめて困難であった．それは，それぞれの提案が，対象となるガスの数，吸収源の取り扱い，柔軟性措置の位置づけなどの点で異なっていたからである．1997 年 10 月の AGBM8 において，米国は自らの交渉上の立場を改善するため，1 つの試算結果を配布した．それは，（2010 年までに 15％削減という）EU の提案は，米国が提案している 3 つの追加的なガスを考慮し，吸収源を算入すれば，実際にはたった 5.2％の削減に過ぎないというものであった[16]．この試算によれば，日本の提案は，実際には 5.4％から 7.9％の排出量の増加を許容するものであるとされた．これらの試算結果は相当の批判を受け，その後，米国自身により訂正された．そして，追加的な 3 種類のガスを考慮すれば EU の目標は 8.5％から 11％の範囲に落ちるとされた．数値目標は，交渉過程においておもな焦点であったが，米国の試算値の発表による混乱は，最も深く関与している人間にとっても目標値の設定が相当に難解なものであることを明らかにした．

京都で各国代表団が会したとき，議定書上締約国が負う基本的な義務に関する合意は，ほとんどなされていなかった．このような中，1996 年から 1997 年の間，交渉テキストの正式な作成は，AGBM の議長であり，アルゼンチンの中国大使であったラウル・エストラーダ氏によって進められていた．国連気候変動枠組条約事務局の助けを受け，彼は，時間の経過につれてより精緻化されてきた数種類の交渉テキストを作成していった（第 4 章および第 7 章参照）．

しかし，交渉の進展は遅く，時間がたつにつれ選択肢の数は減少するどころか逆に増える傾向を示した．AGBM8 の後で，エストラーダ氏が述べたように，交渉テキストは，「異なる立場のモザイク状態」[17]になっていたのである．実際の交渉は，彼を中心として，舞台裏で展開された．EU，米国，AOSIS を含むいくつかの代表団は，AGBM8 の終了時に，議長に対し解決策を引き続き模索し，「代替テキストを作成する」よう[18]，はっきりと要請

---

[16] "An analysis of Effects Of Different Proposals on Annex 1 GHG Emissions" 著者，日時不明（この本の著者のファイルより）．
[17] BNA International Environment Reporter, 12 November 1997, p.1037参照．
[18] 著者の観察による．

第 11 章　排出量の抑制および削減約束　　149

した.

　単年の目標か複数年にわたる目標かという点は，1997 年 11 月 8 日に東京で開催された主要団の大臣会合で合意された（7.1 参照）．その時点まで公式に表明していた立場を覆し，EU は 5 年間のバジェット期間とすることに同意した．先進工業国間での共同実施を含めることも，特に議論されることもなく合意された．しかし，約束期間の開始時期（2003 年か 2008 年か），数値目標のレベル，差異化の是非，バンキング，一括して対象とする温室効果ガス（3 ガスか 6 ガスか），吸収源を含めるか否か，排出量取引，および開発途上締約国との共同実施の是非などの点については，合意はなされなかった．

　COP3 の早い時期に，米国は差異化に関する立場を変化させ，「限定的で，注意深く調整した差異化」を受け入れる用意があると表明した[19]．これは，おもに，米国，EU および日本のいわゆる「ビッグスリー」による舞台裏での非公式協議を促進する結果となった．

　1997 年 12 月 7 日の夕刻，エストラーダ議長は，その時点の交渉の状況を勘案し，具体的な数値を議定書の附属書に書き込んだ[20]．このうち，EU とほかの欧州諸国に対する数値（マイナス 8%）とニュージーランドに対する数値（安定化）は，それ以降変わらず残った．ロシアとウクライナ（マイナス 5%），オーストラリア（プラス 5%）そしていくつかの東欧諸国に対する数値は，最終的なものより厳しいものであった．それに対し，米国およびカナダ（マイナス 5%），日本（マイナス 4.5%），ノルウェー（プラス 5%）に対する数値は最終的に受け入れられたものよりも緩やかな数値であった．これらの抑制または削減目標の数値は，2006 年から 2010 年までの約束期間を想定し，3 つの主要なガス（CO_2，CH_4，および N_2O）を一括して対象とするという前提で示されたものであった．その他の 3 つのガスないしはガス群（HFC，PFC，および SF_6）については，一括して，異なる目標年次を設定し規制することとし[21]，COP4 で合意することを予定していた．この時点では，ドイツ，フランス，オーストリアが 6 ガスでなく 3 ガス一括方式に固執していたため，その他の 3 つのガスは含まれなかったのである．

---

[19] 著者の観察による．
[20] FCCC/CP/1997/CRP.4, 附則B参照．
[21] FCCC/CP/1997/CRP.4, 3条1,2,3および附則A参照．

この時点で，将来の約束期間から排出量を借りてくるという「ボロイング」は，最終案に含まれないことも合意された．

最終的には，6 ガス一括方式は，同じ 12 月 7 日の夜に合意され，三者による交渉は最終的な局面に入った．一括方式が合意されたのは，ロシアが JUSSCANNZ と包括的な合意をすると表明したことにより，EU が窮地に立たされたためであった．これは，EU 諸国が排他的に実施しようとしている「EU バブル」に対する反発と，欧州諸国が排出量取引について厳しい規則を定める必要があると強く主張していることに対する直接的な反感の表明であった．このロシアによる包括的合意の提案は，4 条のバブルの文脈で捉えられるものであった．つまり，EU 以外の先進工業国は，1990 年以降排出量が急激に減少したことにより利用可能となった，ロシアとウクライナの「ホット・エア」を排他的に使い，それぞれの国の目標を「共同達成」する合意を結ぶというものであったのである[22]．

この時点で，米国，EU および日本の 3 者による交渉は限定された範囲の選択肢に絞られることとなった．議論されたおもな数値目標は，EU，米国，日本のそれぞれについて，8,7,6%（最終的な合意），7,7,6%，あるいは 6,6,5% というものであった．ロシアはこの交渉に含まれていなっかたが，3 者による交渉は，相当程度ロシアの「ホット・エア」の利用可能性を考慮しながら行われたのである．

EU，米国，日本，カナダに対する目標は，交渉と折衝の結果であったが，その他の国の目標は，おもに「支払い意思」[23]に基づく各国の「自主的な約束」によるものであった．米国，EU，日本の三者は，相当の外交的な圧力をその他の国にかけたが（第 7 章参照），それらの国の目標は特別な根拠に基づいて決められたわけでなく，それらの国によりとられた非妥協的態度の程度を基本的に反映するものとなった．実際，京都会議から数カ月たった後も，エストラーダ議長は，「これらの目標値の根拠を模索していた」のである[24]．

米国，EU および日本の三者による交渉がほかの交渉グループによるもの

---

[22] 「ホット・エア」の問題に関するより詳しい分析については15.3.3を参照．
[23] Ott 1998 c参照．
[24] OECD気候変動フォーラム（1998年3月12-13日）ラウル・エストラーダ氏の基調講演「『京都議定書』交渉」より（著者のファイルによる記録）．

より優先したのは，京都での最終段階の交渉の大きな特徴の1つであった．最終的な決着は，この三者による妥協の産物であり，ほかの参加国を含んだものではなかった．12月11日の午前1時，京都会議の最後のセッションで議長がドラフトを提出したとき，議長は附属書Bに特定の数値を書き入れるのを，慎重に避けた[25]．これに，ロシアとウクライナが即座に反応し，彼らは安定化を超える目標は受け入れることができないと表明した．これらの国に対しては，数値目標の交渉は自主性に基づいたものであることを反映し，最終的にはロシアの非妥協的態度が功を奏し，12月11日の午前10時に提出された最終的な文書に書き込まれた数値は，ロシアとウクライナが要求した通り，1990年レベルでの排出量の安定化に止まり，多くの関係者の失望をかった．当のエストラーダ議長ですら，京都会議の後で，EUが強力な圧力をかけなかったことに対し驚きを隠さなかった[26]．オランダのマーガレット・デ・ボワー大臣は数値が明らかになったとき，非常な驚きと困惑を示し，EUを代表して交渉に当たっていた英国のジョン・プレスコット大臣がこの件について米国と密約を交わしたのではないかと考えた．

このようにロシアが低い数値目標を設定したため，議長の最終ドラフトに含まれていた「附属書B国の排出量を1990年レベルより総体として6%削減する」との文言[27]を「少なくとも5%」に変更せざるを得なかった（『京都議定書』3条1）．米国，EUおよび日本の3者が一番高い目標である8, 7, 6%を選んだため，ロシアとウクライナが目標として安定化しか掲げなかったにもかかわらず，最終的に，附属書Ｉの締約国からの排出量は全体として約5%削減できたのである．この削減量は，旧共産主義国の排出量が下がったことにより1990年から1995年の間に生じた減少量に等しい．したがって，合意された目標は，全体としては，1995年レベルでの安定化と同じことであったのである．

---

[25] FCCC/CP/1997/CRP.6参照．
[26] OECD気候変動フォーラム（1998年3月12-13日）ラウル・エストラーダ氏の基調講演「『京都議定書』交渉」より（著者のファイルによる記録）．彼は，これの失敗は排出量取引に関する合意のためであったとしていた．
[27] FCCC/CP/1997/CRP.6, 3条1のドラフト参照．

11.2 京都ターゲット：排出量の限界とは何か？

『京都議定書』は，4つのガスと2つのガスのグループに関し，差異化されかつ数量化された排出量の抑制または削減目標を含んでいる．この目標は，議定書の附属書Bに掲げられている先進工業国に対して法的な拘束力を持ち，2008年から2012年までの約束期間に，附属書B国全体で，少なくとも5％排出量を削減するものである（3条1）[28]．この京都ターゲット，すなわち数値目標の意味合いをどう評価すべきか検討するに当たっては，いくつかの特徴を考慮する必要がある．11.2.1では，この数量化された目標の全体像を記述する．さらに詳細な検討がそれに続く節で展開される．吸収源に関する問題は，それがもつ特別な重要性と複雑性を考慮し，特に分けて検討する（11.3）．この章は，議定書における締約国の約束の全体評価と将来に向けての見通しを検討して終える（11.4）．

11.2.1 全体像

『京都議定書』の数値目標のおもな特徴は以下のようにまとめられる．
● 目標は法的拘束力があること（11.2.2参照）
附属書Bに掲げられている『京都議定書』の締約国（これらすべてが先進工業国）に対し，拘束力のある目標が合意された（3条7）．
● 一括（バスケット）方式（11.2.3参照）
法的拘束力のある目標は，議定書の附属書Aに掲げられている4つのガスと2つのガスのグループに一括して適用される．すなわち，CO_2, CH_4, N_2O, SF_6 とハイドロフルオロカーボン（HFC），パーフルオロカーボン（PFC）を含む，いわゆる「6ガス方式」に従っている．
● 2008年から2012年の約束期間および適用される基準年
－ 目標は2008年から2012年までの5年間の期間（一般に「約束期間」と言われる）に適用される（3条7）．
－ 最初の5年間の約束期間に，締約国に適用される排出量の上限値は，

---

[28] これらの規定の全体像と評価については，以下を参照のこと．Ott1998c; Yamin 1998a; Smeloff 1998; Coenen/Sardemann 1998; Simonis 1998; Bail 1998; Centre for Science and Environment 1998; Grubb et al. 1999.

1990 年の対象ガスの総排出量に附属書 B で割り当てられているパーセントを乗じ，さらにそれを 5 倍することにより算出する（3 条 7）．
－ HFC, PFC, SF_6 については，締約国は 1990 年の代わりに 1995 年を基準年として選択することができる（3 条 8）．これらのガスの排出量は，1990 年から 1995 年までの間に関係するすべての国で増加したので，この規定により，実際には，1995 年が各国共通の基準年になると考えられる．
－ 市場経済移行過程諸国（CEIT）の締約国は異なる基準年を選択することができる（3 条 5）．

●差異化された数値目標
－ それぞれの先進工業国の第 1 約束期間における温室効果ガスの排出は，附属書 B に記された値が「割当量」とされた（3 条 7）．これらの目標値は国ごとに差異化されており，8％の削減（EU と多くの東欧諸国）から，10％（アイスランド）ないしは 8％（オーストラリア）の増加までの範囲で決められた（表 11.1 参照）．
－ すべての国の数値目標を勘案すれば，附属書 B 国全体からの温室効果ガスの排出量は，少なくとも 5％削減する（3 条 1）．
－ 締約国の実際の排出量が附属書 B で割り当てられた値を下回った場合は，余った排出量を次の約束期間に移行することができる（3 条 13）．
－ CEIT には議定書上の義務に関し相当の柔軟性が認められているが，3 条に含まれる削減目標については，柔軟性は認められない（3 条 6）．

●吸収源（11.3 参照）
－ 土地利用変化および林業分野における，温室効果ガスの純排出量に変化をもたらすような，人為的な活動は排出目標の計算に用いることができる．ただし，そのような活動は，新規植林，再植林，および森林減少に限られる（3 条 3）．
－ 1990 年時点で，土地利用変化および林業に関する活動が，温室効果ガスの純排出となっている国は，その排出量を基準年の計算に算入することができる（3 条 7 の第 2 文）．
－ 将来，議定書の COP/MOP が，土地利用変化および林業分野において追加的な人為的活動を認め，それによる排出量の変化を各国に割り当てられた値から足し引きできるようにする場合には，原則として，それは早くても第 2 約束期間から適用される．しかし，締約国は，その追加的な活動が 1990

年以降にとられたものであれば，追加的活動に関する締約国の決定を第 1 約束期間から適用することができる（3 条 4）．

『京都議定書』で特定されている締約国の義務が何を意味しているかは，議定書に含められた「吸収源」（11.3 参照）と，いわゆる「柔軟措置」の内容を考慮しない限り，本当の意味で理解することはできない．議定書には 4 つの柔軟措置が含まれている．すなわち，排出量取引（17 条），先進工業国間の共同実施いわゆる「JI」（6 条），開発途上締約国で実施するプロジェクトに関するクリーン開発メカニズムいわゆる「CDM」（12 条），2 カ国ないしそれ以上の締約国が一緒になって議定書上の義務を満たす「共同達成」（「バブル」）（4 条）の 4 つである．これらの柔軟措置とそれらが締約国の議定書上の義務にいかなる影響を及ぼすかについては，『京都議定書』の個々の条文を論じる章で，それぞれ扱うこととする．

11.2.2　法的拘束力をもった約束

COP2 の後，先進締約国・開発途上締約国を問わず，ほとんどの締約国は，国連気候変動枠組条約で採用された自主的アプローチは不適切であることが証明されたこと，ならびに，次の段階では，強力で，検証可能で，実施可能な義務づけが必要であることの 2 つをはっきり認識していた[29]．したがって，国連気候変動枠組条約により採用され，ベルリンや京都の会議の前に幾つかの国によって主張されていた，拘束力を持たせない，いわゆるソフトなアプローチ[30]と対照的に，議定書の 3 条 7 や附属書 B に含まれている個々の国の削減目標は法的に拘束力のあるものとなったのである．環境分野には，「ソフト」で拘束力のない手段や約束がより厳しい義務に道を開いてきた具体的な例が多くある[31]．そのため，このような「ソフト」な手段が環境規制の発展の重要なステップとなりうるのである．しかし，特に気候変動のように経済政策の変更が不可欠で，かつ国内で非常にホットな議論が展開される

---

[29] 1997年10月22日，クリントン大統領は以下のように述べた．「先進工業国は，これまで1990年の排出レベルに削減しようと努力してきたが，残念ながら，米国を含むほとんどの国でそのような努力が不十分であることがわかった．」
[30] 例えば，Victor/Salt 1994a参照．
[31] 例えば，Ott 1998a参照．

ことが多い問題に対しては，国際的に合意される戦略には，法的に拘束力をもつ義務の存在が不可欠な要素であると考えられる．

『京都議定書』は，この法的拘束力のある目標に加え，附属書 I の締約国は 2005 年までに「議定書上の約束の達成に向けて明白な進捗」を示す必要があるという，「ソフト」な条項も含んでいる．ここで 2005 年が特定されているということは，重要な象徴的な意味をもっている．それは，AOSIS や EU さらには環境グループが，削減目標を適用し始める時期だと主張した年に当たるからである．何が「明白な進捗」であるのかに関する指標は決められていないが，この条項は次の約束期間に関する交渉過程で，重要なものになるかもしれない．3 条 9 は，議定書の COP/MOP は第 1 約束期間の終わりの少なくとも 7 年前，すなわち 2005 年までに，締約国のさらなる義務について検討を開始するよう定めている．したがって，2005 年までに「明白な進捗」を示せない場合は，将来の締約国の約束に関する交渉に影響するかもしれないのである．例えば，2012 年以降の第 2 約束期間の目標をより厳しいものとする結果を招くことになる可能性もあるのである．

議定書の 9 条 2 は，議定書の第 2 回 COP/MOP に新たな情報に照らし『京都議定書』をレビューするよう求めている．議定書上の義務の強化は，9 条 2 の実施の結果生じることになるかもしれない（第 19 章参照）．議定書がいつ発効するかによるが，このレビューは，締約国の義務の強化を検討したり，「明白な進捗」を示したか評価したりする時期に一致することになるかもしれない．もし，このレビューが 2005 年よりも相当前に行われれば，「明白な進捗」を証明するため，各国に目標達成へ向けた努力を強化させるインセンティブを与えることになるかもしれない．

『京都議定書』は，各国が 1 つの「傘」の下に入り，ある種の「共同責任」を確立することを容認する条項を含んでいる（第 12 章参照）．京都会議の前に，幾つかの国（例えばロシア）は，いわゆる「附属書 I の締約国全体のバブル」を提唱していた．これは，すべての先進工業国を対象に 1 つの数量化された目標を設定し，最終的な各国の削減の割り振りは，先進工業国の間で別途合意すればよいとするものであった．

『京都議定書』は，このような措置が読めるような規定はあるものの，そのような「附属書 I の締約国全体のバブル」の設定を正式には認めなかった．3 条 1 は，附属書 B 国が温室効果ガスの排出を全体として少なくとも 5%

削減するという目標を規定している．その上で，4条は附属書Ⅰの締約国が「3条に掲げられたそれぞれの目標を共同で達成」するため，相互に協定を結ぶことを認めている．附属書Bに掲げられている締約国が3条に定められた数量化された目標の「共同達成」について協定を結び，それぞれの削減量の割り当てをそれらの国の間の「内部の問題として」処理することを妨げるものは何もないのである．このことは，幾つかの国が「割当量」を超過しても，そのような協定に参加しているほかの国が削減量を大きく下げ増加分を補償すれば，問題がないということである．共同達成を規定している4条は，通常限られた数の国との関係を想定したものと捉えられているが，先進工業国全体を含む地球規模のバブルを構築する根拠も与えうるのである．しかし，4条は，説明責任を保証するための規則を定めるのに加え，締約国にそのような合意の内容を議定書の批准時に事務局に通報するよう規定している．このことにより，実際には，このような考え方を第1約束期間に適用する可能性は除外されていると言えよう．

11.2.3 バスケット・アプローチ

京都会議の前，主要な先進工業国のすべては，いわゆる「バスケット方式」に合意していた．しかし，この方式に問題がなかったわけではない．特に，温室効果ガスの種類が異なれば，排出源と吸収源に関し，相当に異なる不確実性が存在するということが問題とされた．したがって，ドイツなどいくつかの条約締約国は，できる限りいわゆる「単一ガス方式」とするよう主張した[32]．単一ガス方式では，3つの主要な温室効果ガスのそれぞれについて，別々に削減目標を設定することを主張する．『京都議定書』では，これらのガス（およびHFCやPFCのようなガス群）についても，各々異なった別表を設定することができるので，この単一ガス方式は包括性を失うこともないのである．例えば，『モントリオール議定書』では，1から30以上の化合物を一括して扱うオゾン層破壊物質のバスケットを8個も設けているのである．したがって，原則的には，気候に関する交渉上では，異なる目標期間を定めて，温室効果ガスのバスケットを2つ以上設けることが可能で

---

[32] これは，ベルリンで開かれたCOP1の前に，ドイツのヴッパタール研究所によって提唱されていたアプローチでもあった（Jäger/Loske 1994参照）．

第 11 章 排出量の抑制および削減約束

あったかもしれないのである.

これに対し,すべてのガスを一括して扱う「1 バスケット方式」は,対象ガスのうちどれに優先順位も置かず,全体の排出量を削減する目標を 1 つだけ設定するという意味で包括的なものである.したがって,締約国はその国の排出特性に従い,削減努力をどこに集中したらいいのか決めていくことができる.このことは,すべての対象ガスを一括して扱い,目標を達成していくことができるという柔軟性を,締約国に与える.例えば,1990 年に CH_4 の排出量が非常に多かった締約国は,CO_2 に比べより経済効果的に対策がとれる CH_4 を削減することにより,その国の削減量の相当部分を確保することができる.どちらにせよ,大多数の先進工業国では,温室効果ガスの総排出量の 80%以上が CO_2 によるものであることから,実際には,CO_2 対策が削減努力の中心課題であることは間違いない.

異なる温室効果ガスを 1 つのバスケットで一括して扱うための計算方法には,「地球温暖化係数」として知られる重みづけの方法が用いられる.この方法の基礎は,気候変動に関する政府間パネル(IPCC)(1.2 参照)によって定められた,CO_2 に比べてほかのガスそれぞれがどの位強く温室効果を引き起こすかを表す数値である.これを用いて,国家の温室効果ガスの総排出量は,各温室効果ガスの排出量にそれぞれ地球温暖化係数を乗じて得られる CO_2 相当 t として計算される.

京都会議の前には 2 つの異なる「バスケット」が交渉の俎上に上がっていた.EU と日本が CO_2,CH_4,N_2O の主要な温室効果ガスを対象とする「3 ガス方式」を 1997 年に提案していたのに対し,米国とカナダはフッ素系の温室効果ガスである 6 フッ化硫黄(SF_6),HFC,PFC を含む,4 つのガスと 2 つのガスグループからなるより大きなバスケット方式を主張していた[33].このより大きなバスケットを主張するおもな理由は,『京都議定書』の実施により多くの柔軟性を持ち込むことにあった.それに加え,フッ素系の化合物を対象にするとの主張には以下のような合理的な理由があった.それは,これらの化合物は非常に強力な温室効果ガスであるということと,多くの国,特に日本および米国で,これらのガスの排出が急速に増大していたことであった.

---

[33] ニュージーランドは,「少なくとも」CO_2,CH_4,N_2O の 3 つの温室効果ガスを含めるよう主張していた.

その結果，フッ素系の温室効果ガスを対象とすることに関し，日本，EUの多くの国，米国産業界の一部は反対を表明していた．英国やオランダが「6ガス方式」を密かに支持するなど，EU内部の対立は明らかであったが，決定的な役割を果たしたのは，これらの物質を生産している化学工業界であった．化学工業界は，（突っ込んだ内部的な議論の後）戦略的な動きとして，消費産業界や各国政府に対し，「1バスケット方式」を採用するよう働きかけた．これと同時に，政策および措置を扱う2条からフッ素系のガスに関する言及を外すよう主張したのである（政策および措置，第10章参照）．すべての温室効果ガスを1つのバスケットに含めることは，政策決定者が人工的なフッ素系のガスに特に焦点を絞った議論をするのを妨げ，結果として，これらのガスの完全な禁止を主張する圧力を弱めることができると読んだのである．これらのガスを，主要な温室効果ガスと一緒に1つのバスケットに含めることは，（冷蔵や発泡剤などとして利用されている）これらのガスの有用性を考慮した，より有利な議論に，後日，道を開くことになると考えたのである．

この結果，米国とカナダの主張が通り，議定書の附属書Aに規定されているように，4つのガスと2つのフッ素系のガス群を含んだ削減目標が合意された．3つの主要なガス（CO_2，CH_4，N_2O）については，1990年を基準年とするが，日本の主張を考慮し，それ以外のガス（HFC，PFC，SF_6）の排出量の計算については，1995年を基準年としてもよいという譲歩がなされた．すでに述べた所であるが，この結果，すべての締約国は1995年を基準年として選択するものと考えられる．フッ素系のガスの排出量は，1990年から1995年の間に，ほとんどの国で例外なく増大したからである．

11.2.4 「約束期間」：2008-2012年

『京都議定書』の締約国の義務に関するもう1つの主要な特徴は，5年間の「約束期間」を設けたことである．この考え方は最初に米国が提案したもので，当初米国は「バジェット期間」という名称を使っていた[34]．この考え方のねらいとして，以下のような3つの理由が考えられる．まず第一に，経済状況の変動や極端な気候条件に起因する単年の目標が抱えるリスクを回

---

[34] この考え方の起源については，Dudek 1996; Environmental Defense Fund 1997を参照．

第 11 章 排出量の抑制および削減約束

避することである．したがって，このバジェット方式の下では，特定の一年で目標値を超過しても，同じ約束期間のほかの年でそれが補償されれば，目標は達成されることとされている．第二に，約束期間の設定は，締約国にさらなる時間的な柔軟性を与えることになる．第三に，「約束期間」は交渉の非常に初期の段階から米国が検討していた排出量取引制度の基礎をなす相当程度の排出量の「バジェット」を作り出すことである（第 4 章参照）．

米国は，2008 年を開始年とし 2012 年を終了年とする 5 年間の「バジェット期間」を提案した．この提案は，EU が原則的にバジェットの考え方を受け入れた時点で確定的なものとなった．2003 年から 2007 年の間により早い約束期間を設定しようとした EU の努力は失敗した．この時期の設定に関し，JUSSCANNZ から EU が勝ち得た唯一の譲歩は，「締約国は，……2005 年までに議定書の約束を達成するための明白な進捗を示さなければならない．」とする 3 条 2 のソフトな規定のみであった（11.2.2 参照）．

約束期間内における，それぞれの締約国の許容排出量（割当量）を計算するのは，単年の目標値を計算するより複雑であるわけではない（3 条 7）．2008 年から 2012 年までの締約国の割当量のベースは，地球温暖化係数で重みづけした「6 ガス」の 1990 年における排出量である．枠組条約の下で 1990 年以外の年を選択した CEIT（表 3.1 参照）については，その年が『京都議定書』の削減目標の基準年となる（3 条 5）．すでに述べたように，フッ素系のガスはこの例外となっている．3 条 8 に基づき，HFC，PFC，および SF_6 については，国は 1995 年を基準年とすることができる．

約束期間内の 1 年間に許容されている排出量は，1990（1995）年の排出量に，『京都議定書』附属書 B で国ごとに割り当てられているパーセントを掛けた値に等しい．例えば，附属書 B に記されている値は「93」であるから，米国の削減目標は 1990 年の排出量の 7％ということになる．5 年間にわたる約束期間の割当量の計算は，この単年の量に 5 を乗じることによって得られる．

例を引いて説明すると以下のようになる．ある締約国の 1990 年における排出量が CO_2 換算値で 100Mt とし，附属書 B で割り当てられている値が 92（つまり 8％の削減）とすると，第 1 約束期間内の 1 年間に許容される排出量は，CO_2 換算値で 92Mt となる．これに 5 を乗じて得られる CO_2 換算値で 460Mt が，この約束期間の全体の許容排出量である．

気候変動に関する特性を考慮すれば，バジェット方式は，上記のように一定の長所を有している．しかし，それは，『京都議定書』で規定する締約国の義務が遵守されているかどうかを確定的に評価する時期を，相当期間遅らせるという好ましくない効果を，同時にもたらす．このことは，締約国の義務に関する次のステップの交渉をより複雑なものとする可能性がある．例えば，2010 年が単独の目標年として選ばれていれば，条約の義務を遵守したかどうかは，2011 年か 2012 年までには，モニターされ確認されうる．しかし，約束期間は 2008 年から 2012 年までの期間なので，締約国が遵守したかどうかに関する評価は，おそらく 2014 年にいたるまで可能ではないであろう．

　単年目標方式が採用されていたならば，2011 年ないしは 2012 年の前に確定される 2015 年の目標値は，この遵守に関する評価を基礎に調整することができたかもしれない．また，例えば，2020 年の新たな目標値も，そのような評価を基礎に検討することができるかもしれない．もしそうであれば，新たな情報に照らし規制措置を頻繁に調整してきた『モントリオール議定書』の柔軟な発展のパターンと似たような展開[35]を，『京都議定書』にも期待できたかもしれないのである．しかし，実際には数年の約束期間を設けたことから，1 つの約束期間における議定書の遵守に関する評価が明らかになる時点では，すでに次の約束期間が半分も過ぎてしまっているという状況が生じてしまうのである．このため，例えば，1 つの約束期間全体の目標を満たしていない（あるいは目標を超過達成した）というような事態に対応し，その時点ですでに実施されている次の期間の目標を調整するということは，実質上ほとんど不可能となるのである．したがって，第 1 約束期間の遵守に関する評価は，第 3 約束期間における締約国の義務の交渉に役立つだけとなる．このため，『京都議定書』は，締約国の義務を柔軟に調整していくというよりも，むしろ，ぎこちなく，また展開の遅い条約となる可能性が強い．こうなるのは，扱っている問題がそれ自体複雑であるということに加え，上述のように，議定書が内包する柔軟でない構造ゆえなのである．

---

[35] Benedick 1998a; Ott 1998a; Oberthür 1997参照．

11.2.5 差異化された目標

　すべての先進工業国に均一な義務を課そうという「同率」の削減目標をめぐっての交渉は，AGBM の過程できわめて困難であることがわかってきた．すでに 1997 年の 7 月には，エストラーダ議長は「差異化することが唯一の打開策である」と確信していた[36]．これを念頭に，彼は，すでに 1997 年の夏には，主要な国々と 1 対 1 のベースで交渉を始めていた．しかし，彼が複数の国に対し，差異化された目標のリストを公式に提案したのは，京都会議の第 1 週目に入ってからであった．

　COP3 の開始時に米国がこの考え方を受け入れたことにより，差異化された目標に合意する舞台は整えられた．その後，米国，EU そして日本の間で合意された目標は集中的な交渉の結果であった．それと対照的に，その他の大部分の締約国に対する目標は，おもに自主的な約束と「支払い意思」によって決められた．京都会議の最後の数時間に，米国，EU，日本のビッグスリーは，外交努力により，この「支払い意思」を強化しようと試みた．

　結局は，その他の先進工業国の目標は，おおむね，国際的なプロセスを通じた妥協の結果というより，それぞれの国の国内的な関心や非妥協的な態度ないしは厚かましさを反映する結果となった[37]．それぞれの国の特別な事情は第一に考慮されるにしても，排出量を増大させたり，ないしは安定化することに止めるような目標を許容した（オーストラリア，アイスランド，ノルウェー，ロシア，ウクライナ，ニュージーランド，表 11.1 参照）のは，多くの環境主義者を困惑させた．また，このような目標は，これらの関係国には特に利益のある決着であると考えられた[38]．このように一部の国に認められた排出量の増加にもかかわらず，西側先進工業国の主要な国は，削減する目標を受け入れたのである．EU とその加盟国，そして多くの東欧諸国は 8%，米国は 7%，カナダ，ハンガリー，日本，およびポーランドは 6%，そしてクロアチアは 5% 削減する義務を負ったのである．

　最も低い目標となったアイスランドは，議定書の締結の後も不満を表明

---

[36] OECD気候変動フォーラム（1998年3月12-13日）ラウル・エストラーダ氏の基調講演「『京都議定書』交渉」より（著者のファイルによる記録）．
[37] Ott 1998c参照．
[38] ロシアとウクライナの「ホット・エア」に関する問題は，第15章において詳しく論ずる．

した.経済規模が非常に小さいために,どのように目標を設定しても,単独の工業プロジェクトの実施により,その目標を超過してしまう可能性があると主張したのである.経済発展のチャンスをあきらめない限り,このような排出量の増加を回避するオプションはないと述べたのである.アイスランドのこの主張を受け入れ,COP3 は,単独プロジェクトが排出量に対しきわめて大きな割合の影響をもちうる国に対し,どういう特別な条件が与えられるべきか COP4 で決定するという決議を行った[39].これを受け,COP4 は,SBSTA に本件に関連し追加的な情報を報告するよう求めるとともに,「この問題について(1999 年の末までに開かれる)COP5 で最終的な結論を出す」ことを決定した[40].

表 11.1　附属書 B 国の差異化された定量的目標

目標(基準年ないしは基準期間からの削減割合)	締約国
−8%	オーストリア,ベルギー,ブルガリア(a),チェコ共和国(a),デンマーク,エストニア(a),EU,フィンランド,フランス,ドイツ,アイルランド,イタリア,ラトビア(a),リヒテンシュタイン,リトアニア(a),ルクセンブルグ,モナコ,オランダ,ポルトガル,ルーマニア(a),スロバキア(a),スロベニア(a),スペイン,スェーデン,スイス,英国
−7%	米国
−6%	カナダ,ハンガリー(a),日本,ポーランド(a)
−5%	クロアチア(a)
安定化	ニュージーランド,ロシア(a),ウクライナ(a)
+1%	ノルウェー
+8%	オーストラリア
+10%	アイスランド

注(a):市場経済移行過程諸国
出典:FCCC/CP/1977/7/Add.1 の中の Decision1/CP.1 の添付資料

ハンガリーとポーランドに対し,特別な目標値が設定された経過は,(米国,EU,日本の)3 極以外の締約国の目標がどのような条件の中で決定されていったか,特に,EU が EU に近い同盟国と連携していく上で,京都会議の最終段階で,どういう問題に直面したかを物語るものとなっている.こ

---

[39] FCCC/CP/1997/17/Add.1の中のDecision1/CP.3の5(d)(アイスランド条項)参照.
[40] FCCC/CP/1998/16/Add.1の中のDecision16/CP.4参照.

の2つの市場経済移行過程国とも21世紀の早くにEUに加盟することを希望しているため，京都会議に至る交渉ではEUときわめて密接に連携を保ってきた．この結果，エストラーダ議長は，12月9日の議長提案では，ハンガリーとポーランドの両国にEUと同じ数値，すなわちマイナス8%を記入した[41]．しかし，EUは，最終段階では，その内部の調整や，米国や日本との関係の調整に完全に忙殺されてしまった．その結果，京都会議の最後の数日間，CEITとの調整は，実際上崩壊した．ロシアとウクライナが単なる安定化しか約束しないのを目のあたりにし，ハンガリーとポーランドもより低い数値を主張することに決めたのである．ある国の代表が述べたように，この決定は，事実に基づかず，むしろ政治的に下されたのである．EUがCEIT（ロシア，ウクライナ，およびポーランド，ハンガリー）に対しもっと積極的な外交努力を行っていたならば，ポーランドおよびハンガリーの削減目標値は違ったものとなっていたであろうことは，ほとんど疑う余地がない．

11.2.6　割当量の一部のバンキング

『京都議定書』は排出量の「バンキング」を認めている（3条13）．もし，ある締約国の温室効果ガスの排出量がその国の割当量を下回った場合，その締約国が要請すれば，排出量の余剰分は引き続く約束期間の（まだ決定されていない）排出許容量に加えることができる．この規定はプラスとマイナスの両面の影響をもっている．プラスの影響としては，使わなければ排出量を移動させることができることから，各国に対し，第1約束期間の目標を超えて削減するインセンティブを与え，結果として，対策の早期の展開を助長する可能性があることがあげられる．加えて，さらなる時間的な柔軟性を与え，温室効果ガスを削減する長期の戦略の履行を奨励する可能性もある．

マイナス面として，バンキングは大気中に排出される温室効果ガスの全体量を増大させる可能性があることがあげられる．それは，バンキングがなければ「無効」にされ，永久に削減されることになる余剰の排出量を，将来のために蓄えることが可能になるからである．バンキングされた余剰排出量は排出量取引市場に入ることが考えられるため，この余剰分の将来時点における利用可能性はきわめて高い．したがって，ロシアとウクライナのいわゆ

---

[41] FCCC/CP/1999/7/CRP4参照．

る「ホット・エア」の利用に数量化された制限が加えられても，排出量のバンキングができるために，「ホット・エア」に当たる部分を永久には排除することは不可能となるのである．すなわち，使用されなかった排出量はすべて蓄積され，将来，市場で売却されることになるため，結果として，将来の約束期間におけるほかの国の努力を低くする方向に誘導することになるのである．実際は，第1約束期間の排出許容量のうちバンキングしうる量は，第2約束期間がスタートした後に判明するのであり，その結果，第2約束期間の排出割当量は，バンキングで移動される量を知ることなしに，決定されることになる．最後に，排出量のバンキングは，将来に至るまで排出権の割当を恒久化することにつながり，「既得権（グランドファーザリング）」の手続きに関しすでに提起されている衡平性の問題にも悪影響を及ぼす可能性があることを指摘しておきたい[42]．

11.3　吸収源の問題（土地利用変化および林業）

『京都議定書』における吸収源の問題は，技術的な観点からは，過去・現在を通じて，最も複雑な問題であった[43]．京都会議に至る交渉過程で，吸収源を含めるか否かをめぐる本格的な交渉は，COP3の直前に至るまで始められなかった．このことは吸収源をめぐる状況をさらに悪化させた．このような緊急性に欠けた対応と対照的に，吸収源に関する問題はきわめて重大な意味をもっている．それは，吸収源の取り扱いが，数値目標の信頼性，透明性，検証可能性に重大な影響を及ぼし，さらには数値目標の最終的な大きさの決定にかなりの影響を有しているからである．

締約国は，第1約束期間については基準年の計算に吸収源を含めないが，「1990年以降の新規植林，再植林，森林減少に限る，直接に人に起因する土地利用変化および林業活動」（3条3）を将来の削減量の計算に含むことができるという妥協案に合意した．将来の約束期間に関しては，さらに検討を重ねた上で，直接に人に起因する土地利用変化に関する活動または範疇を，

---

[42] 第15章の排出量取引を参照．この問題は，例えば，Centre for Science and Environment 1998 などで指摘されている．
[43] IPCC 1996b参照．簡潔な全体像の把握には Pearce 1998を参照．さらに，Lashof et al. 1997 やWWF 1999も参考になる．

追加することができる (3 条 4) とされた.

この節では,まず,生態系の中での炭素蓄積に関する基本的な科学的事実を概観する.引き続き,交渉の経過および『京都議定書』における炭素固定の役割について記述する.最後に,締約国が目標を満たしているか否かの検討に必要な,吸収源および排出源の計算方法に関するいくつかの問題と将来の課題について検討する.

11.3.1 生物圏における炭素の蓄積

炭素は,気圏,水圏,地圏や化石燃料のような,生物的ないしは非生物的な多くの異なる「系」に,地球規模で蓄積されている.深海にある炭酸系の沈殿物のほかには,化石燃料だけが,地質学的な時間のスケールで,地球上の自然の炭素サイクルから炭素を隔離することができる.その他のすべての系は,多かれ少なかれ継続的に炭素を交換(すなわち,蓄積したり排出したり)している.このような 1 つの系からほかの系への炭素の移転を「炭素フラックス」と呼ぶ.排出するより多くの炭素を吸収する系は,「吸収源」と称される.すべての環境的ないしは気候的な要因が定常的な状態にあると仮定すれば,一般に,自然界では,生物による大気からの CO_2 の吸収と排出の季節的な変化は平衡状態にある.

化石燃料を燃焼することにより大気中に追加的な CO_2 が排出されているため,現在,この安定状態は乱されている.光合成を行うことにより,バイオマスを生産し成長している地上の植物と海洋の植物性微生物が,この CO_2 の追加的な排出量の半分を吸収している.一方で,肥料の投入や発電所や車からの亜硝酸化合物の排出により,人工的に窒素が自然系に加えられているが,実は,この人間による窒素の高いレベルでの自然への排出が,上述した炭素の追加的な吸収を減少させている.自然に固定された炭素の大部分は自然のプロセスにより再び大気に戻される.一部分は,生きている間,植物の内部に残り,植物バイオマスの構成要素となる.このうち,ほとんどはその植物が死滅すると再び大気中に排出されるが,一部の炭素は固定されて残る.分解した植物や落ち葉さらには死んだ根などが土壌中の炭素となり,死滅した海洋の微生物は深海の沈殿物となる.

ある生態系が実際に大気中の炭素の吸収源であるかどうかは,それがど

のような系であるのか，あるいはその他の諸々の要因がどうであるのかなどに依存する．その生態系に対する人為的な介入と，外部的な自然条件の両方を考慮する必要がある．吸収源の積極的な創造以外にも，人間による生態系の利用は，その系の炭素蓄積係数にプラスの（副次的）効果をもたらしうる．例えば，商業的な木材の伐採の後，再植林が行われれば，その森林は長期的には吸収能力が増大する．しかし，このことは多くの要因，とりわけ伐採された木材がどのような運命をたどるかに大きく依存している．すべての伐採された木材は最終的には分解し，蓄えていた炭素の大部分を大気に再び排出するため，木材伐採後の再植林による吸収機能の増加への寄与は，実際にはかなり限られたものなのである．

　一般に，森林が吸収源としては最大の可能性をもっているが，それは森林の年齢や状態に大きく依存している．例えば，古い森林はごくわずかの吸収係数を有しているが，いくつかのケースでは CO_2 の排出源であったりもする．森林火災や皆採などは，固定されていた炭素を急速に大気中に還元する．湿地や農地などのほかの生態系も，より少ない量であるが炭素を固定し，やはり吸収源として働く機能がある．最後に，外部的な影響も考慮する必要がある．例えば，生態系の炭素固定速度は，大気中の CO_2 濃度が高くなれば増加することが期待される．一方，地球温暖化により気温が上昇すれば，呼吸が活発になり，炭素蓄積機能が減少することになる．さらに，気候条件や降雨パターンの変化は，多くの炭素の吸収源を，温室効果ガスの排出源に変えてしまう危険性を有している[44]．それにもかかわらず，IPCC は森林減少を抑え，熱帯地域における自然林の再生を促進し，地球規模の森林化プログラムを実施すれば，累積的に増える化石燃料からの排出の 12%から 15%が，2050 年までに相殺されると結論づけている[45]．

11.3.2 　『京都議定書』における吸収源の規定

　吸収源に関する問題は，京都会議に至る交渉の舞台裏で常に重大なものと意識されていたが，これに関する本格的な交渉が始まったのは 1997 年 10 月の AGBM8 になってからであった．多くの締約国は，この AGBM8 で初

---

[44] WBGU 1998, p.19参照．エルニーニョは，すでにアマゾンの熱帯雨林を排出源にしてしまった可能性も報告されている（Nature Vol.396 (1998), p.619）．
[45] IPCC 1996b参照．

めて，この問題について決定を下すための事実としての基盤がないことに気がついた．LUCF（土地利用変化および林業）というやっと取り組み始められたこの問題は，実は，きわめて多くの不確実性に包まれていたのである．多くの附属書Ⅰの締約国は国別報告書に吸収源に関する報告を含めていなかったし，その推計に使われている方法もいかなる意味でも比較可能なものではなかった．さらに，生物圏からの吸収による炭素の蓄積速度には非常に大きな不確実性が存在しており，そのような性格を有する吸収源に影響を及ぼす活動をどのように考慮したらよいかということに関し，締約国は共通の理解を有していなかった．同様な状況は京都会議以降も継続している．

　AGBM8の後，事務局はこの件に関する文書を作成し[46]，また，締約国は京都会議の前に，それぞれの見解を提出した[47]．一般的に見解は大きく2つに分かれた．すなわち，（EU，日本，開発途上締約国など）過半の国は少なくとも第1約束期間には吸収源を含めるべきでないと主張したのに対し，（米国，カナダ，オーストラリア，ニュージーランドなど）非EU先進締約国の多くは含めることに賛成の立場をとったのである．オーストラリアは，基準年の計算と目標年の計算の両方に吸収源を含めるべきという，いわゆるネット・ネット方式を主張したのに対し，ニュージーランドは基準年の計算には吸収源を入れず，約束期間の削減量の計算時にのみ考慮すべきとする，いわゆるグロス・ネット方式を強力に主張した．

　COP3の直前に開かれたワークショップの後，議長は吸収源に関し，以下の4つの基本的な立場が存在すると報告した．
●第1約束期間には含めない
●IPCCからの適切なガイダンスを待つ
●「新たな活動」を除き，LUCFは除外する
●吸収源を含め，ネット方式を採用する[48]

　オーストラリアを例外として，ほとんどの国は，基礎となるデータが不完全であり，きわめて不確実性が高いため，1990年の基準年の排出量の計

---

[46] FCCC/TP/1997/5参照．
[47] FCCC/AGBM/1997/INF.2; FCCC/AGBM/1997/MISC.4; FCCC/ AGBM/1997/ MISC.4/ Add.1を参照．
[48] 著者による観察．

算に吸収源を含めることは適切でないとして，これを却下した．中国とブラジルを筆頭に，開発途上締約国は吸収源を含めることに強力に反対した．彼らの見解は，削減目標は明確で，透明性があり，はっきりと同定できることが必要なのであり，LUCF を含めることは，法的に拘束力のある目標を確立するという意図を覆す可能性をもっているというものであった．

一方，EU は，1 つには戦術的な理由から，もう 1 つはフランスやフィンランドが吸収源に関する EU の共通の立場に内部で反対していたため，徐々に一定の LUCF を受け入れる方向に動いていた．この吸収源に関する EU の立場の変更は，数値目標に関する交渉を前に進めようという戦略に影響されたためかも知れない．というのは，吸収源に関する問題が決着すれば，交渉担当者はそれぞれの数値目標を具体的に計算することができたからである．

一週間目の集中的な交渉を経て，締約国は最終的に限定的なグロス・ネット方式を採用することとした．3 条 3 は，排出源からの排出量の変化のみならず，吸収源による一定の除去も，附属書 B 国の削減目標の達成に考慮することができるとしている．このように，LUCF は基準年である 1990 年の排出量の決定からは除外されるが，第 1 約束期間の排出量を計算するときには，限定された範囲の活動は考慮されることになったのである．この限定された活動とは，「直接的かつ人為的な土地利用変化および林業活動のうち，1990 年以降の新規植林，再植林，および森林減少に限ったもの」とされる．例えば，土壌や農業のようなその他の吸収源は含められていないのである．

3 条 3 の文言がやや不明確であったため，第 8 回の SBSTA の決議に基づき，締約国は COP4 で決議を行い，3 条 3 の条文の意味する所を以下のように明らかにした[49]．

> 「締約国に割り当てられた排出量の調整範囲は，1990 年 1 月 1 日以降の新規植林，再植林および森林減少という形態での直接的かつ人為的な活動により，2008 年から 2012 年の間に生じた炭素蓄積量の検証可能な変化に等しいものであること．この計算結果がネットで吸収であれば，その値は締約国の割当量に加算することができる．一方，計算結果がネットで排出であれば，その値は締約国の割当量から差し引くものとする．」

---

[49] FCCC/CP/1998/16/Add.1 の中の Decision 9/CP.4, para.1 参照．

第 11 章　排出量の抑制および削減約束　　169

　3 条 4 は、さらに、温室効果ガスの吸収をもたらす、上記以外の人為的活動を加える手続きを定めている．締約国は、関連する知見を深め不確実性を減少させるため、それぞれの国の吸収源と排出源に関するデータを SBASTA に提出するよう求められている．その上で、COP/MOP は、その第 1 回会合、あるいはその後できるだけ早い時期に、以下のことを定めることとされている．

> 「農業土壌、土地利用変化および林業分野において、温室効果ガスの排出および吸収に関連する追加的な人為的活動の、どれをどのように附属書 I の締約国の割当量に加え、または差し引くべきか……」(3 条 4)

この決定は、IPCC の方法論に関する検討や、SBSTA のアドバイス、気候変動枠組条約の締約国会議の決議に基づいてなされるものとされている．

　2 つの土壇場での変更が、基準年と第 1 約束期間の排出量の決定にさらなる不確実性をもたらした．1 つは、3 条 3 の活動に新たに追加される活動に関する COP/MOP の決定は、第 2 約束期間およびそれに続く期間にのみ適用されるとしていたものを変更し、締約国はそのような決定を第 1 約束期間に適用することを選択できるとしたことである (3 条 4)．その結果、そのような選択をする締約国の実際の削減の程度は、正確にはそれが確定するまでの間わからなくなってしまったのである．もう 1 つは、オーストラリアが固執したことが功を奏し、3 条 7 の最後の文章で、もし LUCF 分野からの排出がプラスであるならば、基準年である 1990 年の排出量に LUCF からのネットの排出量を加えることを、締約国に許容したことである．この規定は、実質的に基準量を増加させ、目標を達成するための温室効果ガスの削減努力を減じさせるものである．現時点では、オーストラリアと、程度は限定的であるが、英国、およびエストニアのみが、この規定の利益を受けることになりそうである[50]．

11.3.3　未解決の問題と将来の課題

　『京都議定書』の 3 条に最終的に盛り込まれた吸収源に関する文言は、

---

[50] 以下参照．Clive Hamilton による「オーストラリアの土地利用変化と『京都議定書』」、1998 年 12 月 7 日現在、<http://www.tai.org.au/> でアクセス可能．Ian Noble および Detlev Schulze による『京都議定書』、1999 年 6 月 30 日現在、http://www.igbp.kva.se/protocol.html でアクセス可能．

潜在的に大きな抜け穴を作り出す可能性を，完全にではないが[51]，相当に低下させた．吸収源の利用をめぐる未解決の疑問に関する交渉は，COP3 のすぐ後から始まった．COP3 の後，1998 年の 6 月に開催された SBSTA で，締約国は，締約国会議が吸収源について適切な決定を下す基礎をつくるため，IPCC に対し LUCF（土地利用変化および林業）に関する特別報告書を作成するよう要請した[52]．IPCC による特別報告書の作成に関する決議を受け，ブエノスアイレスで 1998 年 11 月に開催された COP4 において，3 条 4 の規定による新たな LUCF 分野の活動の追加に関し，国連気候変動枠組条約の締約国会議で下す決議案を作成し，それを第 1 回 COP/MOP に提出することが決定された[53]．

IPCC は特別報告書を 2000 年までに作成すると決定したので，実際問題として，吸収源に関する新たな決定は COP6 まで延期されることになった．これにより，新たな LUCF 活動の追加やすでに認められている活動の詳細に関する決定は，しっかりした科学的根拠に基づいて行う体制がつくられた．したがって，京都会議で吸収源に関し政治的な決定が行われた結果，作り出された不確実性を矯正し，同じことを繰り返さないようにすることが可能になったのである．とりわけ，排出量の計算過程に高いレベルの不確実性を持ち込み，それにより締約国が『京都議定書』の数値目標の実現を実質的に回避できるような抜け穴を作り出す結果を招く，新たな LUCF 活動の追加を排除する可能性が出てきたのである．

1998 年，締約国は LUCF の問題に関し，改めてそれぞれの見解を提出した[54]．また，非欧州の OECD 諸国の主張を入れて，SBSTA は IPCC での検討に平行したプロセスを立ち上げた．このプロセスの一環として，1998 年 9 月に，『京都議定書』3 条 3 に規定されている活動について，締約国や国際機関が使用している定義に従った場合，各国でのデータの利用可能性はどうか検討するワークショップが開催された[55]．

しかし，このようないくつかの試みによっても，吸収源を含めることに

---

[51] Greenpeace 1998, p.48参照．
[52] FCCC/SBSTA/1998/6, para.45参照．
[53] FCCC/CP/1998/16/Add.1の中のDecision9/CP.4参照．
[54] 提出された各国の見解は，FCCC/CP/1998/MISC.1のAdd.1-2およびFCCC/CP/1998/MISC.9のAdd.1-2に取り纏められている．
[55] この報告は，FCCC/CP/1998/INF.4に収められている．

より排出量の算定に生じる複雑な問題が，相当に解明されるには至っていない．上記のように COP4 で 3 条 3 の部分的な解釈を行ったが[56]，例えば，何が「人為的な」土地利用変化であるのかという疑問は依然として残っている．さらに，人為的な土地利用変化の結果，地下の炭素蓄積に変化が生じた場合，それを考慮すべきか否か 3 条の文言は明らかにしていない．「森林」とは何かについての明確な定義は存在していない一方，見かけ上単純な概念であるように考えられる「再植林」については数多くの定義が存在している[57]．

『京都議定書』の吸収源に関する条文が抱えるもう 1 つの深刻な問題は，森林の保全および持続可能な利用に関するほかの仕組みと，まったく関連していないということである．『京都議定書』では「炭素固定」の観点からのみ森林が捉えられているため，この関連性の欠如は，ほかの仕組みによる持続可能な森林管理の努力をないがしろにする可能性をもっているのである．（第 23 章参照）このことから，必要な関連性の確立のための第一歩として，COP4 は，「(国連気候変動枠組条約と) 生物多様性条約との共通の関心事について，その補助機関の (1999 年に開催される) 第 10 回会合で検討する」ことを決定した[58]．まさに，吸収源として機能する森林やほかの生態系に関し，異なる環境保全上の優先課題の間の調整をどうするか検討することが必要となってきたのである．

上記の吸収源に関するいくつかの問題は近い将来決着されるかもしれないが，生物系の吸収源による炭素蓄積量の計算に本来的に付随する問題は，今後も相当の間解決されずに残ることになると考えられる．例えば，米国の 1998 年の地圏における炭素吸収量は，同国の総排出量より多いと報告されたことがあったが，これはそれ以前に発表された推定とは大きく異なっていた[59]．また，1995 年にベルリンで開催された COP1 の段階で，ニュージーランドは，自らの吸収源を増強することにより，1990 年に比較し 2005 年には純排出量を 50%削減できると推計した．しかし，その後，自国の吸収源に関する目録を見直した結果，同国からの排出量は逆に 50%増加すると

---

[56] FCCC/CP/1998/16/Add.1 の中の Decision 9/CP.4 参照．
[57] Schlamadinger/Marland 1998 参照．
[58] FCCC/CP/1998/16/Add.1, p.71 参照．
[59] Fan et al. 1998, p.49 参照．

推計を訂正したのである[60].

　より多くの分野や活動を含んだ包括的なネット方式を採用することは，環境保全上疑問であるだけでなく，締約国に予期しえない排出量の増加をもたらせる可能性がある．包括的なネット方式の下では，例えば，降雨パターンの変化や干ばつ，あるいは人為的な温暖化の結果生じる植生の変化などに起因して，蓄積されていた炭素の予測しえないような大気中への放出が生じた場合，それも関連する締約国の温室効果ガスの排出であると計算されてしまうのである．エルニーニョ現象の後，東南アジアの幾つかの国で1998年に発生した森林火災は，生物系のシステムでの炭素固定が，本来いかに不安定なものであるかを，我々に警告しているのである[61].

　最後に，吸収源として機能していたシステムからの突発的な炭素の放出（炭素時限爆弾効果）は除外しても，化石燃料の燃焼の結果生じる炭素を補償する目的で，生態系を利用して炭素固定量を増加させようとすることは，リスクの高い戦略であることをつけ加えたい．森林は，地質学的な時間はもとより，おそらく数世紀ですらそのままの形で残る保証はない．しかし，化石燃料起源の炭素の大気中への排出を抑制することと同等の長期にわたる効果を，森林による炭素固定に期待するのであれば，森林を長期間保存することが不可欠となるのである．

11.4　評価と展望

　『京都議定書』における先進工業国の義務をどう評価するかは，水が半分入っているコップをさして，「コップは半分満たされているか，半分カラであるか」と問うことに似ている[62]．議定書には確かに多くの欠陥はあるが，非常に大きな障害の中で合意された革命的な成果であり，今後数10年にわたり温暖化に関する政策が寄って立つ，比較的確かな基盤を確立したと評価されるのである．拘束力のある目標をもった議定書が採択されたことは，明らかに，温暖化ないしは環境政策の国際的な展開過程の中で，1つの分水嶺

---

[60] Greenpeace 1998, p.49参照．
[61] エルニーニョ現象と温暖化（の関係）については，IPCC 1996a, p.163以下参照．
[62] Loske/Ott 1998参照．

第 11 章 排出量の抑制および削減約束

を画したものと考えられる．このような『京都議定書』の総合的な評価は第 22 章で行うこととし，この節では，合意された目標のまとめとしての評価と，将来の課題の展望を行う．

数値目標，特に米国，EU および日本に対し高い目標を設定したことは，京都会議における EU の最も大きな成果であった．EU が高い目標を強力に主張しなかったならば，COP3 で採択されていた目標はもっと低いものであったという観測はフェアなものであろう．この成果は，別の言い方をすれば，『京都議定書』における締約国の義務の基本的な設計に，EU があまり影響力を持てなかったということである．義務の基本的な設計とは，目標が単年でなく「バジェット期間」で設定されたこと，目標が差異化され，目標年次が 10 年程度将来の設定とされたこと，6 ガスを一括して対象とする「バスケット方式」が採用されたこと，吸収源（土地利用変化および林業）が含められたこと，および「京都メカニズム」が認められ大きな柔軟性が付与されたことなどである（第 13 章から第 15 章参照）．このような議定書上の義務が有する特徴は，JUSSCANNZ に参集した非 EU 先進締約国，とりわけ米国のリードにより，おおむね決定されたのであった．

ロシアとオーストラリアは，『京都議定書』の目標設定をめぐる交渉で，明確な勝利をおさめた．排出量がすでに 30%減少しているのに，ロシアは単なる安定化を約束しただけであった．これにより作り出される余剰の排出量は，「ホット・エア」の問題として，今後長年にわたり（悪）影響を及ぼすであろう．一方，オーストラリアは，数値的な目標値が単に緩いものとされただけでなく，土地利用変化に起因する排出を基準年に含めることも認められたため，排出量を相当に増加させることができるようになった．この結果，オーストラリアのハワード首相は，京都会議の結果に大変満足していると表明するに至った．このことは，将来の交渉，特に開発途上締約国との交渉を行っていく上で，悪い前例を作ったものと考えられる．ロシアとオーストラリアの例は，京都会議で米国，EU，日本以外の国に対し，自主的約束に基づき差異化された目標を設定しようとしたことが，効果的ではなかったことを如実に物語るものである．

それでも，もし先進工業国が『京都議定書』の目標をおもに国内措置により達成すれば，先進締約国全体の現在の排出量の増加トレンドを逆転させることが可能である．北米の CO_2 の排出量が 2010 年までに 32%増加する

174　第2部　京都議定書の規定

図 11.1　附属書Ⅰの締約国からの温室効果ガスの排出量に『京都議定書』が及ぼす影響の推計

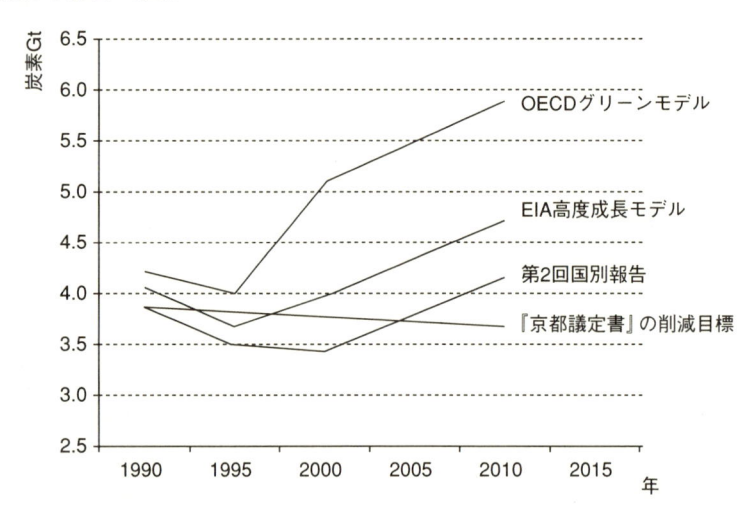

（グラフ：縦軸 炭素Gt 2.5〜6.5、横軸 年 1990〜2015）
- OECDグリーンモデル
- EIA高度成長モデル
- 第2回国別報告
- 『京都議定書』の削減目標

出典：　OECD1993年；EIA1999年；附属書Ⅰの締約国の第2回国別報告書 FCCC/CP/1998/11/Add.2

という国際エネルギー機関（IEA）が行った予測[63]に照らせば，単なる安定化ですら大きな成果と感じられるのである．図 11.1 から明らかなように，2008年から2012年までに温室効果ガスを全体で5.2%削減するという議定書の目標は，附属書Ⅰの締約国全体の現在の排出トレンドを大きく逆転させる．第2回の国別報告に基づくと，1990年の後半から2010年までに8%排出量が増加すると推計されているが，『京都議定書』の目標はこれと比べても，やはり同様に厳しいものとなっている[64]．いくつかの非常に保守的な分析は，『京都議定書』が要求している削減は，あまりに急激でありすぎるとさえ主張しているのである[65]．

大気中の温室効果ガスの濃度を安全なレベルで効果的に安定化させるためには，将来もっと急激な削減が必要なことは明らかである（図22.1参照）．この事実に照らせば，現在の排出トレンドを逆転させる可能性のある『京都

---

[63] IEA 1998参照．
[64] FCCC/CP/1998/16/Add.1の中のDecision 11/CP.4参照．
[65] 例えば，Richard Benedickの「『京都議定書』は機能しうるか？いかにして『京都議定書』を救う事ができるか？」を参照．この文書は，Resources for the Futureのwebsite, http://www.whethervane.rff.org/pointcpoint/pcp5/index5.htmlでアクセス可能．

議定書』は成功であったと言える[66]．このように慎重ではあるが，『京都議定書』を積極的に評価することは，議定書がもつ多くの欠点や環境保全上の要件が将来適切に対応されていく限りにおいて，正しいと言えるのである．以下に掲げるポイントが，今後特に重要であると考えられる．

● 2008年から2012年の約束期間は，残念ながら，通常，短期的な政治的視野の外にある．したがって，議定書は，政治の指導者が効果的な温暖化政策に乗り出すのに必要な圧力は創り出せないかもしれない．議定書の規定に従い「実績のチェック」が行われる2010年台の半ばまで，政権についている政府はほとんどないと考えられるためである．目標年を早めることは政治的に可能ではないことから，『京都議定書』の目標を達成するのに十分な早さで必要な対策がとられない危険がある．国内での温暖化政策の実施により目標の達成をするという圧力を緩和する効果をもつ，議定書の柔軟性措置の詳細を明らかにすることに，現在ほとんどの政府が集中していることは，このような観点からすれば，あまりいい兆候ではない．一方，産業界はもっと前向きな姿勢をとっているように見える．特に，いくつかの多国籍企業は，議定書を真剣に受けとり，彼らの戦略をこの新しい現実に適応させ始めている（2.5，6.5および24.5参照）．

●「吸収源」（LUCF）を議定書に含めたことは，多くの締約国の排出制限義務を相当に緩和する結果となる．例えば，米国の国務省は，京都会議の後，「炭素を吸収する活動の計算方式を変更することにより，（クリントン大統領が最初に提案した安定化という目標に比較して）3％から7％の削減を計算できる」と発表した[67]．これが真実であるかどうかは，定義や計算方式の詳細が今後どのように定められるかにかかっている．また，3条4の規定に基づき新たな吸収源が追加されれば，目標はさらに弱められることになる．新たに吸収源が追加されるにしても，追加されるものは限定的であり，かつ容易に検証することができるものである必要がある．IPCCの吸収源に関する特別報告書の結論を待って，この問題に関する決定をするとのCOP4の決議は，このような考え方を反映したものなのである（11.3参照）．

---

[66] Coenen/Sardemann 1998参照．
[67] The Kyoto Protocol on Climate Change. State Department Fact Sheet of January 15, 1998, p.2（著者のファイル）参照．このファクトシートによると，フッ素系の3つの合成ガスに関する基準年を，1990年から1995年に変更することにより，さらに1％の削減が見込める．

● ロシアとウクライナ（そして程度は小さいがポーランド）に対して排出量の削減が合意できなかったため，大量の「ホット・エア」を生み出すことになった．排出量取引を通じて安価に購入できるこの「ホット・エア」を無制限に利用することを許せば，先進工業国に国内的な対策を講じさせる圧力が大きく減少することになる．開発途上締約国で共同事業を実施し，それにより達成されかつ公式に検証された排出削減量を，先進締約国が獲得しようとする CDM も同様の効果を有している．これらの京都メカニズムの利用を制限し，その濫用に対する対抗策を講じるため，将来何らかの決議がされることになるかもしれない（第 13 章から第 15 章参照）．

● 増加を続けている国際航空や国際船舶からの温室効果ガスの排出に代表されるように，いくつかの排出源は議定書の規制対象となることを免れている．これに加え，米国は，京都会議の土壇場で，目立たないように「国連憲章に基づく多国籍活動に起因する排出」も，国の排出量から除外することに成功した[68]．国際航空や国際船舶による排出を規制することは，今後ますます重要な国際的課題となっていくものと考えられる（10.3.2 参照）．

● 最終的には，地球全体で温室効果ガスの排出量を大幅に削減する必要があることは明らかであるので（第 22 章参照），合意された先進工業国の目標は，第 2 約束期間以降引き続き強化されていく必要がある．また，中期的には，開発途上締約国から議定書上の約束を引き出していく必要がある．3 条 9 の規定に基づき，先進工業国の第 2 約束期間（2013 年から 2017 年）の目標は，第 1 約束期間の目標の達成に向けて「明確な進捗」を示す必要のある 2005 年（3 条 2）までに，議論されることになっている．このことは，前向きな締約国や市民社会[69]に，先進工業国の目標を強化させるように働きかける機会を与えることになるかもしれない．そのときまでに，先進工業国が具体的な行動により削減に向けて強力なリーダーシップを発揮していれば，開発途上締約国から議定書上の約束を取りつける交渉も可能となるかもしれない．開発途上締約国から条約上の約束を如何にして取りつけていくかは最も重要な課題の 1 つであることは疑問の余地がない（第 17 章参照）．

● 目標を単年でなく「約束期間」として定めたために，『京都議定書』は迅

---

[68] FCCC/CP/1997/7/Add.1 の中の Decision2/CP.3 参照．
[69] Weizsäcker/Ott 1998b; Talaab 1998 を参照．

速に展開していかない可能性が高い．数値目標が遵守されたかどうかの確認が数年遅れるため，締約国が迅速に新たな目標にコミットしていくことを妨げることになるからである．目標が不十分であり，したがってさらに強化する必要があると判ってから，それに対する対応策を検討するまでに，相当の時間が経過してしまうのである．約束期間を設けたことは，確かに締約国や産業界に安定した対応を保証することになるが，反面，欠点も深刻なのである．一貫して予見的なアプローチが採用され，高い目標値が追及される場合のみ，その欠点を補うことができるのである．

第 12 章　約束の共同達成（4 条）

　『京都議定書』に 4 条を含めることによって，EU は最も重要な目標の 1 つを達成した．「バブル」の可能性である．3 条 1 と組み合わされることによって，4 条は，締約国のいかなるグループも，共同してそれぞれの議定書上の約束を達成することを認める．4 条は，附属書 B に示されている割当量を，関係国の内部での取り決めによって分配し，条約事務局に連絡できることを規定している．

　「バブル」というのは，国内の環境法において，例えば，排出の限度が，ある企業に対して，その個々の事業所ごとに設けられているのではなく，すべての事業所を含む，当該企業全体に対して設定されているというような場合に用いられる概念である．この場合，当該企業は，その排出規制に，最も費用効果的な方法で対応することができる．なぜならば，その企業は，最も削減費用が小さい地域での削減を選択できるからである[1]．

　義務の共同達成は EU の戦略にとって重要な問題であったが，EU 内部の争いは，交渉の初期の段階において，この問題に対し交渉相手に明確な見解を示すという直截的な立場をとることを阻んでいた．その結果は，EU が当初もくろんでいたようなものではなく，すべての締約国に対して開かれた手法となり，またそのために，究極的には排出量取引の代替手法ともなりうるが，しかしいかなる安全対策もないというものであった．

　この章では，交渉の経緯から始めるが，そこでは EU の特殊な状況に特別の注意を払う．次いで，議定書の規定の分析を行う．最後に，京都会議以降の発展について解説し，将来の展望を行う．

12.1　交渉の経緯

　国連気候変動枠組条約の 4 条 2 (b) は，締約国が「個別にまたは共同して」行動することを認めているが，具体性の欠如のため，その解釈には広い幅が

---

[1] これらの概念については，Sorrell/Skea 1999 の提案を参照．

残されている．ほとんどの交渉関係者やオブザーバーにとって，この表現は，主として個々のプロジェクトを通じた排出許容量の獲得である「共同実施」（第13章参照）について言及したものであった．しかしながらEUの加盟諸国は，この規定によって，EU内部での「負担の分担」，すなわち，共通の削減目標のもとで，排出許容量をEU内部で分配することが認められるべきだと主張した．このようなバブル対策の主要な目的は，コスト効率性ではなく，EUが一体として行動することを認めることにあった．いわゆる「団結国」と呼ばれる，国内総生産が比較的小さい国々（ギリシャ，アイルランド，ポルトガル，スペイン）が，ほかの加盟国と公平な立場で議定書に参加できるようにするためにはこの方法しかなかった．これらの国々は，ほかの西欧諸国に経済面で追いつこうと努力しており，そして（まさに開発途上締約国と同様に）それぞれの国の排出レベルを増加させたいと望んでいた．

しかし，EUが『京都議定書』のもとで一体として取り扱われるための特別な規定を主張するのには，ほかの理由もあった．例えばEUの法的権限は，多くの分野の規制に関して，加盟国の主権を修正し，あるいは主権にとって代わりさえしている[2]．国際貿易を例にとれば，GATT/WTO（世界貿易機関）の枠組における貿易相手との交渉や紛争は，基本的にはEUによって取り扱われている．国連気候変動枠組条約や『京都議定書』を含むほとんどの環境条約は，「混合権限」の分野，すなわち，EUとその加盟国がともに権限を有する問題についても定めている．その結果，これらの条約においては，EU（すなわち欧州委員会（European Commission）によって代表される欧州共同体（EC））[3]は，その加盟諸国と同じく，条約の一員となっている．

『京都議定書』の実施に際しては，EUの参加が不可欠である．というのは，EU加盟諸国の温室効果ガス排出に影響する政策や手法の多くは，ブリュッセルで決定されるからである．例えば，EUの構造および団結基金（EU Structural and Cohesion Fund）のもとで十分な資金を得るプログラムは，低開発地域の経済開発や構造調整に影響を及ぼし，資源の再分配をもたらす．さらに，温室効果ガスの排出に影響を与える重要な決定は，EUの共通農業

---

[2] 国際環境条約における欧州共同体の役割と法的権限については，特にMacrory/Hession 1996; Hession/Macrory 1994; Haigh 1991; Heinegg 1998; Oberthür 1999cを参照．
[3] EUと国連気候変動枠組条約の一員である欧州共同体（EC）の相違については，第2章を

政策や EU 内部でのエネルギー市場，そしてその他の多くの分野でもなされている[4].

EU をほかの国際的な機関と区別する 1 つの重要な特徴は，その「超国家的」性格である．加盟諸国のそれぞれの閣僚（大臣）から成る EU の欧州理事会（the Council of European Union）は，しばしば欧州議会（European Parliament）とともに，各国の市民や企業に直接的な効果を及ぼす法律を採択する権限を有している．例えば，もし欧州理事会が「規則」（Regulations）を採択すれば，それらの規則は即時に権利や義務を形成し，加盟諸国のいかなる裁判所でも適用可能である．これに対して「指令」（Directives）は，一般には加盟諸国によって実施されなければならない．しかしながら一部の指令は，欧州の市民や企業に対し，直接的に権利を創設することもありうる．さらに，欧州共同体は非常に強力な司法制度を有しており，欧州裁判所（European Court of Justice）は，欧州法（European Legislation）に従わない加盟国に対し，財政的な罰則を科すこともありうる[5].

こういった問題の重要性にもかかわらず，EU はこれらの特徴について，京都会議以前に，効果的に情報を伝達することに失敗した．多くのメディアからの参加者たちが告白するところによれば，彼らが EU のバブル手法を初めて理解したのは京都において環境 NGO がバブル概念に関する背景情報を提供したときにすぎなかったということは，この失敗をよく表わしている．さらに EU は，長い間，文書の形では EU バブルの提案を提出しなかった．1996 年末にアイルランドから提出された，議定書の構成案に関する提案の中では，バブル手法のもとで参加したいというアイルランドの希望は，「（先進工業諸国の）加盟諸国は，個別にまたは共同して，量的削減目標に従う」[6]というような曖昧な言葉で表わされていただけである．

ベルリン・マンデートに関するアドホック・グループ（AGBM）の第 6 回会合（6.1 参照）の直前に，負担の分配に関する欧州理事会・環境大臣会合の 1997 年 3 月の非公式合意とともに，EU はこの問題に関する議論を開

---

[4] 参照．
[4] 一例として，Oberthür/Bär 1998参照．
[5] これらの問題の一般的状況に関しては，Craig/de Búrca 1998 参照．また，環境目的でのこれらの手法の利用については，Krämer 1998参照．
[6] FCCC/AGBM/1996/Misc.2/Add.2, p.19の第2項C，およびFCCC/AGBM/1997/Misc.1のp.43 を参照．

始した．EU の議長国であった野心的なオランダは，EU 全体の温室効果ガスの排出を，3 種類のガスをバスケット方式として，2010 年までに 1990 年レベルから 9.2% 削減するという加盟諸国の妥協と合意を取りつけた．受け入れられた負担分配に関する方式は，1997 年 1 月の非公式な研究会で，オランダ政府から委託されたユトレヒト大学の研究組織からの提案に基づくものであった[7]．

　この分析は，それぞれの加盟国が分担すべき配分に関する政治的取引において，有用な出発点となった[8]．1997 年 3 月の最終合意は，欧州最大の排出国であるドイツ，およびデンマーク，オーストリアにおける 25% という高率の削減や，経済的に低い発展状態にある国々からの排出量の増加を 40% までに抑えることを含んでいた（表 12.1 参照）．EU 全体としての削減は 9% 強であり，まさにその同じ会合で合意された，すべての附属書 I の締約国の 15% 削減という EU 自身の提案の達成を下回っていた．

　この EU 内部での合意は，条約のほかの締約国からは厳しく批判された．特に米国は，EU を，ダブルスタンダードを採用し不公正に有利な立場を設けようとするものであると非難した．EU 自身に対しては差異化を擁護する一方で，ほかの先進工業国には均一な削減目標を要求する矛盾は，挑発的なものと受けとられた．しかも EU が，どのように透明性と信頼性を確保するのかという点については，いかなる提案もなされなかった．またこの提案は，中欧や東欧の「後からの加入諸国」（特にチェコ共和国，エストニア，ハンガリー，ポーランドおよびスロベニア）による，EU の将来の拡大に向けられたものでもなかった．また欧州以外の工業先進諸国は，排出削減に関する EU の進歩的な対応は，特にドイツの，いわゆる「棚から牡丹餅」状況，すなわち，旧東ドイツの経済崩壊と構造改革による温室効果ガスの排出減少によって可能になったものだと非難した[9]．EU への加盟承認候補国をバブルに取り込もうとすれば，さらなる「ホット・エア状況」となったであろう（訳注：「ホット・エア」とは，英語の俗表現で「大うそ」を意味する）．

　EU が文章化された具体的な提案を提示できなかった間，オーストラリア

---

[7] Block et al. 1997 参照．
[8] Ott 1997 参照．
[9] しかしながら，ドイツの排出削減は「ホット・エア」だけに頼るものではなく，エネルギー効率やインフラストラクチャーの全般的な改善にも基づくものである．Ziesing et al. 1998 参照．

第 12 章　約束の共同達成　　183

は，地域経済統合機関が将来的に拡大するという可能性に対処する最初の提案を 1997 年 1 月に提出し，1997 年 3 月，これにさらに推敲を加えた[10]．この提案は国連気候変動枠組条約の第 3 回締約国会議（COP3）のための交渉文書作成に間に合うように提出された．オーストラリアはさらに，すべての附属書 I の締約国の約束の基礎として，マイナス 30%からプラス 40%に渡る範囲での削減目標を提案したが[11]，これは負担分配についての EU の合意を，明らかにあざ笑う試みであった．

　オーストラリア提出の文書は，バブル概念に関する最も重要な問題を取り扱っていた．第一は，不遵守の場合に誰が義務を果たす責任を負うのか，という問題であり，第二は，当該バブルにさらに多くの国を受け入れることによって生じるホット・エア状態の防止という点である．最初の点については，オーストラリアの提案は，地域的な経済統合機関とその構成国の間における，権限の分配に関する詳細な宣言を予測し，最高意思決定機関においてその宣言が承認されることを条件として，当該機関を承認することとした．構成国の拡大という問題については，『京都議定書』採択時における当該機関の構成国にのみ既存の義務が適用され，構成国のいかなる変更を意味する問題も，議定書の締約国会合で検討され承認されるべき事項であるとした．

　最初の提案に対する激しい攻撃と，交渉のテーブルに載せられたオーストラリアからの厳密な提案に続いて，EU は，1997 年 10 月のベルリン・マンデートに関するアドホック・グループ第 8 回会合（AGBM8）において推敲された文書を提出したが，それはようやく，批判のいくつかに応えるものであった[12]．最も重要なことに，その提案は，EU だけでなくすべての締約国に対し共同達成の扉を開けた．さらに，この提案によれば，バブル手法に参加する地域経済統合機関の各加盟国は，義務を達成する共同の責任があることになる——これは，各国は，それぞれが参加するバブルについて当該バブル内で合意された各国ごとの達成目標についてのみ責任を負うというはかのバブル・グループと比べれば，不利益である．

　EU の新たな提案は再びかなりの批判を受けたが，そのおもな理由は，当該提案が EU がもたらしうる効果について触れていなかったということで

---

[10] FCCC/AGBM/1997/2/pp.40-41，および FCCC/AGBM/1997/Misc.1/Add.2, pp.9-12 参照．
[11] FCCC/AGBM/1997/MISC.1/Add.2, p.6 参照．
[12] FCCC/CP/1997/2, p.10 参照．

ある.事実,EU の提案は,負担配分に関する合意を「(約束)期間が終了する5年前」までに変更することを認めていた.これは,EU が5年間の約束期間の開始直前に負担配分の合意を変更することを許容するものであった.約束期間の開始は 2005 年から 2008 年までのどこかだと思われていたが,その時点には東欧諸国の EU への受け入れに関する交渉が終了しており,少なくともそのうちのいくつかの国は加盟していると予測された.ほかの批判は,内部での負担配分は,そのような遅い時点ではなく,議定書の批准以前に行われるべきであるという点に言及していた.

京都においては,ノルウェーが,この問題に関する先進工業国間の非公式交渉の議長国を務めた.JUSSCANNZ 諸国(日本,米国,スイス,カナダ,オーストラリア,ノルウェー,ニュージーランド),特に米国は,EU に対し,柔軟化メカニズム,特に排出量取引を制限するというその立場をあきらめるよう圧力をかけた.米国は,バブル手法と排出量取引の間に原理的には何の違いもなく,削減目標の達成を遵守するための両者の利用に際しては,制約も同じであるべきだと主張した.最後には,両方の規定が厳格な用語による制限なしに残された.EU は議定書の4条を無制限に利用でき,また 17 条は,排出量の取引について「補完的なものである」という不明確な表現になった(第 15 章参照).さらに,負担配分に関するバブルの内部の合意に対して,COP/MOP が検討と厳密な調査を行うというオーストラリアの提案は,4条に含まれなかった.このように,京都会合の結果は,EU にとって成功といえるかもしれない.しかしながら,その代償もある——『京都議定書』の締約国になれば,いかなる 2 つあるいはそれ以上の国々も,共同達成という規定を無条件に用いることができるという可能性である.この点について,サモアは,京都での最終交渉における4条の採択に際して,EU のみがこの手法の利益を得るという理解のもとにサモアは議定書に賛成したと宣言した.

12.2 バブル手法に適用される諸規則

『京都議定書』の4条は,3条1とともに,義務の共同達成に参加するに際してのルールを定めているが,それによれば,「附属書 I の締約国は,個別

にまたは共同して」附属書 B に記載される数量化された削減目標に従うということになる．バブルに参加しようとする，いかなる 2 つあるいはそれ以上の国々は，合意を締結し，その合意条項を議定書の批准時に条約事務局に通報しなければならない．その通知は，事務局を通じほかのすべての締約国に通報される（4 条 2）．このように EU は，合意のタイミングや通報という点を見ると，時間的な柔軟性を求めるという点では成功しなかった．4 条 1 によれば，当該合意は，期間や条件とともに各締約国の排出抑制あるいは削減の義務に関する正確な割り当てについて規定していなければならない．

2008 年から 2012 年という約束期間の間は，当該合意が効力を有するものとされなければならない（4 条 3）という点については，交渉において争いがなかった．バブル・グループ全体としての達成は，5 年間という期間内の温室効果ガス排出量の合計で計算されるが，それは，同期間内の附属書 B に記載される各国それぞれの排出割当量の合計を超えてはならない（4 条 1）．約束期間内の温室効果ガスの総排出量が，それらの国に割り当てられた排出量の合計を超過した場合には，各締約国は合意の中で定められたそれぞれの排出レベルについて責任を負うことになる（4 条 5）．このように 4 条は，原則として個々の締約国に責任があるということを定めている．すなわち，当該バブル合意によって再配分された排出割当量を超過した国のみが不遵守ということになる．このため，責任はもっぱら「売り手」，すなわち附属書 B に記載されたよりも高い目標に合意した国に対して問われる．この「売り手責任」は，一国内の制度としてはうまく機能するかもしれないが，国際的なレベルにおいては問題が多い（15.3.4 参照）．

各国の個別の責任というこの原則は，地域的な経済統合機関に関して構成国と当該機関の共同責任を定める 4 条 6 と対照的である．当分の間は，EU が唯一のそのような機関であろう．構成国がそれぞれの国に割り当てられた総排出レベルを達成できなかった場合は，個々の構成国が合意によって通報されたそれぞれの排出レベルに責任を有するとともに，当該機関も責任を負うことになる．この構成は，地域的な経済統合機関の枠組における共同達成の考えには反するように見えるが，もともとそれを提案したのは EU であった．事実この共同責任は EU のみに適用される．ほかの締約国が，そのような地域経済統合機関の枠組の中で，バブル手法をとることを決定したとしてもである．というのは，4 条 6 の特別な規定は，『京都議定書』の締約

国（地域）である地域的な経済統合機関にのみ適用されるからである[13].

これと対照的に，EU は，EU の拡大がバブルに影響を与えるべきではないとする JUSSCANNZ 諸国の要求をかわすという点においては，大きな成功をおさめた．4条4は，「この議定書採択後の当該機関[14]の構成の変更は，この議定書に定める既存の約束に影響しない」と規定する．これは，附属書 B に記載された，EU の 8%削減目標は，新たな構成国の加盟後も（そしてまた，仮定としては加盟国の減少に際しても）そのままだということを保証している．同時に，この規定によれば，EU の新たな加盟国の約束もまた影響を受けないことになるが，これは，EU と新たな加盟国の約束が異なる場合には，複雑な問題になる．例えば，もしも 6%削減という約束を有するハンガリーおよび／あるいはポーランドが EU に加盟した場合でも，EU は 8%削減のままということになる（すなわち，EU の共通目標は緩められない）．

4条4の第2文は，このことをさらに精密化し，EU への新たな加盟国が EU バブルの一部となりうるのは，当該加盟が（EU，その現在の構成国，および新たな構成国による）議定書の批准の前に行われた場合であることを強調している．「当該機関の構成上のいかなる変更も，当該変更後に採択される 3 条の約束のためにのみ適用される」のである．この，いささか意味不明瞭な表現については解釈の幅がありうるが，しかし，この規定は 3 条に基づく約束についてのみ言及しており，それはまた，4 条によって再分配されうるのである[15]．4条4の第2文は，EU への加盟によってその国の義務が変化することはないということを保証するのではあるが，それでもなお，当該国が 4 条によって EU バブルに組み入れられることを許容しているのである．事実，もしも京都で交渉関係者がこの可能性を排除しようと意図したのであれば，彼らは，4 条4 に，例えばオーストラリアが提案したような厳格な文言を用いることによって明示的にそうする機会があったはずである．そこで，EU に加盟しようとしている中欧や東欧の諸国は，加盟が議定書の

---

[13] 4条6「この議定書の締約国である地域的な経済統合のための機関の枠組において，および当該機関とともに，締約国が共同で約束を達成する場合には・・・」（強調は著者らによる）．
[14] さらに4条4は，4条6と同様，当該機関は約束を行う一員でなければならないとするため，EUのみに言及していることになる．
[15] 4条は，議定書を「当事者間で」変更することを認めており，条約法に関するウィーン条約の41条1（a）に合致する．Brownlie 1990, p.625以下参照．

批准前であり，合意が事務局に通報されるのであれば，バブル合意の一部となりうるということになる．

12.3 EUにおける京都会議以降の発展

EUは，1998年4月29日，『京都議定書』に調印した際，次のような宣言を行った．「EUとその構成国は，議定書の3条1に定めるそれぞれの約束を，4条の規定に従い，共同して達成しようとするものである．」この声明とともに，『京都議定書』における最初のバブルが発表された．

1998年1月1日にEUの議長国となった，トニー・ブレア首相の率いる英国の新労働党政権は，気候変動政策の分野において主導権を示すことに熱心であった．英国はすでに，国としての自主的削減目標を1990年比10%から20%に引き上げると発表しており，京都での最終結果を考慮に入れた新たな負担配分の合意を考案する努力に着手していた．例えば新たな合意は，議定書が，EUの提案した3種類ではなく6種類の温室効果ガスをバスケット・アプローチで規制していることを考慮に入れるものである．『京都議定書』はまた，削減目標の計算に吸収源を含めており，また約束期間（2010年という目標年ではなく）に言及している．さらに，1997年3月の負担配分の際の総削減量は9.2%であったが，『京都議定書』が求めるEUの削減量は8%に過ぎない[16]．そして最後に，当初の合意で「団結国」（ギリシャ，アイルランド，ポルトガル，スペイン）に認められた大幅な排出増加は，ほかの加盟国を悩ませていた．

このように，以前の負担配分の合意を修正すべき数多くのもっともな理由がある一方，多くの政府はこの新たな状況を，それぞれの削減目標を概して緩和するために利用しようとした．デンマークとドイツは修正を要求し，また以前の「グリーン」（環境保全的）国家であったオーストリアとオランダは，最初の合意にある両国の野心的な削減目標を達成できないであろうことを認めた．こういった声明が，以前に合意されたよりも大幅に排出量の増加を規制されそうだと考えた，ギリシャ，アイルランド，ポルトガル，そし

---

[16] 以前に合意された排出レベルを保持し「過剰遵守」するという環境NGOの呼びかけは，成功しなかった．

てスペインといった国々からの強い反発を引き起こした．EU の中の主要な排出国の中では，唯一英国だけが，以前よりも厳しい約束を行うであろうことを宣言した[17]．

　1998 年 6 月の新たな合意は，変更された状況と変化した利害関係を反映したものであった．英国が，最低レベルより上の目標への妥協に達しようと試みはしたものの，総削減量は，議定書で求められた 8％きっかりに引き下げられた．目標を示す数字はかってよりも収束し，以前のような，マイナス 30％からプラス 40％というのではなく，マイナス 21％からプラス 27％という幅になった（表 12.1 参照）[18]．

表 12.1　1997 年 3 月と 1998 年 6 月の，EU の負担配分合意

構成国	1997 年 3 月：2010 年までの排出削減	1998 年 6 月：2008 年から 2012 年の間の排出削減
オーストリア	−25.0％	−13.0％
ベルギー	−10.0％	−7.5％
デンマーク	−25.0％	−21.0％
フィンランド	0.0％	0.0％
フランス	0.0％	0.0％
ドイツ	−25.0％	−21.0％
ギリシャ	＋30.0％	＋25.0％
アイルランド	＋15.0％	＋13.0％
イタリア	−7.0％	−6.5％
ルクセンブルグ	−30.0％	−28.0％
オランダ	−10.0％	−6.0％
ポルトガル	＋40.0％	＋27.0％
スペイン	＋17.0％	＋15.0％
スウェーデン	＋5.0％	＋4.0％
英国	−10.0％	−12.5％
EU 全体	−9.2％	−8.0％

---

[17] 1998年6月26日に公表された「国連気候変動枠組条約に基づくEUの第2次通報」によれば，イギリスは1990年から1995年の間に，CO_2の排出量をほぼ7％削減した．
[18] Council Conclusions on Climate Change, European Council of Environment Ministers, 2106th Council Meetings, Doc.9702/98 of 16/17 June 1998.

この妥協は，京都会議以降，欧州および世界の気候変動政策を包んでいる醒めた雰囲気を示している．1997 年の合意は，京都会議に向けた勢いを部分的に反映していたのであるが，京都会議以降，多くの構成国は退きつつある．一方，ほかの国は，1998 年と 1999 年の国際的な動向に対しても積極的である（第 24 章参照）．このような背景にもかかわらず，1998 年の負担配分合意は，『京都議定書』のもとにおける EU の削減目標に向けた対策を実施するに際しての最も困難な問題に早期に決着をつけたという点で，やはり相当の成功であったといえよう．しかしながら，この合意だけでは目標の達成自体にとって十分ではない．目標達成のためには，（各国および EU による）政策や手法の実施が求められる．欧州共同体（EC）の推定によれば，政策や手法の実施なしには，EU の温室効果ガス総排出量は 2010 年には 6％増加する[19]．

12.4 評価と今後の展望

4 条に基づく共同達成の規定は，近い将来において『京都議定書』の最も興味深い要素となろう．その影響はまだ予想し得ず，また，京都に集まったすべての締約国が，自分たちが何に同意したのか認識していたかどうかも明白ではない．4 条の重要性を確かに把握していた JUSSCANNZ 諸国のグループは，すでに京都でロシアやウクライナと接触し，彼らの間でのバブルに関する予備会合をもっている．その結果，JUSSCANNZ グループは，ロシアとウクライナを含むいわゆる「アンブレラ・グループ」へと大きく組み替えられている．

この「アンブレラ・グループ」にとって最も重要なのは，4 条が，いまだ明確な定義もなされず，また承認もされていない 17 条に基づく排出量取引制度に対する効果的な代替手段を提供するということである[20]．COP/MOP，あるいは，4 条のもとで共同して約束を達成する合意を行った締約国の間での会議による承認や検証に関する規定が存在しないので，締約国のいかなるグループも，あたかも排出量取引制度が実施されたかのように，それぞれの

[19] European Commission 1999参照．
[20] 「ルールなき取引」については，Ott 1998c, p.41参照．

排出量割り当てを自由に再配分することが認められるのである．「アンブレラ・グループ」の構成国にとって，バブルを設けることの重要な利点は，4条による義務の再配分には（排出量取引には存在するような）国内の対策実施に対して補完的であるべきだという要求が条件となっていないということである．それゆえ4条のもとでは，ロシアは，その所有するすべての「ホット・エア」を，京都メカニズムに関連しては課されるかもしれない制約を受けずに，1つあるいはそれ以上の国に対して譲渡あるいは販売することができる．排出量取引に関して17条で精密化された透明性のためのルールもまた，適用されない．そのため，強い経済力と政治力および軍事力を有する国（特に米国）が，排出許可量を過剰に独占することになるかもしれない．もっとも，日本はこのようなおそれをはっきりと認識していたため，排出量取引の透明性を確保するルールを主張したのである（15.1参照）．

結局のところ，4条は，各国がバブルを形成することによって「合計の排出削減量のレベル」（4条5）を達成する限り，17条による排出量取引とは別個に，それぞれ独自の排出量取引制度を設けることを認めることになろう．しかしながら，もしも各国に割り当てられた排出量の合計レベルを達成できなかった場合には，各締約国は，バブルの合意によって設定された排出量に責任をもつことになる．内部での排出量取引を定めるバブル合意の中の各国は，当該合意の中のほかの国々に大きく影響されよう．そのため，バブル合意のもとに排出量取引を行おうとすることは，参加国にとってリスクが高い戦略となるかもしれない[21]．

4条が開いた機会に反して，「アンブレラ・グループ」は4条を，17条のもとでの排出量取引の代替手法として用いるに際して，不利益と困難に直面する．第一に，各国や各政府にとっては，不安定な統治状況にある国々（例えばロシアやウクライナ）と合意を締結するに際して，一般的な不確実性がある．特に，4条に基づく内部での排出量取引制度が設けられ，その中で，長期に渡る安定かつ信頼しうる関係が求められるような場合には，なおさら問題となる．第二に，もしも排出量取引が行われないということになれば，各国の排出許可量は『京都議定書』の批准時に固定されるので，4条に基づ

---

[21] EUの構成国にとっては，このリスクはそれほど厳しくはい．というのは，EU構成諸国は，長年にわたって培われてきた，経済的，政治的，そして法的伝統の中で行動するからである．

くいかなるバブル合意も，その柔軟性を大幅に失うこととなろう．第三に，いかなるバブルにおいても，当初の排出量割当に際しては，どのような再配分についても，どう見積もっても，代償として複雑な交渉を伴うであろう（一方，17条に基づく排出量取引の場合は，この複雑な交渉という代償は，国際市場によって解決されうる）．そして最後に，EUとその構成国を越えるようないかなるバブルの合意も，環境NGOと，そして多分，社会からの強い反発に見まわれるであろう．

「アンブレラ・グループ」のような，EU以外の締約国が真剣にバブルをもうけようとしているか否かは明らかではないが，その可能性は，EUにとって17条に関する交渉に際し大きな圧力となっている．実際，この可能性は，これらの交渉の駆け引きにおいて意識的に用いられている．最終的には，4条の共同達成の規定は，排出量取引の代替手法として利用されることとなり，その結果，ほかの京都メカニズムには適用されるいかなる量的あるいは質的（透明性等）制約も回避されることとなろう．EUが京都で「EUだけ」のバブルを達成しようとしていたのか否かは明かではない．いずれにしても，その目的は，この問題に関するEUの交渉戦略の中でさらに押し進められることはなかった．

第 13 章　共同実施（6 条）

　共同実施（JI）の概念は，古典経済学の理論に基づいている．つまり，温室効果ガスの排出を削減する措置は，なるべくならばそれが最も安価であるかまたは利益を生みさえするところで行われるべきであるというものである．（気候変動の）緩和費用は，おもにエネルギー利用効率の違いにより国によって異なる．このように，開発途上締約国と市場経済移行過程諸国（CEIT）における排出削減は OECD 諸国におけるよりも費用が少ないと考えられる．資源を節約し排出削減を最大にするために，OECD 加盟の締約国（またはその産業界）は，海外で気候保護プロジェクトを実施してクレジットを得ようと努めている．結果として双方のプロジェクト・パートナーに利益が生ずるだろう．すなわち，投資国は国内で行うよりも低いコストで CO_2 クレジットを得るのに対し，受入国は追加的資金に加え，近代的技術とノウハウを受けとることになる．このような知的魅力があるにもかかわらず，実際にこの手法から便益を得るためには，解決すべき多くの現実的，政治的困難が存在する．

　共同実施という用語は，『京都議定書』では使用されていない．それにも拘らず，この主要概念が議定書の 2 つの手段の根底にある．第一に，6 条は附属書 I の締約国の間の温室効果ガス排出削減または吸収源の強化を目的とした「事業から生じる排出削減量」の移転について規定する．第二に，クリーン開発メカニズム（CDM）に関する 12 条は，開発途上締約国において「認証された排出削減をもたらす事業活動」に対する基本的な規則を定めている．両手段の下で行われる事業活動は，附属書 I の締約国（の民間企業）により資金を賄うことが想定されている[1]．

　12 条が別個の革新的な多数国間メカニズムを創設するものであるため，『京都議定書』における「唯一の」共同実施規定として 6 条に言及することが一般的になってきた[2]．本章ではもっぱら 6 条を扱うが，CDM に関する 12 条の発展と意義については，後述の第 14 章で別途より詳細に検討する．本

---

[1]　共同実施に関する一般的な初期の議論については，Loske/Oberthür 1994 参照．
[2]　FCCC/SB/1998/2, p.8 参照．

章では，共同実施に関する交渉の歴史を分析した後，規定の解釈およびこの分野における将来の課題の分析を行う．

13.1 交渉の歴史

共同実施をめぐる交渉は，条約の3条3，4条2（a）および4条2（d）に根ざしている．共同実施概念は，1992年以来の国際交渉を通じて論争の種になってきた．多くの懸念があるため，共同実施概念において仮定されている便益が，実際に共同実施が行われた場合に現実の有利性をもたらすかどうかについて疑問が生じている．第一の懸念は，共同実施事業のパートナー間で合意を得るのに要する取引費用に関するものである．それは金銭的利益を大きく低減させるかもしれない．第二に，プロジェクトに関連した排出抑制量の計算には，いわゆる「ベースライン・シナリオ」の決定が必要になる．すなわち，共同実施事業が行われない場合にどのような事態が生じたであろうか，また，追加的措置がない場合に排出量がどのように推移したであろうかということである．そして，もしプロジェクトが実際に排出削減をもたらした場合，「漏出効果」により相殺されはしないか，つまり，排出量の多い活動がほかの場所へ移るのではないかという問題もある．これらの問いに対して明確な解答を与えるのは，多くの場合困難であるかまたは不可能でさえある．その上，共同実施事業は，パートナーが双方の利益のために共謀して，達成された排出削減を故意に過大評価すること（「紙の上での排出量削減」）になりがちである[3]．

第三に，共同実施は長期的な観点からは，費用効果的とは言えないかもしれない．なぜなら，それは先進工業国が開発の道筋を変え，革新的技術を導入していくという先進工業国に対する圧力を軽減するかもしれないからである．これはまた南北関係に関して，衡平性の問題を惹起した．というのも，先進工業国は自らの国内で措置を講ずることを免れる一方，開発途上締約国で安価な排出削減を行う可能性を有するのに対し，将来開発途上締約国も排出抑制義務を負うことになった場合（ありうることであるが）に，開発途上

---

[3] 例えばOtt 1998b; Roland/Haugland 1995参照．

締約国にはもっと費用のかかる選択肢しか残されていないことになるからである．

　最後に，南北間の衡平性に対する共同実施の意味合いに関連して，開発途上締約国においては高度に政治的な懸念が存在している．具体的な共同実施事業の条件は，1つの（またはそれ以上の）先進工業国とある開発途上締約国（またはほかの先進工業国，すなわち CEIT）との間で，交渉され実施されなければならないだろう．しかしながら，これら潜在的パートナー間の力の格差が先進締約国（投資国）に有利に作用するだろう．結果として，そのような合意の条件は，投資国の利益をより強く反映したものになるだろうし，受入国の開発の優先順位と矛盾することさえありうる．要するに，共同実施はときには一種の「新植民地主義」につながると主張されたのである．

　1995 年の COP1 に先立って，ほとんどの主要な開発途上締約国が共同実施に反対したのは，特にこの最後の懸念が原因であった．その会議で締約国は最終的に，すべての温室効果ガスの排出源，吸収源および貯蔵源を包含する「共同実施活動」（AIJ）の試験的段階（パイロット・フェーズ）を設けることに合意した[4]．先進締約国の提案するような完全な共同実施（クレジット付与等を含む）の確立に関しては，何らの事前決定をも表わすものではないということを確認するため，AIJ という用語が政治的妥協として合意された．

　AIJ の試験的段階においては，いかなるクレジットも与えられないこととされる一方で，任意参加を前提にしてすべての締約国に開放された．事業活動に使われる資金は，政府開発援助（ODA）に対して追加的でなければならなかった（「資金の追加性」）．AIJ 事業に対する 3 つの実質的な基準が合意された．すなわち，そうした事業が，
●国の環境と開発の優先順位と両立すること
●参加国政府による事前の承認を得ること
●その事業がなければ生じなかったであろう実質的で測定可能な長期的利益をもたらすこと（「環境上の追加性」）
の 3 点である．

　AIJ の試験的段階は 90 年代の終わりに再検討されることになっていたた

---

[4] FCCC/19995/7/Add.1のDecision5/CP.1; Oberthür/Ott 1995, pp.146-147.

め[5], 共同実施 (JI) は『京都議定書』の交渉議題から外されるかに思われた. ベルリン・マンデートによると, 議定書交渉は1997年末前に終結することになっていたのである (第4章参照). しかしながら, 先進締約国が強い政治的関心を抱いていたため, 共同実施の概念は議定書交渉の議題に上ることとなった.

この問題に関する交渉は, 1997年にすべての主要国がそれぞれの立場を交渉のテーブルに載せるまで, 本格的には始まらなかった[6]. 特に, 共同実施に開発途上締約国を巻き込むタイミング (AIJの試験的段階に関する評価の前か後か) および議定書の下で共同実施に適用される諸原則という2つの問題について, 先進締約国の間でいくつか意見の不一致が見られた. 米国 (および一般的にJUSSCANNZ諸国) は, 参加に制限を設けない自由放任アプローチを支持した. 対照的にEUは, より厳しい監視と検証を求めることを支持し, 吸収源に関連する事業を含めることに反対した. さらにEUは, 多くの開発途上締約国の懸念に応えるべく, AIJの試験的段階の評価を待ってから開発途上締約国の参加について決定するよう提案したのである[7].

これは, この問題についてG77の結束を保持したいと考えていた中国やインドのような途上大国にとっては特に重要であった. このように, ほとんどの開発途上締約国が『京都議定書』の下での共同実施への参加に (少なくともAIJの評価が行われるまでは) 明確に反対した.「新植民地主義」についての懸念が, 先進締約国内で行われることこそが最も必要とされる国内措置が先進締約国で行われないという環境上の懸念と合体したのである. 開発途上締約国は, 試験的段階が遅れて開始されたこと, そしてAIJプロジェクトからは未だ不十分な経験しか得られていないことを指摘することができた[8].

しかしながら, この共通ポジションは, 開発途上締約国グループ内での大きな格差を覆い隠すことはできなかった. 一方で, OPEC諸国は原則として共同実施に反対した. OECD諸国からこの柔軟性メカニズムを奪い去

---

[5] 同上.
[6] FCCC/AGBM/1997/2, paras108-117; FCCC/AGBM/1997/MISC.1/Add.4 (US); FCCC/AGBM/1997/MISC.2/Add.1 (EU); FCCC/AGBM/1997/MISC.1/Add.2 (Costa Rica) 参照.
[7] FCCC/AGBM/1997/2参照.
[8] AIJの試験的段階の現状に関する総合報告は, FCCC/AGBM/1997/12 and Add.1文書の中で事務局により提出された.

れば，議定書批准の見通しがさらに遠のくからである．他方で，コスタリカは，共同実施と開発途上締約国の参加について最もあからさまに肯定的な見解を示した[9]．1995 年の COP1 で既にそうであったように，ラテンアメリカ諸国は共同実施に対してより好意的な立場をとっていた．多数の AIJ 事業がこの地域，特にコスタリカで既に実施されていた（コスタリカは，排出クレジットを売る権利を求めて積極的に後押ししていた）（表 13.1 参照）．加えて，より大きくそして経済的により発達したアジアの開発途上締約国のいくつかは，一般に共同実施の考えに反対ではなかったのである．

にもかかわらず，G77 と中国は，京都までの交渉過程ではその結束と原則的な反対の姿勢を何とか保持してきた．しかし，1997 年 10 月の議長による統合交渉テキストは，AIJ の試験的段階について評価を行った後，COP の決定により開発途上締約国との共同実施を認めることを既に見越したものであった[10]．吸収源プロジェクトを認めるのかどうか，また，報告，クレジットの計算および検証方法に関するガイドラインをどの程度まで具体的に定めるのかについては，引き続き先進締約国間で見解が一致しなかった[11]．

合意に向けての進展は，CDM に関する交渉にかかっていた．第一に，CDM の交渉は，共同実施型のメカニズムへの開発途上締約国の参加問題を扱い，議定書 6 条に関する議論を妨げていた主要な争点の 1 つを実質的に取り除いた．第二に，CDM の文脈でプロジェクト・ベースのメカニズムという基本的概念を受け入れてしまった後では，開発途上締約国が先進締約国間の共同実施に反対するのは矛盾したであろう．先進締約国間の合意は，争点となっていた文言のほとんどを削除し，AIJ の試験的段階での先例に従い吸収源プロジェクトを認めることで，最終的に確保された．結果として，6 条は京都での交渉第一週の後に原則的に合意され[12]，全体委員会の最終本会議で討論無しに採択されたのである（第 7 章参照）．

---

[9] FCCC/AGBM/1997/MISC.1/Add.2を参照．
[10] FCCC/AGBM/1997/7，6条．
[11] この点は，1997年12月7日の全体委員会議長の非公式文書（ノン・ペーパー）中の［　］カッコ書きで示されている．FCCC/CP/1997/CRP.2，7条参照．
[12] このように，1997年12月9日の議長文書には，共同実施に関する最終文言が多かれ少なかれ，すでに含まれていた．FCCC/CP/1997/CRP.4，7条参照．また本章第7章も参照．

13.2 共同実施に適用される規則

『京都議定書』の 6 条 1 によると，附属書 I の締約国は，その数量化された目標を達成するため，事業から生じる「排出削減量を他の附属書 I の締約国へ移転し，または当該国から獲得することができる」．事業は，吸収源の強化を含め，どの経済部門においても実施することができる．共同実施の利用を京都議定書の下で排出限度を課せられる先進締約国にのみ限ることにより，6 条はかなりの程度まで，共同実施事業により創出される「紙の上の排出量」が気候系にマイナスの影響をもたらさないよう確保している．6 条により移転される排出削減量は，3 条 10 および 11 によると，移転締約国の割当量から差し引かれることになる（そして獲得締約国の割当量に加えられる）．同時に 3 条 10 および 11 は，排出削減量が 17 条の下での排出量取引市場に完全に統合される旨規定している（第 15 章参照）．

3 条 10 および 11 の結果として，6 条の下での共同実施を行っても先進締約国全体の排出割当には変化がない．このことにより，共同実施事業から生じる排出削減量を膨らませることでごまかすという問題は軽減される．もし，「紙の上の排出量」にクレジットを付与すれば，その分受入国の割当量を減らすことになる（おそらく排出量取引市場において排出割当量を売る可能性を小さくするであろう）（図 13.1 参照）．

しかしながら，ここでは附属書 I の締約国に言及しているので，参加は議定書の附属書 B の締約国に限定されるのではなく，条約のすべての先進締約国が共同実施に参加できる．その含意することは 2 つある．第一に，ベラルーシおよびトルコのように，COP3 のときには条約の締約国でなかったため議定書の附属書 B に含まれなかったが，現在は条約の附属書 I の締約国となっている国が 2 カ国存在する（そして将来さらにそうした国が出てくるかもしれない）．これらの国々が条約を批准すれば，『京都議定書』の共同実施に参加してくるかもしれない．第二に，『京都議定書』を批准しない国連気候変動枠組条約の附属書 I の締約国でさえ，共同実施に参加することを認められるであろう．

こうして条約の締約国は議定書 3 条に制約されず，原則としてそれら締約国に割り当てられた一定の排出量により制限されることなく，共同実施の

事業活動から生ずる排出削減量 を移転することができることになる．しかしながら，ほとんどの CEIT は売却できる過剰な排出削減量を有しているため（「ホット・エア」：第 15 章参照），排出量取引に関する 17 条の下で「割当量の一部」を売ろうとする大きなインセンティブを有している．これには『京都議定書』の締約国であることが必要になるので，共同実施に関して上に述べた問題は，実際にはほとんど関連性がないであろう．

表 13.1　1997 年 10 月から 1999 年 6 月までの AIJ プロジェクト

地域	1997 年				1999 年			
	合計数	効果 (a)	吸収源数	プロジェクト効果（全体中%）	合計数	効果 (a)	吸収源数	プロジェクト効果（全体中%）
市場経済移行過程国	45	47,854	2	21%	76	52,806	3	21%
ラテンアメリカ	15	71,050	8	79%	25	97,431	11	80%
アジア	1	134	1	100%	7	7,327	1	2%
アフリカ	1	1,450	—	0%	1	1,450	—	0%
合計	62	120,488	11	55%	109	159,015	15	56%

(a) 効果は 1999 年に報告または予測された CO_2 換算千メートルトン単位
出典：FCCC/SBSTA/1997/12/Add.1 および http://www.unfccc.de/program/aij/aijproj.htm の UNFCCC-CC:INFO/AIJ-プロジェクトのリスト（1999 年 6 月 5 日）参照．

図 13.1　京都メカニズム

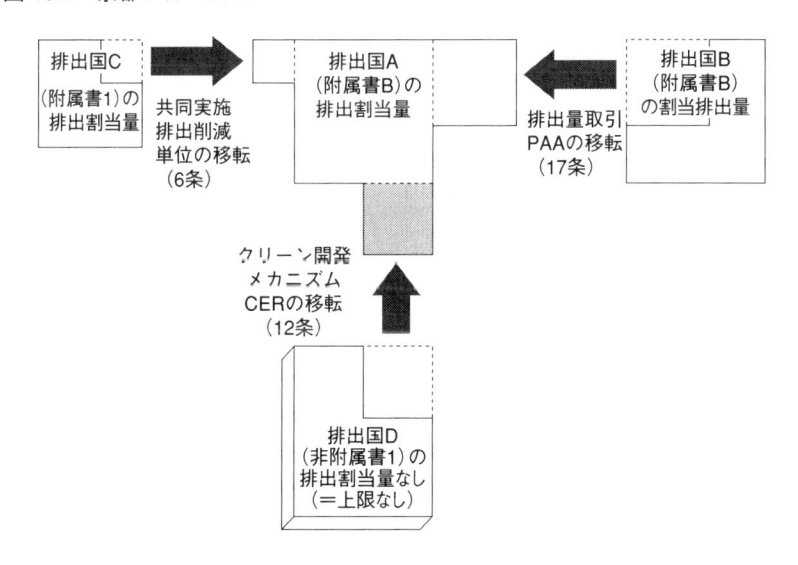

6条1は，AIJ の試験的段階の下での事業に対する基準をさらに進めて，共同実施（JI）活動に従事する締約国に4つの条件を付している．
- 共同実施事業は関与する締約国の承認を必要とする（6条1 (a)）．
- 共同実施事業は追加的な排出削減または吸収源による除去の強化をもたらさなければならない（「環境上の追加性」）（6条1 (b)）．
- 獲得する締約国は，5条に従って温室効果ガスの純排出量の推計のための国家制度を確立し，7条に従って関連する情報を送付するという義務を遵守しなければならない（6条1 (c)）．
- 排出削減量の獲得は，数量化された目標を達成するための国内措置に対して補完的なものであること（6条1 (d)）．

最初の2つの実質的な基準は，明らかに AIJ の試験的段階に適用されるものに触発されている（上記 13.1 参照）．特に注目すべきは，6条には，事業が国の環境と開発の優先順位と両立しなければならないという規定がないことである．この基準は，おもに開発途上締約国の懸念に応えるため，AIJ の試験的段階の下で入れられた（同様に CDM でも．第 14 章参照）．議定書の6条は開発途上締約国には関連しないため，この適合性の基準は外されたのである（「資金の追加性」についても同じである）．

6条1の3つ目の基準は，共同実施事業に関与する締約国による不十分な報告がシステムの信頼性と確実性を危うくするとの懸念を反映している．それは，条約が機能するための核心的な前提条件である締約国による適切な報告に対して，さらなるインセンティブを与えるものである（第 16 章参照）．第4の条件は，国内措置に対する「補完性」に関するものであるが，曖昧でさまざまな解釈が可能である．それは，数値目標を達成するための共同実施，排出量取引および CDM の使用を制限する（柔軟性メカニズムの利用にいわゆる「栓 (cap)」をする）という EU の要求を反映しているが，米国および JUSSCANNZ 諸国が反対したため，意図的に特定量を定めていない（第 15 章参照）．

共同実施を行うためのさらなるガイドライン，特に検証および報告に関するガイドラインについては合意されなかった[13]．これは部分的には，そも

---

[13] これらの要素は1997年12月7日の全体委員会の議長によるノン・ペーパーに入れられた．FCCC/CP/1997/CRP.2，7条を参照．

そもそもしたガイドラインが必要かどうかをめぐって意見が一致しなかったためである．こうして，6条2は単に授権条項を置いたのみである．つまり，COP/MOPは「第1回会合またはその後できる限り早い時期の会合において，検証および報告に関する事項を含むガイドライン（……）を策定することができる」．1998年11月のCOP4で採択された「ブエノスアイレス行動計画」は，そうしたガイドラインの策定を規定している[14]．この点に関する決定がCOP6で行われるものと予期される．

共同実施事業は，政府によってではなく民間主体により，特に，排出削減のための安価な機会を求めている企業により実施されることが意図されている．そのため，先進締約国政府は民間企業を直接巻き込もうと努めてきた．そうしたアプローチの基礎には，自由市場が政府よりも効率的に最小コストでの削減可能性を見い出し実行するであろうという仮定がある．これはまた，先進締約国における規制緩和に向けての一般的な趨勢も反映している．その結果，附属書Ⅰの締約国は，共同実施事業への「法主体の参加を認めることができる」（6条3）．

政府間の条約の枠組の中で民間主体が顕著な役割を与えられるということから，ある種の問題が生じる可能性がある．この点は，事業が失敗した場合における責任と損害賠償責任の問題を引き起こす．というのも，現在は締約国政府によって代表される議定書の締約国だけが法的責任を負っているからである．こうして，6条3は，締約国により承認された民間主体は「その（締約国の）責任により」活動すると定めている．しかしながら，損害責任に関する規則をさらに詳しく定める必要があるかもしれない．例えば，共同実施事業にかかわる民間主体とそれに関与する政府の間の損害賠償責任問題が存在する[15]．

最後に6条4は，共同実施事業が「紙の上の排出量」を創出するのではないか，という懸念の結果である．この危険性はある程度軽減されたが（前述参照），締約国は前述の基準の履行に疑義がある場合には，数値目標を達成するために排出削減量を用いることはできないとすることに合意した．議定書8条に従って詳細な審査手続によりそうした問題が確認された場合

---

[14] FCCC/CP/1998/16/Add.1の中のDecision 7/CP.4の附属書を参照．
[15] Ott 1998b, p.26以下参照．必要な取り決めは，既存の海外投資条約を基にして作り上げていくことができよう（同上）．

（16.1 を参照），移転された排出削減量は「遵守の問題が解決するまで」締約国の数値目標を達成するために用いられてはならない．この制限は，（排出削減量を）獲得する締約国にも移転する締約国にも適用される．適切な監査および報告無しの排出量の移転は原則として不可能になるため，この規定は共同実施事業によって達成された排出削減量を超える排出割当（紙の上の排出量）の移転を避けるのに役立つであろう．もし (1) 獲得締約国（おそらくは OECD 諸国）または (2) 移転締約国（おそらくは CEIT）について，共同実施基準の履行に関して未解決の問題が存在する場合，獲得締約国はそのように獲得された排出削減量を用いて相殺することはできないのである．

6 条は，議定書の下での共同実施事業およびクレジット付与の開始日については沈黙している．しかし，これは 3 条 10 および 11 と併せ読むと，共同実施事業は約束期間が始まってから，つまり 2008 年以降にのみ数量的義務を満たすために使用できるということを示している．このことは，共同実施（JI）活動として認められることを意図した事業をより早くから開始することを妨げるものではない．もし締約国が 2008 年以前に達成された共同実施事業による排出削減のバンキングを認める合意に達していたのであれば，CDM の場合と同様，締約国はそれを明示的に表明していたであろう（第 14 章参照）．しかし，この問題は京都の後再びとり上げられ[16]，「6 条の事業の開始日」は，COP4 で採択されたブエノスアイレス行動計画の一環として検討されることになっている．

13.3　評価と展望

京都会議の後，共同実施は 3 つの京都メカニズムの中で最も注目されていない．これは，部分的には，共同実施に関する議論が長い歴史をもっているためである．そうした議論は条約に基づいて 1993 年に始まったのに対し，CDM や排出量取引は『京都議定書』によって初めて国際気候政策に導入されたのである（そして潜在的にはより大きな可能性を有している）．すでに多くの作業が共同実施の制度設計に注ぎ込まれ，幾分かの経験が AIJ の試

---

[16] 実際，条約事務局は京都会議の後に，締約国がこの問題に関して見解を表明することもできようと示唆した．FCCC/SB/1998/2参照．

験的段階から得られている[17]．それにもかかわらず，なおいくつかの問題が論点として残されており，あるいは明確にする必要がある．

そうした問題の1つは，共同実施に関するより具体的な規則を定めることと関連している．6条により，締約国会議（COP）は検証および報告を含めた実施のためのガイドラインを設けることができる．COP3は議論の迅速な開始を決定し[18]，COP4により採択されたブエノスアイレス行動計画の一環として交渉が進行中である（前述参照）．共同実施に関する規則の制定作業は，原則的にはCDMの議論と密接に関連づけることができ，前述のAIJの経験を踏まえることができよう[19]．

共同実施には2つの基本モデルがあるが，それらは特に気候レジームの組織的枠組の中における事業の監督および管理の程度において異なっている．1つの考え方は主として二国間のものであり，もう1つの考え方は多国間的であり，より制度化されたものである[20]．第一のモデルは，決定のほとんどを共同実施事業に関与する締約国に任せるという点で，自由市場モデルとも呼びうる．共同実施に関する二国間モデルは，費用を最小にしメカニズムの利用に最大の柔軟性を与えるため，米国およびいわゆる「アンブレラ・グループ」（オーストラリア，カナダ，アイスランド，日本，ニュージーランド，ノルウェー，ロシア連邦，ウクライナ，米国）により支持されている[21]．このモデルによると，参加締約国（二カ国以上もありうる[22]）が，排出削減量を検証し共同実施事業による便益を分配する方法をあらかた決めることになる．それらの締約国はまた，共同実施事業に関与する民間の「法的主体」の役割について主たる責任を負う．

ほかの締約国は，国際気候レジームの下で運営される組織がより大きな

---

[17] これに関連した作業のいくつかに関しては，FCCC/SBSTA/1997/12/Add.1; OECD 1999; Ott 1998b; Hamway 1998; Luhmann et al. 1997; Parson/Fisher-Vanden 1997; Nordic Council 1997参照．
[18] FCCC/CP/1997/7/Add.1の中のDecision 1/CP.3.
[19] Decision7/CP.4の附属書は，第6条の下での共同実施を検討する上で考慮されるべき問題の1つとして，「AIJの試験段階の意味合い」について言及している．FCCC/CP/1998/16/ Add.1, p.28参照．
[20] Ott 1998b参照；CDMに関してはYamin 1998b；本書第14章も参照．
[21] このアプローチに対しては，FCCC/CP/1998/MISC.7（Paper No.6）中の柔軟性メカニズムに関するG77および中国の質問に対する反応（オーストラリア，カナダ，アイスランド，日本，ニュージーランド，ノルウェー，ロシア連邦，ウクライナ，米国）を参照．
[22] 特に，一カ国以上の投資国が関係することもありうる．こうした事実にもかかわらず，一般的には両者（投資国および受入国）が第三の締約国（あるいは多国間組織）による何らの（あるいはほとんど）監督も受けずに直接対面するため，このモデルは「二カ国

役割を担う多国間モデルを支持してきた[23]．一般討論においてこの立場をとるおもな理由の 1 つは，多国間モデルが投資国と受入国の間で力の差異のバランスをとることができることである．このアプローチの下では，COP/MOP は事業の認可，クレジットの決定，紛争の解決といった任務を担当する補助機関を設置することができる．さらに，COP/MOP は事業活動によって達成されたクレジットの検証と認証のための規定を設けることができる．UNFCCC 事務局によって運営されるクリアリングハウス機能をシステムの中に組み込むこともできよう[24]．これは概ね CDM に関する第 12 条の根底にある考え方である（第 14 章参照）．

共同実施の多国間モデルは，プロジェクト・ベースの共同実施に関する一般的な概念的議論において開発途上締約国から支持されてきたが，開発途上締約国は今なお 6 条の共同実施をより制度化されたものにすることに深い関心を有している．開発途上締約国は直接には関与しないが，この共同実施は取引費用が非常に低いため，運営費用と開発途上締約国における適用費用を賄うために手数料を課す CDM より投資国にとっては魅力的なものとなろう（14.2 参照）．

にもかかわらず，6 条の規定のしかたは，例えば認証については触れておらず，二国間オプションの方に傾いているようにみえる．厳格な二国間アプローチの支持者たちは，認証と検証のために別々の手続きは必要でないと主張する．締約国によって移転される排出削減量は 3 条 11 に従ってその締約国の割当量から差し引かれるので，この締約国は報告された排出削減量を検証し，事業によって実際に達成された排出削減量のみを移転する強いインセンティブを有するはずである．例えば，共同実施事業による排出削減量を過大評価すれば，17 条の排出量取引に利用できる割当量を減少させることになろう．

しかしながら，排出量取引の場合と同様，現実はもっと複雑である．いくつかの CEIT では多量のホット・エアが利用できるため（15.3.3 参照），紙の上の排出量の移転が販売可能な割当量を減少させることになるとしても，そのような移転を防ぐ強いインセンティブを有してないかもしれない．排出

間」モデルと呼ばれる．
[23] FCCC/SB/1998/MISC.1 および addenda の各国ペーパー参照．
[24] 制度化されたモデルの詳細については，Ott 1998b 参照．

量取引市場の規模が現在の期待に及ばない場合とか，共同実施に対する投資が特別なインセンティブを提供する場合には，ロシアとウクライナのような国は，余っている排出割当量を共同実施を通じて「紙の上の排出量」として移転する用意があるかもしれない．これはまた，共同実施事業における追加的排出削減の達成を妨げることになる可能性がある（なぜならば，必要とされる特別の努力を行う国は，「紙の上の排出量」でクレジットを得る国より競争上不利になるからである）．さらに，事業の実施と評価に関する共通の手続は，投資国と受入国の双方に平等な競争の場を提供する．さもないと，両者の交渉力に大きな差がある場合，不平等な合意を導く可能性がある．このようなことを考慮に入れると，共同実施事業に対する監督を強める方が良いであろう．

　したがって，独立した検証と認証を行うことは議定書6条の下で重要な機能を果たす．全体として，事業活動に対する説明責任と透明性は，共同実施の信頼性と実効性の確保のために必須のものである．気候保護のためには，共同実施（JI）活動が追加的な排出削減をもたらす必要がある．メカニズムに対する真剣な投資と社会的受容性を確保するためには，確実性と安定性が必要だろう．さらに，6条の共同実施によって創出される排出削減量は排出取引市場に参入できるようになるから，ある程度の基準が必要になろう（前述参照）．したがって，締約国による共同実施事業の承認，ベースラインの排出量，予測される将来の排出量（およびそれらの数値を導き出した前提条件），および実際の排出量に関する報告は，議定書8条の詳細な審査手続に服することになる．これは，6条4に従って義務の履行に関する疑義を確認するための根拠を提供するものとなる．報告の手続きと要件については，AIJの試験段階で得られた（限られた）経験を利用することができよう[25]．さらに，ある種のプロジェクトの監視，報告，検証および認証に関しては，既にかなりの経験がある[26]．

　第二の選択肢として，検証と認証の機能は，CDMの場合に考えられたよ

---

[25] FCCC/CP/1997/Add.1の中のDecision10/CP.3によって採択されたAIJの統一報告様（FCCC/SBSTA/1997/4）参照．また，国家当局に対する民間主体による報告様式についてはOtt 1998bも参照．
[26] 例えば，Vine/Sathaye 1999; Jackson/Begg 1999参照．また，The International Performance Measurement and Verification Protocol of the US Department of Energy, December 1997参照．1999年6月現在＜http://www.jpmpv.org＞から入手可能．

うに，民間主体に委託することもできよう（第 14 章参照）．民間主体は，利害の共謀がありうるから，投資者として共同実施事業に参加すると思われる民間企業とは異なるべきである．COP/MOP は，そのような民間主体に関する最小限の必要条件を採択することもできよう．

　プロジェクト・ベースのメカニズムに関する主要な問題の 1 つが，ベースラインの決定である．排出削減量（ERU）は，その共同実施プロジェクトがないとした場合にどうなったか（プロジェクトの計画段階では，そのプロジェクトを実施するとどうなるか）の予測を基に計算する必要がある．排出削減量はこうしたベースライン排出量から実際の排出量を差し引いて決められる．共同実施に対する説明責任と信頼性を得る 1 つの方法は，ベースラインを計算するためのガイドラインと「最善の事例集」を作成することであろう．これには特定のタイプの事業，地域および部門についてベンチマークまたは標準ケースを定めることが含まれ，ケース・バイ・ケースで個別に設定する困難さを避けることができよう[27]．そのようなベンチマークは，その後共同実施がガイドラインに従って適切に行われたかどうかをチェックし，排出削減量の報告，さらには検証および認証に当たって用いることができよう[28]．

　さらに COP/MOP は，温室効果ガスの排出目録に関する国家制度（5 条）および報告義務（7 条）を含め，6 条の義務が遵守されているか否かを決定する手続を作成することもできよう．この作業はかなり専門的であるので，既存の補助機関に，または多国間協議プロセスあるいは不遵守手続の下で将来設置される別の機関に，遵守のチェックを委任することが有効であろう（16.3 参照）．国レベルでは，共同実施事業の失敗が国家の不遵守につながらないように確保しつつ（例えば，プロジェクトが失敗した場合には投資者に排出量取引制度で同等の排出量を買うように義務づけるか，失敗に備えて保険をかけるように義務づけることにより），企業に共同実施事業に参加するインセンティブを与える必要がある．

　ほかの柔軟性メカニズムの場合と同様に，6 条 1（d）の補完性の規定を

---

[27] 例えば，FCCC/CP/1998/MISC.7（Paper No.6）; Luhmann 1997参照．
[28] Earth Negotiations Bulletin, Vol.12, No.98, 19 April 1999の中のTechnical Workshop on Mechanisms under Article 6, 12 and 17 of the Kyoto Protocol organized by the FCCC Secretariatの報告を参照．

より明確に定義することが将来の交渉課題になるだろう．さらに，『京都議定書』の下で共同実施が適切に働くためには，いくつかのやや技術的，手続き的な問題に答える必要がある．例えば，偽造された排出削減量が出まわる危険性を最小限にするため，締約国は排出削減量の証書に記載される情報を特定する必要がある．さらに，危なっかしい企業が事業に参加するのを防ぐため，締約国が「法的主体」に参加を認めるにあたって何らかの基準を設ける必要があると考えられる[29]．

　ほかの柔軟性メカニズムによっても遵守のギャップを埋めることができることを考えると，『京都議定書』における共同実施に関する6条の意義は不確定である．京都メカニズムの正確な設計と相対的な費用効果性もまだわからないし，おそらく次の10年間にもかなり先にならないとわからないだろう．しかし環境的な観点からみると，共同実施（JI）事業活動はCEITにおいて実際に排出削減につながるという利点を有している．

　『京都議定書』における共同実施の意義に関する証拠は，『京都議定書』の採択後まもなく，日本とロシアの政府間ですでに現れた．1998年4月，ロシア大統領エリツィンと日本の橋本首相は，日本の商社がロシアの20カ所の発電所と工場の近代化に関する共同実施事業の実施可能性調査を行うことに合意した．日本にとって共同実施がいかに重要であるかは，日本の通産省が1998/99会計年度中にそのような実施可能性調査を行うため2,000万米ドルの予算を割り当てたことに表れている．共同実施プロジェクトは，OECD諸国と比較するとエネルギー効率が3-7倍悪いロシアにとって大いに必要なエネルギー部門の近代化に貢献しうると同時に，日本には『京都議定書』の6%という野心的な排出削減目標を達成するための1つの選択肢を提供する[30]．

　『京都議定書』における共同実施の意義としては，もう2つの側面がある．まず第一に，すでに多くのプロジェクトが試験段階のAIJの枠組の中でCEITにおいて実施されたということである．1999年6月までに報告されている109のAIJプロジェクトのうち，76がCEITで実施された（表13.1）．

---

[29] FCCC/CP/1998/16/Add.1の中のDecision7/CP.4の附属書を参照．
[30] "Japan and Russia Conclude Landmark Greenhouse Gas Swap", Reuters News Services, 19 April 1998参照．匿名の情報源によると，この取り決めは，日本がその数値目標の一部を満たすために京都メカニズムを利用できることを日本に再保証するため，COP3も終わりに近い日にすでに構想されていたという．

したがって，投資者はこれらのプロジェクトで得られた経験を活用し，(AIJ の試験段階の終了後に) AIJ プロジェクトにより達成された排出削減量に対するクレジットを得ようとするインセンティブを有している．予測される排出削減量はまだ限られてはいるが，かなり大きい．1999 年 6 月時点で総削減量（年間削減量ではない）は，CO_2 等量で約 160Mt と予測された（先進締約国の年間排出量のおよそ 1％に等しい）（表 13.1 参照）．

　6 条の意義を示す 2 つ目の側面は，ほかの京都メカニズムが必要とされる排出割当量をいくらの価格で提供できるかについて，不確実性があることである．開発途上大国がどれほど CDM に参加するかは依然として不確実である．排出量取引に関しては，不安定な市場における割当量の将来価格はいつもリスクを伴うだろう．共同実施事業は交渉の結果合意されるので，将来の排出クレジットの価格が比較的に確実という利点がある．さらに，CDM と排出量取引が運営開始される前にもっと細部を詰める必要があるのに対し，6 条の共同実施プロジェクト活動は原則としてさらなる準備作業なしに実行され，排出削減のクレジットを与えることができる．6 条 2 によると，COP/MOP は 6 条の実施のためのガイドラインを策定することができるが，策定しなければならないとは規定していない[31]．他方，共同実施を通じて獲得されるクレジットは，取引される「割当量の一部」と比較すると，費用が非常に高くつくかもしれない．したがって，リスクを避ける戦略（多分，大きな産業にとって最適なもの）としては，3 つの京都メカニズムをすべて利用することだろう．

---

[31] FCCC/CP/MISC.7（Paper No.6）も参照．

第14章　クリーン開発メカニズム（12条）

　クリーン開発メカニズム（CDM）は,『京都の驚き』[1]であり，COP3 の最終段階でほとんど何の公の議論もなく作り上げられた．CDM は，多くの開発途上締約国の懸念を考慮に入れ，先進締約国・開発途上締約国間におけるプロジェクト・ベースの共同実施のための多国間の枠組みとなる．これは何人かの主要な交渉担当者が，AOSIS，おもな開発途上締約国，そして先進締約国間の連立をうまく築いたからこそ初めて可能となった．特に気候変動に脆弱な AOSIS およびその他の開発途上締約国は，CDM 活動に課される手数料から利益を得ることができ，開発途上締約国は一般に CDM を通して移転される追加的な資金や技術から利益を受け，先進締約国は議定書への開発途上締約国の実質的な参加を達成するとともに，開発途上締約国におけるプロジェクト・ベースの活動から得られる排出削減クレジットを得ることに熱心であった．

　『京都議定書』においては CDM の緩やかな枠組みだけが定義されており，ほかの京都メカニズムと同様に，詳細については将来の交渉により肉づけされる必要がある．いずれにせよ，CDM は,『京都議定書』に開発途上締約国を巻き込んでいくための重要なメカニズムである．しかしながら，CDM がどれほど気候保護に役立つかは，ブエノスアイレス行動計画の下で交渉される 2000 年（または 2001 年初め）の COP6 において決定される最終的な制度の設計によるであろう．特に CDM に関してこの期限を守ることが重要なのは，議定書が関連プロジェクトにより生み出される排出削減量に 2000 年からクレジットを与えることを認めているからである．

　この章では，CDM に関する『京都議定書』12条の交渉の歴史をたどり，合意された規定を分析し，このメカニズムについて重要な未決着の制度設計上の課題を明らかにする．12 条の交渉過程は共同実施に関する 6 条の交渉過程と密接に関連しているが，それは，この 2 つのメカニズムが交渉段階の非常に遅い段階において分離されたからである．この革新的な CDM は，

---

[1]　Werksman 1998a; Grubb el at. 1999, p.266.

共同実施についての交渉の行き詰まりを打開するものとなった．というのも，これにより共同実施プロジェクトへの開発途上締約国の参加問題が解決したからである．この章では，12条に即したCDMについてのみ扱う．条約（および議定書6条の下での共同実施）のより広い文脈における共同実施に関心のある読者は，第13章を参照していただきたい．

14.1 交渉の歴史

CDMは1997年5月，京都プロセスの遅い段階でブラジルが提案した「クリーン開発基金」に端を発している[2]．ブラジルの提案は，当初2つの要素を含んでいた．1つ目には，個々の先進締約国に排出量の上限を割り当てるための複雑な方法を提案するものであった．2つ目には，ブラジルは，割当量を超える炭素換算排出量1t当たり一定金額を不遵守の先進締約国が拠出する「クリーン開発基金」の設立を提案した[3]．

この基金によって生み出される資金は，開発途上締約国における気候変動の緩和および適応対策に使われるとされていた．いずれの開発途上締約国も具体的な対策事業に要する資金調達を申請できるが，利用可能な資金量全体のうち限られた割合を得る資格があるだけである．この制限はその国の排出レベルによって異なる．大きな発展途上の排出国は大きな額の割り当てを得ることができる．利用可能資金の10%までが，適応対策に使われる[4]．

ブラジル提案の核となる要素，つまり，南への追加的資金を供与する基金の設立は，ほかの開発途上締約国にとっても魅力的であった．しかしながら，その資金配分の基準については批判が強かった．それは，温室効果ガスを大量に排出する開発途上締約国を優遇し，小国や後発開発途上締約国にはほとんど資金を残さないものだったからである[5]．したがって，1997年10月のAGBM8において，G77と中国はその概念の核心部分を支持しただけであった．すなわち，「開発途上締約国が持続可能な開発を達成し，条約の究極的な目的に貢献することを支援するため」，約束を遵守していない附属

---

[2] FCCC/AGBM/1997/MISC/Add.3, pp.3-57.
[3] FCCC/AGBM/1997/MISC.1/Add.3, p.8参照．
[4] 同上．
[5] Werksman 1998a, p.151.

書Ⅰの締約国からの拠出金によって賄われる基金を設立しようとの提案である[6].

米国は一般的には追加的な南北間の資金移転の考えを支持しなかったが，ブラジルとG77の提案は，約束の履行にあたっての「地理的柔軟性」に関心をもつ先進締約国に対してその機会を提供するものであり，米国はこのチャンスをつかんだ．ブラジルの提案は，不遵守の先進締約国にペナルティを課すかわりに，不遵守を避け，開発途上締約国における気候関連プロジェクトに投資することによって議定書上の約束を果たす手段として読みとることができた．このためには，ブラジル提案の懲罰的要素を取り除く必要があった．米国の案は，先進締約国が遵守・不遵守の評価の前に排出クレジットを得るために資金を供与するというものだった．このようにして，共同実施に反対する大半の開発途上締約国の懸念を考慮に入れつつ，CDMのアイディアは生まれたのである．（13.1参照）

1997年11月はじめに東京で行われた主要国政府会議において，米国はブラジル提案に独自の解釈を与えるため，初めての準公式的な試みを行った．その後，ブラジルと米国は二国間協議を強化し，京都でCDMを仕上げるための基礎を築いたのである．京都に至るまでに，両国は提案されたメカニズムを米国の解釈の方向へ向かわせる共通の理解に近づいた．これをもとに，京都会議での議論を妥協に導いていくことができたのである．

この基金に関するブラジル提案の立案者であるジルバン・メイラ・フィーリヨは，京都でCDMを作り上げるための交渉グループの議長となった．京都会議も遅くなってから，やっと第二週の初めになって，交渉文書にCDMに関する条文が登場した[7]．この時点では，G77と中国は草案に賛成していたが，いくつかの要素については論点が残っていた．これには，管理費用に充てるとともに，特に脆弱な開発途上締約国での適応対策に対して資金を供与するため，このメカニズムの下での資金フローに対して手数料を課すという規定が含まれていた．さらに，組織的な問題については合意に至らない点が多くあった．それは，このメカニズムが既存の金融機関，特にGEFを活用するのか，あるいは新たな機関を設立するのかといったことであった．こ

---

[6] FCCC/AGBM/1997/MISC.1/Add.6, p.16.
[7] 1997年12月7日付FCCC/CP/1997年/CRP.2と1997年12月9日付FCCC/CP/1997年/CRP.4を比較されたい．

ういった論点に関しては，おもに附属書Iの締約国と開発途上締約国の間で問題となったが，約束期間以前の CDM プロジェクトによって創出された排出許容量のバンキングや，吸収源プロジェクトの適格性などについては，必ずしもそうではなかった．この両方の点について EU は反対したが，米国や多くの開発途上締約国が支持した．

EU は，CDM を守るために G77 諸国と妥協しようとする米国にいささか不意を食らわされた．さらに，いくつかの締約国は，12 条について作業を進めその意味合いを評価するには時間が足りないと不平を述べた．しかし，この「不確実性のベール」が一部の締約国に対してはメカニズムの負の影響を隠したので，時間がなかったことが 12 条の採択にかなり貢献したとも言えよう[8]．

最終の本会議で，約束期間以前の排出削減のバンキングについて議論が起こった．EU およびいくつかの開発途上締約国は，2000 年から CDM 事業によって生み出される排出クレジットのバンキングを認める条項の削除を求めた．しかし，EU はこの決定が採択されてしまってから反対したのである．というのも，EU 内の調整は本会議と同時並行して行われ，共通のポジションを決めるのが間に合わなかったのである[9]．エストラーダ議長は，厳格な手続に従った（7.6 参照）．交渉テキストが 2000 年から排出削減クレジットのバンキングを認める条項を含んでいたのと，開発途上締約国および JUSSCANNZ 諸国がこれに賛成していたので，議長は草案を堅持することに決めた．サウジアラビアが適応対策に当てられる資金の一部を，化石燃料の生産と輸出に依存している開発途上締約国（つまり OPEC 諸国）に振り向けるためのメカニズムを要求したことにより，議論が起きた．しかし，この要求は多くの支持を得ることはできなかった．

結論づけると，12 条に関する合意は，京都での最も注目すべき展開の 1 つであった．それは動機と利害の両方が結び合わさった結果であり，共同実施への開発途上締約国の参加に強硬に反対する国ですら結局のところ抗し得ないダイナミズムを生んだのである．それにより，米国およびほかの先進締約国は，重要な柔軟性メカニズムと，おそらくは，議定書への開発途上締約

---

[8] 国際環境交渉における不確実性のベールの重要性については，Young 1989参照．
[9] フランスが言及したように，この遅延は「EUの機構的な問題」による（著者メモ）．

国の「意味のある」参加の要素（米国が要求していたこと，第 17 章参照）を盛り込むことに成功した．部分的には開発途上締約国に対する譲歩として以前からこれに反対していた EU としては，開発途上締約国との共同実施を認めることについて何の問題もなかった．持続可能な開発のための新しく独立した基金について合意できなかったにせよ，開発途上締約国はこのメカニズムによって同目的のための新たな資金源を創り出すことに成功した．しかし，開発途上締約国は CDM と排出量取引に合意することによって，開発途上締約国の自発的な約束に関する条文案を削除させることができた[10]．AOSIS は，CDM を通して適応プロジェクトに対する追加的な資金を得るという規定との交換により，最終的にはプロジェクト・ベースの共同実施への開発途上締約国の参加に対する反対を撤回した．

14.2　CDM に適用される規則

12 条 1 は，「CDM」を「定義」している．この妥協による文言は，開発途上締約国と先進締約国の間で異る CDM に対するアプローチを覆い隠している[11]．先進締約国は，一般的には南北間の環境保護のための資金移転を 1 つの機関，すなわち GEF に集中させようと努めているところであり，「『モントリオール議定書』の実施のための多数国間基金」のような，新たな金融機関の設立を避けるよう決意を固めていた．開発途上締約国は GEF に反対していたが，それは開発途上締約国が GEF の創設以来不満をもっており，新しく設立される機関においてより強い影響力をもつことを望んだからである．

12 条 2，3 の文言は，先進締約国と開発途上締約国の間で異なる CDM の目的とねらいを露わにするものである．CDM は，開発途上締約国が「持続可能な開発を達成し，条約の究極の目的に貢献する」ことを支援するものである（12 条 2）．開発途上締約国が CDM の下で「事業活動から利益を得る」という 12 条 3（a）の規定は，もっと曖昧である．先進締約国の利益に関しては，文言はより正確である．CDM は，附属書 I の締約国が，3 条に

---

[10] 本書第7章，開発途上締約国の自発的約束に関する条文案については第17章を参照．
[11] 資金メカニズムを「定義」している国連気候変動枠組条約11条を参照．

基づく数量化された目標の「遵守を達成すること」を支援し，CDM プロジェクトから生じる認証された排出削減量（CER）を COP/MOP の決定に従い，その義務の一部と相殺することができる（12 条 3）．12 条は，共同実施に関する 6 条に規定するような吸収源による人為的除去の強化については述べていない．

6 条の共同実施や 17 条の排出量取引とさらに対照的なことには，CER は獲得した締約国の割当量に追加される（3 条 12）が，もう一方の締約国の割当量から差し引かれはしない．これは，開発途上締約国が『京都議定書』の下では数量化された目標を課されていないためである．先進締約国によって獲得された CER はこのようにその割当量，つまり，排出許容量を増やす．これに見合うほかの締約国の割当量を減らすことによってバランスがとられるのではなく，附属書 B の先進締約国全体の温室効果ガス排出許容量は増えるのである．これが CDM の重要な特徴の 1 つで，その詳細な方式を定めるに当たって特に注意する必要がある（後述参照）．

先進締約国がその義務の一部を満たすために CDM を利用するという方式は，京都メカニズムの利用を制限しようとする EU の企てに端を発している（第 15 章参照）．共同実施や排出量取引と同様に，CDM の下で CER を獲得することによって満たされるこの「目標の一部」を数量化することに EU は失敗した．CDM をめぐって EU は，JUSSCANNZ 諸国のみならず開発途上締約国からも反対を受けた．量的な上限を設ければ，潜在的には大きなものになる可能性もある資金の流れを制限してしまうからである．

12 条 4 では，COP/MOP を CDM の最高の権威とみなしており，いまだ定義されていない「執行委員会（executive board）」がメカニズムを監督することとされている．この曖昧な文言は，執行委員会として既存のものを活用するのか，または新設するのかについて合意が得られなかったからである．先進締約国は，執行委員会が締約国で構成されるかのような示唆を与えることをうまく回避した．もし同項が，『モントリオール議定書』の多数国間基金のように，「執行委員会」(executive committee) に言及していれば，まさにそうなることを意味していたであろう（後述参照）．

COP/MOP により指定される同じく不特定の「運営主体」が，次の 3 つの基準に基づき CER を認証する（12 条 5）．

● 関係各国によって承認された自主的な参加

第14章 クリーン開発メカニズム

● 気候変動の緩和に関連する実質的で測定可能な長期的利益
● 「環境上の追加性」，すなわち，認証された事業活動がない場合に生じる排出削減に対する追加的な排出削減

　6条の共同実施（JI）の基準と同様に，CDMの基準は概ね1995年に合意された試験的段階のAIJを反映している．どのプロジェクトも各国の環境と開発の優先順位に矛盾しないことという要請は落とされた．これは，すべての関係締約国の承認を必要とすることで保証される．CDMの下で投資される資金は政府開発援助に対して追加的であるべきという資金の追加性に関しては，この基準のリストには挙げられていないことが注目される．

　12条6によると，CDMは「必要に応じ認証された事業活動に対する資金準備を支援する」とある．これを実施する1つの可能性としては，クリアリングハウスを設置することである．これは，可能性のあるCDMプロジェクトについて，潜在的な投資者と受け入れ者を引き合わせることを助けるものである．この規定が実際にCDMが投資者の資金を事業プロジェクトに回すことを意味するのか否かはいまだ残された問題であり，ほとんどの先進締約国はこの解釈に反対している（14.3参照）．

　透明性，効率性および責任性を確保するための方法・手続は，第1回のCOP/MOPで定められる（12条7）．COP4で採択されたブエノスアイレス行動計画は，COP6においてこれらの方法に関する合意が得られると見込んでいる[12]．これは12条の文言から逸脱することになるが，その理由は第一に，京都メカニズムはすべて1つのパッケージとして作り上げられるということ，第二に，もしCDMが12条10にあるように2000年から運用されるとするなら，これらの規則についての合意が不可欠であることによる．しかし，COPによるいかなる決定も，この議定書のCOP/MOPの第1回会合で正式に確認されなりればならない．その作成する規則のうち重要なものは，「事業活動に対する独立した監査および検証」（12条7）に関するものである．この規定は，こうした機能を誰が果たすのかについてあらかじめ決めていないし，監査と検証を実行するプロセスについても具体的に定めていない[13]．

---

[12] FCCC/CP/1998年/16/Add.1.の中のDecision7/CP.4.
[13] Werksman 1998a, p.155参照.

12条8は，最も特筆すべき革新的な要素の1つをCDMに導入している．「認証された事業活動からの利益の一部」がこのメカニズムの運営費用を賄うとともに，「気候変動の悪影響に対して特に脆弱な開発途上締約国の適応対策の費用負担を支援するために用いられることを確保する」としている．明らかに，この規定がAOSISによるCDM提案の受け入れや積極的支持さえももたらした．AOSISは適応策に対するGEFを通しての資金供与に不満であった．CDMは主として民間部門の投資を利用することになるので，12条8は先進締約国政府の予算的な制約に左右されない，新たな資金源を切り開くものとみられた[14]．

同項については，先進締約国の懸念があったため，京都では最後まで議論が残ったところである．まず，国際的な課税に対する一般的な反対が，特に各国の大蔵省からあった．そのような国際課税は重要な先例となる上，ほかの国際協力分野でも関連した要求が起こる可能性があるからである．2つ目に，CDMプロジェクトに対する課税は追加的な負担になり，創出されるCERの量が減る可能性があるからである．もっと重要なことに，先進締約国のいくつかはこの規定に関して憲法上の問題があるとみた．多くの国において課税は議会の排他的な権限に属することであり，またそれは特定の目的のために使われることになっており，政府間合意による国際課税の導入は問題になると考えられた．結果として，この税は，最終的には「利用者に対する賦課金」ではなく，「利益の一部」とよばれることになったのである[15]．

12条9は，6条3の附属書Iの締約国間の共同実施を引き写しにしたものである．それは，投資国である先進締約国や受入国である開発途上締約国において，民間および／または公的主体の参加を認めている．多国間というCDMの性質から，参加者は「執行委員会によって与えらるすべての指導に従う」こととされている．6条の共同実施における二国間のアプローチとは対照的であり，共同実施では関係締約国にプロジェクトに参加できる法的主体を認める権限を与えている．

最後に12条10は，2000年から約束期間が始まるまでの期間に得られたCERをバンキングすることを認めている．2000年から2007年の間のプロ

---

[14] Cameron/Buck 1998a参照．
[15] 1997年12月9日付FCCC/CP/1997/CRP.4と1997年12月10日付FCCC/CP/1997/CRP.6を比較されたい．

ジェクト活動に由来する CER は先進締約国が獲得し，第一約束期間の割当量の増加に使うことができるが，議定書はその条件を特定していない．特に，12 条 10 は議定書の発効，認証のための運営主体の指定，または適切な方法と手続きの採択が CER のバンキングに先んじて必要とされるのかどうかについては，何も述べていない．エストラーダ議長が京都の最終夜にバンキングに対する反対を押し切って小槌を打ちおろしたとき，EU は COP4 で再びこの問題を取り上げることにしようとした．米国と多くの開発途上締約国がこれを拒絶した．妥協の結果，締約国会議は 12 条 10 の意味合いを分析するため条約上の機関でさらに討議する予定を盛りこんだ決定を採択した[16]．しかし，京都の後，EU は約束期間が始まるまでのバンキング禁止の要求を再び行うことはせず，それによって暗にバンキングを受け入れることを示唆している[17]．

　全体として 12 条は，国際気候政策の革新的な手段を「定義」している．CDM の先例はない．『京都議定書』も単に緩やかな枠組みを設定したに過ぎないので，その設計図はまだほとんど描かれていない．それゆえ CDM は「京都の驚き」であるだけではなく，『京都議定書』の未決定要素の 1 つであるとともに，「未完成事項」の一環なのである．

14.3　評価と展望

　京都会議の後，CDM は政治家や研究者を含め気候政策に関連する人々の注目を浴びることとなった[18]．CDM の制度を設計し発展させることは 1998 年 11 月の COP4 で採択されたブエノスアイレス行動計画のなかで優先性が与えられている[19]．以下の節では，はじめに CDM の一般的なアプローチと運営システムを作る際の選択肢を分析し，次にメカニズムの運用基準と政策を決めるための選択肢を検討する (14.3.2)．その後，ほかの京都メカニズムと CDM との関係を分析し (14.3.3)，運営費用と適応策のために用いら

---

[16] FCCC/CP/1997/7/Add.1.の中のDecision1/CP.3, para.5（e）．
[17] FCCC/CP/1998/MISC.7.のEUその他の国によるCDMに関するノン・ペーパー参照．
[18] 例えばGoldemberg/Reid 1999; Goldemberg 1998; Grubb et al. 1999; Werksman 1998a; Cameron/Buck 1998a and b; Michaelowa/Dutschke 1998参照．
[19] FCCC/CP/1998/16/Add.1.の中のDecision7/CP.4, para.1.

れる「利益の一部」についての特別の問題を分析する（14.3.4）．最後に，ありうべき将来におけるCDMの妥当性を探って，この節を締めくくる．

14.3.1　一般的アプローチ，運営，機能，そして主体

　条文をめぐる交渉の過程で政治的な妥協が行われた結果，議定書12条はCDMの運営制度についてはほとんど何の指針も与えていない．最高機関としてのCOP/MOP，執行委員会，民間および／または公的主体，いまだ定義されていない認証のための運営主体，そして，これまた不特定の監査および検証機関の役割とこれらの主体間の関係を明確にする必要がある．さらに，運営費用と適応活動に使われる「利益の一部」を徴収し，管理し，支出するための適切な取り決めを行う必要がある．

　これらの必要な決定を行うに当たって締約国は，文献中に見られる2つのモデルを用いることができよう．すなわち，(1) 多数国間の制度化されたモデル，(2) 二国間モデルまたはクリアリングハウス・モデルの2つである[20]．多数国間モデルは『モントリオール議定書』の実施のための多数国間基金に端を発しており，一般に開発途上締約国に好まれる．多数国間基金と同様に，執行委員会がプロジェクトの選考と実施をしっかり監督する．多国間の枠組の中では，二国間で資金提供国と交渉する場合に比べて，原則的に受入国はプロジェクトの選考と設計により深くかかわることができる[21]．『モントリオール議定書』の多数国間基金の執行委員会は，プロジェクトの実施に責任をもつ指定された実施機関と協力するという点で，これと似た役割を果たしている．多数国間基金の下では，UNDP, UNEP, UNIDOおよび世界銀行がこれに当たる[22]．CDMの執行委員会は，特に事業活動の監督や検証を行うとともに，CERの認証に責任をもつ運営主体との関係を取り扱う（そして監督する）こともできよう．

　多国間アプローチの下での事業活動は，二国間ベースで，および／または，1つまたは複数の信託基金の枠組の中で行われることもありうる．その

---

[20] ほかにポートフォリオ・アプローチと二国間アプローチを比較したYamin 1998b，市場に基づくレッセフェールのアプローチと介入主義アプローチを比較したWerksman 1998aもある．Michaelowa/Dutschke 1998; Ott 1998bも参照．
[21] Yamin 1998b; Michaelowa/Dutschke 1998.
[22] 『モントリオール議定書』の実施のための多数国間基金についてはDeSombre/Kauffman 1996; Biermann 1997参照．

ような信託基金には，CDM プロジェクトを行おうとする提供者の資金をプールしておくこともできる．これら2つの実施方式を組合わせる可能性は，『モントリオール議定書』の多数国間基金の例が示している．そこでは，二国間でのプロジェクトの実施が認められる．（上に述べた実施機関を通して行う必要はない．）『モントリオール議定書』の多数国間基金とは対照的に，CDM の下でのポートフォリオ資金は，その大部分を政府資金に頼るのではなく民間部門によることとなる．それは，CDM の基礎にある共同実施の概念が，気候保護に民間投資を動員することをねらいとしているからである（第13章参照）．

執行委員会はそれ自身で信託資金を管理し，CDM プロジェクトのポートフォリオを創り出すこともできよう．それに対し，開発途上締約国および関心を有する投資者が応募することになる．委員会はまた，ほかの機関によって運営される小基金の運用を監督することもできよう．例えば世界銀行は，プロジェクトのポートフォリオを作るため，地球規模の「炭素投資基金」（Carbon Investment Fund）の設立を計画している[23]．これは，CDM の下で基金を創出することをねらいとしているわけではない（むしろ，必要な経験の蓄積を進めることをねらいとしている）が，興味深い可能性を示している．ほかの公的・私的な主体も，このような基金の設立に関係することができる．

大半の先進締約国は，二国間モデル[24]のほうを好んでいた．このアプローチによると，CDM はおもに民間投資と市場の力によって温室効果ガス排出を低減させ（そして CER を生み出し），取引費用と運営費用を最小化することをねらいとしている．そのため CDM は上に述べたようなクリアリングハウス機能に焦点を当てることになる（14.2 参照）．それは，潜在的な投資者と受入国のパートナーを引き合わせることを容易にし，これにより「必要に応じ，認証された事業活動に対する資金準備を支援する」（12 条 6）．プロジェクトの選考と実施は概ね参加者に任される．（COP/MOP で採択され

---

[23] World Bank, The Global Carbon Initiative of the World Bank（著者のファイルにある配布資料）．
[24] 二国間モデルにおいてさえ，1つ以上の投資国がプロジェクトに関連することがある．（したがって，プロジェクト参加者は2以上になる．）にもかかわらず，ホスト国側からみると，モデル内での関係は二国間である．すなわち，第三国や多国間機関の監督をまったくまたはほとんど受けることなく，1つまたは複数の投資者が，1つのホスト国に相対するからである．こうして，このモデルは「二国間」と呼んでいいだろう．

る運用基準には従わなければならない．14.3.2参照)．執行委員会は単にCDMの下での資金の流れを監督し，認証，検証および監査を取り扱うことになる．（したがって，そのコントロール機能は多国間アプローチに比べて限定されたものとなる．）[25]

これら2つのモデルはこのようによく比較されるが，『モントリオール議定書』の経験が示しているように，互いに排他的なものではない．むしろ，事業活動における多国間の監督，規制，介入の程度が高いものから低いものまで，スペクトルの両端を表したものである．このように，クリアリングハウス機能は多国間CDMの一部分ではあるが，この機能に限られるものではない．2つのモデルは，共同実施一般，より具体的には『京都議定書』6条の共同実施に対する異なるアプローチを反映している（第13章参照）．後者は，より二国間アプローチに傾いているが，12条，特に執行委員会による監督は，より多国間の方向に傾いたCDMの形態を指し示している．

CDMの運営システムとしては，さらにほかの選択肢もあり，上に述べた基本的アプローチのうちどちらかを選ぶかによって異なってくる．執行委員会の構成，権限，機能および手続に関して，さまざまな選択肢がありうる．もし委員会が新しく設立されるとすれば，締約国（すなわち，COPおよび第1回のCOP/MOPの会合）はその意思決定手続と構成を決めなければならないだろう．『モントリオール議定書』の多数国間基金の執行委員会の経験が示すところでは，そのような独立した執行委員会は同じ数の先進締約国と開発途上締約国の代表で構成され，おそらく複合多数決制を採用することになろう[26]．例えば，『モントリオール議定書』で決定を行うには，先進締約国の過半数と開発途上締約国の過半数からなる3分の2の票が要求される．対照的に，GEFのような既存の制度を利用するなら，基本的には既存の構成と表決規則を受け入れることを意味する．しかし，原則的にはGEFの下でも特別の構成と特別の意思決定手続をもった別の組織を設立することもできる．

特にその目的で設立される新しい組織に対して，日々の運用を監督したり，CDMに適用される政策，手続，指針および基準を決定したり，果ては

---

[25] 二国間モデルの例示として，FCCC/CP/1998/MISC.7 (Paper No.6) を参照．また，Yamin 1998bによる「二国間アプローチ」の記述を参照．
[26] Multilateral Fund 1998; Ozone Secretariat 1998, p.199 以下．

個々のプロジェクトについても決定を下したりする大きな権限を委譲することは理にかなっている．そのような執行委員会は，CDM の下で行われる事業活動に対し締約国が比較的継続的かつ詳細にコントロールすることを可能にし，主権や政府のコントロールを失うのではないかという開発途上締約国の懸念にも配慮したものとなろう．そのようなものとして，CDM の執行委員会は多数国間モデルに対応することになる（前述参照）．これとは対照的に，執行委員会の任務を既存の組織に行わせるということは，限られた権限（例えば，クリアリングハウスを運営するだけ）しか与えないことを意味し，先進締約国が好む二国間モデルに対応するものとなる．

組織についての選択肢は，COP/MOP による監督やコントロールの程度にも影響を与える．12 条 4 は，CDM は COP/MOP の「権威と指導に従わなければならない」という文言で，この問題に関する開発途上締約国と先進締約国の間の意見の相違を体現している（強調個所は著者による）．「権威」という最初の用語は，COP/MOP の権威に従う何か新しいものの設立に対応している．対照的に「指導」という用語は，GEF のような既存の組織にそれぞれの任務が割り与えらえるようなモデルに対応している．これは，「了解覚書」を通して契約関係を結ぶことを示唆しており，CDM の運用に関する締約国の直接的なコントロールは少なくなる．

両方の場合とも，事務局の補佐を必要とし，そのような補佐は広範にわたる権限をもつ独立した執行委員会の場合はより大きくなるだろう（会合文書の準備，プロジェクト案の評価，クリアリングハウスの運用など）．条約の事務局は，試験段階の AIJ で培った専門的知識を生かすことができる．しかし，締約国は，CDM が生み出す利益の一部で賄われる，別の（にもかかわらず，何らかの形で条約事務局と関連づけられる）事務局を設置することもできよう．

認証，監査，検証機能は特定の形の運営を意味するものではなく，基本的にはいろいろな主体が行いうるだろう．国際的または国内の主体や政府および民間部門の主体も含まれる．これらの任務を果たす主体をいくつか複数指定すれば，競争を高め，費用を減らすことになろう．認証は CER 付与の基礎となるので，関連する専門的知見をもつ政府間機関を「運営主体」に指定することができよう．選択肢としては，『モントリオール議定書』の多数

国間基金の実施機関（UNEP, UNDP, UNIDO, 世界銀行）が含まれる．これらは，UNIDO を除いて，すべて GEF の母体機関である．しかし，民間企業はすでに国際貿易のいろいろな分野で似たような機能を果たしているので，民間企業も考えられる[27]．しかし，CER の信頼性を高め，利害の対立を防ぐため，認証者はプロジェクトの実施にかかわらないように注意する必要がある．

監査と検証（12 条 7）は CDM に対する信頼性を確保する上で最も重要なものである[28]．これらはプロジェクトの実施が設定された運用基準に合っているかどうかを検査するという機能を果たす[29]（後述参照）．このように，監査と検証は最終的な排出削減の認証に先んじてなされる必要があるだろう．監査と検証は（現地調査も含め）その大部分が特殊な技術を要する活動であるので，「国際的に認知されている会計またはコンサルティング企業」のような民間主体が行うのがよいとの示唆もなされている[30]．

12 条 9 は，CDM に「民間および／または公的主体」の参加を認めている[31]が，その役割，機能および責任が明らかにされなければならない．共同実施の概念からして，事業活動はおもに民間企業によって行われることが期待されている．最も重要なことは，締約国がプロジェクトを実施する民間主体の義務と権利を確立し，CDM にかかわる政府主体や組織とどのように関連づけるのかを決定することである[32]．選択肢としては，民間主体と CDM の管理主体の間に直接的な関係を認めること（例えば事業の承認，報告，紛争処理など）や，締約国政府を介して間接的な関係をもつという方法もある．CER の保有と売却についても同じ選択肢がある．さらに，プロジェクトの失敗による損害責任は直接これらの民間主体に帰属させるか，それぞれの政府を通じて調停することもできよう．しかし，民間および／または公的主体の潜在的な役割は，プロジェクトの実施や検証，監査をはるかに超えるもの

---

[27] 国際的に事業を展開するSGSは，すでにコスタリカで事業活動の認証を行っている．Goldberg 1998参照．国際標準化機構（ISO）がこれに関連する基準を定めることにしてよいだろう．

[28] Earth Negotiations Bulletin, Vol.12, No.98, 19 April 1999の中のTechnical Workshop on Mechanisms under Article 6, 12 and 17 of the Kyoto Protocol organized by the FCCC Secretariatにおける討論参照．

[29] The International Performance Measurement and Verification Protocol of the US Department of Energy, December 1997も参照．1999年6月現在，http://www.ipmpv.orgにて閲覧可能．

[30] 例えば Werksman 1998a, p.155.

[31] これらの主体の役割についてはCampbell 1998参照．

[32] 一般的にはOtt 1998b参照．

である．さらに，CER に互換性をもたせるなら民間主体が CER の獲得と売却を行う（仲介する）こともありうる．これらは，これから COP6 までの間，あるいはそれ以降の交渉で結論を出さねばならない複雑な問題である．

広い範囲の民間および公的主体の両方がさまざまな CDM の事業活動に関係してくるので，損害責任と紛争解決に関する適切な規則を定めることはもっと必要になってくる．例えば，保険会社や地域開発銀行または世界銀行の国際金融会社（IFC）がプロジェクトの失敗に対して投資者を保証したり，投資リスクをカバーすることもあり得よう[33]．CDM は主として民間部門の資金を動員することをねらいとしているが，「公的主体」もまたその運営と実施に関与することになりそうである．一部の附属書 B 国は，開発援助の経験を生かして公的資金で賄われる CDM プロジェクトを実施しようとするかもしれない．例えば日本は，すでにこれに明確な関心を示している[34]．しかし，公的資金を使えば，資金の追加性の問題，すなわち，その資金がどの程度まで既存の政府開発援助（ODA）予算で賄われることを認めるのか，という問題が生ずる（運用基準に関して後述参照）．

開発途上締約国に関しては，特に民間部門が十分に発達していないようなところでは，公的主体が事業の実施にかかわってくるだろう．開発途上締約国が（CDM のルールに従いつつ）自己資金で事業活動を行い，発生する CER を投資者に譲渡する，という案もある．このように，開発途上締約国は CDM プロジェクトに追加資金を投資して CER を取得し，競売などでそれを売却することもできよう[35]．

CDM の基本的な設計は，締約国による政治的決定に左右される．1999年半ばの現時点では，関連するすべての問題について COP6 までに締約国間で合意が得られそうにもない．議定書が発効する以前に執行機関が運営開始することはありえないので，政治的な妥協を見つける時間はいくらか残されている．しかし，そのような遅延は潜在的投資者に不確実性をもたらし，CDM の可能性を減じてしまうことになる．ほかの技術的な問題，特に監査，検証および認証（これらを行うためのガイドラインを含む）に関連した問題

---

[33] Cameron/Buck 1998b 参照．
[34] Werksman 1998a, p.154 参照．
[35] 実際，コスタリカでは片務的な JI 活動がすでに行われている．Goldberg 1998; Dutschke 1998 参照．

は，もっと急を要するものである．この点で，適切に規則に従っているかどうかをチェックするため，報告のガイドラインを作る必要もある．そのようなガイドラインは，共同実施一般の問題や試験段階の AIJ について行われている作業を基にして作り上げていくことができよう[36]．

　CDM は，これらの基本的な規則や以下で議論する運用基準に関する合意なしには，第 12 条が描いているようには 2000 年から有効に機能しない．それ以降も，おそらくこれらの規則は執行委員会および COP/MOP によってさらに精緻化されていくであろう．また，COP/MOP は，『京都議定書』の発効以前に条約の締約国会議でなされる CDM に関する決定を確認することが求められるだろう．

14.3.2　運用基準と方針

　上で論じたような CDM の機能に加えて，締約国は CDM の日々の運用に関する基準と方針を作成する必要がある――GEF や『モントリール議定書』の多数国間基金といった環境金融制度でそうしたように[37]．『京都議定書』12 条 5 では，単に CDM プロジェクトを実施するため 3 つの基準を設けているだけで，その内容は，自主的な参加，環境上の追加性，実質的で測定可能かつ長期的な気候への利益の達成，である（上記 14.2 参照）[38]．自主的な参加は，単に事業活動に関係する締約国の明示的な承認を要求しているのに対し，ほかの 2 つの基準は，排出削減量を測定するための信頼できるベースラインの設定，および／または「環境上の追加性」を決定するのに使用されるベンチマークあるいは参照事例を必要としている（第 13 章も参照）．このベースラインの設定は本質的に難しく，京都会議以前にも以降にも白熱した議論が行われてきた．実行可能で費用効果的であり環境的にも健全な手続とするには，プロジェクトの類型を決定し，継続的に更新される一般化したベースラインを設定することとしてもよい[39]．

---

[36] FCCC/CP/1997/7/Add.1.の中のDecision10/CP.3により採択されたAIJの統一報告様式（FCCC/SBSTA/1997/4）を参照．
[37] Multilateral Fund 1998; GEF 1996参照．
[38] Goldberg/Reid 1999参照．
[39] OECD 1999; Michaelowa/Dutschke 1999; Luhmann et al. 1997およびEarth Negotiations Bulletin, Vol.12, No.98, 19 April 1999の中のTechnical Workshop on Mechanisms under Article 6, 12 and 17 of the Kyoto Protocol organized by the FCCC Secretaliatにおける討論参照．

さらに，締約国は，環境上の追加性を有すると想定される適格事業のポジティブ・リストを作ることができる（例えば，再生可能エネルギーまたは，エネルギー効率の改善プロジェクト）[40]．しかし，それでも実際に達成される排出削減量およびそれに対応する CER の量を決定するため，具体的な量的ベースラインを設定する必要から逃れることはできない[41]．締約国は，ある種の事業を適格対象からはずしたネガティブ・リストを作ることもできるだろう．例えば，核エネルギー事業は操業と核廃棄物の処理に関して本質的に危険性があるため，CDM からはずすことも考えられよう（特に開発途上締約国において）[42]．

ほかにも明確にする必要があるのは，CDM における ODA の役割である．CDM の基準には「資金の追加性」は含まれていない．このように，一見すると，ODA 事業は CDM の下で適格のように見えるが，CDM の下敷きにある共同実施の概念は主として公共投資ではなく民間投資をねらいにしているのである．少なくとも日本はこの目的で ODA を利用することに関心を示していることが知られている．しかし，開発途上締約国からは，このようなプロジェクトは外すべきだという要求が京都会議後も引き続き起こっている[43]．

ほかの大きな論点としては，吸収源プロジェクトの CDM の下での適格性の問題がある．6 条の共同実施では，人為的吸収源の強化に由来する排出削減量の創出を認めている．対照的に 12 条では，事業活動による「排出削減」にしか言及していない．森林減少を減らす活動は「排出削減」につながるので適格ということもできるが，この文言の違いは吸収源プロジェクトが適格ではないということを示唆している．これは，交渉の歴史を見ても支持される．交渉の期間を通じて，CDM に関する草案テキストには，数値目標との関連で問題の決着のしかたによっては CDM の対象の範囲に吸収源も含まれうるという注がついていた．しかし，最終草案テキストにはこの脚注がもはや含まれず，吸収源プロジェクトについてはまったく言及されていない．

京都会議以後，12 条が CDM から吸収源プロジェクトを除外することを

---

[40] Cameron/Buck 1998b; Panayotou 1998; Hassing/Mendis 1998参照．
[41] Luhmann et al. 1997, p.91以下およびp.197以下参照．
[42] COP4は，核エネルギー産業からおよそ150人の代表が参加した．CDMとJIの下での核エネルギー・プロジェクトに対する要求が出されたが，公式には議論されなかった．
[43] 例えば，FCCC/CP/1998/NISC.7/Add.2（African Group）参照．

意図しているか否かについて，見解が分かれている[44]．一部の先進締約国と開発途上締約国——特に試験段階の AIJ で吸収源プロジェクトを行っている国々——は，京都会議以来この議論を続けようとしており，吸収源プロジェクトを CDM の下で適格とするよう要求している[45]．吸収源に関する一般的な問題と同様，明確な決定は吸収源に関する IPCC の特別報告が 2000 年以降に完成した後になされるだろう（11.3 参照）．

（いくつかの EU 加盟国が主張するとおり，）CDM から吸収源プロジェクトを除外するもっともな理由がある．吸収源をめぐる大きな科学的不確実性，計量可能で信頼できるベースラインを設定することの困難性，そして，特に開発途上締約国において「環境上の追加性」を確保することの困難性である（11.3 参照）．さらに，吸収源プロジェクトは，CDM の中核となる技術移転の要素を欠いている（能力向上には寄与するかもしれないが）．しかし，CDM の下で吸収源プロジェクトを認めようというかなりの政治的圧力が今後もかかり続けるだろう．試験段階の AIJ でこうしたプロジェクトに対する投資がすでに行われており，参加各国は 2000 年からこれらのプロジェクトを CDM に移行させることを期待しているからである．もしこの理由づけが有力になり，吸収源プロジェクトが含まれるとするなら，吸収源に特有の曖昧さに対処するため，適格プロジェクトの種類や CER の計算方法，持続可能性の指標（環境的，社会的，文化的な）に関して，特に厳格な基準が確立されるべきであろう．例えば，森林プロジェクトには特に高度の保険と損害責任が要求されるであろう．なぜなら，森林破壊，例えば森林火災によるプロジェクトの失敗は，過去に達成された CO_2 の除去を無効にし，そのプロジェクトから生じるすべての CER を無効にする（非吸収源プロジェクトが失敗した場合は将来の CER が無効になるだけであるのに対して）．同じ理由により，CDM は炭素吸収量の最大化と持続可能な森林管理という潜在的には対立する 2 つの目的の間の折り合いをつけなければならない（第 23 章も参照のこと）．

12 条 10 は，2000 年から 2007 年までに創り出された CER のバンキングとその第一約束期間への移転を認めるという，特別の挑戦的課題を投げかけ

---

[44] Yamin 1998b.
[45] FCCC/CP/1998/MISC.7 and addenda.

ている．COP4 では，2000 年末（または 2001 年始め）の COP6 で未解決の問題に決着をつけることとした[46]．もし合意に達したとしても，100％運用開始となるまでには時間を要することは疑い得ない．また，締約国は COP6 の後も CDM をさらに精緻なものにしていかなければならないだろう．したがって，12 条 10 の意味を具体化する必要がある．これは，遡及してクレジット化することを認めるか否か，すなわち，関連する規則や指針（監査，検証，ベースライン等）が作成される以前に創り出された排出削減量が後になって認証されうるか（CER になるか）否かといった問題である．このような事後的な認証は難しく，不可能ですらありうる．試験段階の AIJ では，参加国がさまざまな規則を用いており，達成された排出削減量の計算について首尾一貫したデータは未だ得られていない[47]．

さらに，締約国は，CDM プロジェクトによって得られる排出削減量の認証を，プロジェクトの開始時，終了時，またはその中間段階で定期的に（例えば毎年）行うのかを決定しなければならないだろう．実際の排出削減が起きる前に認証するということは，事実上，京都プロセスの早い段階で拒否された排出の「ボロイング」の概念に等しい結果をもたらすこととなる（11.1 参照）．慎重さと透明性を期するという理由に並んで，ここでは（認証という）用語が選ばれている事実は，実際に達成された削減量の認証を定期的に行うのがよいことを示している．しかし，投資者はこれに加えて，プロジェクトによって生み出される CER の量について信頼性のある将来予測を要求するだろう．実際の排出削減の達成に先駆けて，何らかの形で監査や予備的な見積もりを行うことが必要になるかもしれない．

衡平性の問題は，開発途上締約国間における CDM プロジェクトの分布に関連している．自由市場に任せれば CDM 投資はすでに海外直接投資が集中している開発途上締約国に集まることになる可能性が十分にある．ちなみに，1997 年には開発途上締約国に対する海外直接投資全体の 4 分の 3 近くが 10 カ国に集中しており，ほかの多数の国には無視してよいほどしか投資されていない[48]．例えば，アフリカのサブサハラ地域は，約 1％を占めただ

---

[46] FCCC/CP/1998/MISC.7/Add.1の中のDecision7/CP.4参照．
[47] Synthesis report on the status of the AIJ pilot phase by the Secretariat in FCCC/SBSTA/ 1997/12 and Add.1参照．
[48] World Bank 1999, pp.21-30; Yamin 1998b.

けである．このように，アフリカ諸国や後発開発途上締約国，小さな市場しかもたない国々は，あまり CDM から利益を受けそうにもない[49]．

COP4 ではこの問題があることを認め，事務局に対して，特に小島嶼国および後発開発途上締約国に重点を置いて，開発途上締約国における CDM 活動のための能力開発を進める計画を作成するよう要請した[50]．これに加えて，CDM プロジェクトをすべての途上地域で平等に行うことや，開発途上締約国のグループ別に割り当てることが提案された[51]．このような衡平性を基礎とするアプローチ——効率性に対する配慮とのバランスをとらなければならないが——の前例は，『モントリオール議定書』の多数国間基金に見られる．この取り決めの締約国は，オゾン破壊物質の消費が少ない開発途上締約国に対して十分な資金を割り当てることに合意した．なぜなら，従来の確立された基準を唯一の基礎とすると，これらの国は必要な援助を受けることができなくなるからである[52]．このような衡平性に基礎を置く配慮は，多国間アプローチの下でこそ実行しやすいものである．

CDM のとる基本的なアプローチにしたがって，追加的な政策や指針を定める必要がある．例えば，もし CER の競売や開発途上締約国による CDM プロジェクトの一方的実施について合意される場合には，その条件についても定めなければならない．

14.3.3　CDM と他の京都メカニズムとの関係

締約国が行わなくてはならないもう 1 つの重要な政策決定は，CER の「交換性」に関することである．すなわち，CDM プロジェクトによって生まれた CER はその CDM プロジェクトを実施した先進締約国のみが獲得できるのか，あるいはほかの締約国に移転することができるのかということである．排出割当の移転に関する規則は京都メカニズムに関する各々の条項では扱っておらず，代わりに議定書 3 条 10 および 11 が排出量取引による割当量および共同実施による ERU の一部の獲得および移転について規制している．

---

[49] 例えば，Dessus 1998参照．
[50] FCCC/CP/1998/16/Add.1.の中のDecision7/CP.4, para4.
[51] 例えば，Yamin 1998b．African Common Position on the Clean Development Mechanisms in FCCP/CP/1998/MISC.7/Add.2.も参照．
[52] Multilateral Fund 1998, pp.4-5.

一方，3条12はCDMによるCERの獲得に関するものである．CERはほかの2つの割当とは異なり，その移転後に締約国の割当量から差し引かれることはない（図13.1参照）．3条12がCERの獲得のみを規制し，移転について規定していないので，1つの解釈のしかたとしては，開発途上締約国において投資を行う締約国のみがCERを「獲得」し，排出割当としてその国の割当量につけ加えることができるという解釈も成り立ち得よう．

しかし，CERの自由な移転を禁止することは，受け入れ開発途上締約国によるCERの獲得およびほかの締約国への移転の可能性を排除してしまうことになる．完全に交換性があるなら，CDMによって生み出されたCERを獲得したり，そのような割当量の取引に参加するインセンティブを開発途上締約国に与えることになる．移転可能でないとすれば，開発途上締約国が単独でCDMプロジェクトを実施することに対しては何のインセンティブも与えないことになる．

CERの移転可能性は，『京都議定書』のCDMをまだ始まってはいない排出量取引制に結びつけ，このメカニズムへの限定的なアクセスを開発途上締約国に与えることになるだろう．このように開発途上締約国が参加することによって，排出量取引とCDMの両方に対する開発途上締約国の関心を増大させることになるかも知れない．しかし他方で，CDMプロジェクトによる排出削減量をできるだけ多く認証しようとするインセンティブを高めることにもなる．CERの移転可能性とその結果としての排出量取引への開発途上締約国の参加は，排出削減量の監査，検証，認証におけると同様にベースラインの設定や実際の排出モニタリングに関しても，特に厳格な指針が必要とされることになろう．

上に述べたことと，実際にCERが『京都議定書』の下での先進締約国全体の排出割当を増加させるという事実は，共同実施に対するよりCDMに対して強い「安全ベルト」を締めることを正当化するものであり，それには特に事業の適格性と検証に関して厳しい規則を定めることが含まれる．加えて，もしCDMが議定書の下で主要な役割を果たすとするなら，互いに異なる京都メカニズムに対して同じ土俵を設定することが要求されるだろう（後述参照）．共同実施とCDMは同じプロジェクト・ベースの概念に根差しており，実施に当たって締約国が直面する問題も似通っているので，これらのメカニズムを作り上げる際にはある程度の調整を行うことが有益であろう．

14.3.4 運営費用と適応策に使われる収益の一部

　12条8に関しては多くの疑問がある.「認証された事業活動からの利益の一部」が運営費用および特に脆弱な国々の適応措置を賄うために使われるという規定である. 気候変動の悪影響（例えば海面上昇）への適応とメカニズムの運営に使われる「利益の一部」の大きさについては,『京都議定書』では決められていない. さらに, この割合を算定する根拠もまだ定められていない. それは, 生み出されたCERを基にするのか, または, CDMプロジェクトによって生み出された超過利益を基にするのかということである.

　もう1つの重要な決定事項は, 運営と適応の間の資金の配分に関することである. 運営費用に充てられる資金は, 比較可能な制度の運営費用を参考にして決定できるだろう. 一般に, 国連機関は事業費総額の13%を管理費（プログラム供用および支援費）として差し引いているが,（プロジェクトの規模に応じて）この割合を減らしたり異ならせたりするようにとの圧力が増えてきている[53]. さらに, 国連の枠組の中では実際の事業実施費用も含んだ額となっているのに対し, CDMの下では民間の主体が負担することが期待されている.

　いくつもの主体がCDMプロジェクトの運営をめぐって競争することになれば, このために使われる収益の割合は小さくなるだろう. 適応に使われる「利益の一部」の一定部分を決定する際には, この「一部」を最大化することとCDMプロジェクトの魅力を保つこととの間で明らかなトレードオフが起こるであろう.「適応税」が高ければ高いほど, 先進締約国における国内措置であれ, ほかの京都メカニズムの利用であれ, 投資者にとってはほかの選択肢を探そうというインセンティブが大きくなるだろう.

　CDMのもう1つ別の機能は, 適応のための資金の徴収, 管理, 支払いであろう. 前述のとおり, 締約国は（独立したCDMの中に）新しい国際的な組織を設立するか, 条約の下ですでに適応のための資金を供与しているGEFのような既存の機構を活用することができる. このように, 前述した運営全般にわたる問題が, 適応のための資金調達の側面とも関係してくるのである.

---

[53] 例えば,『モントリオール議定書』の多数国間基金の執行委員会が1998年に決定したところによると, 運営手数料はプロジェクト費用全体の11%から13%とし, 500万ドルを超えるプロジェクトについてはケース・バイ・ケースで決めることとしている.

さらに，資金援助を受けるにふさわしい適応プロジェクトの種類も決める必要がある．枠組条約のもとでは，適応プロジェクトは3つの異なった「段階」をたどって行われてきた．第一段階では，特に脆弱な地域と適切な政策オプションを特定する．第二段階では，適応への準備を行う．保険なども含め，実際に適応を円滑に行うための措置を講ずるのが第三段階である．COP1では，GEFを通じて資金供与を行うのは第一段階の活動のみとされた[54]．これまでのところ，適応のための資金供与は，適応計画の策定も含め，気候変動の影響に対して特に脆弱な国の通報の準備に限られていた[55]．1998年ブエノスアイレスのCOP4では，第一段階の活動で特定された特に脆弱な国と地域については，第二段階の適応活動も資金供与を受ける資格があることが合意された[56]．

　CDMにより生み出される適応のための資金が条約上の既存の資金メカニズムとどの程度まで関連づけられるのかは，まだまったく決まっていない．CDMによって生み出された収益を適応費用に充てることは，特に脆弱な国の適応を支援するという条約の附属書IIの締約国の義務（条約4条4）を補完するものである．CDMによって上げられる適応のための資金は，第二段階や第三段階の活動に対する追加的な資金源となるだろう．条約およびCDMの下での適応のための資金調達には明らかに多くの実質的なつながりがあるので，こうした資金を管理し流れさせる2つの制度の間で緊密な政治的連携を保つことは，明らかなメリットを有している．

　最後に，政治的に最も微妙な問題は，配分のしかたに関するものである．つまり，適応プロジェクトに利用できる「利益の一部」と国の適格性の問題である．適格性を有する国の具体的な定義は，まだ条約の枠組の中では提案されていない．適応には多額の資金を要するため，結果として厳しい政治的な駆け引きが行われることが予想される．

14.3.5　結論

『京都議定書』の枠組の中で，また，ほかのメカニズムとの関係におい

Decision 26/41 of the Executive Committee in UNEP/OzL.Pro/Ex/26/70参照．
[54] FCCC/CP/1995/7/Add.1の中のDecision11/CP.1; Oberthür/Ott 1995, p.147.
[55] GEF, 1996, pp.31-32; Werksman 1998a, p.150 参照．
[56] FCCC/CP/1998/16/Add.1の中のDecision2/CP.4, para1（a）．

て，CDM が将来果たす役割について確定的なことを言うのは難しい．CDM そのものの設計および排出量取引，共同実施の設計といった数多くの要因が知られてないか，まだ決定されていない．このほかにも，EU 以外の締約国が 4 条の下でバブルを形成することになるのかどうか（第 12 章参照），そして最も重要なことには，『京都議定書』に含まれる義務が先進締約国によって国内的に履行されるかどうか，また，どの程度履行されるのかといったこともある．さらに多くのことが，CDM を利用する（おそらく，『京都議定書』への「意味のある参加」を示すことにもなる）開発途上締約国の関心と意欲にかかっている．

CDM の事業活動を通じて創出される CER の総量は，以上に述べたような多くの要因にかかっている．それには，さまざまな政策方針や適格性の基準の決定も含まれる．CDM の対象範囲に吸収源が含まれるか否か，またその範囲はどうなのかに関する決定，先進締約国による CER の使用の制限の導入，そして CER の交換性，取引可能性は特にこの点に関連してくるであろう．CDM 投資の地域的な配分を決めることはその全体的な魅力を減らすことであり，CDM プロジェクトの平均的費用を増加させ，CER の創出を制限することになる．

まったく規制されず制御されていない状況の下では，開発途上締約国に対するどんな民間の直接投資でも，また，政府開発援助の大半が，CDM プロジェクトになりうるであろう．もし開発途上締約国自身による単独の事業実施が CDM として認められ，開発途上締約国が CER を第 3 国に移転することができれば，南でのどんな投資／活動もアプリオリに排除されることはないだろう．

CDM の性格がまだ決まっていないので，結果として生じる影響の正確な量的評価はできない．推測値には大きな幅があり，10 億ドルから 260 億ドルの排出クレジットが生み出され，2,700 万 t から 7 億 t 相当の炭素が削減されるという[57]．これは，1990 年の先進締約国全体の温室効果ガス排出量の 1%弱から 10%強に相当する．CDM はこのように排出割当の「インフレーション」を引き起こすか，または，とるに足らないものであったりするかのいずれかであろう．もし高いほうの予測が現実になったら，『京都議定書』

---

[57] Grubb et al. 1999, p.190参照．

の 3 条 1 に定める附属書 B 国の排出の天井を吹き飛ばしてしまうことになるだろう．そこで環境 NGO は，先進締約国の義務を満たすための CDM の利用について，別個に上限を設けるよう要求している．

しかし，議定書 12 条には，監査，検証，認証，保証を要する環境上の追加性も含めて，附属書 B 国が利用できる CER の量を制限するいくつかの保障措置と規定がある．これらの保障措置はある程度の資金量を必要とするので，限界費用で運営されるプロジェクトは締め出されることになるだろう．さらに，運営と適応に使われる利益の一部は取引費用を押し上げる．これらの要因がどれほど排出割当のインフレーションを避けることができるかは，的確な制度の設計によるだろう．

CDM の相対的な魅力に関して，開発途上締約国と東欧およびロシアといった CEIT との間で排出削減の費用が異なることは決定的に重要でありうる[58]．この制度には大量の「ホット・エア」が存在するため，競争はすでに排出量取引に有利に偏っている（15.3.3 参照）．このように CDM プロジェクトの将来の見通しは，追加的な制限が共同実施と排出量取引に課されるか否かにかかっている．この制限は，一部の EU 加盟国が求めているように，これらのメカニズムに対して量的な上限を設けるという形をとることもできる．すべてのメカニズムに取引手数料を課すことがもう 1 つの方法で，より公平な土俵を設定するとともに[59]，開発途上締約国に対する追加的資金を生み出すことができよう．

さらに，現実の状況と同じように将来に対する期待感も CDM に影響する．CDM プロジェクトが現実のものとなるにはまだ時間を要するので，将来についての期待は投資を引き出すための主要な原動力である．潜在的な投資者はプロジェクトの失敗の危険性とそのような失敗に対する保険の利用可能性を考慮に入れて判断するが，それがまた CDM プロジェクトの魅力性に影響を与える．受入国の政治的安定性といった非経済的要因も投資者の費用便益の評価に影響する．

例えば，GEF や『モントリオール議定書』の多数国間基金の枠組の中で，そして試験段階の AIJ で得られた開発途上締約国におけるプロジェクトの

---

[58] 京都メカニズム間の関係については Missfeldt 1998 参照．
[59] Tietenberg et al. 1998, p.71 および FCCC/CP/1998/MISC.7/Add.2 の中のアフリカ・グループ提案を参照．

企画立案と実施の経験は，（環境上の追加性が確かめられるとしても）相当量の排出削減が達成されるまでには何年もかかるということを示している．いろいろ問題のある吸収源プロジェクトを含めない限り，大量の CER を短期間に生み出すことはできない．これは，CDM の経験が得られるに従って基準や政策を精密化し微調整していく段階的アプローチの必要性を示唆している．例えば，環境上の追加性についてはほとんど疑問がない型のプロジェクト（例えば再生可能エネルギー・プロジェクト）や比較的簡単にベースラインを設定できる型のプロジェクトから始めていき，経験が増すにしたがってもっと多くの型のプロジェクトを加えて行くことができよう．このようなアプローチはまた，CER のインフレを避けるための適当な手段を提供することにもなるだろう．

　CDM の挑戦的課題は，制度の信頼性をなくしたり持続不可能にしたりする危険を避けながら，開発途上締約国における民間投資をグリーン化し，脱炭素化する機会とのバランスをとっていく必要性にある．開発途上締約国の意味ある参加の要求と，先進締約国が構造的，技術的，そしてより深いライフスタイルの変革を呼び起こすのに必要な緊急の国内行動をとるべきだとの圧力を免れてしまう危険性との間でも，バランスをとらなければならない．先進締約国世界で起きるこのような変化は開発途上締約国に対して波及効果を及ぼすので，地球的規模で意味のある変化を引き起こすことにおいて，CDM よりも決定的と言えるかもしれない．

第15章　排出量取引（17条）

　COP3において採用される「議定書またはその他の法的文書」の中に，「開発途上締約国の意味のある参加」に加えて，いわゆる「柔軟な制度」を含めることは，米国にとっては最優先事項とされ，またEU以外の先進締約国およびロシアにとっては非常に重要であった．かかる制度というのが，排出量取引[1]，先進締約国間での共同実施，および事業毎に開発途上締約国との間で排出量を相殺する制度であるCDMであった（第13章，第14章および図3.1参照）．しかしながら，これらの柔軟な制度のうち第一のもの（排出量取引）は，ほかの締約国との間で，排出削減量の余剰分を取引することを可能にするものであった．

　排出量取引は，「未使用の」温室効果ガス排出量について，許容排出量を下回る国々と，義務を達成していない，すなわち一定の約束期間における許容排出量レベルを超過する国々との間で取引することである．当該メカニズムには，一定の制限もしくは「上限」の設定，および取引の対象となる商品の創設が必要となる．『京都議定書』の場合，当該上限は，3条の拘束力のある抑制および削減義務により定められた．制限を下回る（もしくは下回ることが予定される）いかなる国も，余剰分を売却することができる地位にある．移転される「割当量」は，売却国の許容排出量から差し引かれ，買入国の許容排出量に加算される．

　排出量取引では，排出権の市場が創設されるが，ここではさまざまな国における数量目標を遵守するための費用が均一化される．結果として，一定の排出削減目標の達成をはかるための全体的な削減費用は最小化され，別の観点からすれば，限られた排出源で達成される排出削減量が最大化されることとなる．一般的に，排出量取引とは，排出量の削減に向けた取り組みのなかで最も効率性の高い制度であるとされている．

　汚染する権利の取引といった概念は，環境経済学の分野において長い間

---

[1] 「排出量（emissions）取引」という用語は，『京都議定書』17条で用いられているものであり，ここで使用される（この概念は附属書Ⅰの専門家グループにおいて「排出量（emissions）取引」と呼ばれていることに注意すべきである）．

検討されてきており，一定の汚染物質に関する国家レベルでの取り組みが成功したケースもある[2]．しかしながら，国内レベルでの経験が限られたものである一方で，本制度の国際的な実施の経験はほとんど存在しない．具体例としては，オゾン層を破壊する物質に関するモントリオール議定書（1987年）におけるものがあり，これは「産業合理化」を目的とした生産量の割当分の移転を認めるものである[3]．国際的な気候変動に関する政策の一環としての排出許容量の取引は，OECD[4]やUNCTAD[5]といった機関によっても検討の対象とされてきており，京都会議に至るまでの間，かかる機関は国際的な交渉に対して情報を提供した．

15.1 交渉過程

排出量取引に関する交渉は，ジュネーブにおいて開催されたCOP2（1996年7月）から開始された．ここにおいて米国は，京都において採択される予定であった目標の性質について自国の立場を変更することを表明した．クリントン政権は，IPCCの第二次評価報告書の採択後，「拘束力のある排出目標」（第4章参照）の設定を求めた．しかしながら，この動きは3つの条件を下になされたものであって，その条件の1つが「柔軟かつ費用効果的な，市場に基づいた解決策による」これら目標の達成であった．米国はかかる時点において，排出量取引を合意の一部として明示的に要求することはしていなかった．しかしながら，米国政府では税制度の利用といった選択肢について本格的に検討されていなかったために，取引レジームに向けた動きが熟考されるようになった．

1996年12月に開催されたAGBM 5では，米国はいくつかの試案を検討した「ノン・ペーパー」を配布し，1997年1月，事務局に対し，米国の議定書提案の一部として正式提案を示した[6]．この中には取引レジームの基本

---

[2] Burtraw 1999; Ellerman 1999; Schärer 1999; Solomon 1995; Raufer 1996; Hansjürgens 1998を参照．
[3] 取引可能な漁獲割当量の制度においても類例を見い出すことができる．Mullins 1997を参照．
[4] 例えば，OECD 1992を参照．
[5] 例えば，UNCTAD 1994; Steward et al. 1996を参照．
[6] FCCC/AGBM/1997/Misc.1, p. 78.

第 15 章 排出量取引　237

原則が記されていたが，主要なものとしては以下のものがあった．
● 炭素等価排出トン数が移転されうること．
● 締約国は，国内の団体に対し取引レジームに参加することを認めることができること．
● 排出量取引の情報に関する報告の実施を補助する詳細なガイドラインについては，議定書締約国により後日作成されること．

　1997 年 3 月に開催された AGBM 6 では，当該提案が公表され最初の議論が行われたが，EU および交渉に参加したその他の締約国の反応はかなり鈍いものであった．しかしながら，国連気候変動枠組条約の附属書Ⅰの締約国の専門家グループの間で，取引概念に関する調査および議論が行われ，これに対して OECD および IEA による支援が行われた．このグループは直後に，排出量取引のシステムを検討するにあたっての主要な討議の場となった[7]．

　排出量取引に向けた米国の動きに対し，欧州諸国，ならびに多くの環境団体からは慎重な意見が出され，開発途上締約国からは反対意見も出された．開発途上締約国からの反論としては，先進締約国の多くの環境保護論者による反論と同様，倫理的見地に基づくものであり，理由として，排出量取引という概念は「汚染する権利」といった考え方を含むものであるといったことを挙げていた[8]．続く最も重要な点として，開発途上締約国，特にインドは，排出権は過去の排出量に基づいて配分されるべきであるといった，いわゆる「既得権アプローチ（グランドファーザリング・アプローチ）」を根拠として，衡平性の問題に関する根本的な懸念を示した．要するに，先進締約国は比較的高い 1 人当たり排出レベルが認められ，他方で開発途上締約国の 1 人当たり排出権は（『京都議定書』においては量的に決定されなかったが），おそらくはずっと低いレベルのものであるとされていたのである．開発途上締約国からの反対意見は，多くは原理に基づいたものであったが，米国のほかの主張，特に議定書において開発途上締約国に対しても義務を課すという主張に対抗するための交渉戦略の 1 つとしても用いられた部分もあった．

---

[7] Mullins/Baron 1997 を参照．5.1 も参照．
[8] 倫理的な反論については，The Corner House 1997; Belliveau 1998 を参照．

さらに，欧州諸国ならびに開発途上締約国は，排出量取引が米国やカナダ，オーストラリアおよびニュージーランドに対し，義務の不遵守分を「購入」するといった安価な方法を与えてしまうのではないかといった懸念を示した．これは，特にロシアやほかの CEIT において，経済の衰退による大規模な排出量の減少が発生したことを理由としていた．特にロシアやウクライナが，意味のある削減目標を受け入れることを拒否した場合，これらの国々から大量の取引可能な排出量が取引システム内に流入してくるであろう．あらゆる取引メカニズムが本来的にもち合わせる難題に加えて，このような CEIT のいわゆる「ホット・エア」問題は，実際のレベルにおいて深刻な問題となっており，『京都議定書』における信頼性の高い取引システムの構築にあたっての主要な課題のひとつとされている（15.3.3 参照）．

排出量取引の語は，その後京都会議までの間に作成されたすべての交渉テキストと同様，最初の議定書草案の中に取り込まれた．その中には 1997 年 11 月に行われた協議において修正された文書も含まれた[9]．しかしながら G77 および中国は依然としてこの語に反対して削除を要求し，結果的にこの意見は交渉テキストの脚注において反映されることとなった．議定書草案の排出量取引に関する 6 条は，交渉テキストに含まれていたものであったが，これは未だもって初期の段階のものであり，「検証および報告に関する方法論を含む……排出量取引に関する仕組み，規則およびガイドライン」を決定するため，議定書締約国による第 1 回会合の開催を義務づけるものであった．しかしながらこの交渉テキストには，潜在的な行為者（附属書 I の締約国および中間段階発展国），対象となるガス（すべての温室効果ガスを対象とする）および遵守に関する具体的なルールが記されていた．

文書全体にわたる角括弧の中の記述のうち，開発途上締約国の反対を理由として記されたもの以外のもので，論議を起こす問題としては，自発的な排出制限を設ける開発途上締約国の参加は可能かどうか，および，約束期間の開始以前に達成された排出削減分を取引可能とするかどうかというものがあった．これはシステムに大量の排出権を取引可能な商品として追加するものであったであろうもので，交渉においては非公式に「スーパーヒーティッド・エア（superheated air）」と称されていた．前者の問題は，米国上院に

---

[9] FCCC/CP/1997/2, 6条．

よって要求された（6.2 参照）開発途上締約国の約束と，排出削減義務の実施における，排出量取引を通じた「柔軟性」の実現といった，二番目に主要な目標とを関連づけようとする，米国の試みであった．これによると，開発途上締約国は，排出量取引市場において余剰排出権の売却が可能となるといった点で，自発的な数量的約束の策定に対する特別なインセンティブが与えられることとなっていた．

このアプローチのおもな欠点のひとつに，OECD/IEA の附属書Ⅰの締約国の専門家グループにおいても，さらにはベルリン・マンデートに関するアドホック・グループにおける交渉の文脈においても，取引に係る規定の検討に開発途上締約国が含まれていなかったことがあった．これは京都会議においても同様であった．目標値と同様，取引に係る規定における相互関係の問題は，米国，EU および日本の三者間において交渉された．日本の主要な関心事は取引レジームの透明性の確保であって，これは，米国等の国々によるロシアの「ホット・エア」の買い占めへの懸念からくるものであった．EUは柔軟性に関する主要な制度として，「バブル概念」に依拠しており，排出量取引に依拠するような手法には拠っていなかった[10]．しかし，EU は原則として排出量取引制度には反対しなかった．つまり，EU は，取引と目標の規模との相互関係に重点を置き，取引レジームによって柔軟性が増加することの代わりに，米国の目標値を上昇させることを試みたのである．EU はまた，排出量取引における「上限」を導入しようとした．これは取引を通じて達成される義務の割合に一定の制限を置くものであり，これにより，国内においてどの程度削減を実施すべきかが決定されることとなる．さらに EU は，あらゆる取引レジームを厳格なルールの対象とすべきとした．これは米国やほかの JUSSCANNZ 諸国がとる「市場放任」アプローチと対立するものであった．

ここでは市場に好意的である優れて英米的なアプローチ（JUSSCANNZ および英国）と，大陸系欧州諸国による取引や市場という概念に対する一種の不信感といった「文化的な」違いがはっきりと浮かび上がってきた．こういったことから，EU および米国からの出席が大半を占める専門家等は，京都での最終日の間，何とかして妥協点を見出そうと苦心した．話し合いの結

---

[10] EUにおける排出量取引については，Klaassen 1999を参照．

果をエストラーダ議長およびより広範囲な国々に提出したことで，ある参加者は，彼らは「困難な障壁を打ち破った」と表した[11]．中国やインドはその結果を記した文書につき議論することさえ準備していなかったし，エストラーダ議長は，そのため，それを交渉テキストの一部として総会（plenary）に提出しようとしなかった．これにより先進締約国は，開発途上締約国の関心を無視すること，それを協議に参加させなかったことの大きな代償を払わなければならなくなった．米国の主席交渉人は，提案が否決されたことを聞くと，環境団体にアドバイスを求めたり，さらなる指示を受けるためにワシントンに電話連絡したということである．すべての関係者が知る通り，排出量取引は米国にとって交渉の最重要部分であったのである．

したがって，エストラーダ議長が最終草案を提出した際，議長は排出量取引に関する旧6条を削除し，代わりに3条に新たに10項を設け，そこで排出量取引レジームに関する最低限の必要事項を記載するに止めた．そこでは単に以下の3つが示されたのみであった．
● 附属書Iの締約国による排出量取引への参加の許可．
● 検証，報告および責任に関連するルールおよびガイドラインは締約国会議によって決定されることとすること．
● 取引は国内的行為を補完するものとすべきこと[12]．

排出量取引に関する記述がこのように後退したものとなっても，多くの開発途上締約国，特に中国やインドは激しく反対した．京都での最後の晩において問題が取り上げられた際にも，これら開発途上締約国は再度，衡平性に関する論点が軽視されているとしてこれらの規定の削除を要求した．その代わりに開発途上締約国は，むしろ1人当たりの割当に基づいた衡平な権利および取引への参加資格の策定を要求した．これは，これまでの議論から明らかな通り，米国やその他の先進締約国にとっては受け入れられるものではなかった．英国はEUを代表して，何らかの中間的な立場を取ろうとした．英国は，締約国会議がすべての関連するルール（検証，報告および責任に関するものに限らない）を制定すべきであり，取引は締約国会議がかかる

---

[11] Grubb et al. 1999, p.95.
[12] FCCC/CP/1997/CRP.6.

規則を制定した場合にのみ開始すべきであるとする案を提示した．米国はこれらの変更を受け入れることを考えていたが，中国およびインドは依然として削除を強く主張した．結果的には，最後のわずかな協議においても意見が食い違い，交渉は決裂した．

議長はセッションを再開すると，3条から問題となった文言を外し，新たに 17 番目の条文を設けてそこに移動させた．しかし英国の提案を受け，最初の 2 文の順序を整理し直した．また，検証，報告および責任といった，制定を義務づけられたもの以外の関連する規則についても締約国会議が制定することを義務づけるべきであるといった英国の要求も反映された．これらの変更を受けて，この制度は合意の決定的な部分であるという議長による注意の喚起の後，本条文（17 条）は採択された．同時に，以後の締約国会議の会合によって決定される事項に関する作業を割り当てるための補助機関の設置を求める決定がなされた[13]．休憩の間，それまで力をもって威嚇していた開発途上締約国は取引に関する議論はせず，その他のアジェンダの項目について話し合っていたとのことであるが，交渉が再開されると何ら言及することなく議長提案を受け入れた．これらの国はやがて，暗黙のトレードオフとして，開発途上締約国の「自発的約束」に関する条文を『京都議定書』の文言から削除させることに成功したのである．

15.2　排出量取引に適用される規則

京都会議において最終的に得られた妥協案は，既述したさまざまな見解を集約したものである．排出量取引に関するいくつかの基本的ルールは，『京都議定書』の 17 条に記載されているほか，3 条 10 および 11（Box 15.1 参照）にも記されている．後の二者は排出量取引のパラメーターについて規定している．ある締約国がほかの締約国から獲得した排出削減ユニット，または割当量の一部も，獲得した締約国の割当量に追加され，引渡した締約国の割当量から減ずるものとされている．

> **Box 15.1：排出量取引に関する『京都議定書』の条文**
>
> 3条10
> 　6条および17条の規定に従い，締約国がほかの締約国から獲得する排出削減量または割当量の一部は，当該締約国の割当量に加えられる．
>
> 3条11
> 　6条および17条の規定に従い，締約国がほかの締約国に移転する排出削減量または割当量の一部は，当該締約国の割当量から差し引かれる．
>
> 17条
> 　締約国会議は，特に排出量取引に関する検証，報告および責任に関し，関連する原則，仕組み，規則およびガイドラインを定める．附属書Bの締約国は，この議定書の3条に基づく約束の履行のために，排出量取引に参加することができる．いかなる当該取引も，3条に基づく数量化された排出抑制および削減に関する約束を果たすための国内的な行動に対して補完的なものである．

17条によると，『京都議定書』附属書Bに記載された締約国が，取引レジームの参加者となることができるとされる．これらにはOECD加盟の北側先進締約国のほか，中央・東ヨーロッパ諸国，および旧ソビエト連邦の後継諸国が含まれる．これより，議定書に基づいた，法的拘束力のある排出削減義務および排出抑制義務の課せられない締約国は，取引に参加することができないこととなる．このような国といえば，まずは開発途上締約国であるが，そのほかにも『京都議定書』を批准していない先進締約国，あるいは附属書Bに含まれていない先進締約国（例えばベラルーシ）もここに含まれる．このことから17条は，取引への参加を，法的拘束力のある義務を課せられることのインセンティブとしているといえる．これはおもに，特にCEIT等の，売却可能な余剰排出量を有する国々にとってインセンティブとなる．

---

[13] FCCC/CP/1997/7/Add.1の中のDecision1/CP.3．

法的拘束力のある目標を有する締約国に参加を限定したことは，システム内を流通する排出量の数量が全体として一定となることを保証するものでもある．締約国に対し拘束力のある義務を課すことなく，信頼性のある取引システムを構築することは困難である．よって，このように，システムで流通する排出単位の全体の数量について「上限」を設けることは，排出を制限するといった環境的な理由のほかに，安定化を確保し確実に機能する市場を構築するといったことからも必要とされるのである．

取引可能とされる商品は，「割当量の一部」と呼ばれる．この用語は，『京都議定書』3条7および附属書Bによって各締約国に割り当てられた，2008年から2012年までの約束期間における6種類の温室効果ガス（CO_2, CH_4, N_2O, HFC, PFC, SF_6）合計の排出「バジェット」（割当量）を示している（第11章参照）[14]．当該割当量は「CO_2換算トン数」として定められ，気候変動に関する政府間パネル（IPCC）によって定義された，CO_2以外の温室効果ガスそれぞれの「地球温暖化係数」に従って計量することにより割り出される．よって「CO_2換算トン数」は，排出量取引における共通の基準とされている．

続いての取引可能な商品は「排出削減量」であり，これは3条10と11に基づくものである．この用語は6条によるものであるが，そこでは，「排出削減量」とは共同実施が行われる事業の結果生ずるものであり，よって発生した「クレジット」は獲得した締約国が自らの義務を履行するために用いられるのみならず，ほかの締約国に移転させることも可能であることが明らかにされている．議定書3条10によると，獲得された排出削減量は「獲得した締約国の割当量に追加されるもの」とされ，17条に基づき「割当量の一部」として取引されることが可能となるのである．この記述からは，排出権の第3のカテゴリー，すなわち『京都議定書』12条によるCDMによって生じた「認証された排出削減量」もまた取引可能であるかについては，明らかにはなっていない．締約国は今後の締約国会議において，CDMのクレジットの「代替可能性」について決定する必要があろう（第14章参照）．

『京都議定書』においては，締約国がどの程度排出割当量を売却し，あ

---

[14] 「バジェット」という用語は，特に開発途上締約国の代表による反対があったことから，ここでは技術的意味でのみ用いており，所有権等の意味を含むものではない．

るいは「排出権」を取得することでどの程度割当量を増加させることができるのかについては決められなかった．EU による数量的制限に関し，唯一議定書に残された要求が，排出量取引とは，設定された目標の遵守を目的とした「国内措置を補完するものとする」規定を設けることである．

　京都会議以降，締約国は「特に検証，報告および責任に関する，関連する原則，仕組み，ルールおよびガイドライン」を検討しなければならなかった．17 条によると，これは COP/MOP ではなく，条約の締約国会議によって決定されるものとされている．これは『京都議定書』において，(条約の)締約国会議へ付託されている唯一の点であり，締約国が排出量取引に関する（初期段階の）精緻化をきわめて重視していることを示している．よって，排出量取引についての関連するルールに係る合意は，議定書が効力を発する以前に締結することができる．多くの問題が未解決のままであることを留意しつつ，COP3 は，それ以降の締約国会議において決定されなければならない事項に関する作業を割り当てるための補助的な機関の設置を要求する，といった内容の決定を採択した[15]．締約国会議はこの問題に関して決定を行う期限については定めなかった．1998 年 11 月にブエノスアイレスで開催された COP4 においては，実質的な問題に関していかなる合意も締結されなかった．しかしながら締約国は，2000 年末に開催される COP6 においてこれらのすべてについて決定を行う「ため」，（排出量取引，共同実施，CDM といった）すべての「京都メカニズム」に関する総合的な作業計画について合意した[16]．

15.3　評価と今後の展望

　排出量取引は，おそらくは京都会議以降の交渉で協議される事項のうち最も重要な問題であったし，現在においても同様である．取引システムの創設は，京都メカニズムの中でも最も実現可能性が高いため，これは，アンブレラ・グループの多くの構成国が『京都議定書』を批准するにあたっての，事実上の条件となっている．しかし，『京都議定書』には取引レジームの基

---

[15] FCCC/CP/1997/7/Add.1の中のDecision1/CP.3．
[16] FCCC/CP/1998/16/Add.1の中のDecision7/CP.4 and Annex．

本原則が設定されているものの，多くの問題は未解決のままである．かかる問題としては，とりわけ，取引が開始される時期，参加者に係る定義（参加者の限定），取引を通じて達成することが許される『京都議定書』の排出削減義務の範囲（ホット・エアおよび「補完性」の問題），および監視，検証，さらには規則の実施に関する規制といったものがある[17]．これらの問題につき次節において検討する．

15.3.1 いつ取引が開始されるべきか

締約国間において意見が合わなかった最初の事項が，排出量取引の開始時期についてである．米国，カナダおよび，欧州以外の先進締約国は，取引を直ちに開始することが可能（開始すべき）であるとしているのに対し，EU等は，締約国会議はまずはじめに取引メカニズムの関連する規則を策定すべきであると主張している．取引システムに固有の論理や，17条の内容および制定過程の注意深い検討に照らしてみると，EUの見解に分があるものと考えられる．

効果的な取引システムには，本来，確実性と信頼性が求められる．株式市場の場合と同様，排出量取引にかかわる者は，排出権が現実の価値をもつと考えた場合にのみ，当該権利に投資しようとするであろう．特に透明性，検証可能性，報告および責任に関して，前もって合意された基本的なルールのない場合に，簡単に確実性や信頼性を得ることは不可能である．経済学的見地からすれば，適当なルールのないシステムは意味をなさないのである．またこれは，開発途上締約国に政治的に受け入れられることも困難であろう．

さらに，交渉の経緯からすれば，締約国は排出量取引に関するルールにつき合意が得られてからのみ排出量取引を開始することに合意したものといえる．英国は，EUを代表して，取引を締約国会議による決定に委ねるとする新たな文言を提案した．米国政府代表は，JUSSCANNZ共通の立場とは明らかに異なる動きを見せ，17条の条文の採択前において，慎重に言葉を選びながら（対立する主張の）間をとり，「いかなる国も，最初の取引権が交付される前に，規則の具体化に参加する機会が与えられている」と確信を

---

[17] 例えば制度構築のように，これらのほかにも未解決の問題は存在する．

もって述べた[18].

議長は意味論的なトリックを用いること，言い変えれば文の順序を変えることによってこの議論を切り抜けた．単に順序が入れ替えられたことによって，第1文が締約国会議に対し「特に排出量取引に係る検証，報告および責任に関する，関連する原則，規則およびガイドラインを制定する」ことを要求することとなっている．続いて，附属書Bの締約国が，「3条に基づく約束を遵守する目的で排出量取引に参加する」可能性について記されている．この編集上の変更によって，主要な反対者の見解の間における妥協点が示されている．つまり，まず締約国会議が規則を定め，その後に締約国が取引することが認められるとされているのである．

この結論は，排出量取引に関する条文に関し英国の要求によって会議終了間際に改正された第二の点からも，支持される．原文によれば，締約国会議が「検証，報告および責任に関する関連する規則およびガイドライン」のみを制定することが求められていた[19]．最終テキストでは，「ガイドライン」の後ろに「特に」が，「規則およびガイドライン」の前に「原則，仕組み」が挿入されたことで，締約国会議の義務の範囲が拡大されている．これより17条は，締約国会議に対して，検証，報告および責任に関するもののほか，取引システムに関するすべての関連する原則，仕組み，規則およびガイドラインを策定することを要求するのである．締約国会議が関連する規則を制定する以前に排出量の取引を開始することは，締約国会議の決定を性急に判断することと言えるであろう．

結果として，エストラーダ議長は，最終的にそれより先の反論を静めて条項の採択を宣言した際，17条は「暫定的合意としての性格」をもつものであると表明した．これによって彼は，排出量取引に関する基本的ルール（規則）は依然として合意されていないといった共通の理解を示したのであった．ようやく1998年にブエノスアイレスで開催されたCOP4において，COP6で決定が行われることを「期待しつつ」，京都メカニズムに関する作業計画を策定することを決定したことによって，この理解が確認された．しかしながら，第12章において詳述した通り，17条に関する合意が得られない場合

---

[18] 筆者の記録による．
[19] FCCC/CP/1997/CRP.6, 3条10．

でも，4条に基づく義務の「共同達成」によって，2以上の国が参加制限のある独自の取引システムを創設することが認められてしまうのである．

15.3.2 誰が取引できるか

『京都議定書』の締約国は第一義的な取引レジームの参加者であるが，民間主体について，取引に参加することが同様に可能なのか，さらにはどのようにすれば参加可能なのかについては，未だ不明である．共同実施に関する6条3（「法主体」），およびCDMに関する12条9（「民間および／または公的主体」）の両規定は，締約国以外の参加者を含むものであることが定められている．17条の最終的な文言に反して，その草案には，最終日に至るまで，締約国が「法主体」の参加を承認することができるといった規定が盛り込まれていた[20]．したがって，この問題は，1998年にCOP4によって採択されたブエノスアイレス行動計画に従った，排出量取引の用語を定義する過程のなかで，検討されなければならないことになる．

政府以外の行為者の参加はさまざまな形で考えることができる．まずは，各国政府が当該国の割当量を個別の企業に配分し，かかる企業は，自身の遵守義務を超えて排出を削減した場合には使用していない部分を売却することができ，目標を達成できない場合には排出量市場において目標を達成するのに必要な量を購入することができるとするものである．続いては，政府が，ある企業に対し，ブローカーとして活動すること，およびほかの商品と同様に排出許容量を売買することを認めることができるとする方法である．これによれば，市場における行為者の数が相当程度増加し，価格が削減費用を正確に反映するような「実質的な」市場へと導かれることとなろう（取引や価格をコントロールすることがより困難となるからである）．さらには，民間企業，および／またはNGOが，取引を監視・監督しはじめることとなろう．

経済学的見地からすれば，民間主体による参加は，取引レジームに基づく費用効果性および効率性を高める可能性はある[21]．しかし，システムが複雑となり，よって政府による排出量取引のような単純なものではない，細部

---

[20] FCCC/CP/1997/CRP.4, 6条.
[21] Dutschke/Michaelowa 1998a, p.23以下; Dutschke/Michaelowa 1998bを参照.

に至るまで検討が尽くされた規則が必要となろう[22]．第一に，取引システムへの参加者の数が多くなり過ぎると，監視や規則の実施に関する問題が生じてくる．第二に，民間主体の参加により，締約国が新たな「証書」を発行しなければならないことになる．「割当量の一部」は，国家間の取引において用いられる財であるが，民間主体が保有することはできない．なぜならばこれらは，各締約国の，その他の締約国に対する主権国の義務を示すものであるからである．もし締約国が排出量取引へ民間主体が参加するのを望むとすれば，自国の排出割当量を転換させて，別の財を作り出すことが必要となるであろう．

第三に，民間の行為者に対する排出量取引への自由な参加を許可することで，政府が約束した目標が潜脱されるおそれがあるということである．しかしながらこれについては，法主体による国際的取引に関する，事前承認手続を導入することにより改善されると考えられる．この手続は，民間の参加者に対してより大きな安全性をもたらすといった別の利点ももち合わせている．「環境保護的な」政府は「ホット・エア」である潜在的可能性の高い売却国との取引の承認を与えないであろう．第四に，もし政府が，経済主体のうちの選別された者（例えば監視を十分に実施することが可能な者）に対してのみ排出権を配分すると決定した場合，多くの国において，競争法に関して問題が生ずるおそれがある．この場合においては，競争者も含めたその他の者が，かかる選別された経済主体が不公正かつ不公平に機会を得ていると苦情を言う可能性がある．というのも，排出量取引はおそらくは利益になるものであるからである．

排出量取引への参加に関する規則がどのようなものであれ，『京都議定書』の締約国である政府は，国際法に基づき，目標を達成することのみならず，当該国の管轄下にあり当該国が排出量取引への参加を許可した民間主体が，正しい行動をとることについても，最終的な責任を負っているのである．

15.3.3 どれだけ取引することができるのか

『京都議定書』は，いかなる取引も，義務を達成するための国内的行為を「補完する」ものであると定めている．この文脈において「国内的行為」

---

[22] European Commission 1998b, p.24も参照．

とは，排出量を削減するために国内で実施される施策を意味している．本条項は，自国の義務を，言わば「買い取り」によって履行する国が発生する可能性を限定することを目的とした EU による試みのうち，唯一残った部分である．取引に制限を設けることは，市場にとっては非効率さが増すことにもなるが，政治的見地から国内的行為を最優先とする締約国にとっては理に適った目標である．しかしながら現在においては，『京都議定書』に基づく義務の達成にあたり取引の利用を制限するおもな理由は，ロシアやウクライナにおいて，市場経済に移行したことにより経済が衰退し，これによって排出量が著しく削減したという，いわゆる「ホット・エア」問題において述べられている．

1997 年におけるロシアの CO_2 排出量は 1990 年レベルと比較して 30%低下した．ウクライナにおいてはさらに低く，両者の場合において，排出量は約束期間（2012 年）の終わりまでに 1990 年レベルまで再び上昇することはないと予測されている[23]．しかしこれらの国々は，最初の約束期間において 1990 年レベルに排出量を安定化させることが義務づけられているのみである．ロシアとウクライナとでの 1990 年における排出レベルの差，および最初の約束期間における実際の排出量の差が，ホット・エアの「蓄え」となり，そこから西側先進締約国が不遵守の回避のため排出クレジットを購入することが可能となるのである．

さらに，これらの国は，気候変動に関する政策以外の理由によってすでに目標を達成したのであるから，この「余剰排出削減量」はこれらの国に追加的努力を要求したり，追加的費用を課したりしない．ゆえに，これらの国によって市場が歪められ，価格低下が惹き起こされ，また西側先進締約国による排出の削減努力が，必要な排出許可証の購入可能性と比較して，高くつくおそれがあるのである．これは経済的に深刻な問題であり，排出量市場の機能および当該レジームの環境への効果と密接に関係するものである．

環境的な観点から見た場合，安価な排出削減ユニットを購入する可能性だけを想定すれば，国によっては，排出量取引は「国内的行為を補完するものとする」と規定しているが具体的規定に欠ける 17 条の第 3 文にもかかわらず，厳しい国内的行為を実施することを控えるであろう．これにより，排

---

[23] FCCC/IDR.1/RUS of 21 February 1997.

出量取引は早期の行動に対するインセンティブを阻害し、また現状の政策を継続する方向へと向かわせることになる。さらには、未利用のままの排出権が「貯蔵」され、次の約束期間に移転されることになることから、ホット・エアを利用すれば、温室効果ガスの全体的な累積的排出量が増加すると考えられる。反対に「ホット・エア」の量を制限すれば、5.2％の全体の削減目標（3条1参照）がさらに上昇することになる。これは当該数値が、東欧諸国における大量の削減を考慮した上で算出されるからである。

問題の程度は、将来における東欧諸国の排出レベルに依拠している。1990年代半ばまでに、CEITにおける排出削減量は、附属書Ⅰの締約国全体の約4.5％の範囲での排出削減量となり、これは附属書Ⅰの締約国全体の約束（5.2％削減）とほぼ同等である。これらの国において排出量が安定すると推測すると、附属書Ⅰの締約国は排出量取引を通じて自国の約束を達成することが可能となり、全体の温室効果ガス排出量も1990年半ばのレベルで安定化する。予想される経済復興が実現すれば、東欧諸国における排出量は増加する。しかし、1997年のロシアの国家情報／国別報告書予測の詳細な調査によれば、ロシアのCO_2排出量は、2010年においても依然として、1990年レベルよりも15％ほど下回るとされている[24]。ほかの見通しでは、ロシア、ウクライナおよびポーランドが最大のホット・エア提供国であり、3国で1990年における地球全体のCO_2排出量の約2％を売却することが可能であるとされている[25]。しかもここでは、これらの国に依然として相当量存在する費用効果的な排出削減可能性が、十分には考慮されていないのである。

詳細なシナリオ予測によれば、排出量取引を制限しない場合、米国および日本の温室効果ガス排出量は、（削減約束はそれぞれ7％、6％であるが）2010年頃において1990年レベルより10％程度増加することが許されるだろうとされている[26]。「現状維持型シナリオ」において、米国単独で温室効果ガス排出量が25％近く増加するという見通しがなされていることを考慮すれば、国内的措置は依然としてその必要性を保っているのである。しかし、上記のシナリオ予測を考慮すると、両者の差（削減約束と「現状維持型シナリオ」との差）の半分程度は「ホット・エア」の購入により縮められるであ

---

[24] FCCC/IDR.1/RUS of 21 February 1997.
[25] Missfeldt 1998, p.131を参照.
[26] Grubb et al. 1999, p.155以下を参照.

ろう．これより，かかる排出量取引は果たして「補完的」であると言えるのかという疑問が生ずる．さらに，国際的レジーム（11.3 参照）による吸収源の最終的な取り扱い，および CDM から生ずる「認証された排出削減量」（第 14 章参照）の有効性によっては，実際に実施される国内措置は，さらに縮減されうる．よって，京都会議において合意された先進締約国による排出削減といった方向性は危ういものとなってしまうことになる．

　これらのシナリオには，当然のことながら不確実性が伴っている．というのもこれらは，現実に合致するか否かが不明な多くの推測によっているからである．CEIT の経済復興は予測されるものよりも緩やかであるかもしれない，活発なものかもしれない，効率的なエネルギー技術がどの程度利用可能になるかは明らかではない，エネルギー価格の今後の展開は予測困難である等である．とは言え，利用可能なホット・エアは，実質的にはすべてのシナリオにおいて相当な量となり，特にロシアをはじめとする CEIT において経済復興が開始されないので，各年毎にその量は増加しているように思われる．

　「ホット・エア」問題を最も容易に解決する方法は，ロシアおよびウクライナに対する削減義務を増やすことであろう．しかしこれは，政治的に容易な選択肢であるとは言えない．かかる問題に対処するほかの方法としては，売却量を制限することが考えられる．ここには，取引開始以前に達成された排出削減量の売却を禁止することを含みうるであろう．また，割当量の一部しか取引が認められないとする方法，あるいは，取引は国内政策措置の結果達成された削減量に限定されるといった方法がある．しかし後者の場合，温室効果ガスの削減に向けた早期の行動着手へのインセンティブが働かなくなるかもしれない．これに加え，気候変動に関する政策措置の結果生じた削減と判断するための方法論を検討し，それについて国際的合意を得ることは困難であろう．

　1999 年 5 月，EU は割当量の一部を販売する権利に数量的制限を置くことを提案した（「売り手のキャップ」）が，これはおもに CEIT に焦点を当てたものであった．この方策に従えば，CEIT において販売可能なホット・エアの総量は，国際エネルギー機関（IEA）の推測と比べて 3 分の 1 に制限

されることになる²⁷．この数字のもつ意味について，IEA の調査は，これにより，ホット・エアの供給が，購入することが認められた量のおよそ 20% にまで抑えられ，京都会議において定められた目標を遵守する目的で，排出量取引の利用に効果的な制限が課せられることとなるだろうとしている．しかしながら，このキャップは排出量取引に対してのみ適用可能であり，共同実施および CDM の事業活動によって，より多くの需要が充たされることとなる．この提案の政治的な見込みに関して言えば，JUSSCANNZ 構成国の本提案に対する拒絶に加えて，ロシアやウクライナが当該キャップに合意することは予想し難い．

ホット・エアへの対策に加えて，EU は，附属書 B の締約国が京都（会議において定められた）義務を買い取りによって免れることを防止するといった政治的目標に関し，「補完性」という問題を提起した．この問題に対処するための方法としてはいくつか考えられるが，しかし京都会議以来，この問題に関しての「原則，規則およびガイドライン」に関する交渉はそれほど進展を見せていなかった．ひとつの可能性としてあるのは，取引を通じて達成することができる約束の範囲に上限を設けることである．この場合，問題は「範囲」をいかに限定するかということであるが，議定書附属書 B で定められている義務のパーセンテージとして設定する，あるいは現状維持型シナリオとの比較での義務のパーセンテージとして設定するといった方法がある．ほかにも，締約国の 1990 年における温室効果ガスの排出の一部として，キャップすなわち「上限」を設けるという代替案がある．

長い間，EU は，いわゆる「具体的な上限」に関する定式につき，内部において合意をまとめることができなかった．これはある意味，問題の複雑性を理由とするものでもあるが，それだけでなく，たった 2 つの構成国しかこの問題に取り組んでこなかったという事実にも由来している．1999 年 5 月，EU の欧州理事会は，最終的に複雑な定式を承認した²⁸．そこには，上記の売り手のキャップに加え，「買い手のキャップ」，つまり，締約国の義務のうち 3 つの京都メカニズムすべてを通じて達成されることのできる部分

---

[27] Richard Baron, Martina Bosi, Alessandro Lanza and Jonathan Pershing, "A Preliminary Analysis of the EU Proposals on the Kyoto Mechanisms" (<http://www.iea.org/new/releases/ 1999/eurpro/eurlong.htm>, 1999年5月28日).

[28] Conclusions of the Council on a Community Strategy on Climate Change, Doc. 8346/99, 18 May 1999. Global Environmental Change Report of 14 May 1999, p.3も参照．

についての制限が含まれていた．IEA の推測によれば，EU は，この定式に従えば柔軟性メカニズムを通じて目標の 42% を達成することができるとのことであった[29]．この定式よれば，米国は，取引等の手法によって 33% しか達成することができないことから，米国よりも EU にとって都合のよいものであった．これによれば，EU の個々の構成国は，例えばドイツの 56% といったようにずっと高いパーセンテージを付与される．

米国，および EU 以外の先進締約国はこの提案を拒否した[30]．議定書 17 条における「補完性」という文言についての合意が，数量的な制限を導入しないといった暗黙の合意であったのか，また，皆が面目を保つために受け入れた妥協の定式であったのかについては，当然のことながら不明である．しかし，かかるキャップが環境的あるいは経済的に見て望ましい結果を生み出すかは別問題である[31]．いずれにしても，京都メカニズムにおいて数量的な上限を置くことの政治的な見込みはあまり高いものとは言えない（第 24 章，第 25 章参照）．

よりよい解決策として考えられるのが，取引レジームのもとでのすべての取引に対して手数料を課すことである．できれば，ほかの取引活動と比較して，OECD 内部の取引に対しては異なったレベルを設けることが望ましい[32]．これはホット・エアの利用を排除ないし制限するものではなく，代わりに取引費用を上昇させることで，温室効果ガスの排出削減に係る国内的措置を行うことの相対的な利点を向上させるものである．炭素等価トン数当たり 5 米ドルの手数料を，年間 300Mt の炭素の移転に課すことで，最初の約束期間において 1 年当たり約 15 億米ドルが集められることになる[33]．これは，開発途上締約国が気候変動に適応するのを支援するために利用できるであろう（第 25 章参照）．かかる手数料はまた，コストの観点から見た CDM の相対的な不利を調整するのにも資するであろう．というのも，CDM に基づく「利益の一部」は，開発途上締約国が気候変動による影響へ適応するのにかかる管理上の支出および費用を賄うのに用いられるからである（第 14

---

[29] "A Preliminary Analysis of the EU Proposals on the Kyoto Mechanisms", by Richard Baron et al. 上記参照．Global Environmental Change Report of 11 June 1999 も参照．
[30] "Clinton Accuses EU of Rewriting Global Warming Pact", Wall Street Journal, 18 May 1999.
[31] この問題点については，Grubb et al. 1999, p.213 以下において詳細に検討されている．
[32] Tietenberg et al. 1998, p.71 を参照．
[33] Grubb et al. 1999, p.223.

章参照).この選択肢は,(3つの)京都メカニズムの間に,より同等に機能する場を提供するといった利点を有することとなる.国際的な「課税」の受け入れに対し,多くの先進締約国による長期にわたる抵抗があることからすると,このような解決策を政治的に受容可能な形で立案するにはかなりの創造力が必要とされる.

15.3.4 規則はどのようにして実施されるか

規則の実施は,あらゆる取引システムにおいて最も重要な問題のひとつである.これは例えば,米国において創設された二酸化硫黄の排出量取引システムに関する最初の分析からも明らかである[34].環境保護庁の監督の下,検証,許容量の追跡および実施に関する非常に複雑なシステムが整備された.このシステムは,システムの信頼性およびそれが適切に機能することを保証するのに役立つものであるとわかった.不運なことに,今日の国際政治および国際法の状況の下では,かかる複雑かつ厳格なレジームは現実的な選択肢とは言えない.しかしこれは,温室効果ガスの国際的取引に関する厳格なレジームの設立の必要性がないということではない.

遵守の監視,検証ならびに評価,および不遵守の際の規則の実施に関する手続および制度は,以下の2つの理由から,取引レジームの設立にあたって最も優先順位の高いものでなければならない[35].第一の理由は,欠陥のある取引システムを原因とする『京都議定書』の約束の不遵守によって,気候レジームが蝕まれ,温室効果ガスの排出量の削減スピードが減速し,気候変動の脅威に取り組もうとする先進締約国の決意に深刻な疑問を投げかけることである.後の段階において開発途上締約国が参加する必要性はさらに高まっているが,かかる状況がこのような問題に対してよい影響を与えないだろう.第二の理由は,取引レジームそのものの信頼性が危うくなることである.市場における信用および参加者の正しい行動は,あらゆる取引レジームの主要な柱のひとつであるから,不遵守の例を発見し,それに対する制裁を加えることを怠れば,安定かつ活発な市場を創り出すことが妨げられてしまうことになる.

---

[34] 例えば,Solomon 1995; Burtraw 1999; Ellerman 1999; Hansjürgens 1998を参照.
[35] 概要につき,Werksman 1998bを参照.

効果的な遵守システムにはいくつかの要素が要求される．第一に，監視および報告手続が整っていなければならない．『京都議定書』では，5条および7条において，取引レジームの必要性に適った一般的な監視および報告手続が定められている．取引の詳細な追跡にあたって提供されるべき情報には，例えば取引された排出の正確な数量，参加締約国および／または法主体，およびかかる取引が行われた日時などが含まれると考えられる．これらの要求事項を遵守することは，信頼できる市場を作るために必要不可欠であり，排出量取引レジームへの参加にあたっての前提条件とされるべきであろう．

第二に，提出されるデータの正確さが評価されることが必要である．かかる手続に不可欠なものの1つが検証機能であるが，これは議定書8条においてすでに具体化されている（16.1参照）．同条に基づいて結成される，専門家によるレビューチームが，国内および国際的レベルにおいて，取引につき提出されたデータをチェックすることができるであろう．さらに事務局と連携した，認証を受けた監査人がこれらの役割のいくつかを果たすことができると考えられる．

第三に，当然に違反と考えられる行為に対する適切な対応が定められなければならない．この作業は，国際環境条約における一般的な慣行に従って，終局的にはCOP/MOPの責任で行われることになるであろう．議定書の最高機関は，焦点をしぼった方法で勧告を行うことのできるより小さな機関の勧告に基づいて決定を行うことができる．『モントリオール議定書』では，履行委員会が不遵守に関し考えられるケースについて議論し，決定の準備を行うのであるが，これはかかるアプローチについての適切な例を提供している[36]．議定書8条は，COP/MOPに対し，締約国によって提供された情報を検討し，『京都議定書』の「履行に必要な事項について決定する」権限を与えることとしており，本条はかかる手続を設ける基礎をすでに示している．

不遵守に関しより具体的に規定する『京都議定書』18条は，排出量取引に関する制裁レジームの制定に適合的ではない．同条は締約国に対し「不遵守の事例を決定し，対処するための手続およびメカニズムを承認する」ことを求めているが，「拘束力のある結論」を議定書の正式な改正にかからしめるという条項が含まれている（16.3参照）．議定書の改正にあたっては少な

---

[36] Ott 1998a, p.225以下; Gehring 1994; Werksman 1996を参照．

くとも締約国の 4 分の 3 の承認が要求されるので，改正が実施されるためには非常に時間がかかり，まったく実現しないかもしれない．

排出量取引レジームにおける適切な制裁には，「拘束力のある結論」が確実に含まれなければならないため，かかる制裁は直接に（すなわち 18 条を回避する形で），取引レジームのなかに組み込まれることができる．これは，18 条が「本条に基づく」拘束力のある結論についてのみ言及するものであることから可能となる．これより，実施に関する厳格な規則が，議定書のほかの条項の下でとり入れられる可能性があるのである．締約国が厳格な不遵守手続を採用（もしくは批准）しないとしても，排出量取引のなかに制裁を含めることには，『京都議定書』の締約国に必要性の高い一部の実施レジームを与えるといった有益な副次的効果があるだろう．

取引システムに関する規則の不遵守については，さまざまな態様が考えられる．参加者が報告もしくは監視義務を履行しない，不注意もしくは故意により取引規則に違反する，および究極的には，約束期間の終了時において正当な排出レベルを超えて排出していたことにより不遵守となるといったものが考えられる．

取引ルールの違反に対する罰則として考えられるものの多く（例えば個人への民事および刑事責任など）は国内の管轄に属するものである．締約国が民間主体を含めるよう決定した場合には，国内レベルにおいて適切な制裁に関する条項を設けることは必須というべきである．これは終局的には，民間主体の活動につき国際的に責任を負う締約国のためである．しかし国際的レベルでは，財政的制裁を課すことは非常に困難である．ただし，不遵守国からかかる罰金を徴収しやすくするために，取引の許可を得る前に一種の財政的デポジットを必要とすることはできるであろう．不遵守の場合に，このデポジットが（部分的に）没収され，開発途上締約国における軽減措置および適応措置に対する資金提供を行う基金に用いられるのである．罰金がデポジットの額を超える場合には，将来における排出量取引への参加が，追加的な支払いを行うまで保留されることとなる．

このような制裁レジームのひとつとして，排出量取引そのものがペナルティを課すための最適の手段ともなりうる．というのも，割当量の一部を部分的もしくは完全に価値のないものとすることが可能だからである．このような内在的な制裁は，不遵守に係る 18 条の介在なくして定め，課すこと

が可能であろう．責任が売り手に存するか，それとも売り手と買い手の両者に存する（共同責任）かによって，基本的に 2 つのアプローチが考えられる[37]．国際法の伝統的なルールの下では，売り手のみが取引レジームの規則および規制の違反に対する責任を負う（売り手責任）．よって規則に違反して（例えば，残存する排出許容量によって実際の排出量をまかなうことができない場合など）割当量の一部を売却した国に，制裁が向けられることになる．国内的な法システムの枠組みにおいては，不遵守に対するペナルティは厳格なものとすることが可能であり，政府の司法および行政部門によって実施されうることから，大抵の場合このアプローチで十分である．

このようなアプローチは，「ボロイング」に関する交渉の間に米国によって紹介されたものであるが[38]，遵守に対するディスインセンティブを与えるおそれがあったことからほかの締約国には受け入れられなかった．この観念に従えば，ある約束期間においてある国が排出量を超過した場合，次の期間の割当量からその超過分が差し引かれ，さらに超過量の 20％が「ペナルティ」として差し引かれる量に加算されることとなる．これは確かに，「バジェット」を超えないための動機づけとはなるものの，同時にいくらかのリスクを伴うものであった．第一に，このようなボロイングの可能性があるというだけでも，政府を，「静観」戦略に従うことが適当であるとして，排出量を削減させるような大きな将来の技術革新を待つといった結論に向かわせることになる．第二に，このような制裁は継続的な不遵守の場合に対し有効ではない．2 度目の不遵守の後には，より伝統的な制裁が必要とされることになる．

国際法の下では，この結果，「売り手責任」の原則は，義務を怠る国に対する実施権限が比較的存在しないことから，十分に機能しないであろうと考えられる．ほかの取引と比較して，買い手は，取得した排出権が有効である限りにおいて，売り手がルールに従ったか否かについては無関心であろう．この場合，「買い手責任」の原則によれば，買い手が売り手による規則の遵守に関心をもつような環境が創り出される．例えば，もし売却国が約束期間の満了時において割当量を超過し，後に当該国の割当量の一部が減価される

---

[37] 連帯責任などといったほかのメカニズムについても検討されなければならないであろう．
[38] 米国の提案につき，FCCC/AGBM/1997/Misc.1, p.78（11.1を参照）．

おそれのある場合には，かかる国の割当量の一部を購入することに大きなリスクが伴うことになる．買い手はこのような国からの排出権の取得を控えるか，あるいは仮に取得するとしても，かなりの低額で取得するであろう．これより，規則を遵守し，配分された割当量の制限内に止まることは，排出量取引に関与するあらゆる国にとっての重要な関心事となるのである[39]．

「買い手責任」アプローチには，取引条件および移転についての透明性が要求される．このような透明性，および売り手の価値ある排出権を提供する潜在的な能力についての評価は，早期の警告システムによって保証される．これは，監督機関が，ある国が割当量を超過するおそれが明らかになった場合に「黄旗」もしくは「赤旗」を上げるものである．年次の報告に基づいて，かかる監督機関（気候事務局が考えられる）がすべての参加者の実績を評価して，「格づけ」を行う．「安全地帯」にある国は割当量の一部を自由に売却することが可能である．「危険地帯」に突入した場合には，監督機関が警告を発し，「黄旗」を上げる．これは潜在的な買い手に対して，排出権が約束期間の後に減価されるおそれがあることを示すものである．「禁止地帯」に突入した国は，取引がさらに禁止されることになる．

15.3.5 結論

本章では，排出量取引システムの策定に関するすべての問題を取り扱うことはできなかった．例えば，かかるメカニズムの制度組立てに関する検討は，より基本的な構造上の問題が解決すれば，大規模な作業となるであろう．排出量取引の世界的なシステムに関する合意は，京都メカニズムのほかの2つの場合と比較しても，未知の領域であるといえる．これは急速に変化する世界の地球規模でのガバナンス，および主権国家政府に対する民間主体の関係といったような複雑な問題に関係することである．実際，経済衰退の懸念を緩和するために立案されたこの制度の導入は，化石燃料自体を徐々に削減する事業と同様，挑戦的な行動であると思われる．

同時に，『京都議定書』の運命は，その大部分が取引システムの策定にかかっている．米国やその他のJUSSCANNZグループの構成国は，取引によって数量的目標の相当部分を達成する可能性が無ければ，議定書を批准しな

---

[39] Grubb 1998, p.141も参照．

いであろう．これに対し，ロシアの批准は，ホット・エアの売却およびそれによる相当量の外貨獲得の可能性如何にかかっている．結局，EU の大半の加盟国もまた，義務の履行が緩慢であることから（第 24 章参照），排出量取引その他のメカニズムに依拠しなければならない．こういった理由から締約国は，システムの根本的基部について妥協することなく，取引レジームに固有の可能性を最大限活用するよう試みなければならないのである．これには，信頼性があり効果的な実施メカニズムの策定とともに，移転の透明性および検証可能性が要求される．

第16章　実施のレビューと遵守（5条，7条，8条，16条，18条，19条）

　『京都議定書』は，議定書上の義務の不遵守と履行強制を取り扱うためのいくつかの方法を定めている．そのいずれも，とりたてて斬新なものではなく，しかも，その多くは，COP/MOP が今後その方法をいかに緻密に作り上げていくかにかかっている．このことは，気候レジームが有しているプロセス指向性，すなわち，気候レジームが時間の経過に伴って発展し，進化していく可能性に沿うものである[1]．不遵守を決定する基礎となるのは，議定書 7 条および 8 条が定める，国家情報／国別報告書とこれらの報告書のレビュー手続である．この国家情報／国別報告書とレビュー手続は，議定書 5 条のもとで作成される排出目録に関する方法に基づいて行われるだろう．

　議定書上の義務の履行の際に附属書 I の締約国が直面する可能性のある問題を取り扱うために，基本となる 3 つのメカニズムを区別することができる．まず，議定書は，COP/MOP が，国連気候変動枠組条約のもとで策定される多数国間協議プロセスを検討し，適当な場合変更するよう求めている（16条）．第二に，18 条は，「この議定書の条項の不遵守の事例を決定し，対処するための……手続およびメカニズム」を承認することを求めている．この目的を推進するために，1998 年 11 月にブエノスアイレスで開催された国連気候変動枠組条約の COP4 は，不遵守に関する問題を検討，COP5 に報告する「遵守に関する合同作業グループ」を設置した[2]．さらに，第三に，19 条は，国連気候変動枠組条約 14 条の紛争解決規定を議定書に組み入れている．加えて，17 条のもとでの排出量取引制度は，今後，排出量取引制度独自の遵守管理の要素と履行強制メカニズムを定める可能性がある（15.3.4 参照）．

　本章は，国家情報／国別報告書のレビューが，遵守メカニズムの基礎としてどのように機能するのかについて概観するものである．そして，遵守に

---

[1] 国際環境レジームの「プロセス指向性」に関して一般的に扱ったものとして，Ott 1998 a, p.268以下参照．
[2] FCCC/CP/1998/16/Add.1のDecision8/CP.4.

ついて取り扱っている『京都議定書』のさまざまな規定を紹介し，検討を行うものである．このような規定として紹介し，検討されるのは，多数国間協議プロセス，不遵守手続，および，紛争解決メカニズムである．

16.1 国家情報／国別報告書のレビュー（5条，7条，8条）

国家情報／国別報告書の報告とレビューに関する義務は，国連気候変動枠組条約と『京都議定書』の双方について重要な要素である．温室効果ガスの発生源と吸収源，とられている政策および措置，そして，こうした政策および措置が排出に与える影響に関する正確な情報は，各締約国の個別の達成度を評価する基礎となる．そのようなものとして，これらの情報は，個別の不遵守の事例を取り扱うために設計される手続の基礎としての役割を果たしうる．結局，こうした情報のおかげで，議定書上の義務が全体として効果的であり，適切であるかを評価することができる．

議定書は，国連気候変動枠組条約を基礎に構築されており，国家情報／国別報告書に関するより詳細な条件（7条）と，「専門家によるレビュー手続」によるこうした情報のレビューのためのプロセス（8条）を定めている．国家情報／国別報告書は，締約国が共通の方法を用いる場合のみ，予定される専門家によるレビューのための実際的な基礎となるだろう．このために，議定書5条は，こうした共通の方法を発展させるための規則を定めている．

16.1.1 交渉の歴史

国連気候変動枠組条約の締約国は，国家情報／国別報告書を発展させ，有用でかつ効果的であると広く考えられている条約に関するレビュー手続を発展させた[3]．国連気候変動枠組条約は，先進工業国からの定期的な国家情報／国別報告書の中に一定の情報が含められるべきことを要求している[4]．COP1 が採択した指針は，附属書 I の締約国が温室効果ガスの発生源と吸収源について報告を行い，国連気候変動枠組条約 4 条 2 の定める約束（すな

---

[3] Corfee Morlot 1998参照．
[4] 国連気候変動枠組条約12条1，12条2，12条3および4条2（b）．Kinley 1994参照．

わち，温室効果ガスの排出を 1990 年レベルに戻すという目的）を実施するためにとられる政策および措置について詳細に説明し，そして，かかる措置が人為的な温室効果ガスの排出に与える影響に関する明確な推計を行わなければならないと定めている[5]．

締約国会議は，受けとった情報をレビューし，国連気候変動枠組条約全体の実効性を評価しなければならない（国連気候変動枠組条約 4 条 2（b）および 7 条 2（c））．しかしながら，国連気候変動枠組条約は，こうした情報をレビューするためのプロセスを定めていない．このプロセスを策定するために，COP1 は，締約国が提出する情報を評価する基礎となる「詳細レビュー手続」を採択した[6]．このために，事務局は，とりわけ，その他の組織から収集したデータと，報告されたデータを比較することができる．詳細レビューチームは，（関係締約国の承認があれば）その評価の過程で，現地訪問を行うことができる．COP3 において，締約国は，さらに，「詳細レビューには，（……）一般に，事務局が調整するレビューチームの訪問を含めるべきである」と決定した[7]．COP4 は，第 3 回国家情報／国別報告書が，2001 年 11 月 30 日を提出期限として提出され，その後，今後の締約国会議の会合で決定されるように定期的に提出されると決定した[8]．

国連気候変動枠組条約においてこの制度の実施が相当に成功したことに励まされて，事務局は，1996 年 3 月の AGBM3 に，この制度が，議定書の必要性に合うように適合されうる，または，少なくとも，2 つの制度の間の調整がありうると提案した[9]．このことは，大半の締約国が承認したが，そのうちのいくつかの締約国は，国連気候変動枠組条約の定めるレビュー手続よりも強力なレビュー手続を提案した[10]．国連気候変動枠組条約 12 条のもとで提出される情報の中に，議定書のもとで要求される情報を組み入れることを提案する締約国もあった．米国は，AGBM6 への提案において，詳細な「レビューと遵守のプロセス」を提起し，その「プロセス」に，『京都議定

---

[5] FCCC/CP/1995/7/Add.1のDecision3/CP.1．当該手続の発展については，Report of INC 9, UN Doc.A/AC.237/81, Decision9/2, および，Report of INC 11, UN Doc.A/AC.237/71/Add.1 参照．
[6] FCCC/CP/1995/7/Add.1のDecision2/CP.1．Ott 1994; Oberthür/Ott 1995, p.149参照．
[7] FCCC/CP/1997/7/Add.1のDecision6/CP.3．
[8] FCCC/CP/1998/16/Add.1のDecision11/CP.4．
[9] FCCC/AGBM/1996/4, para18．
[10] FCCC/AGBM/1996/10;FCCC/AGBM/1997/2 and Add.1．

書』において最終的に定められたように,「専門家によるレビューチーム」による情報のレビューをすでに盛り込んでいた[11].

　予定される国家情報／国別報告書と情報のレビュー制度は,国連気候変動枠組条約のもとで発展した実行を基礎に大部分が構築されたので,交渉プロセス中に大きな論争は生じなかった.同じことは,レビュー制度の基礎となる,温室効果ガスの排出の算定に利用される方法に関する規則についても当てはまる.結果として,1997年11月に,議長が提出した交渉用の改訂テキストが定めていた方法,国家情報／国別報告書,そして,国家情報／国別報告書のレビューに関する3つの条項は,京都会議の最終段階においてはほとんど変わらなかった[12].

16.1.2 『京都議定書』のもとでの報告とレビュー

　『京都議定書』のもとでの報告制度は,国連気候変動枠組条約のもとでの現行の報告制度と密接に連関している.『京都議定書』7条によれば,先進工業国たる締約国（附属書Ⅰの締約国）は,国連気候変動枠組条約12条のもとで要求される情報の中で,追加の情報を提出することにより,『京都議定書』のもとでの報告義務を履行しなければならない.このように,『京都議定書』7条1は,附属書Ⅰの締約国が,毎年提出する温室効果ガスの排出および吸収源の目録の中に,『京都議定書』「3条の遵守を確認するために必要な補足的な情報」を含めることを要求している.こうした情報には,国連気候変動枠組条約の報告義務が要求していなかった,CO_2以外の温室効果ガスに関する情報だけではなく,さらに,「土地利用変化および林業」に関するデータとそのデータの有効性を評価するための背景となる情報も含まれる.

　さらに,「附属書Ⅰの各締約国は,条約12条の規定に基づき提出される各国の情報の中に,この議定書のもとでの約束の遵守を証明するのに必要な補足的な情報を含める」（7条2）.この条件は,以下の事項に関する情報を指している.すなわち,

---

[11] FCCC/AGBM/1997/MISC.1, p.78.
[12] FCCC/CP/1997/2, 5条, 8条および9条参照.開発途上締約国が,自発的約束を行うことを認める本条が採択できなかった後,「10条のもとで行動する締約国」という文言のみが削除された.第17章参照.

●3条のもとで合意された目標および削減スケジュール以外の,『京都議定書』の規定に関する活動,いわゆる政策および措置(2条)に関する情報,
●4条に従った義務の共同達成(「バブル」)に関する情報,
●6条のもとでの共同実施に関する情報,
●10条の定める一般的約束に関する情報,
●CDM(12条)のもとでの活動に関する情報,および,
●17条に従って策定される排出量取引制度のもとでの活動に関する情報である(各章参照).

　目録に関する情報は,『京都議定書』が当該締約国について効力を発生した後,約束期間の最初の年について,国連気候変動枠組条約に基づいて提出される最初の目録から始めて,毎年提出されなければならない(7条3).

　さらに,COP/MOPは,国連気候変動枠組条約の締約国会議が採択する指針を考慮しつつ,その第1回会合において情報の準備に関する指針を採択し,その後,定期的にその指針を再検討しなければならない(7条4).この規定は,先進工業国が作成しなければならず,制度の根幹となる排出目録の方法の基礎を定めている5条の文脈において理解されなければならない.したがって,附属書Ⅰの締約国は,遅くとも2006年末までに,温室効果ガスの排出と吸収源による除去の推計(「目録」)のための国内制度を設置しなければならない.第1回のCOP/MOPは,関連する指針について決定しなければならない(5条1).

　かかる指針には,温室効果ガスの発生源による排出と吸収源による除去の推計のための適用可能な方法が含まれ,その方法は,一般に,IPCCが作成し,条約のCOP3が採択した方法でなければならない(5条2)[13]. 5条2の第2文は,かかる方法が用いられない場合には,第1回のCOP/MOPが合意する方法に従って適切な調整が行われるものとすることを定めている.COP/MOPはまた,用いられる方法と調整を再検討しなければならず,これらの方法や調整を改訂することができる.しかしながら,その場合,このような改訂は,改訂の後に採択される約束期間についてのみ効力を発する(5条2).同じことは,『京都議定書』が規制する温室効果ガスのバスケット

---

[13] FCCC/CP/1997/7/Add.1のDecision2/CP.3. 方法および目録の不確実性については,IPCC 1998; Lanchbery 1998参照.

の中の CO_2 以外のガスを CO_2 に換算する役割を果たしている．さまざまな温室効果ガスの地球温暖化係数（GWP）を今後変更する場合にも当てはまる．第一約束期間について，そして，その後の改訂まで，IPCC の第二次評価報告書が定め，条約の COP3 が合意した地球温暖化係数が適用される（5条3）[14]．地球温暖化係数は，その時点で，すべての HFC については定められていなかったので，かかるガスの排出が，第一約束期間においてどのように取り扱われるかについて，若干の不確実性がある．国連気候変動枠組条約の締約国が第一約束期間前に方法の改訂に合意する場合，別の問題が生じうる．報告制度は，国連気候変動枠組条約のもとでの報告と，『京都議定書』のもとでの報告を調和させるように，入念に作り上げられているけれども，条約の締約国が第一約束期間前に方法の改訂に合意すると，議定書のもとでの報告に関する方法（条約の COP3 で合意された方法）ではなく，それとは異なる条約のもとでの報告の方法（改訂された方法）を，議定書の締約国が用いなければならないという状況をもたらしうる．

　『京都議定書』8 条のレビュー手続は，大部分，国連気候変動枠組条約のもとで発展した「詳細レビュー手続」をまねている（上記参照）．目録に関する情報は，国連気候変動枠組条約の締約国会議の関連する決定に基づき，かつ，COP/MOP が採択する指針に従って，「専門家によるレビューチーム」がレビューすることになっている．7 条 2 に従って提出される「補足的な情報」は，国連気候変動枠組条約のもとで設けられる手続の一部としても，レビューされなければならない（8 条 1）．

　できるだけ大きな権限を，条約機関の手に保持しておきたいという，多くの開発途上締約国の願望に先導されて，専門家によるレビューチームは，事務局が調整し，条約の締約国会議が与える指導に従って，国連気候変動枠組条約の締約国または政府間機構が指名する専門家から構成される（8 条 2）．かかる専門家によるレビューチームは，「締約国が行うこの議定書の実施に関するすべての側面について，徹底的かつ包括的な技術的評価を行う」ことが義務づけられている（8 条 3）．

　専門家によるレビューチームは，さらに，締約国の約束の履行を評価し，約束達成上の潜在的な問題，および，約束の達成に影響を与える要因を確認

---

[14] FCCC/CP/1997/7/Add.1のDecision2/CP.3.

する，COP/MOPへの報告書を作成しなければならない（8条3）．国連気候変動枠組条約のもとでの一般的慣行と同じように，これらの報告書は，国連気候変動枠組条約のすべての締約国に送付されなければならない[15]．8条3により，事務局の役割を拡大することが想定されている．事務局は，COP/MOPの「さらなる検討のために，当該報告書の示唆する履行に関する疑義を明らかにする」ことが要求されている．この規定は，議定書の実施における事務局の地位を相当に促進するだろうし，18条のもとで策定される予定の不遵守手続の文脈において利用されうる．

8条5および6は，不遵守手続の基礎となる規定を定めている．COP/MOPは，補助機関の支援を受けて，締約国が提出する情報，専門家によるレビューチームの報告書，事務局が明らかにした履行に関する疑義，および，締約国が提起する疑義を検討することが要求されている（8条5）．かかる検討に照らして，COP/MOPは，さらに，議定書の「実施のための必要な事項について決定する」ことが要求されている（8条6）．

全体として，『京都議定書』のもとでの情報の報告と情報のレビューの制度は，重複や二度手間を回避するよう，国連気候変動枠組条約のもとで機能している制度に常に密接に関連している．これに基づいて，7条および8条は，不遵守に明示的に言及することなく，議定書のもとでの実施と不遵守の取り扱いに関する多数国間手続の第一段階と最終段階について定めている．COP/MOPは，締約国自身，ほかの締約国，専門家によるレビューチーム，および，事務局により提出される個別の遵守の評価に必要な情報を受けとる．議定書の最高機関として，COP/MOPは，これに基づいて，議定書の運営に必要と考える何らかの措置について決定する立場にある．

16.2　多数国間協議プロセス（16条）

16条は，締約国が義務の実施に際して直面する可能性がある問題について協力的な解決方法を見い出し，起こりうる紛争を早期に発見するメカニズ

---

[15] しかしながら，事務局はさらに一歩進め，そのウェブサイト<http://www.unfccc.de>に詳細レビュー報告書を公表した．国連気候変動枠組条約によれば，「公表」は，情報そのものに関してのみ言及されており，詳細レビュー報告書については言及されていない．国連気候変動枠組条約12条10参照．

ムを定めている.拘束力ある義務を設けることなしに,かつ,具体的なタイムテーブルを定めることなしに,議定書は,COP/MOP が,実行可能な限り速やかに,国連気候変動枠組条約の枠組において策定される多数国間協議プロセスの『京都議定書』への適用を検討することを要求している.

16.2.1 交渉の歴史

将来設けられる気候レジームの多数国間遵守手続に関する提案は,すでに 1980 年代後半に,この問題に関する最初の政治的会合により検討されていた[16].国連気候変動枠組条約の交渉中,遵守管理の要素が討議されたが合意できなかった[17].このようにして,交渉者は,国連気候変動枠組条約の条文中に,「マーカー」(条約機関からの行動を要求し,会議の討議事項(アジェンダ)にその問題を引き続き残しておく条項)[18] を挿入することを決定した.国連気候変動枠組条約 13 条に従って,国連気候変動枠組条約締約国会議は,「第 1 回会合において,この条約の実施に関する問題の解決のための,締約国がその要請により利用することができる,多数国間協議プロセスを定めることを検討する」ことが義務づけられている.しかしながら,この規定は,締約国が,多数国間協議プロセスを実際に設置することを要求してもいないし[19],一定の設計を行うことを義務づけてもいない.

ベルリンで開催された COP1 で,国連気候変動枠組条約の締約国は,「あらゆる問題を検討」し,COP2 に報告する技術専門家および法律専門家からなるアドホック・グループを設置した[20].この「13 条アドホック・グループ」(AG13)は,その任務が拡大された[21]後,COP1 と COP3 の間に 5 回会合を開いた.このグループでの最初の率直な討議は,そのプロセスが「諮問的」性格をもつのか「監督的」性格をもつのかについて見解が大きく異なっていたことに特徴づけられた[22].とりわけ,中国は,ある締約国の個別の

---

[16] "Protection of the Atmosphere: Statement of the International Meeting of Legal and Policy Experts, 20-22 February 1988, Ottawa"参照. The American University Journal of International Law and Policy, No.5(1990), pp.539-542に再録.
[17] UN Doc.A/AC.237/Misc.13, p.30以下参照.
[18] Széll 1995, p.99参照.
[19] Note by the Interim Secretariat, UN Doc.A/AC.237/59, p.10 も参照.
[20] FCCC/CP/1995/7/Add.1のDecision20/CP.1.このアプローチは,問題の徹底した分析の後,暫定事務局により勧告された.UN Doc.A/AC.237/59, p.11参照.
[21] Report of COP2, FCCC/CP/1996/15/Add.1のDecision 4/CP.2.
[22] Ott 1996 b参照.

遵守について吟味することを必然的に伴うようないかなる手続にも異議を唱えた．それに対して，欧州共同体，日本，カナダといった大半の先進工業国は，オゾン層を破壊する物質に関するモントリオール議定書（1987年）の不遵守手続（Box 16.1 参照）を，討議の出発点となる1つの見本とするようであった．

1997年のAG13の第4回会合の初めに成立したEUと中国との間の合意は，そのプロセスを完全に諮問的なものとすることを確実に方向づけた．このアプローチは，後にさらに洗練されたものになった[23]．このようにして，この「プロセス」は，何らかの遵守管理を行うものではなく，しばしば言及されたように，「救援デスク」の機能を主として果たすものである．条約のCOP3において，締約国は，AG13の任務をCOP4まで延長した[24]．COP4では，国連気候変動枠組条約の多数国間協議プロセスの設計に関して，最終的な決定が行われるものと考えられていた．

1998年6月に開催された第6回会合において，AG13は，多数国間協議プロセスに関する権限の条件を最終的に採択したが，この手続の中核となるはずである常設の多数国間協議委員会の構成に関する条件について合意することができなかった[25]．G77および中国は，グループからの委員が多数を占めるであろう「衡平な地理的配分」の原則にしたがった構成を支持した．例えば，こうした構成は，『モントリオール議定書』の不遵守手続のもとでの履行委員会の構成の基礎である（Box16.1 参照）．それに対して，先進工業国の多くは，委員の半数を開発途上締約国に指定し，残りの半数を先進工業国たる締約国に指定するという構成を支持した．予定されている機関は，純粋に諮問的役割を演じるものであり，したがって，開発途上締約国も先進工業国も，その意思に反してもう一方のグループの諸国に何かを強いるという立場にないので，なぜこの点について合意に達することができなかったのかは明らかではない．合意に達しなかった理由は，むしろ，かかる決定が，特に，『京都議定書』の不遵守手続のもとでの，気候レジームの文脈における今後の委員会の構成に関する先例となりうることにあると考えることができるかもしれない．

---

[23] Report of the fourth and fifth sessions of AG13, FCCC/AG13/1997/2 and 4参照．
[24] FCCC/CP/1997/7/Add.1のDecision14/CP.3．
[25] FCCC/AG13/1998/2 and AnnexⅡ．

合意がなかったので，COP4 は，多数国間協議委員会の構成を除いて，多数国間協議プロセスの条文を承認した．アルゼンチン人である COP4 の議長は，COP5 において，このプロセスに関する権限の条件を採択し，委員会を設置するために，この問題に関する協議を行うよう要請された[26]．

16.2.2 国連気候変動枠組条約 13 条のもとでの多数国間協議プロセス

AG13 が勧告し，COP4 が承認した多数国間協議プロセス[27]は，以下の目的を有している（パラグラフ 2）．
● 条約実施に困難を抱える締約国への助言の提供，
● 条約についての理解の促進，および，
● 紛争発生の未然防止

このプロセスが諮問的性格を有するという EU と中国の間の COP4 での合意の線に沿って，プロセスは，「促進的，協力的，非対抗的で，透明性が高く，時宜にかなった方法で行われ，かつ，司法的なものでない」（パラグラフ 3）．このプロセスの独立性を強調するために，パラグラフ 4 は，国連気候変動枠組条約 14 条の紛争解決規定とは別個のものであると定めている．

このプロセスは，以下のものにより開始，すなわち，「起動」されうる（パラグラフ 5）．
● 自らの条約実施について困難を抱える締約国または締約国のグループ
● 他の締約国または締約国グループについて締約国または締約国のグループ
● 締約国会議

『モントリオール議定書』のもとでの不遵守手続（Box16.1 参照）の場合のように，国連気候変動枠組条約の事務局に手続を開始する機能をもたせようとする試みが行われたが，事務局に，履行監視に関するもっと強力な役割を与えることができなかった．しかしながら，事務局は，個別の締約国の義務の達成度に関する情報を提供する役割を演じるだろう（上記

---

[26] FCCC/CP/1998/16/Add.1のDecision10/CP.4.
[27] FCCC/AG13/1998/2の第6回AG13会合報告書の附属書Ⅱ．

16.1 参照).

　多数国間協議委員会の委員は，政府が指名する関連する科学分野，社会・経済分野，環境分野の専門家である（パラグラフ 8）．しかしながら，上述のように，AG13 も締約国会議も，多数国間協議委員会の構成条件についてこれまで合意できていない．草案は，この委員会の委員となる専門家の数（10 人，15 人または 25 人）と，これらの専門家が「衡平な地理的配分」に従って選出されるのか，それとも，委員の半分は開発途上締約国が指名し，残りの半分は先進工業国たる締約国が指名するかについてはブラケットをまだ含んでいる．この問題は，COP5 が解決するはずである[28]．

　委員会の任務は，条約の実施において生じる問題を明らかにし，解決し，技術的資源および財源に関する助言を提供し，情報を収集し送付することに限定される（パラグラフ 6）．権限が不必要に重複することについての正当な懸念に応えるために，委員会は，条約のその他の機関が遂行する活動を行うのを差し控えなければならない（パラグラフ 7）．その主要な機能は，締約国会議に報告することではなく，関係締約国または関係締約国集団に勧告を与えることである（パラグラフ 12）．しかしながら，委員会は，締約国会議に，委員会の最終見解または勧告と書面によるコメントを送達しなければならない（パラグラフ 13）．最後のパラグラフは，締約国会議によるこうした権限の条件の改正を考慮に入れている．

16.2.3　多数国間協議プロセスの『京都議定書』への適用

　多数国間協議プロセスの交渉は，『京都議定書』の交渉と並行して行われた．『京都議定書』の締約国が果たして不遵守手続を作成するかどうか明白ではなかったので，COP3 において，締約国は，とにかく『京都議定書』に，国連気候変動枠組条約のもとでの多数国間協議プロセスについてのマーカーを挿入することを決定した．したがって，『京都議定書』16 条は，COP/MOP が議定書への多数国間協議プロセスの適用を「検討する」ことを要求している．この規定は，条約の枠組内で行われる決定から COP/MOP が独立していることを示している．しかしながら，それは，必ずしもすべての締約国が『京都議定書』にこの手続を利用することの利点について確信しているので

---

[28] FCCC/CP/1998/16/Add.1, para.2 の Decision10/CP.4.

はなく，さらに，AG13 が COP3 の時点で最終草案をまだ出していなかったという事実にもよるものであった．他方で，この第二の点は，1 つには，AG13 が京都での結果を待って最終的な手続を採択しようとしていたことによるものであった．

『京都議定書』の締約国は，条約の締約国とは異なっているので，16 条に従って，議定書の特別のニーズに照らして多数国間協議プロセスを変更することができる．しかしながら，多数国間協議プロセスは，あまり議論を生じさせるような性格ではないので，何らかの変更は必要ないと考えてもさしつかえないだろう．

16.3　不遵守手続（18条）

条約において策定された諮問的機能を有する多数国間協議プロセスを適用しうるという 16 条に加えて，『京都議定書』は，COP/MOP が「この議定書の条項の不遵守の事例を決定し，対処するための適切かつ効果的な手続およびメカニズムを承認する」（18 条）ことを要求している．この規定は，さらなる交渉のための多くの余地を残している．しかしながら，この規定は，この手続には「不遵守の原因，種類，程度，および頻度を考慮して，帰結の指示リストの作成」を含めるべきであると明確に定めている．

18 条の第 2 文は，かかるメカニズムに付与される権限の限界を定めており，「拘束力のある帰結を伴うこの条に基づくいかなる手続およびメカニズムも，この議定書の改正により採択される」と定めている．さらに，情報のレビューに関する 8 条 5 および 6 は，義務の実施に困難を抱える附属書 B の締約国の取り扱いに関するいくつかの基本的な規定を定めている（上記 16.1 も参照）．

16.3.1　交渉の歴史

この条に関する交渉は，国連気候変動枠組条約の採択に前後する多数国間協議プロセスに関して行われた交渉に密接に関連していた（16.2 参

照）[29]．条約は，温室効果ガスの排出を削減する法的拘束力ある義務を定めていないという特徴を有しており，この文脈において合意された諮問的手続は，条約には適切であると考えられうる．しかしながら，『京都議定書』3 条の履行は，すべての附属書 B の締約国にとって難しい仕事であり，したがって，個別の国の義務の達成度の監視を考慮に入れた手続を採択する必要性を示唆している．

　京都プロセスにおいては，議定書に関する不遵守手続の最初の提案は，AGBM3 に先だって 1996 年初頭に提出された制度的問題に関する事務局の文書に含まれていた[30]．この点に関するその後の締約国による提案の大半は，同じ年の AGBM5 に提出された EU の提案[31]を除くと，あまり綿密なものではなかった．EU の提案は，『モントリオール議定書』の不遵守手続にならって設計されたもので，「履行委員会」の設置を提案していた．

　これらの初期の提案は，1996 年 11 月の議長の統合テキストと，1997 年 2 月の提案の枠組を収集しまとめた文書に含まれていた[32]．しかしながら，1997 年 3 月の AGBM6 で，米国は，議定書の枠組に関するより広範な提案の一部として不遵守手続を提案した[33]．大部分，排出量取引や共同実施といった，経済的手法を広範に利用することから生まれる「柔軟性」アプローチに基づいて，提案には，変更を加えた「専門家によるレビューチーム」による詳細レビュー手続と，許容される排出を超過して排出した場合の制裁の可能性が含まれていた．履行強制に関するこうした相当に思い切った提案が，信頼性の高い排出量取引制度にとって不可欠であると米国政府は考えていた．

　もう 1 つの画期的な提案は，1997 年 7 月-8 月の AGBM7 にブラジルにより提出された[34]．先進工業国たる締約国は，許容された上限以下にその排出を維持できなければ，超過炭素 1t につき一定の額を「クリーン開発基金」に支払うことで補償することになっていた．基金の資金の 90 ％は開発途上締約国における気候変動の緩和に使用され，10％は開発途上締約国の適応事

---

[29] 交渉については，Ehrmann 1999; Wang 1998 も参照．
[30] FCCC/AGBM/1996/4, "Possible Elements of a Protocol or Another Legal Instrument – Institutional Issues".
[31] FCCC/AGBM/1996/Misc.2/Add.2, "Elaboration of the EU Draft Protocol Structure".
[32] 統合と枠組の編集については，FCCC/AGBM/1996/10ならびにFCCC/AGBM/1997/2 and Add.1参照．
[33] 米国の議定書枠組草案第4条．FCCC/AGBM/1997/Misc.1, p.78.
[34] FCCC/AGBM/1997/Misc.1/Add.3.

業のためにとっておかれるというものであった．このブラジル提案は，その後，G77 に支持されたが，先進工業国の支持を得ることはできなかった．しかしながら，ブラジルの提案は，その後，『京都議定書』12 条のもとでの CDM となるものの基礎を築いた（第 14 章参照）．

> **Box16.1：『モントリオール議定書』の不遵守手続** [35]
>
> 　不遵守手続の採択を要求する『モントリオール議定書』8 条に基づいて，『モントリオール議定書』の締約国会合は，まず，1990 年に暫定的不遵守手続を採択し，その後，1992 年に最終的な不遵守手続を定めた．手続の中心は，2 年の任期で，衡平な地理的配分（西欧およびその他の諸国，CEIT，アジア，アフリカ，ラテンアメリカから各 2 カ国）に基づいて締約国会合により選出される 10 の国家代表からなる履行委員会である．
> 　履行委員会は，通常，年に 2 回会合を開き，以下の機能を遂行する．すなわち，不遵守の可能性のある事案に関する情報を検討し，関連する事案に関するさらなる情報を（事務局を通じて）要求し，関係締約国の領域内において情報収集を行い，そして，開発途上締約国における『モントリオール議定書』の実施のために多数国間基金の執行委員会と情報交換を行う．
> 　不遵守手続は，ほかの締約国，不遵守の締約国自身，または，事務局による書面での申立により開始されうる．関連する事案を検討する際に，履行委員会は，友好的解決を見いだそうと努めることになっている．履行委員会は，適当と考えうるさらなる行動に関する勧告を含めて締約国会合に報告する．締約国会合は，関連する決定を行う権限を有している．不遵守手続に関する規定には，議定書の不遵守に関して締約国会合によりとられうる措置の指示リストが含まれている．したがって，締約国は，支援を与え，警告を発し，または，議定書上の特定の権利および特権を停止できる．
> 　1990 年代中には，履行委員会は，2 つの主要な活動領域に焦点を置いていた．第一には，履行委員会は，議定書のもとで要求されるようなデータを報告することができないという事案について定期的に取り扱ってきた．第二に，履行委員会は，CEIT，最

---

[35] 一般的にはOtt 1998a, p.227以下; Victor 1998参照．

> も重要な国としてロシアによる,『モントリオール議定書』が定めるオゾン層破壊物質の段階的削減スケジュールの不遵守に関するさまざまな事案を取り扱ってきた．これらの不遵守の事案への一般的な対応は，段階的削減スケジュールを加速させるという支援受入国による約束を条件に，GEF を通じて財政的支援および技術的支援を与えることである．このプロセスにおいて，履行委員会は，GEF，多数国間基金の執行委員会，および CEIT や開発途上締約国に支援を与える機関（国連開発計画，国連環境計画，国連工業開発機関および世界銀行）と緊密に協力している．

　この問題に関する締約国の意見が分かれていたので，1997 年 10 月の AGBM8 の前に出された議長による統合交渉テキストは，締約国が不遵守の事例を決定し，対処する手続およびメカニズムを作成することを求めるマーカーを定めているだけだった[36]．1997 年 11 月の交渉の基礎とされた改訂テキストでは，この規定は，すでにほとんど最終の形となっていた[37]．一方で，EU と，他方で，多くの JUSSCANNZ 諸国および開発途上締約国との間の主要な違いは，この手続のもとでの「拘束力あるペナルティ」の利用に関するものであった．大半の JUSSCANNZ 諸国が，拘束力あるペナルティに異議を唱えたのに対し，米国は，米国議会上院が批准するものを正確に知ることができるように，拘束力あるペナルティが明確に定められるまで，これらの JUSSCANNZ 諸国と歩調を合わせようとしていた．

　京都における交渉の最終段階で，（EU を代表して行動する）オランダは，手続またはメカニズムが「拘束力のある帰結」を伴う場合，手続またはメカニズムが議定書の改正により採択されることを要求する文言を導入した．この提案は，何らかの特定のペナルティの導入の前には，各締約国の議会が諮問されることを確保するため，JUSSCANNZ やその他の締約国の同意を得た．この妥協案は，いくつかの問題を生じさせるけれども（下記参照），結局，京都での交渉の最後の夜に大きな議論なく採択された．

　このようにして誕生した 18 条はマーカーの性格を有しており，したがって，さらなる準備作業が，『京都議定書』のもとでの不遵守手続を設けるの

---

[36] FCCC/AGBM/1997/7, 9条.
[37] FCCC/CP/1997/2, 18条.

に必要とされる.このために,COP4 で,締約国は実施に関する補助機関と科学上および技術上の助言に関する補助機関のもとに「遵守に関する合同作業グループ」を設置し,この作業グループが,上記の 2 つの補助機関を通じて COP5 に報告することとなっている[38].締約国には,その意見を提出することが要請されており,事務局には,この問題に関する締約国間の協議を促進することが要請されている.合同作業グループは,遵守制度に関するさまざまな事項を検討することとなっている.すなわち,

● 『京都議定書』における遵守に関連する要素を確認する,
● さまざまな交渉の集まりにおけるこのような要素の発展の動向に注目し,見解の大きな相違を確認する,
● その他のグループで取り扱われていない範囲で,着想を発展させる,
そして
● 包括的な遵守制度を発展させる一貫したアプローチを確保する.

COP4 が行った決定に従って,COP5 は,COP6 により決定を採択するために,必要な場合,遵守に関するアドホック作業グループの設置(またはその他の手続)を含むさらなる措置をとることとなっている.予定されるアドホック作業グループは,その場合,具体的な不遵守手続の権限の条件に関する草案を作成するかもしれない.

16.3.2　不遵守に関して定められる可能性のある規則

『京都議定書』18 条に従って作成され,採択されるであろう「不遵守の事例を決定し,対処する手続およびメカニズム」の最終的な性格を予測することは容易ではない.国際法はきちんとした階層的構造を欠くという特徴を有しており,国際法上の義務の遵守と履行強制を確保する手段を設けるのはまったく容易なことではない[39].したがって,条約レジームは,しばしば,紛争の平和的解決を定め,いわゆる「自己完結的制度」[40]を設けている.この「自己完結的制度」は,一般に一方的な復仇の行使を排除する.

---

[38] FCCC/CP/1998/16/Add.1のDecision 8/CP.4, Annex Ⅱ.
[39] 国際環境法における不遵守の履行強制一般については,Ehrmann 1999参照.
[40] テヘランにおける米国外交職員・領事職員に関する事件における国際司法裁判所(ICJ)による表現.ICJ Rep.1980, p.3, 40, 43.

第 16 章 実施のレビューと遵守　　277

　一般にすべての環境条約が今なお伝統的な紛争解決規定を定めているけれども，最近の環境条約は，政治的監視手続をますます利用する傾向にあり，時折，準司法的監視手続を利用する[41]．準司法的監視手続の有名な事例は，オゾン層を破壊する物質に関するモントリオール議定書（1987 年）のもとで設けられた不遵守手続[42]や，1979 年の長距離越境大気汚染に関するジュネーヴ条約の『第二硫黄議定書』（1994 年）のもとで設けられた手続[43]である．これらの手続は，上記の環境条約の実施メカニズムの一部であり，多数国間の通報やレビュー手続を基礎に構築されており，（限定的な「ムチ」は，通常その視野に入っているけれども）一般に，非対抗的で，非懲罰的で，むしろ促進的な性格を有している[44]．

　このアプローチは，不遵守の理由が，たいていの場合法的義務の意図的な無視ではなく，むしろ，政府の能力の欠如，規範の曖昧さ，条約が採択された時点と条約発効の時点との間の状況の変化であるという事実を反映している．一般に，義務の遵守管理と履行強制の効果的なメカニズムは，3 つの要素を有しているはずである[45]．すなわち，レビュー，矯正および創造性である．レビューは，実施に関する事実状況の決定の基礎を提供する．矯正機能は，交渉，財政的支援またはその他の支援，国内的または国際的な面目の失墜を通じて，または，最後の手段として，かつ，あらゆる適切な配慮を伴った上で，制裁により，ある締約国の不遵守行動を未然に防止し，または，やめさせることを目指している．第三の機能，すなわち，創造機能は，状況の変化が調整を要求し，正当化する場合，レジームの規則が調整されることを認める．

　専門家によるレビューに関する 8 条の条項は，少なくとも先進工業国の義務に関して，すでに，不遵守手続の一部であると考えられるかもしれない．8 条 5 は，COP/MOP が，締約国，専門家によるレビューチームおよび事務局が提出したすべての情報を検討することを要求している（レビュー機能）．

---

[41] Ott 1998a; Gehring 1990; Koskenniemi 1992参照．
[42] その経緯については，Ott 1991; Barratt-Brown 1991参照．
[43] Széll 1995, p.104以下参照．ほかの事例では，正式の手続は作成されていないが，1973年の絶滅のおそれのある野生動植物の国際取引に関する条約の枠組で生じているように，慣行が発展している．Sand 1997参照．
[44] 例えば，Chayes/Handler Chayes 1993; Handler Chayes et al. 1995参照．気候変動への適用については，Werksman 1998b参照．
[45] Hoof et al.1984, p.11以下参照．

さらに，COP/MOP には，議定書のもとでの最高意思決定機関としての機能に従って，「この議定書の実施のために必要な事項について決定する」(8条6) ことが要求されている．COP/MOP は，このように，作成される手続がなくても，すでに不遵守の事例を取り扱う立場にある（矯正／創造機能）．

とりわけ，18 条のもとで取り扱われなければならない問題は，議定書の義務が個々の締約国により履行されたかどうかを決定し，適切な対応について決定することを目指す「矯正機能」である．上述した 8 条 6 は，この点で常に基礎となる．18 条の条文は，『モントリオール議定書』の不遵守手続（Box16.1 参照）の先例を強く示している．このことは，あまりにも監視的性格を有すると考えられたため，「不遵守」という用語が AG13 の最終会合において注意深く回避されたことに示唆されるだけではなく，作成されるはずの「帰結の指示リスト」によっても示唆される．

『モントリオール議定書』のアプローチは，欧州共同体と日本により支持され，そして，京都プロセスにおいて，米国が提案した「レビュー・遵守プロセス」に大変近いものである（上記参照）．さらに，紛争を多数国間で解決するこうした手続の利点は，AG13 の議長が作成し，COP2 に先立って出された「多数国間協議プロセス」の設計に関する質問票に応えた，ほとんどの NGO および科学者により表明されている[46]．しかしながら，『第二硫黄議定書』(1994 年) のもとで発展した手続の場合に行われたように，『モントリオール議定書』のアプローチは，気候レジームの異なる状況に合わせられなければならないだろう[47]．

オゾンレジームを先例とすることになれば，最終的な意思決定権は議定書の最高機関たる COP/MOP にあることになるだろう．さらに，より小規模で，すべての締約国から構成されるのではない機関が，効果的かつ迅速に不遵守問題を取り扱うために設置されなければならないだろう．このようなものとして，「履行委員会」が，欧州共同体と米国双方の提案に盛り込まれていた．『モントリオール議定書』の履行委員会のように，衡平な地理的配分に基づく 10 の委員からなる委員会が，このような機関の規模と構成としておそらく適切だろう．しかしながら，条約 13 条のもとでの多数国間協議

---

[46] FCCC/AG13/1996/Misc.2 and Add. 1.
[47] Széll 1995, p.104以下参照．

委員会の構成に関する交渉は，衡平な地理的配分に基づいて委員を選出することが，先進工業国からの抵抗に遭うだろうことを示唆している（上記参照）．

　非国家アクターに履行委員会のメンバーとなる権利を与えることは望ましいかもしれないが，主権と政治的便宜主義から，国家代表のみから構成される機関への支持が強く主張されるだろう．しかしながら，『モントリオール議定書』のモデルを超えて，特定の必要条件を満たした非国家アクターが手続（の一部）を監視し，口頭での手続への参加および書面での意見提出を行うことを認めるのが有用かもしれない．履行委員会は，問題について友好的解決に到達し，COP/MOP に報告し，適切な行動方針を勧告しようと試みるべきである．対応として，困難をかかえる締約国への支援，警告を発すること，投票権の停止，『京都議定書』17 条のもとでの排出量取引制度への参加権の喪失や，ある締約国の排出の「割当量」または『京都議定書』6 条のもとでの共同実施や 12 条のもとでの CDM を通じて獲得された排出削減ユニット／認証された排出削減の強制的切り下げをあげることができるかもしれない（これらの規定に関する各章参照）．

　オゾンレジームの先例は，さらに，この不遵守手続を開始（「起動」）するのは，締約国に限定されるべきではないことを示している．EC 法や人権条約の履行強制のような，その他の手続の経験は，手続を開始する権利は，また，締約国から独立した機関にも与えられるべきことを示している．事務局は，議定書の実施を監督し，必要とされる熟練した人材を有しているので，これを行う適切な立場にある．議定書 8 条 3 は，事務局が「議定書締約国会合によるさらなる検討」のために専門家によるレビューチームの報告書で確認される国家の実施に関する「疑義を明らかにする」ことを要求しているので，ある程度は，この規定は，事務局がこうした機能を有することについての法的基礎をすでに与えている．『モントリオール議定書』と『第二硫黄議定書』の不遵守手続のもとで，事務局は，どのように不遵守について認識するに至ったかにかかわらず，不遵守の可能性があることについて履行委員会に報告することが認められている．このようにして，事務局は，（たとえ，かかる問題が，非国家アクターにより発見され，事務局に通報される場合であっても）特定の締約国の履行上の問題を指摘し，場合によっては報告する最初の機会——および義務——を有している．

　したがって，このような不遵守手続を設けることは，単に，個別の締約

国による実施上の問題を発見し，不遵守に関する紛争を解決する仕組みを提供するだけではなく，「紛争回避メカニズム」としても作用するだろう[48]．さらに，最終的決定権は，COP/MOP にあるので，このような手続は，その規則が不適切と考えられる場合，意思決定によりレジームの規則を調整させる可能性を有している（創造機能）．段階的手続を通して，専門家によるレビューや個々の申立を出発点として，難しい事例はコミュニケーションという協力的プロセスおよび（場合によっては）強制の対象とされ，条約上の約束の円滑で効果的な実施が促進されるであろう．

このような手続の策定に対する最も厳しい制約は，18 条の最後の条文により課せられる．18 条の最終文は，「この条に基づく拘束力のある帰結を伴ういかなる手続とメカニズムも，この議定書の改正により採択される」ことを要求している．欧州共同体による提案の後挿入されたこの規定は，手続から威力を取り去るか，または，その普遍的適用を妨げるものとなろう．議定書 20 条 4 に従って，改正は少なくとも締約国の 4 分の 3 が批准して初めて発効するものとされ，発効には数年かかる可能性がある．その上，改正は，その後に批准した締約国のみを拘束するだろう．

その他の多数国間環境条約の経験から判断して，具体的な制裁（例えば，罰金）は，現行の不遵守メカニズムの文脈において実際上適用されることはきわめてまれであるし，万一適用されても，その適用範囲はきわめて限定的なので，このことは重大な欠点とは考えられないだろう[49]．しかしながら，条約の経済的，社会的影響がきわめて大きいので（その経済的，社会的影響は，その他の環境条約レジームのもとでとられる行動よりも直接により測定可能でありうるので），「拘束力のある帰結」に対する請求は『京都議定書』のもとでは間違いなく一層高いものとなるはずである．したがって，『京都議定書』の遵守は，拘束力ある制裁により確保される必要があるかもしれない．その場合は，議定書の改正を必要とするだろう．

このジレンマの 1 つのありうる解決方法は，コンセンサスにより，または，最後の手段として，4 分の 3 の多数でこのような改正を採択し（20 条 3），COP/MOP の決定によりその後暫定的に改正を適用することかもしれ

---

[48] 同様に，FCCC/AG13/1996/Misc.2におけるイギリスの主張参照．
[49] Széll 1995; Ott 1998a, p.215以下; Victor et al. 1998参照．

ない．コンセンサスで採択される場合，このアプローチにより COP/MOP の単なる決定によって，その手続きが改正の発効まで適用されうるだろう．その採択後に議定書に加入する締約国は，この決定に拘束されるだろう．

16.4 紛争解決（19条）

　紛争解決について，議定書は，条約の規定を単に組み入れているだけで，条約の規定が「必要な変更を加えて」適用されるものとすると定めている（19条）．「親条約」において策定された規定を適用するこのアプローチは，国際環境レジームにおいて一般的であり，国際立法における効率性に貢献している．19条の規定は，「締約国会議が採択する関連する法的文書」に適用可能であると定めている国連気候変動枠組条約14条8を反映している．この明確な規定ゆえに，『京都議定書』19条は，まさに，交渉過程において論争を生じさせなかった稀有な規定の1つであった．

　大半の多数国間環境協定のように，国連気候変動枠組条約は国連憲章33条にならって作成された司法的紛争解決に関する規定を定めている．条約14条は，紛争解決に関する段階的プロセスを要求している．すなわち，締約国は，まず，交渉または「その他の平和的手段」を通じてその紛争を解決しようと努めなければならない（条約14条1）[50]．条約または議定書の締約国間の紛争の友好的解決は，双方の条約の制度化，すなわち，締約国会議（COP/MOP）および補助機関のようないくつかの多数国間条約機関の存在により促進される．これらの機関により，意見の不一致を早期に表面化でき，正式の手続がない場合であっても，協力的解決を見いだすための相互の意思疎通が行える仕組みが提供される[51]．

　第二の手段として，紛争は，国際司法裁判所（ICJ）または仲裁に付託されうる．後者については，締約国は，国連気候変動枠組条約14条2のもとで，手続を明記する附属書を採択することを要求されている．締約国会議は，この事項についてまだ決定していない．紛争当事国双方が条約14条2に従

---

[50] これが，紛争解決の最も効果的な方法かもしれない．Sohn 1983, pp.1121-1146, p.1122参照．
[51] こうした機能の詳細については，Ott 1998a, p.273以下参照．

って強制的管轄権を受諾する宣言を行っている場合，紛争当事国のいずれかが一方的に国際司法裁判所または仲裁に事案を付託することができる．しかしながら，かかる宣言を寄託した国連気候変動枠組条約の締約国は，唯一ソロモン諸島だけである[52]．強制的管轄権は，宣言を行っている締約国についてのみ存在するので，現時点では実行可能な選択肢ではない．条約に明示的には定められていないけれども，紛争当事国は，また，アドホックに，共同して，国際司法裁判所または仲裁の強制的管轄権に紛争を付託することもできる．

紛争が，交渉またはその他の平和的手段により，12カ月たっても解決せず，かつ，強制的管轄権に付託されない場合，第三の選択肢が援用可能である．締約国のいずれかは，その場合，事案を調停委員会に付託することができる（国連気候変動枠組条約14条5および6）．この委員会は，各締約国が指名する同数の委員と，その指名された委員が共同で選任する委員長から構成されることになっている．その場合，調停委員会の裁定は拘束力がなく，勧告としての性格を有する（国連気候変動枠組条約14条6）[53]．しかしながら，国際司法裁判所の判決は，国際司法裁判所規程59条に従って自動的に法的拘束力を有する．対照的に，条約の締約国はこれまで仲裁手続を採択していないので，仲裁判決が拘束力を有するかどうかという問題はまだ解決されていない．先例は，かかる仲裁判決が法的拘束力を有することを示しているけれども，現時点でこの手続を作成するために進行中の活動はない．

これまで，環境条約の枠組において，紛争の当事国がこうした紛争解決手続に訴えた事例はいまだかつてない．第一に，仲裁裁判所または国際司法裁判所への紛争の一方的付託を定めているのは，限られた数の条約のみである[54]．第二に，国際司法裁判所またはアドホックな裁判所の強制的管轄権をすすんで受諾するという宣言を行っているのは，2,3の締約国に限られている．したがって，「双方の」紛争の当事国が，必要とされる宣言を行っているのは，まずありえないことである．

---

[52] それに対して，キューバ共和国は，気候変動枠組条約第14条について，紛争は，外交的交渉により解決されるべきであると明確に宣言した．FCCC/CP/1998/Inf.5, Declaration9 and 11参照．
[53] 紛争解決の強制的または義務的性格は，条約交渉において意見の分かれた問題の1つであった．Bodansky 1993, p.549参照．
[54] 例えば，Ott 1998a, p.219参照．

第17章　開発途上締約国の参加（10条，11条）

　開発途上締約国は，気候変動の被害を最も受けやすい国として，気候変動を緩和しそれに適応することに大きな利益を有している．同時に，先進締約国によって構築され，ほとんどの開発途上締約国が従ってきた支配的な開発の形態は，化石燃料の入手可能性と利用に大きく依存している．それゆえに多くの開発途上締約国は，温室効果ガス（温室効果ガス）の排出を抑制し削減する行動を，その経済的未来に対する潜在的脅威と受けとめる．一部の開発途上締約国にとっては，先進締約国による行動でさえ，それが開発途上締約国の経済発展に与える悪影響のため，厄介なものである．

　いくつかの開発途上締約国においては，経済成長に絶対的に比例して排出傾向も高くなるわけではないという兆候があるが[1]，開発途上締約国の温室効果ガス排出量は，人口増加と経済成長に伴って上昇し続けるであろう．数十年以内には，開発途上締約国の温室効果ガス排出量が先進締約国の排出量を超えると予測されている（図17.1参照）．長期的には，さらなる地球温暖化を防止するためにこのような傾向を低下させなければならないということは明白であり，一般に受け入れられている．しかし，いくつかの先進締約国，特に米国は，開発途上締約国が温室効果ガスの排出抑制のため拘束力のある義務を負うよう，『京都議定書』の交渉中からすでに要求してきた．歴史的に見ると，これらの先進締約国がこの問題への主たる寄与者であり，彼ら自身の排出量を抑制し削減するための決定的な行動をとることに失敗してきたのであるから，この要求は倫理的に疑問であると考えられ，開発途上締約国に首尾よく拒絶された．

　前にも指摘したように（第2章参照），開発途上締約国はG77の中である程度の結束を保っているけれども，単一のブロックを形成しているとは言えない．気候変動の文脈においては，少なくとも3つの異なるグループを区別する必要がある．特に気候変動の悪影響を受けやすいAOSISは，緊急行動の必要性を強調し，適応策への支援を要求した．それとは対照的に，

---

[1]　UNDPの行った研究によると，1990年代のインドの年間経済成長率は6.8%であったが，一方で温室効果ガスの排出は4.9%上昇しただけだった．Goldemberg/Reid, pp.6-8参照．

OPEC加盟諸国は気候変動に関する国際協力の歩みを遅らせようとし，先進締約国による気候変動の緩和措置を通して彼らが被るかもしれない経済的損失に対する補償を要求した．中国，インド，ブラジル，その他を含む大半の開発途上締約国は，先進締約国に拘束力ある目標を受け入れるよう圧力をかけるとともに，彼ら自身の経済発展の利益を守ろうとしてきた．

これらのグループは，それぞれ『京都議定書』の交渉で個別の要求をはっきりと主張したが，それらすべてがベルリン・マンデートに反して拘束力のある義務を受け入れるべきだという米国その他の国からの要求に直面した．この章は，以下のように分けられる．第一に，条約上の規定から始めて，開発途上締約国にかかわるおもな提案の交渉過程の概略を示す．というのも，これらの規定が『京都議定書』の出発点となったからである．第二に，開発途上締約国に関連する『京都議定書』の規定について，最も重要なものとしては10条（すべての締約国の約束）および11条（資金供与制度）の分析を行う．そして第三に，開発途上締約国の参加は依然として非常に議論の多い話題であるので，将来に向けての簡潔な展望を行ってこの章の結びとする．

17.1 交渉の歴史

国連気候変動枠組条約の規定は，『京都議定書』の交渉過程を理解する鍵である．実際，この条約は開発途上締約国の要求を大きくとり入れている．条約中に開発途上締約国の重要関心事項を織り込むという点では，「経済および社会の開発ならびに貧困の撲滅が開発途上締約国にとって最優先の事項であることが十分に考慮される」という規定が最も強い形でこれを表現している（条約4条7）．条約は，「衡平の原則に基づき」，かつそれぞれ国の能力に応じて，気候を保護することを締約国に義務づけている．さらにそれは，開発途上締約国の特別の問題を認めている（条約3条1, 2）．条約はまた，温室効果ガスの排出に関する先進締約国[2]の歴史的責任を明示的に認め，開発途上締約国との関係では，先進締約国に以下のことを要求する．

● 「率先して気候変動に対処する」こと（条約3条1）

---

[2] これらは普通，「先進締約国」あるいは「先進締約国および附属書Ⅰに掲げられるほかの締約国」のように言及される．

- 「開発途上締約国が条約上の義務を履行するために負担するすべての合意された費用に充てるため，新規のかつ追加的な資金を提供する」こと（条約4条3）．開発途上締約国の義務として最も重要なのは，自国の情報を提出することである（4条1および12条1を比較）
- 「措置を実施するためのすべての合意された増加費用を負担するために開発途上締約国が必要とする資金を供与する」こと（条約4条3）
- 「悪影響に適応するための費用を負担することについて，特に悪影響を受けやすい開発途上締約国を支援する」こと（条約4条4）
- 「特に開発途上締約国に対して技術およびノウハウの移転を促進し，容易にし，および資金を供与するための措置を実施する」こと（条約4条5）

相当規模の支援を求めるこれらの規定は，この支援の実現を開発途上締約国による約束の履行の前提条件とする条約4条7によってさらに強調されている．それゆえに，この条項は「開発途上締約国を交渉のテーブルに着かせるニンジン」[3]と言われてきた．しかしながら，開発途上締約国は，条約の資金供与制度として機能するよう委任されているGEFには不満足であった．開発途上締約国は，その資金が十分でないことに加えて，GEFの透明性の欠如について不満を述べたのである（第3章 参照）．

さらに条約は，小島嶼国（条約4条8）および後発開発途上締約国（条約4条8, 9）を含め，最も地球温暖化の影響を受けそうな締約国の類型を明示している．化石燃料の生産，加工および輸出から生み出される収入に大きく依存している国として，OPEC加盟国の特別な状況もまた同様に認識され，条約の履行に当たって十分な考慮が払われることとされれている（条約第4条10）．

気候変動交渉の後，条約（およびより広範な国連の慣行）から受け継がれた構造的欠陥の1つは，先進締約国（附属書Ⅰの締約国）と開発途上締約国（附属書Ⅰの締約国以外の締約国）の間の包括的な区分である．これは，さまざまな開発途上締約国の「差異のある責任と各国の能力」（条約3条1）を十分に反映していない．シンガポール，韓国，イスラエルのような非附属書Ⅰの締約国でも，温室効果ガスの大排出国であり，1人当たりGDPで見

---

[3] Gupta 1997, p.88参照．

ても，例えばスペインやポルトガルよりも大きい．メキシコや韓国が OECD に加盟したということは，開発途上締約国の間に差異があることのおそらく最も明白な印の 1 つである．この差異の結果として，開発途上締約国は G77 の結束を堅持する一方で，国益を追求するという 2 つの目標の狭間に立たされてきた．これは交渉過程に紛争と遅延をもたらし，G77 と中国は共通の立場を見つけようとして，時折これに失敗したのである．

　彼らの気候保護に対する関心の大きさに照らし合わせると，議定書の最初の草案がベルリンにおける COP1 に先立って，AOSIS により提案されたということは驚くべきことではない[4]．この提案は，すべての締約国が「それぞれ共通に有しているが差異のある責任および各国および地域に特有の開発の優先順位を考慮して」，全締約国の「基本的約束」について規定した．特に，附属書Ⅰの締約国は，「2005 年までに CO_2 の人為的排出量を 1990 年レベルの少なくとも 20％削減しなければならない」こと，および，附属書Ⅰの締約国は「公正で最も有利な条件」の下で「利用可能な最善の技術，慣行および工程」を移転すべきことを規定した．

　開発途上締約国の約束に関しては，この議定書草案は条約 4 条 2（g）に類似した手続きを採用した．それは附属書Ⅰの締約国以外の締約国が，先進締約国の義務に拘束されるという意図を有する旨を通告することを認めるものであった．条約 4 条 2（g）は，例えばモナコやルクセンブルグのような国に対し，条約の附属書の改正なしに附属書Ⅰ「クラブ」に加わることを認めていた．同様に，AOSIS によって提案された手続きは，非附属書Ⅰの締約国が特に数量化された目標に関して附属書Ⅰの約束を負うことを認めた．このように AOSIS の議定書草案は，開発途上締約国が適切と考えるときに附属書Ⅰの地位につくという，一定の制限を伴うがかなり簡易な手続きを含んでいた．

　COP1 は，先進締約国の約束を強化することを求めたベルリン・マンデートを採択した（第 4 章参照）．開発途上締約国の約束についても交渉テーブルに載せようといういくつかの試みにもかかわらず，開発途上締約国の強硬な反対と EU がこれを支援した結果として，ベルリン・マンデートは「附属書Ⅰの締約国以外の締約国に対しては何らの新しい義務をも導入しないこ

---

[4] UN Doc.A/AC237/L23参照．

と」を決定した．その結果，COP1 以降の交渉ラウンドの初期には，開発途上締約国の参加問題はあまり議論されなかった．

しかし 1996 年 12 月の AGBM5 では，EU が初めて議定書案を提出した[5]．その 1 つの要素が開発途上締約国により懐疑的な目で受けとめられた．それは，数量化された目標をもつ国のリストを掲げた新しい「附属書 X」の作成である．さらに，上述した AOSIS の議定書草案と同様に，非附属書 X の締約国は自主的に附属書 X の締約国と同様の約束を負うことを決定できるとした．この提案は，新規の附属書の作成に強く反対する G77 によって拒否された．というのは，それがベルリン・マンデートに反して開発途上締約国に新しい義務を導入し，グループを分裂させる可能性があったからである．

EU は，当初附属書 X に掲げる締約国の名前を挙げなかったので，いささか混乱を巻き起こした．EU が新しい OECD 加盟国のメキシコと韓国を念頭に置いていることが明らかになったのは，1997 年 7 月から 8 月にかけての AGBM7 においてであった．AGBM7 ではまた，EU が「長期的には非附属書 I の締約国からの温室効果ガス排出もまた規制されなければならない」ことを認め，約束のタイミングまたは「エボルーション（進化）」と呼ばれる難しい問題に触れたのである[6]．

EU および開発途上締約国とは別に，この問題における第 3 の主要なプレイヤーは，JUSSCANNZ グループであった．1997 年 3 月の AGBM6 において，米国は多数の開発途上締約国を憤慨させる議定書の枠組み草案[7]を提出した．それは 2 つの異なるスピードによるアプローチ，すなわち 2 つの附属書 A と B を作成することを示唆していた．附属書 A と附属書 B の間の唯一の違いは，数量化された排出抑制および削減目標の大きさであろう．さらに，その提案にはエボルーションの概念が含まれていた．それは，「（すべての）締約国が 2005 年までに数量的な温室効果ガス排出削減義務を負うように，拘束力のある規定を採択しなければならない」というものである．この 2 速度削減アプローチと進化の要素は，ともに開発途上締約国によって即座に拒否された．

米国提案の第 3 の要素が，開発途上締約国をさらに怒らせた．「条約 4 条

---

[5] FCCC/AGBM/1996/MISC.2/Add.2参照．
[6] AGBM/1997/MISC.2/Add.1, p.14参照．
[7] FCCC/AGBM/1997/MISC.1参照．

1（条約の全締約国の基本的義務について規定したもの）の履行の促進」と題された5条は，附属書AにもBにも現れない国，すなわち残りの開発途上締約国に対する一連の特別な義務を含んでいた．第一に，それらの締約国が「後悔しなくて済む」対策，すなわちコストがまったくかからないかまたは低コストの措置を同定し，履行するように催促した．そのような「後悔しなくて済む」対策を同定することは，各国が送付する「情報を検討する過程」の一環になる．この過程の下では，開発途上締約国は，「実施した措置または計画している措置およびそのような措置を採択するに当たっての障害について事務局に報告する」義務を負う．開発途上締約国は，この提案をダブルスタンダードを作ろうとする新たな試みと受けとめた．気候変動に関する政府間パネル（IPCC）は，先進締約国においてゼロまたは非常に低いコストで温室効果ガスの排出を最大30％削減できることを指摘したが[8]，その「後悔しなくて済む」という段落は附属書Ⅰの締約国に適用すべきではない．さらに，開発途上締約国は「毎年，温室効果ガスの排出目録」[9] を提出するよう求められていた．しかしその費用負担については，議定書草案で規定されておらず，したがって開発途上締約国自身が負担しなければならないことになる．

　この紛争を鎮静化するために，1997年夏に開催されたAGBM7においてエストラーダは議長としての権威を十分に利用し，JUSSCANNZの提案した進化論を斥けた．彼は，進化の問題はベルリン・マンデートの範囲に含まれていない．他方，JUSSCANNZはCOP3の議題にこの項目を盛り込むことができると決定した．

　エストラーダはエボリューションに不賛成であったが，彼は明示的に開発途上締約国を含む長期の目標を設定する必要性に気づいていた．「エボリューション」に対する強い抵抗と将来の世界的な温室効果ガスの排出削減の緊急性の間で折り合いをつけるため，新しい考えが必要とされた．これに最も適した手段は，AOSISの提案にすでに盛り込まれている考えであるように思われた．すなわち，非附属書Ⅰの締約国は自発的に数値目標を採択することができる．こうして，エストラーダの議定書草案10条によれば，自発的

---

[8] FCCC/CP.3/1997/CRP.5.; IPCC1996参照．
[9] FCCC/AGBM/1997/MISC.1参照．

第 17 章 開発途上締約国の参加 289

に約束しようという締約国は，温室効果ガスの排出抑制または削減目標および基準年をいつでも寄託者に対し通告することができる．その後事務局がその通告を次回の締約国会合の議題に載せ，そこでその通告を受け入れるかどうかを決定する[10].

　この提案は，エストラーダ草案の 10 条に拘束されることを選ぶ締約国にとって有利な点を含んでいた．というのも，そうすることによってこれらの締約国は排出量取引および共同実施に参加することができるからである．さらに，非附属書 I の締約国は自ら排出削減レベルと基準年を選択できる（締約国会合がこれを受け入れることを条件として）ので，この提案は衡平上の懸念にも応えるものになる．その結果，アルゼンチン，AOSIS およびその他いくつかの開発途上締約国が，「第 10 条」（自発的約束に関する規定は，京都での交渉を通じてこう呼ばれた）を支持した．しかし，インド，中国，ブラジルのような主だった開発途上締約国がこの考えを拒否した．彼らは，米国その他の先進締約国が二国間の開発援助や貿易といった梃子を用いて，自発的約束を受け入れるよう圧力をかけてくることを恐れたのである．このように，開発途上締約国間の利害の不一致と分裂は，10 条をめぐる議論にはっきりと表れている．

　議定書に開発途上締約国をどのようにして巻き込んでいくかについての論争は，京都における COP3 まで続いた．1997 年 10 月，米国大統領ビル・クリントンが京都会議に向けて米国の立場を表明し，開発途上締約国の「意味のある参加」を要求したとき，各国のポジションは硬化した．これは少なからず，連邦議会の議定書に対する抵抗によるものであった[11]．京都会議の第一週目の最終日に，ニュージーランドが「エボリューション」の具体的な手続きとタイムテーブルを提案したとき，議論はさらに実り無いものになった．それに対する大多数の開発途上締約国の反応は，G77 の議長の「ノー」という最後の一言に尽きたのである[12].

　COP3 の最後の夜，自発的約束に関する 10 条はまだ白熱した討論の争点であった．附属書 I の締約国およびイスラエル，韓国，フィリピン，AOSIS，そしてアルゼンチンといった支持国は，インド，ブラジル，中国のような大

---

[10] FCCC/CP/1997/2参照．
[11] 米国上院のバード=ヘーゲル決議1997年6月25日 Report No.105-54, S.Res.98; 第4章参照．
[12] Earth Negotiations Bulletin, Vol.12, No.76, 13 December 1997, p.13参照．

量に温室効果ガスを排出している開発途上締約国から激しい抵抗に遭った．開発途上締約国が自発的約束を受け入れれば，米国連邦議会における批准の可能性がかなり高くなるだろうと化石燃料産業から忠告されて，OPEC 諸国もこれに反対した．妥協的文言を盛り込むことにより 10 条を守ろうとする米国，韓国，メキシコの試みは，同じ運命に遭った．見るからに落胆したエストラーダ議長は，彼の草案 10 条を撤回した．特にアルゼンチンは，議定書で自発的約束の可能性を定めることに失敗したことを後悔し，COP4 の議題にこの項目を載せることを要求すると発表した．

　開発途上締約国の参加にかかわるほかの主要な問題は，条約 4 条 1 にある約束の「前進」および資金に関係することであった．これらの問題に関する非公式会合の議長を務めたボー・シェレン大使は，京都における交渉の最後の夜に，締約国が 2 つの方式をめぐって鋭く対立しているとエストラーダ議長に報告した[13]．米国およびほとんどの先進締約国は，すべての締約国に「気候変動を緩和する措置を含む国家計画を作成，実施，公表しおよび定期的に更新する」ことを義務づける代替案 A に賛成した．さらにその代替案 A は，附属書 I の締約国のみを拘束する議定書 2 条に盛り込まれているものに類似した政策および措置（PAM）で，すべての締約国が実施しなければならないものの比較的詳細なリストを含んでいた．対照的に，G77 はそれほど厳しくない代替案 B を支持した．それは，「各開発途上締約国は，適切な場合には，気候変動に対処することに寄与すると認める措置を盛り込んだ計画に関する情報を，自国が送付する情報に含めるよう努めるものとする」というものである[14]．

　明らかに，代替案 A は開発途上締約国に重い負担を負わせるものであった．そこで，ボー・シェレン大使が妥協案を提案した．彼の提案では，PAM のリストおよび能力向上，意識の啓発，持続可能な開発および資源管理に関する詳細な規定を削除した．その代わり，自国の緩和計画が特にエネルギー，運輸および工業部門ならびに農業，林業および廃棄物管理に関連するものとするという一般的な約束を挿入した（10 条 (b) (i)）．

　シェレンの妥協案は，米国その他の先進締約国にはあまり賛成されなか

---

[13] これは草案（FCCC/AGBM/1997/CRP.1/REV.1参照）の11条 (b) であり，後に10条 (b) になった．
[14] FCCC/CP/1997/2参照．

った．他方で，タンザニアはG77と中国を代表して妥協案を同様に拒否した．G77のスポークスマンは終わりまで話さずに，エストラーダ議長に「彼の小槌を使う」よう求めた．この求めは曖昧なものであったが，エストラーダはためらわなかった．シェレン妥協案はわずか数秒のうちに採択されたのである．

これで，京都の交渉では主要な問題になっていなかった資金供与制度に関する11条が疑う余地なく採択されることになった．「組織の経済性」を強調する議論がなされた後，この制度が条約の資金供与制度と合同して機能することが比較的早く合意された（第3章参照）．しかし，この取り決めに関する合意は，米国によって開発途上締約国の約束を前進させる方法に関する合意と政治的に関連づけられていた．こうして，一旦これが合意に至ると，資金供与制度に関する11条の採択もまた確保されたのである．

開発途上締約国の参加に関するもう2つの問題が，京都会議の交渉中に重要な要素として浮上した．それは適応と補償の問題である．適応策への支持を得ることは，特にAOSISの主要な関心事であった．これは最終的に『京都議定書』のいろいろなところ，中でも特にCDM（14.2参照）と政策および措置（10.2参照）に関する規定の中に目で見える形で反映されている．

OPEC諸国は，先進締約国が行う緩和措置の結果として被る経済的損失（例えば石油輸出からの収入減）に対する補償を要求した．そのようなものとして，彼らは補償基金の設立を提案した[15]．この提案は1997年に表明されたG77の立場（4.6参照）に正式に含まれ，それがOPECの支持を確保することとなったが，補償は一度も幅広い支持を得なかった．結果として，この問題は京都会議の議題にさえ載らなかった．しかし，OPECは京都以降のプロセスの議題としてこの問題を残すことに成功した．

17.2　成果：『京都議定書』10条および11条

開発途上締約国の参加および約束に関する交渉の最終的な結果は，議定書の10条（すべての締約国の約束）および11条（資金供与制度）に見る

---

[15] Negotiating Text by the Chairman, FCCC/AGBM/1997/3/Add.1, para.152（proposal 2）参照．提案国の特定は著者による．

ことができる[16]．これらの規定は，ほとんど条約ですでに合意されたものを超えるものではない．議定書には，特に開発途上締約国の新たな（自発的）約束については何も含まれていない．10条は，「附属書Ｉに掲げられない締約国に対していかなる新たな約束も導入せず，条約 4 条 1 の既存の約束を再確認する」と明示的に規定している．

議定書の 10 条に見られる約束は，条約の 4 条 1 と同様に，開発途上締約国だけでなく，「それぞれ共通に有しているが差異のある責任ならびに各国および地域に特有な開発の優先順位，目的および事情を考慮して，すべての締約国」に適用されることに留意することが重要である（条約 4 条 1 および『京都議定書』10 条）．この場合のように，10 条の大部分は条約の 4 条 1 にほとんど正確に一致している．

10 条 (a) は，すべての締約国に対し，条約の 4 条 1 および 12 条 1 によって義務づけられている自国の排出目録および情報送付を改善するために，自国のあるいは地域の計画を作成することを義務づけている．10 条 (b) は，気候変動の緩和および適応のために自国ないし地域の計画を作成し，実施するという点で，条約の 4 条 1 (b) を引き写しにしている．それは条約の規定をわずかに超えているが，それはそのような計画がエネルギー，運輸および工業の分野ならびに農業，林業，廃棄物管理に「関連するものである」ことを特定しているからである．さらに，適応技術および空間計画の改善に言及がなされている（10 条 (b) (i)）．10 条 (b) (ii) は非附属書Ｉの締約国に，「その締約国が気候変動およびその悪影響に対処することに寄与すると認める」措置を含む計画に関する情報を通報するよう求め，具体的に能力向上および適応措置に言及している．

10 条 (c) の主題は，特に開発途上締約国に対する環境上適正な技術およびノウハウの移転である．公的に所有されるそのような技術の効果的な移転のための政策および計画に言及する点で，これに対応する条約 4 条 1 が拡大されている．それはまた，民間部門にとって関連技術の移転が可能となる環境を創設するよう求めるている点で，条約の規定を超えている．10 条 (d) は，条約の 4 条 1 (g) を反映して科学技術研究に関する協力の改善を求め

---

[16] 12条下のCDMは開発途上締約国とその議定書への参加にとって非常に重大であることももちろんである．第14章参照．

ている．加えて，関連する内発的能力の開発強化を推進するよう求める．

10 条 (e) は，条約 4 条 1 (i) に従い，国家レベルにおいて気候変動に関する公衆の意識の啓発および情報へのアクセスを容易にする教育および訓練計画を確立するよう求める．10 条 (f) によれば，10 条に基づいて着手される計画および活動に関する情報を自国の国別報告書の中に含めなくてはならない（条約 4 条 1 (j) と比較）．10 条の履行にあたり，10 条 (g) は，特に気候変動または対応措置により影響を受けやすい開発途上締約国の類型を挙げた条約 4 条 8 に十分な考慮を払わなくてはならないと述べている．

11 条は，10 条の約束を果たすため開発途上締約国が必要とする資金および技術の移転に関する先進締約国の義務を特定している．これは，条約 4 条 3 の下での先進締約国の既存の約束および条約 11 条に規定される資金供与制度をわずかに拡張する．条約 4 条の関連規定に言及した後（11 条 1，上記も参照），11 条 2 は，条約の附属書Ⅱの締約国が開発途上締約国に新規のかつ追加的な資金を供与するよう義務づけている．

この追加的義務は，特に既存の政府開発援助（ODA）の下での資金の移転に言及したものである．これら技術移転を含む新規の資金は，10 条 (a) に国別報告書の「すべての合意された費用」および第 10 条の約束の履行によって被る「すべての合意された増加費用」に充てられる．第 2 段落はさらに，条約 11 条の資金供与制度の運営組織としての GEF に対する締約国会議の指導を，議定書の下での資金供与制度に「必要な変更を加えて」準用すると述べる．

一般に，10 条および 11 条の規定の仕方はかなり不正確であり，多くの解釈の余地を残している．「適当な場合に」あるいは「可能な限り」というような表現は，ほとんど正確な基準となり得ない．これらの規定は良く言っても，議定書の下で行われる関連した活動のための資金を確保する一方で，国内での履行の将来の動きおよび国際的な規制のさらなる発展の基礎となりうるというのが，おそらく妥当なところであろう．それゆえに，これらの条項もほかの多くの条項と同様に，未完成の議定書という印象を与えるのである．

17.3 評価と展望

　開発途上締約国の参加に関する議論は,『京都議定書』の採択で終わったわけではない.逆に,各国の「意味のある参加」を求める米国は,京都会議後の交渉においても際立っている.米国は,日本とカナダの支持を受け,自発的約束を COP4 の議題に載せようと再び試みた.COP4 では,米国とアルゼンチンが協調行動と見受けられる行動をとった.自発的約束を正式な議題とすることに失敗したアルゼンチンのメネム大統領は,次回の締約国会議までに,数量化された排出削減／抑制義務を採択するつもりであると表明した[17].カザフスタンも同様の措置をとる意志があるとの合図を送った.その後 24 時間以内に米国は『京都議定書』に署名した.

　以上のようなハイ・ポリティクスの陰に隠れてしまったが,ブエノスアイレスで行われた決定は開発途上締約国にとって概ね満足のいくものである.まず,資金供与制度の運営組織としての GEF は,幅広い適応活動に資金を供与するように求められた[18].技術移転に関しては,開発途上締約国は「技術移転メカニズム」に対する十分な支持を得ることはできなかったが,SBSTA の下に協議制度を設ける.これにはおそらく地域的ワークショップおよび SBSTA のワークショップが含まれることになろう[19].その一方で,政策および措置 を補償問題に結びつける OPEC 諸国の試みはうまくいかなかった.しかし彼らは,「条約の下での対応措置の履行」の問題を,ある決定の中に挿入することに成功した[20].補償問題は,慎重に 1 つの交渉ラウンドから次のラウンドへと受け継がれていく眠れる「時限爆弾」になった.これは化石燃料輸出からの減収分の補償問題を議題として維持するためのもう 1 つの試みであった.

　いずれにせよ,開発途上締約国の参加問題は,引き続き『京都議定書』の発効の鍵である.米国その他の先進締約国側の「意味のある参加」要求は,

---

[17] これは京都メカニズムへの参加と関連づけられた.「我々は,自身の目標を自身で約束することを願うアルゼンチン共和国のような国がすべてのメカニズムに参加できるように保証するために作業を継続するだろう」.Report of COP4, FCCC/CP/1998/16, p.35 参照.
[18] FCCC/CP/1998/16/Add.1の中のDecision2/CP.4.
[19] FCCC/CP/1998/16/Add.1の中のDecision4/CP.4.
[20] FCCC/CP/1998/16/Add.1の中のDecision5/CP.4.

交渉過程を実質的に妨げている．第一に，「意味のある参加」の要求は，交渉相手に圧力をかける有効な交渉手段として役立ち，ときには交渉過程を混乱させるために利用されうる．第二に，それは G77 ブロックを効果的に分裂させる．米国政府は，CDM を「意味のある参加」の重要な土台と考えている．しかしながらインドと中国がまだ慎重なアプローチをとっている一方で，試験段階の AIJ に失望したさまざまなラテンアメリカおよびアフリカ諸国は，CDM を第二のチャンスとして歓迎している．第三に，「意味のある参加」要求は，国内で履行措置をとることを回避する手段として役立ち，今なお役立っている．

こうした要求に対する適切な対応を見いだすことは困難である．NGO もまたこの問題に関しては分裂している．一部の NGO にとっては，米国連邦議会が議定書を批准することのほうが開発途上締約国の懸念を払拭することよりも重要であろう．しかし，開発途上締約国が相当実質的な約束をした後でさえ，米国が議定書に批准するという保証はどこにも無い．開発途上締約国および指導的先進締約国のグループが建設的な信頼醸成を行い，気候変動に真に協調的な努力を行っていくことが適切と思われる（第 25 章参照）．

図 17.1　先進締約国と開発途上締約国の CO_2 排出量の推計・予測

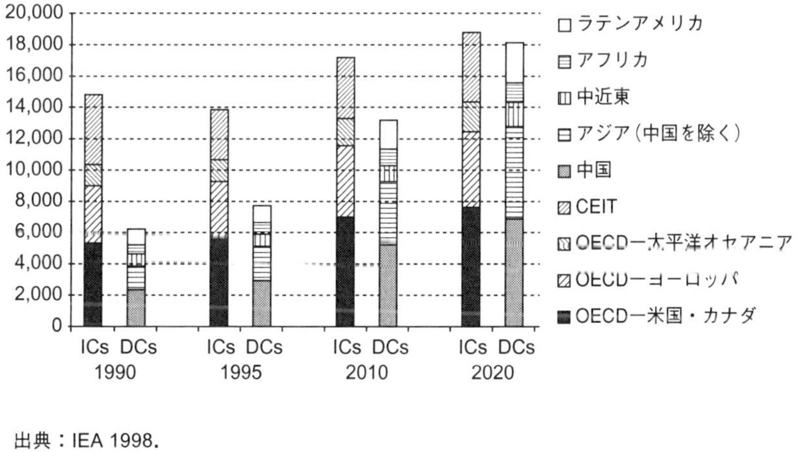

出典：IEA 1998.

以上のような政治的配慮は別にして，開発途上締約国の温室効果ガス排出量の増加が，現に効果的な気候保護に対する挑戦的課題を投げかけていることに疑いはない．最終的にこれは解決される必要があるだろう．すべての予測が開発途上締約国での排出量増加を予言している．これまでに行われてきたさまざまな研究は，開発途上締約国の排出量がいつ先進締約国のそれを上回るのかという点でのみ違いがある．例えば，国際エネルギー機関（IEA）は，南の国々における CO_2 排出量が2020年以降，附属書Ⅰの締約国の排出量を上回るであろうと予測する（図17.1参照）[21]．それゆえ，中・長期の観点において，気候変動を緩和するための世界的な努力を強化するため，開発途上締約国が拘束力ある温室効果ガスの排出削減または抑制の義務を採択することが期待される．

成功する可能性のあるアプローチとしては，AOSIS諸国が提出した議定書草案において提案されたような自発的約束の採択があろう．結局のところ，自発的約束は開発途上締約国間で効果的に差異化する機会を与えるものである（米国でさえも，すべての開発途上締約国が約束をするべきだとは要求しなかった）．議定書に柔軟性措置を盛り込むことは，（アルゼンチンおよびカザフスタンの例が示すように）開発途上締約国に，排出量取引に参加し，余剰排出割当を売ることができるという実際のインセンティブを与える．この余剰は，各国が国内で温室効果ガスの排出削減対策を実施することによって生み出されるのが理想的である．

同時に柔軟性メカニズムの存在は，環境の観点からは自発的約束をリスクの高いものにする．もし自発的約束が容易に達成できるレベルに設定されるなら，深刻な結果が予想されるに違いない[22]．その結果，約束をする開発途上締約国は，気候変動政策を実施しないでも，大きな余剰排出割当権を獲得するかもしれない（ロシアその他のCEITと同様に）．大量の「ホット・エア」が，世界的な割当排出量に，そして排出量取引に送りこまれるであろう．それゆえに，開発途上締約国に数量化された排出目標の自発的設定を認める規定を盛り込む場合に，義務の決定過程および基準を慎重に定める必要

---

[21] AGBM7におけるブラジル提案は，累積的排出に関して歴史的な観点から見ると，非附属書Ⅰの締約国の排出が2147年には附属書Ⅰの締約国と等しくなるであろうと計算する．FCCC/AGBM/1997/Misc.1/Add.3, pp.19-23参照．

[22] メネム大統領によると，アルゼンチンの年間経済成長率は過去10年に6％であり，一方で温室効果ガスの排出は1％上昇しただけであった．

があろう．とどのつまり，議定書附属書 B への加入もまた，少なくとも締約国の約 4 分の 3 の賛成を必要とする．開発途上締約国がおもにそれぞれ個別の利害を考慮して，恣意的に「自発的」約束をすることが気候保護のためになるとは必ずしも言えないだろう．

　開発途上締約国に具体的な義務を課すためには，おそらくこれとは違ったアプローチが必要とされるだろう．これは自発的約束に基づく戦略に固有のリスクがあるためと，おそらく最も重要なことには，主要な開発途上の温室効果ガス排出国（例えば中国，インドおよびブラジル）がこのアプローチを強く拒否しているためである．これが受け入れられるかどうかは，決定的に京都会議後の交渉過程およびその結果生まれる開発途上締約国の義務が衡平なものと考えられるかどうかにかかっている．衡平性とは，単に開発途上締約国の関心事[23]ではなく，まず第一に重要なものである[24]．この点で，いくつかの要因を考慮する必要がある．第一に，気候系撹乱の歴史的責任は先進締約国にあるということである．これは条約の 3 条 1 で確認されている[25]．第二に，開発途上締約国は，地理的および気候的条件と気候変動への適応能力の欠如のために，気候変動の被害を最も受けるであろう[26]．そして最後に，大半の開発途上締約国にとって気候変動を緩和することは，少なからず資金と技術が限られているために，大きな挑戦になるであろう．

　理想的には各国の緩和費用を均一化するような排出量取引のシステムをもってしても，依然として衡平性については重大な懸念がある[27]．これはおもに，排出割当権の公正で衡平な初期配分に関係している．『京都議定書』のもとで，先進締約国の非常に恣意的な現在の「割当量」の配分の仕方は，「既得権を認める」ルールと呼ばれるものに従っている．すなわち，排出割当権は過去の排出レベルから導かれる（一般には 1990 年を基準年とする）．京都での交渉中に排出量取引に抵抗した中国，インドその他の開発途上締約国が強調したように，この場合，現状維持から始めることは，ほとんど衡平

---

[23] 例えば，衡平性への配慮が，EU「バブル」の中での約束の配分に影響を及ぼした．12.1 参照．
[24] Gupta 1997, p.74以下; Grant 1995.
[25] 「締約国は，衡平の原則に基づき，かつ，それぞれ共通に有しているが差異のある責任および各国の能力に従い，人類の現在および将来の世代のために気候系を保護すべきである．したがって，先進締約国は，率先して気候変動およびその悪影響に対処すべきである」（条約3条1）．
[26] IPCC 1996b参照．
[27] Roson/Bosello 1999も参照．

とは見受けられない[28]．

先進締約国・開発途上締約国間の公正で衡平な義務配分の仕方としては，ここ数年来いくつかの代替案が作成されてきた[29]．実行可能で最も卓越したアプローチの1つは，1人当たり排出量を同じくすることに向けた「縮少と収斂」の過程である[30]．これは，世界中の人々が CO_2 濃度を 450ppmv（危険な影響を防止するレベル）で安定化しようという仮定に基づいている．次世紀の終わりまでに，炭素の年間排出量はおよそ 2Gt，1990 年から 2100 年までの累積炭素排出量が多くて 600Gt というのが，世界の CO_2 排出量の上限になるであろう[31]．この収斂アプローチの下では，1人当たり排出量を同じくすることが，長期にわたる配分手続きとなっていくであろう．すなわち，さまざまな国の1人当たり排出量を，持続可能であると考えられる量に収斂させていくのである．明らかに，このシナリオは先進締約国が排出量を大きく削減することを要求する．しかし，この制限を課すことはまた，近い将来において開発途上締約国にも上限を設けることを必要とするであろう．

大多数の開発途上締約国は，長期における同等の1人当たり排出量という考え方を，条約上の「衡平性」に対する関心を認めるものとして理解している．しかしながら，何が「衡平」であるのかを定義するのは依然として困難である．京都会議以前の交渉過程で最も激しく行われた先進締約国間の約束の公正な差異化に関する長々とした討論は，世界的な制限のもとで温室効果ガス排出量を配分するには，人口規模に加えて多くの要因を考慮に入れる必要があることを明らかにした．これには地理的条件のほか，経済力，国の大きさ，その他の要因が含まれる．差異化に関する先進締約国間の議論から判断して，もっと洗練されたアプローチの余地はある．温室効果ガスの大気中濃度に対する開発途上締約国の寄与度は歴史的に見ても小さいという事実は，特別な考慮に値する．京都会議前に行われたブラジルの計算によると，開発途上締約国の累積排出量は，2147 年まで先進締約国のそれに等しくな

---

[28] これは大気について新たに所有権を創設することと見られる．Politics in the Post-Kyoto World, CSE Briefings Paper 2, Centre for Science and Environment, New Delhi, p.2を参照．
[29] 衡平についていろいろ異なる考え方があることについてIPCC 1996c pp.80-124で議論されている．Müller 1998; Ringius et al 1998; Berk et al. 1999; Rose et al. 1999も参照．
[30] "Contraction and Convergence: A Global Solution to a Global Problem", Global Commons Institute, 18/07/1997<http://www.gci.org.uk/contconv/cc.html>1999年6月9日現在．Kinzing et al. 1998; Grubb 1995bも参照．
[31] IPCC 1996a.

らない．これは排出割当を行う際に考慮に入れる必要がある[32]．1999年に，世界資源研究所は，開発途上締約国の約束は温室効果ガスの「強度」によって定義できると提案した[33]．ここで用いられる温室効果ガス強度の指標は，GDP当たりの絶対的な温室効果ガス排出量である．しかし，この方法は，正確で総合的なデータが不足しているので用いることができない．

以上のような状況の下で，将来の排出割当の衡平な配分に関して，南北間の対話を強化する必要がある．もし先進締約国が，開発途上締約国に義務を負わせようと圧力をかける前に，国内で措置を実施することにより指導性を発揮する義務を受け入れるなら，そのような対話を行うことは可能かもしれない．多くの開発途上締約国は，一旦先進締約国が決定的な措置をとれば，開発途上締約国も行動しなくてはならないということを公に受け入れてきた．それとは別に，多くの開発途上締約国が，温室効果ガスの排出と経済成長を切り離すという点で大きな進歩を遂げている[34]．これを基に，政治的対話をすぐに開始することができるし，またそうすべきであろう．問題は複雑で，解決に時間を要するのだから（第25章参照）．

---

[32] FCCC/AGBM/1997/Misc.1/Add.3, pp.19-23.
[33] Baumert et al. 1999.
[34] Reid/Goldemberg 1997; 1998参照．

第18章　機関（13条，14条，15条）

　国連気候変動枠組条約[1]およびその他最近のほとんどの多数国間環境条約[2]の場合と同様，『京都議定書』の交渉者たちは機関の取り決めに関してジレンマに直面した．「組織の経済性」の原則（すなわち既存の機関の利用）は，この特定の条約の要件により適した新しい機関の助けがあって初めて達成することができる新しいスタートという利点とは対極にあった．京都会議に至る交渉における議論のほとんどは，議定書は条約の既存の機関を用いるべきか，もしそうならこれらの機関は同一のものでなければならないか（すなわち条約機関が議定書の任務を単に引き継ぐべきか），または条約ごとに潜在的に加盟国が異なるので，これらの機関はそれ自体独自性をもつべきかといった問題に関係していた．（交渉の歴史は以下の18.1で扱われる．）

　最終的に条約締約国は混合アプローチを選択した．議定書では1つのまったく新しい常設機関であるCDMの執行委員会が創設された（12条4）[3]．一方で，『京都議定書』は開発途上締約国に対する財政支援のために国連気候変動枠組条約と同じ機構上の取り決めを用いている[4]．さらに，締約国は，基金の配分等に関して特別な取り決めを行わずに，議定書のために既存の条約事務局を用いることを決定した．（14条．以下の18.3参照）．

　主要機関に関する文言を一見すると，議定書の機関は枠組条約のそれと同一であるように見えるが，実際は議定書は新しく3つの主要機関を創設している．それらは締約国会合として機能する締約国会議（COP/MOP，13条．18.2参照），SBSTA（15条），およびSBI（15条）である（18.4参照）．さらにCOP/MOPは，13条4（h）に従って，特定の問題を検討するためのアドホック・グループを含む補助機関を創設することができる．『京都議定書』が発効するまで条約の締約国会議は，議定書に基づく不遵守手続を議論するために補助機関の下に「遵守に関する合同作業グループ」を1998年

---

[1] Bodansky 1993, p.532以下参照．
[2] 一般的にOtt 1998a参照．
[3] 詳細は第14章参照．しかしながら，いくつかの締約国はこの任務を地球環境ファシリティーのような既存の機関に付与しようとしていたことにも留意すること．
[4] 第17章参照．COP4は財政メカニズムの運営を任せられた機関として地球環境ファシリティーを設立した．FCCC/CP/1998/16/ADD.1の中のDecision3/CP.4．本書第3章参照．

に創設した（18.5参照）．

　議定書の主要機関が条約のそれから独立しており，またハイブリッド的性質をもっているのは，投票規則およびビューローの構成に起因する．ビューローでは異なる地域グループの代表が各機関の会合の間に運営上の問題を決定するために会合を開く．『京都議定書』の13条2は，議定書に基づく決定は当該議定書の締約国のみによってなされるという国連気候変動枠組条約の17条5に含まれる原則を繰り返して述べている．議定書の非締約国はオブザーバーとして議事に参加することができる．さらに，ビューローのメンバー国であるが議定書の締約国ではない国は別のメンバー国により代理される（13条3）．ビューローの投票および加盟国に関する同様の規定は，議定書のSBSTAおよびSBIに準用する（15条2, 3）．条約の締約国会議，SBSTA，SBIは議定書の各機関「として機能する」と規定している13条1および15条1の文言にかかわらず，『京都議定書』に基づいて創設される機関は，構成が異なり意思決定が独立しているので，条約のために機能している機関とは別の機関である．しかしながら曖昧な文言のために，予算や費用配分について事務局に問題を生じさせるおそれがある．

18.1　交渉の歴史

　締約国の大多数は，「組織の経済性」という理由から，また条約機関にできるだけ大きな権限を維持しておきたいため，新しい機関の創設を望んでいなかった．第一の理由は，新しい機関の行政および運営上のコストの大部分を負担しなければならない先進締約国によって主張された．このような財政上の理由に加えて，国際レベルでの機関の増殖を緩和する実用性および効率性に関する理由もまたある．

　重要な開発途上締約国の多くは，別の理由から議定書内に独立した新しい機関を創設することに反対した[5]．彼らは交渉時，議定書に参加する意思または可能性が確信できなかったので，自らの主要な目的を条約機関内での政治的コントロールをできるだけ維持することにおいた．例えば，もし『京

---

[5] FCCC/AGBM/1997/MISC.1, p.15の中のG77および中国のために発言したコスタリカの声明を参照．およびFCCC/AGBM/1997/MISC.1/Add.2, p.71, 74に含まれる提案を参照．

都議定書』が，開発途上締約国を拘束する約束または開発途上締約国を最終的に約束に従わせることになる段階的メカニズムを含んでいたならば，主要な開発途上締約国による『京都議定書』の承認は非常に見込みの薄いものになっていたであろう．開発途上締約国は，このように，議定書独自の発展を防止するために議定書の問題がおもに条約機関によって規制されることのほうを好んだのである．

　オゾンレジームのケースは，これら開発途上締約国にとっては 1 つの警告となった．なぜならば，1987 年のオゾン層を破壊する物質に関するモントリオール議定書が，より重要な法的文書としてすぐに 1985 年のオゾン層保護のためのウィーン条約にとってかわったからである．『モントリオール議定書』は，初期の段階においては先進締約国によって支配されており，非締約国との貿易制限を含んでいた．そのことが非締約開発途上締約国の規制物質へのアクセスを妨げたのであろう．このことにより，実際に多くの開発途上締約国は，たとえ望まなくても，拘束力のある段階的廃止義務を伴う議定書に参加することを余儀なくされたのである[6]．

　主要機関のための最初の提案は，AOSIS の議定書提案の中で行われ，彼らは既存機関と分離機関との混合体を提唱した[7]．条約事務局および補助機関は，議定書のためにも機能すると考えられていたが，「締約国会合」が『モントリオール議定書』のアプローチをモデルに新しく設立されようとした．青写真として『モントリオール議定書』の表現を用いた米国提案は（「締約国は定期的な間隔で会合を開く」），新しい機関の創設につながったであろう（たとえ明示的な表現を使っていないとしても）[8]．

　しかしながら EU の提案が最終的には合意されることが予想された．EU 提案では国連気候変動枠組条約の締約国会議は，議定書の締約国会議としても機能する[9]．しかしながらこの機関における投票は議定書の締約国に制限されていたので，この提案は同一の機関を意味していなかった．同様に議定書の締約国ではないビューローの加盟国は，ほかの締約国に代理されなければならないだろう．この新しい機関の名称を除いて，この提案は最終的に『京

---

[6] この点に関して，貿易制限は普遍的な参加を得るのに有利に作用した．Brack 1996; Ott 1998a, p.67以下を参照．
[7] UN Doc.A/AC.237/L.23 and UN Doc.FCCC/AGBM/1997/3/Add.1, p.77（proposal 2）．
[8] UN Doc. FCCC/AGBM/1997/3/Add.1, p.79（proposal 3）．
[9] UN Doc. FCCC/AGBM/1997/3/Add.1, p.77（proposal 1）．

都議定書』にとり入れられた.

議長のとりまとめた 1997 年 10 月 13 日付の統合交渉テキストには,まだ AOSIS および EU 提案のオプションが含まれていた[10]. しかしながら,『京都議定書』の最終的な文言は,COP3 前にエストラーダ議長が準備した交渉用の改訂テキストの中にすでに表れていた. 提案された 14 条によると,「条約の最高機関である締約国会議は,この議定書の締約国会合として機能する[11]」.

機構上の問題は京都交渉では主要な問題とはならなかった. 事務局および補助機関に関する規定は,本質的には COP3 前に合意された. 京都会議での機構に関する「ノングループ」における意見対立は,「締約国会合」 (meeting of the Parties) を大文字の「M」で書きはじめるべきか否かという問題に関するものであった. また締約国会議は,より高い権威を示す条約の最高機関「として」議定書の締約国に対して機能すべきかという問題をめぐり意見対立が生じた. しかしながら,すでに国連気候変動枠組条約 17 条 5 の中にとり入れられた以下の基本原則は何ら変更されなかった. すなわち「議定書に基づく決定は,当該議定書の締約国のみが行う」ということ,および議定書の機構は国連気候変動枠組条約の機関から独立して自らの「意思」を形成することができるということである. 最終的に,1997 年 11 月付の交渉用の改訂テキストの中に含まれていた表現はそのまま維持され,問題は COP3 終了前に事実上解決した. 結果的に,機構に関する規定は京都会議の最終夜において何ら議論も行われずに承認された(第 7 章参照).

---

[10] UN Doc. FCCC/AGBM/1997/7, Article 14.
[11] UN Doc. FCCC/CP/1997/2, Article 14.

図 18.1　『京都議定書』の機構

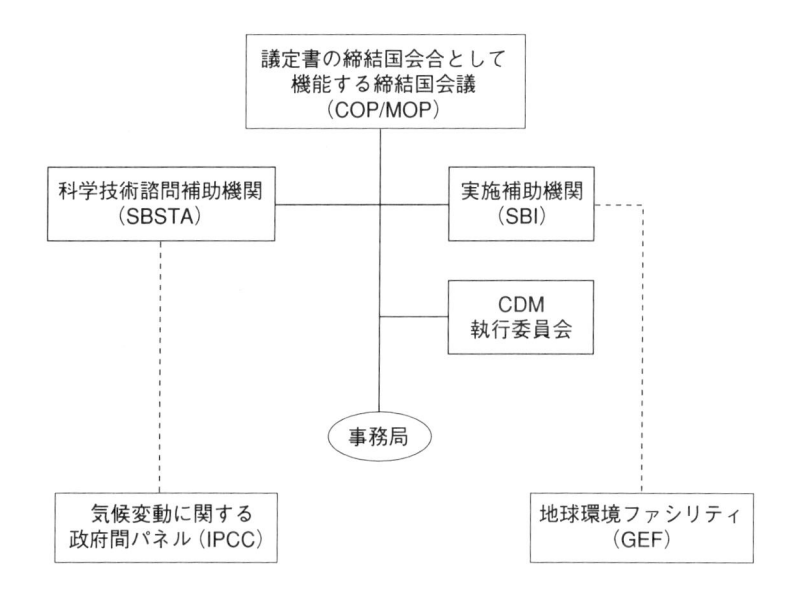

```
                ┌─────────────────────┐
                │ 議定書の締結国会合として │
                │ 機能する締結国会議    │
                │     (COP/MOP)       │
                └──────────┬──────────┘
                           │
    ┌──────────────┬───────┼───────┬──────────────┐
    │              │       │       │              │
┌───┴──────┐  ┌────┴─────┐ │ ┌─────┴────┐
│科学技術諮問│  │実施補助機関│ │ │   CDM    │
│補助機関   │  │  (SBI)   │ │ │執行委員会 │
│ (SBSTA)  │  └──────────┘ │ └──────────┘
└──────────┘                │
                       ┌────┴────┐
                       │ 事務局  │
                       └─────────┘

┌──────────────┐              ┌──────────────┐
│気候変動に関する│              │地球環境ファシリティ│
│政府間パネル(IPCC)│            │    (GEF)     │
└──────────────┘              └──────────────┘
```

18.2　締約国会合として機能する締約国会議（COP/MOP）（13条）

『京都議定書』の 13 条 1 によれば、「条約の最高機関である締約国会議は、この議定書の締約国会合として機能する」。条約におけるように明確には述べられていないが、「締約国会合として機能する締約国会議」（COP/MOP）は、終始条文中に言及されているように、議定書の最高統治機関である。このことは COP/MOP に配分されている広範囲な機能から明らかであるし、また条約の最高意思決定機関としてこの種の総会機関を用いることは現代国際環境法における傾向と一致する[12]。

『京都議定書』の COP/MOP は、運営機能および立法機能を割り当てら

---

[12] Ott 1998a, p.101以下参照.

れた[13]．条約の締約国会議のように[14]，COP/MOP の主要任務は，議定書の実施を「定期的に検討し」，その権限の範囲内で「効果的な実施を促進するために必要な決定」を行うことである（13条4）．この目的のためにCOP/MOP は，議定書に従って採用された措置の全体的効果および条約の目的達成に向けられた進展の程度を評価する（13条4（a））．さらに条約の目的に照らして，締約国の義務を定期的に点検し，議定書の実施に関する定期的報告を採択する（13条4（b）および9条）．

COP/MOP は，さらに，締約国の義務を実施するために締約国が採択する措置に関する情報の交換を促進，推進し（13条4（c）），2以上の締約国間の措置の調整を推進する（13条4（d）および2条4）．さらに，COP/MOP の機能には，議定書の効果的な実施のための方法を開発し定期的に改良すること（13条4（e）および5条），および11条2に従い追加的な資金供与がなされるよう努めること（13条4（g））が含まれている．

COP/MOP の追加的な任務は，議定書の条項中に見られる．

●COP/MOP は，悪影響を最小限にするような方法で政策および措置の実施を促進することができる（2条3），

●COP/MOP は，政策および措置の調整を発展させるための方法と手段を検討することができる（2条4），

●COP/MOP は，第1回会合またはその後できる限り早い時期の会合において，目録の中に含まれる可能性のある吸収源の追加的な分類に関する決定を行う（3条4），

●COP/MOP は，特に，『京都議定書』が採択された際に条約の12条に基づく第1回目の国別報告書を提出していない国のための基準の設定に関して，CEIT に付与される柔軟性を決定する（3条5および3条6）[15]，

●COP/MOP は，第一期の最終年の少なくとも7年前までに次の約束期間

---

[13] 『モントリオール議定書』の締約国会合が果たしているような明確な準司法機能は存在しないが，18条はCOP/MOPの第1回会合で採択される不遵守手続を規定しており，また8条5, 6は準司法機能の行使のための基本条項を含んでいる．第16章参照．
[14] Bodansky 1993, p.533以下を参照．
[15] このように，いったん『京都議定書』が発効すると，差異のある基準の使用を望み，COP3後に第1回目の国別報告書を提出した市場経済移行過程諸国の約束の「実施のための1990年以外の基準年または基準期間」の受諾に関しては，正式にはCOP/MOP（締約国会議ではない）の決定が要求されるだろう．1999年半ば現在，COP4が1986年を条約に基づく基準として用いる権利をスロベニアに付与したので，スロベニアが唯一関連するケースであった（Decision 11/CP.4）．3条5に従い，COP/MOPは議定書の目的のためにこの基準年を別個に受け入れなければならないだろう．

のために約束の検討を開始する（3条9），
●COP/MOP は，第 1 回会合において，開発途上締約国に対する気候変動の悪影響および／または対応措置の影響を最小化するために，いかなる行動が必要であるかについて検討する（3条14）[16]，
●COP/MOP は，さらに第 1 回会合またはその後できる限り早い時期の会合において，共同実施に関する条項の実施のためのガイドラインを発展させることができる（6条2），
●COP/MOP は，7条に基づく国別報告書の頻度を決定し，第1回会合において各国の情報の準備のためのガイドラインを採択する（7条3および7条4），
●COP/MOP は，第 1 回会合において国別報告書の詳細な検討のためのガイドラインを設定し，送付された情報を検討し，議定書の実施のために必要な事項に関する決定を行う（8条），
●CDM に関して，COP/MOP は，CDM の執行委員会に指導を与え，排出削減量の検証のために実施主体を指定し，第 1 回会合において，透明性，効率性および責任を確保するために仕組みおよび手続を発展させる．また COP/MOP は，利益の一部が運営費用を賄うとともに，特に脆弱な開発途上締約国の気候変動に対する適応費用負担を支援するために用いられることを確保する（12条），
●COP/MOP は，国連気候変動枠組条約の 13 条に基づく多数国間協議手続の適用を検討する（16条），および
●COP/MOP は，第1回会合において不遵守手続を承認する（18条）．

さらに，13 条 4 (j) は，COP/MOP が議定書の実施のために必要なその他の機能を果たすことを要請する包括条項を含んでいる．このことは，最高意思決定機関の法的権威に対する挑戦を回避するために，多数国間環境条約においては標準的なことである[17]．もし仮に COP/MOP が本当に議定書の最高意思決定機関であるという証拠が必要とされるならば，この権限付与条項により残りの疑義は解消するだろう．

---

[16] 議論のある問題点である「対応措置の影響」に関しては第10章および第17章を参照．
[17] Bodansky 1993, p.534参照．

「議定書の実施のために必要な」という文言は，締約国会議に「条約の目的達成のために必要なその他の任務を遂行する……」ことを要求する国連気候変動枠組条約の7条2(m)の文言とは異なる．この条文上の相違は，任務の違いではないが，議定書自体が「条約第2条に規定する条約の究極的な目的の追求」のために採択されたという事実を示唆している[18]．したがって，「議定書の実施のために必要なその他の機能を果たす」ことは，国連気候変動枠組条約の目的達成のために必要な任務を果たすよう COP/MOP に要請している．

議定書の13条4(j)はさらに，「締約国会議の決定の結果生じた課題を検討する」よう COP/MOP に要請している．この条項は，COP/MOP に対して締約国会議による勧告または要請を実施するよう強制するのではなく，その課題を「検討する」よう強制するだけである．その他の取り決めであれば，国連気候変動枠組条約の締約国会議の権限に服さない独立した機関としての COP/MOP の立場とは相反していたであろう．しかしながら，「親条約」の最高機関としての締約国会議の決定を検討する義務は，COP/MOP の適切な任務である．ただし，加盟国が重複するので，ほとんどの場合，COP/MOP が締約国会議の意思に沿って行動しないということは考えられない．

上述の任務のいくつかは，実際に，まず最初は条約の締約国会議が取り組まなければならないものだろう．COP3 において締約国は議定書が発効するまでの暫定期間中，新しい機関を設立しなかった．代わりに，国連気候変動枠組条約の締約国会議（およびその補助機関）は，『京都議定書』の COP/MOP の第1回会合の準備のためのアドホック機関として任務を果たすだろう．締約国会議はこの資格において，「迅速な開始」をするために一定の任務を実行するよう，すでに COP3 により要請されている[19]．このことは COP/MOP の第1回会合において決定されるべき問題のために特に要求されている．1998年の COP4 は，締約国会議のための作業計画を設定し，議定書の第1回 COP/MOP のための準備に関する補助機関を設立した[20]．

---

[18] 前文，第2パラグラフ．国連気候変動枠組条約の「究極的な目的」については，第3章およびSands 1992を参照．Ott 1996a参照．
[19] FCCC/CP/1997/7/Add.1の中のDecision 1/CP.3. 国連気候変動枠組条約の「迅速な開始」に関してはChayes/Skolnikoff 1992を参照．
[20] FCCC/CP/1998/16/Add.1の中のDecision 8/CP.4. 第1回COP/MOPがある問題について決定

さらに締約国会議は，2000年のCOP6までにあらゆるメカニズムについての決定を行うことを目指して京都メカニズムのための作業計画を採択した（第24章参照）[21]．これは最も重要なCDMに関連している（第14章参照）．CDMに関する12条は，京都における交渉者たちのあせりと疲労を反映している．2000年から2008年までに得られた検証された排出削減量は，第一期の約束期間におけるその後の使用のために取引されることができるため（12条10），議定書のCOP/MOPには，CDMの運営のために求められる特別な規則を発展させる任務が課せられた（12条4，5，7）．しかしながら，議定書は2000年までに発効しそうにないので，COP/MOPの決定を待てば，排出削減量を遡及して課し確認する必要性が生じる結果になるだろう．この任務に関連してはあらゆる政治的技術的不確実性が伴うだろう．COP4は誤りを訂正し，関連規則は国連気候変動枠組条約の締約国会議により発展されるだろうと決定した．しかしながら，それら規則は，COP/MOPの第1回会合により事後的に承認されなければならないだろう．

　COP/MOPが自己の任務を果たすために利用できる手段は，締約国会議の任務を反映しており，また，ほかの条約における最高意思決定機関が利用できるものと類似している．COP/MOPは，議定書の実施に必要な問題に関して勧告を行うことができ（13条4（f）），20条に従って『京都議定書』の改正を採択することができ，21条に従って議定書の附属書を採択し改正することができる．COP/MOPの通常の作業のための手段は「決定」であり，それはほかのさまざまな現代の環境条約制度において広範囲なレジームの発展を達成するために用いられてきた[22]．

　COP1から条約の議事を煩わせてきた手続規則（最も重要なのは投票に関する規則）に関する問題をCOP3で解決することは不可能であった．それどころか，この行き詰まりは，事実上，議定書の中に取り込まれてしまった．13条5によれば，条約の下で適用される締約国会議の手続規則[23]は，COP/MOPがコンセンサスで別段の決定を行う場合を除いて，必要な変更

を行う要件というのは，当該問題がその後の交渉のアジェンダから外されることになるということを必ずしも意味しない．多くの問題点には，さらなる，または継続的な（再）検討が求められる．

[21] FCCC/CP/1998/16/Add.1の中のDecision 7/CP.4．
[22] Ott 1998a．
[23] 手続規則案についてFCCC/CP/1996/2を参照．

を加えて議定書に準用される．このように，締約国会議が投票に関する規則についての対立を解決するまで，条約に基づくコンセンサスの要件がCOP/MOP の議事も支配するだろう．しかしながら，異なる加盟国をもつCOP/MOP が，13 条 5 で認められているように，締約国会議で合意のない場合であっても，多数決規則を含む手続規則の採択についてコンセンサスで決定を行う立場にあるという可能性がある．

COP/MOP における投票権は，国連気候変動枠組条約の 17 条 5 に従って設定された（18.1 参照）．すなわち，議定書の締約国でない条約の締約国はオブザーバーとして参加することができるが，議定書に基づく COP/MOP の決定は，議定書の締約国でもある締約国のみによって行われる（13 条 2）．同様に，『京都議定書』の締約国でない締約国会議のビューローのメンバー国は，ビューローが COP/MOP の目的のために会合を開く場合，同じ地理グループであるその他のメンバー国により代理される（13 条 3）．

通常会合の回数に関する議定書の規則は，ほかの多数国間環境条約の確立された先例に従い，また国連気候変動枠組条約をモデルにしている[24]．COP/MOP は，COP/MOP が別段の決定を行わない限り，毎年，国連気候変動枠組条約の締約国会議の会合と同時に開催される（13 条 6）．COP/MOP の第 1 回会合は，議定書の発効の後に予定される締約国会議の第 1 回会合と同時に開催される[25]．COP/MOP の特別会合は，COP/MOP が決定するときまたは締約国の書面による要請があり，6 カ月以内に締約国の少なくとも3 分の 1 が支持するという条件で開催される（13 条 7）．

オブザーバーの参加に関する条項は，同様に国連気候変動枠組条約の例に従う[26]．気候変動レジームにおける気候レジームによって標準的な慣行となっているように，「国際連合，その専門機関，国際原子力機関およびこれらの国際機関の加盟国またはオブザーバー」は，オブザーバーとしてCOP/MOP の議事に参加することができるだけでなく，締約国の 3 分の 1以上が反対しない限り，「『京都議定書』の対象とされている事項について認められた」すべての政府および民間の機関も参加することができる（13

---

[24] 国連気候変動枠組条約7条4，5を参照．
[25] 発効要件の詳細については20.1を参照．
[26] Bodansky 1993, p.534参照．

条 8)²⁷．自動的に締約国会議または COP/MOP へのオブザーバーとして認められる機関は，補助機関の議事にもオブザーバーとして参加する権利を有する．

　国連気候変動枠組条約の機関にオブザーバーを認める慣行はかなり進歩的であり，COP/MOP がこの慣行から逸脱することは考えられない．しかしながら，この参加に関する規則は，COP/MOP およびその補助機関の議事にのみ適用可能である．重要な交渉はしばしばコンタクト・グループおよびいわゆる「ノングループ」の中で行われる．そこでのアクセスはより制限されている．この点に関する重要な決定が，COP4 で採択された．すなわち，オブザーバーは原則として，コンタクト・グループのなかの出席する締約国の 3 分の 1 以上が反対しない限り，コンタクト・グループ会合に参加することができる[28]．

18.3　事務局（14 条）

　14 条によれば，条約の事務局は議定書の事務局としても機能する[29]．事務局の範囲と権限をめぐっては，国連気候変動枠組条約の事務局に関する交渉を特徴づけたような紛争と対立はまったくなかった[30]．事務局の取り決めは実行可能であることが証明され，原則としていかなる修正も必要なかった．しかしながら，事務局の機能は，何年にもわたり発展してきており，もはや条約の文言に基づいて事務局に課されるものに限定されない．事務局は例えば，条約に基づく詳細な検討手続において中心的な役割を果たしている(16.1 参照)．

　14 条 2 は，条約に基づく事務局の任務の遂行のための取り決めを議定書に準用すると定めている．国連気候変動枠組条約の採択の前に，事務局は UNEP に置くべきかまたはその他の機関に置くべきかという問題に関して意見の対立があった．結局，締約国会議の第 1 回会合まで事務局に関する最終的な決定を先延ばしすることで妥協した（国連気候変動枠組条約 8 条 3）．

---

[27] 国連気候変動枠組条約のプロセスにおけるNGOの役割に関してはTalaab 1998を参照．
[28] FCCC/CP/1998/16/Add.1．
[29] すでに示したように，国連気候変動枠組条約の8条2（g）．
[30] Bodansky 1993, p.534参照．

COP1 で，締約国は事務局を国際連合と機構上提携することを決定し，実際，常設の事務局として国連気候変動枠組条約政府間交渉委員会の事務局を指定した[31]．この取り決めは，遅くとも 1999 年 12 月 31 日までに，COP5 で検討されることになっていた．しかしながら，取り決めの主要な修正はなされそうもない．また COP1 において，締約国はドイツ政府の申し出によりボンに常設の事務局をおくことを決定した[32]．1998 年末までに，事務局はパートタイムの職員とコンサルタントを含む約 100 人の職員を雇った[33]．

『京都議定書』の 14 条 2 によれば，事務局の任務は，国連気候変動枠組条約の 8 条 2 に規定されている任務および『京都議定書』の下で事務局に課されるその他の任務を含む．したがって，基本的な運営任務は条約と議定書では同じである．すなわち，事務局は，
● COP/MOP およびその補助機関の会合を準備し，
● 事務局に提出される報告書をとりまとめて送付し，
● 報告書の作成において，締約国（特に開発途上締約国）に対する支援を円滑にし，
● COP/MOP に提出する事務局の活動に関する報告書を作成し，
● ほかの関係国際団体の事務局との必要な調整を確保する（国連気候変動枠組条約 8 条 2）．

事務局には議定書によりほかの任務が課されてきた．特に，事務局には以下のことが要請されている．
● 3 条の約束を共同で達成することに合意した締約国の通知を受けとり，合意条項を締約国に通報すること（4 条 2），および
● 7 条に基づき提出される情報の検討のためのレビューチームを調整することおよびレビューチームの報告書の示唆する履行に関する疑義を明らかにすること（8 条 2, 3）．

この最後の任務は，事務局に議定書の将来的な発展に関する比較的独立

---

[31] FCCC/CP/1995/7/Add.1 の中の Decision 14/CP.1.
[32] FCCC/CP/1995/7/Add.1 の中の Decision 16/CP.1.
[33] 条約住所：Climate Change Secretariat, P.O. Box 260 124, D-53153 Bonn, Germany; ウェブサイト：＜http://www.unfccc.de＞．

した役割を付与しているので，最も重要な任務の 1 つである．この規定は事実上，これまで条約の下で発展してきた慣行を定めている．いくつかの締約国の反対にもかかわらず，条約に基づく詳細な検討手続は，締約国の国別報告書および国家気候政策を評価し分析するにあたり，事実上優越的な地位を事務局に付与した（16.1 参照）．この任務は，現在では議定書に正式に組み込まれており，さらに事務局の地位を強化するだろう．

18.4　補助機関（15 条）

15 条 1 によれば，条約に基づく補助機関もまた議定書の補助機関として機能し，それらの機能に関する規定も準用する．このように『京都議定書』は，「科学上および技術上の助言に関する補助機関」（SBSTA）および「実施に関する補助機関」（SBI）の規定を含んでいる．これらの機関の会合は，条約の補助機関と同時に開催される．

投票規則およびビューローの構成は，COP/MOP のために定められた原則に従う（上記 18.2 参照）．すなわち議定書の締約国ではない条約の締約国は，オブザーバーとして議事に参加することができるが，議定書に関係する事項に関する意思決定は議定書の締約国に制限される（15 条 2）．議定書の締約国ではない条約の補助機関のビューローのメンバー国は，同じ地理グループであるそのメンバー国により代理される（15 条 3）．

『京都議定書』は，条約のように補助機関の任務を列挙していない（国連気候変動枠組条約の 9 条および 10 条）．また事務局の任務の場合のように，明確に条約の各規定に言及することもしていない（上記第 18.3 参照）．考えられる 1 つの説明は，条約機関間の任務と権限の分割という複雑な問題を扱うことを避けるためだったかもしれない．2 つの補助機関の任務は，当初から，条約の規定からは予想されなかった一定程度の重複と調整の不足によって特徴づけられてきた（3.2 参照）．実際，微妙なバランスが保たれてきた．もし『京都議定書』の補助機関の発展途中にある任務の分割を正式に組み込もうとするならば，それはおそらく交渉における複雑かつ時間を浪費する議論の引き金となったであろう．したがって，COP1 以降，「何とか切り抜ける」試みが続行している．COP3 で締約国は，COP/MOP の第 1

回会合が議定書によって課される任務を達成できるようにするために，準備作業の配分について補助機関の議長が1998年の夏開催の補助機関の第8回会合において共同提案をするよう要請した[34]．COP4はこれに対応する決定を行った（以下参照）．

　条約の下では，SBSTA（9条）とSBI（10条）は，締約国会議のような総会機関であり，すべての締約国ならびにほかの国，国際機関およびNGOからのオブザーバーに開放されている．その主要な任務は条約の中で述べられており，締約国会議の後の決定によって発展してきている[35]．条約に基づくSBSTAの役割は，締約国会議の意思決定過程に科学上および技術上のインプットを提供することである．SBSTAは，その資格において，気候変動に関する政府間パネル（IPCC）による科学的知見をまとめ，国別報告書の詳細な検討に関する科学上，技術上および社会経済上の側面を検討し，方法論的事項を扱ってきた．SBIは，国別報告書の検討，締約国により合意された措置の影響，財政メカニズム，技術移転および約束の妥当性に関して諮問的役割を有している．その主要な任務の1つは，財政メカニズム（国連気候変動枠組条約11条）および国際連合との機構上の連携に関する取り決めを行う際に締約国会議を支援することである．

　議定書の実体規定により，いくつかの具体的な任務が補助機関に課されてきた．SBIには，報告および国別報告書に関する議定書7条に基づいて締約国により提出される情報，ならびに検討手続に基づく専門家によるレビューチームの報告書を検討する際に，COP/MOPを支援する権限が付与されている（16.1参照）．さらにSBIには，事務局により列挙され，または締約国により提起された履行に関する疑義を検討することが要請されている（8条5）．SBSTAは，科学上および技術上の性質を有する疑義が提起された場合に，「適切な場合には」この任務を支援するよう招へいされうる．

　さらに，SBSTAには以下の任務が課されてきた．
● COP/MOPの第1回会合に先立ち，1990年の炭素貯蔵量のレベルを確定し，およびそれ以降の年の炭素貯蔵量の変化を推計するために，締約国により提出されるデータを検討すること（3条4），

---

[34] FCCC/CP/1997/7/Add.1の中のDecision 1/CP.3, para.6.
[35] 交渉の歴史に関してはBodansky 1993, p.535以下を参照.

● 吸収源を締約国の目録の中に含めることを規律する仕組み，規則およびガイドラインに関する助言を COP/MOP に提供すること（3条4），
● IPCC の成果に基づいた温室効果ガスの人為的排出を推計するための方法および調整の改訂に関する助言を COP/MOP に提供すること（5条2），および
● 温室効果ガスの地球温暖化係数の改訂に関する助言を COP/MOP に提供すること（5条3）．

　気候変動レジームにおける IPCC の強化された役割の証拠として，SBSTA は，IPCC と COP/MOP の仲介機関としてこれらの任務のために行動する．IPCC は，条約においては，いくつかの締約国の猛烈な反対にあったため，21条の「暫定措置」規定の中で言及されているにすぎない．『京都議定書』で承認された IPCC の強化された役割にもかかわらず，SBSTA には，おもに科学的な組織である IPCC と政治的組織である COP/MOP の間の真の連結役としてその役割を果たすという挑戦が依然としてつきつけられている[36]．

　COP4 は SBSTA と SBI の2つの補助機関に対してさらに任務を分配した．最も重要なことは，締約国会議は京都メカニズムのための作業計画を採択し[37]，議定書の COP/MOP の第1回会合のための準備作業の割当てを決定した[38]．各機関の異なる特徴を考慮して，SBI はおもに手続上および機構上の問題に対して責任を有し，SBSTA は方法論上および技術上の問題を扱う．各機関の間で任務を配分することが引き続き困難であることを反映して，両機関がともにより一般的で基本的な問題を検討することになるだろう．一方の機関が他方の機関に従属することを避けるために，合同会合が京都後に定期的に開催されている．AGBM は現在，その作業を終了しているので，この合同会合は締約国が締約国会議の会合の間に一般的な政治問題を検討するための総会機関となっている．

---

[36] Bodansky 1993, p.536参照．
[37] FCCC/CP/1998/16/Add.1の中のDecision 7/CP.4 and Annex.
[38] FCCC/CP/1998/16/Add.1の中のDecision 8/CP.4 and Annex I.

18.5 アドホック機関

　京都では，締約国は暫定的な補助機関を創設しなかった．しかしながら，条約の7条2 (i) および『京都議定書』の13条4 (h) は，締約国会議とCOP/MOP のそれぞれに，条約／議定書の「実施のために必要と考えられる補助機関を創設する」権限を付与した．これに基づいて COP4 は，SBI と SBSTA の下に「遵守に関する合同作業グループ」を創設した．締約国会議の直接の権限に基づく独立した作業グループを創設することは，G77 および中国によって反対された．妥協案として，締約国は2つの補助機関の下に位置する合同作業グループに合意した．この作業グループは2つの補助機関を通して第5回会合に報告を行うことになっている．

　COP4 によって創設された合同作業グループの任務は，遵守レジームに関するさまざまな要素を検討することに限定されている．
● 『京都議定書』における遵守に関連する要素を同定すること，
● さまざまな交渉サークルにおけるそれらの要素の発展をフォローし，ギャップを同定すること，
● ほかのグループが取り組んでいないような考えを発展させること，
● 包括的な遵守システムを発展させる一貫したアプローチを確保すること．

　これらの問題に関する合同作業グループの報告を受けて，COP5 は遵守に関するアドホック作業グループを創設するだろう．このグループは，COP6 における採択を目指してそのようなメカニズムの調査事項について草案を作成する立場にあるだろう[39]．

---

[39] FCCC/CP/1998/16/Add.1の中のDecision 8/CP.4 and Annex II参照．また16.3を参照．

第19章 『京都議定書』の検討，発展および改正（3条9, 9条, 20条, 21条）

　定期的な検討（レビュー）および評価に関する諸規定は，国際条約のダイナミックな発展にとって最も重要なものの1つである[1]．それゆえ，これらのプログラム規範[2]は条約規則を新しい科学的知見，技術的・経済的発展または環境悪化に対する関心の高まりに定期的に適合させるために，国際環境条約[3]の中でますます利用されている．さらにこれらの規範は，変化しつつある政治的状況に条約規則を適合させる機会を提供することができるし，対応の鈍い国家に対して定期的に圧力を与え続けるのに役立ちうる．このますます高まりつつある重要性は，これらの条項がたびたび一括処理の1つとして交渉過程の最後になってようやく合意をみるという事実に反映されている．

　検討および評価に関する規定は，条約改正を規律する規則との関連で分析されなければならない．なぜならば検討後の条約規則のいかなる調整もこれらの条約改正規則を利用しなければならないからである．検討プロセスと改正に関する意思決定規則および改正手続との組合わせこそが，変化する状況に従ってダイナミックかつ柔軟に発展する条約の能力を最終的に決定するのである．

　『京都議定書』は，その実体的規則の将来の検討と議定書改正の両者に関する明示的規則を包含している．その2点について，『京都議定書』は現代のほかの環境条約ほどに進歩的ではない．京都以前および京都における代表者とオブザーバーの主たる関心は，9条における議定書の検討条項がどうなるかであった．それゆえ，次節における交渉の歴史は本条について焦点を当てている（19.1）．次に，検討および発展を規律している条文（19.2）および議定書ならびに附属書の改正を検討する（19.3）．本章は結論として議定書の将来の発展に決定的に影響を与えるであろうこれらの議定書規則の評価を行う．

---

[1] より詳細はOtt 1998a, p.270を参照．Gehring 1994も参照．
[2] Széllはこれらの条項を「マーカー」という．Széll 1995, p.99参照．
[3] 1987年のオゾン層を破壊する物質に関するモントリオール議定書6条および1989年の有害廃棄物の国境を越える移動およびその処分の規制に関するバーゼル条約15条7を参照．

19.1 交渉の歴史

議定書が適正であるかどうかを検討するおもな規定は，その最終的な定式化がすでに 12 月 7 日に全体委員会の議長であるエストラーダ大使によって提出された議定書草案テキストの中に含まれていたが[4]，ほとんど交渉の最終日まで議論された．環境 NGO から援助を受けていた AOSIS は，特に約束の早期の検討を認める条項を挿入するように要求し続けた．

条約 4 条 2 (d) の定式化は，概ね条約に関する強力な検討手続を定めたものとみなされていた．なぜならば，条約がそのような検討を行う具体的な期限を含んでいたからである．この経験を生かして，EU, スイスおよびカナダは新たに定められる議定書についても同様に「約束の適正さの検討」を提案した[5]．これらの提案と AOSIS のそれは，「気候変動の入手可能な最善の科学的な情報および評価」に基づく検討を基礎にしていた．そのことは，暗黙のうちに最も権威ある情報源として，気候変動に関する政府間パネル（IPCC）を意味していた．

対照的に，米国の提案は，約束の「エボルーション」を強く推していた．それは米国にとって，「グローバルな解決」の一部として開発途上締約国を参加させることを意味していた[6]．一般的な検討に関して，米国は「進展する科学上の知識」に照らして，議定書の「定期的な」特定化されない検討を提案した．日本は公式に提案することはなく，議定書の「定期的検討のためのメカニズム」を求めたにすぎなかった．他方，「約束の検討」に関するオーストラリアの提案は，非常に詳細であった．その提案は，履行の困難性および経済的要因ゆえに，個別締約国の義務の改正を強調していた．したがって，この提案は将来の締約国の義務を強化するというよりむしろ現行の約束を可能な限り緩和しようとするものであった．この提案は，オーストラリアの経済的状況では数値目標を達成するのが非常に困難であるというオーストラリアの懸念に由来している．

---

[4] FCCC/CP/1997/CRP.2.
[5] これらの提案とその後の提案については1997年4月22日の議長の交渉テキスト（FCCC/AGBM/1997/3/Add.1.）に収められている．どこの個別締約国または締約国グループの提案かどうかは筆者が判断した．
[6] 1996年12月の米国の非公式文書（FCCC/AGBM/1996/MISC.2/Add.4, p.35）を参照．

米国とほかの JUSSCANNZ 構成国による約束の「エボルーション」にかかわるプロセスについての主張を反映して，G77 の提案は「適正さ」および「約束」という用語を用いることを避けた．代わりに，検討は「条約および関連する法的文書の履行」に限定されると考えられた．この定式化は，開発途上締約国の約束について議論することを避け，先進締約国の現行の義務の履行に重点を置いている．G77 は，条約の機構とは区別される機構が議定書の下に設けられることを避けるという一般的目標に従い（第 18 章参照），国連気候変動枠組条約 7 条 2 および 4 条 2（d）の下で条約の締約国会議によって行われている検討を一層強調した．

1997 年 10 月の「議長により統合された交渉テキスト」は，EU の一般的アプローチを継承した．そして COP/MOP のどのセッションでこの検討を行うかを明確化しないまま，附属書 I の締約国の約束の適正さを定期的に検討するよう求めた[7]．1997 年 11 月の最終的な「交渉用の改訂テキスト」は，（G77 の要請した）議定書義務の履行の検討と約束の適正さの検討との組合わせを含むものであった[8]．しかしながら，議長が京都で示したテキストは，いずれの用語（「履行」および「約束の適正さ」）も避けており，不明確な「検討」のみが規定された[9]．このテキストは議論されることなく，結局，京都での最終会議で採択された．それは，将来の約束期間における約束を検討するという規定を含んだ妥協のパッケージの 1 つであった．

検討の結果起こりうる議定書の改正に関して，締約国がダイナミックかつ柔軟な発展を促進し支持する手続に同意できるという期待はほとんどない．EU および AOSIS は，議定書の改正に関して，例えば，オゾン層の保護のためのウィーン条約（9 条 4）および有害廃棄物に関するバーゼル条約（17 条 4）に規定されているように，3 分の 2 の多数決によって改正するという提案を提出した[10]．しかしながら，いずれの提案も『モントリオール議定書』で採択されているような，合意した修正の効力発生のための時間のかかる批准手続を回避する規定を設けていない[11]．国連気候変動枠組条約の交渉の際の経験を考慮すると，そこでは同じような試みが失敗したが，このような提

---

[7] FCCC/AGBM/1997/7.
[8] FCCC/CP/1997/2.
[9] FCCC/CP/1997/CRP.2.
[10] FCCC/AGBM/1997/3/Add.1, p.86（提案 2，筆者による判断）．
[11] Ott 1998a, p.155 以下参照．

案が，条約のダイナミックな発展に反対するかあるいは締約国の経済的安定に影響を与える決定が自国の意思に反して拘束することを恐れる締約国によって，拒否されるということは至極当然であった[12]．結果として，議定書の改正手続は，最終的な交渉では主要な論争点にはならなかった．最終的に合意された規則は，ほとんどの環境条約によって採用されている多数決のルールを踏襲し，議定書改正の発効のためには（批准した締約国に対して）4分の3の締約国が批准することを求めている．

19.2 検討および発展に適用される規則

「約束の適正さ」という用語は，『京都議定書』にはその最終的な形として表れてはいないが，約束の一般的な検討を定めるいくつかの規定が含まれている．9条の発展については上述した通りであるが，同条は基本的なスケジュールとともに，一般的な検討プロセスについて規定している．さらに3条9は，締約国に次の期間の約束について「検討する」よう要請している．最後に，13条はCOP/MOPに議定書の履行を定期的に検討するよう要請し，13条4（b）では，締約国の義務を「点検する」ことを求めている．以下，これらの諸規定を扱う．

9条に従い，COP/MOPは，『京都議定書』を「定期的に検討し」，必要があれば，「適切な措置をとる」よう要請されている．第1回目の検討は，第2回会合でなされなければならず，その後の検討は，「一定の間隔で，かつ適切な方法」で行われなければならない．したがって，その後の検討の時期については，COP/MOPの判断に任されることになろう．最終的に採用された9条は，EUや多くの環境NGOの要求を満たしていない．しかしながら，米国によって提出されたテキストよりもかなり強化されてはいる．さらにこの規定は，「約束の適正さ」について明示的に言及していないが，G77が要請した純粋な「履行の検討」を意味していないことは明らかである（19.1参照）．しかしながら，G77の要請は，議定書の検討と「条約の下での関連する検討」とを調整するよう要請されているという点において，ある程度反

---

[12] 例えば，FCCC/AGBM/1997/3/Add.1, pp.86/87にみられるOPEC諸国による非常に厳しい規則を参照（提案3，筆者による判断）．

映されている．

　第1回目の検討は第2回 COP/MOP 以降に行われるべしという要請は，政治的妥協の結果であった．条約機関にこの検討を準備する任務が課せられていたならば，議定書の最高機関の第1回会合までには十分な検討が行われたはずである．しかしながら，そのような「迅速に開始する」という取り決めは，「京都メカニズム」，吸収源および棚上げにされた不遵守手続についてのみ合意されたにすぎない．少なくとも，第1回目の検討は定められたスケジュールに従って行われるであろう．ほかの条約における同様の規定と異なり，『京都議定書』は COP/MOP に対して，2回目以降の検討に関する間隔を決定するよう要請しておらず，スケジュールの採択を締約国に任せている．

　検討は，「気候変動およびその影響に関する入手可能な最善の科学的な情報および評価」に基づいていなければならないので，最も重要かつ権威的な情報源である IPCC が適切な情報の提供者として，かつそのレジームの発展の牽引車として主要な役割を保持するように設置されている．加えて，検討は「関連する技術的，社会的および経済的な情報」に基づいていなければならない．（科学の場合のように）「入手可能な最善の」情報というよりむしろ「関連する」情報を要請しているということは，IPCC 以外のほかのアクターが経済学や社会科学のような問題について関連するインプットを提供しうることを示唆している．

　第2回目の検討手続は，COP/MOP の機能に関する『京都議定書』13条4（b）に規定されている．条約7条2にほとんど同様の規定が定められているが，議定書は条約の目的，その実施により得られた経験および科学的技術的知見を考慮して，「締約国の義務を定期的に点検する」ことを締約国に要請している．同規定は，条約のような「制度的な措置」の検討については要請していない．なぜならば，条約とは対照的に，議定書はいかなる暫定措置（国連気候変動枠組条約21条参照）も含んではいないからである．最終的には，上述した9条の場合のように，COP/MOP は条約の下で行われる検討を十分に考慮しなければならないだろう．

　第2期の約束期間に関するさらなる義務を設定するための手続は，議定書3条9に含まれている．この条項は，当初，規制対象になっていなかっ

た温室効果ガスを取り込むための改正手続としてスタートした[13]．このような規定は，6つの温室効果ガスというアプローチが採択された後にはもはや必要とされなかった．というのも，現在では最も関連性のあるガスがカバーされているからである．交渉終結間近には，第1期の約束期間以降の合意は期待できないということが明らかになり，この失敗を説明する規定が求められた．したがって，3条9は，COP/MOPに対して，第1期の約束期間の最終年の少なくとも7年前までに，すなわち2005年までに附属書Ⅰの締約国に対する次の義務の検討を開始するよう要求している．『京都議定書』の効力発生時期次第では，9条に基づく議定書の第1期の検討と3条9に基づく次の義務の検討が同時に行われることは十分にありうることである．

19.3 議定書およびその附属書の改正

『京都議定書』における改正の採択ならびに新しい附属書およびその改正の採択に関する規則は，国連気候変動枠組条約の規則に従っている（条約15条および16条）．議定書の改正が検討される前に，提案されたテキストは，改正が採択される会合の少なくとも6カ月前に事務局を通じて締約国に通報されなければならない（20条2）．改正を採択するための意思決定手続に関する文言は，「締約国は，……コンセンサスにより，提案された改正に関して合意に達するようあらゆる努力をしなければならず」，また「コンセンサスでのあらゆる努力が尽くされ，なおかつ，いかなる合意にも達しない場合，当該改正は最後の手段として……4分の3の多数による投票によって採択される」という伝統的な形式に従っている．

実行上，国際環境条約の締約国が実際に投票権を行使したのは，きわめてまれである．反対に，ほとんどすべてのケースにおいて，たとえ少数の締約国が反対を表明していたとしても，「コンセンサスでの」決定と呼びたがる傾向にある[14]．国連気候変動枠組条約の文脈では，明示的規定が存在しない場合，コンセンサスによらなければならないが，このコンセンサスアプロ

---

[13] FCCC/AGBM/1997/7, 3条15．
[14] 例えば，オゾンレジームにおける「コンセンサス・マイナス・ワン」の例として，Werksman 1996を参照．

ーチは，COP2 で OPEC14 カ国とともにロシアが抗議したにもかかわらず，締約国がジュネーブ宣言に「留意した」ときに一度発生した（4.5 参照）．『京都議定書』は，改正採択後，同改正が効力発生するためには，締約国の 4 分の 3 の批准が必要であるとしている．これは，国際立法の中でも最も緩慢な部分に入る．なぜならば，効力発生に必要な数の国が自国の立法機関を通して発議された批准を得るという煩雑な手続を完了するのに多年を要するからである[15]．

　附属書は，議定書の不可分の一部をなし（21 条 1），新しい附属書は「表，書式その他科学的，技術的，手続的または事務的な性格を有する説明的な文書」に限定される．附属書の採択およびその事後の改正手続は，20 条による議定書それ自体の改正の採択に関する規則に従う．提案は会合の少なくとも 6 カ月前に提出されなければならず，それは，4 分の 3 の多数によって採択される．それ以後は，20 条とは異なる手続による．新しい附属書およびその改正は，議定書の寄託者である国際連合事務総長に正式に受託しない旨を通告する締約国を除いて，採択後 6 カ月で，すべての締約国について自動的に効力を生ずる（21 条 5）．このように，附属書の採択と改正は多くの条約および国際機構によって行われている伝統的な「離脱」手続を踏襲している[16]．この手続は，「活動の負担」を逆転させ，したがって，技術的および行政的な問題における規則定立を加速させる効果的な手段を提供する．

　しかしながら，これらの規則は京都で採択された『京都議定書』の現行附属書のいずれにも適用されない．ここでいう附属書とは，議定書の下で規制対象とされる温室効果ガスを掲げる附属書 A，議定書の下で先進締約国の数量化された排出抑制および削減の約束を特定している附属書 B を指す．これらの附属書を改正する手続は 20 条で定められる議定書の一般的な改正手続による．すなわち，採択後，改正が批准国に対して効力を発生させるためには，締約国の 4 分の 3 による批准が必要とされる．加えて，附属書 B が特別な特徴を有しているために，21 条 7 は，いかなる附属書 B の改正も関係する締約国の書面による同意があって初めて採択されると規定している．これは，附属書 B の新規のあるいは修正された目標が，国内の議会に批准

---

[15] 「最も遅いボートのルール」および可能な救済策の問題について，特に Sand 1990 を参照．
[16] 一般的には，Ott 1998a, p.160 以下，および Sand 1990 を参照．

書を提出する前に関係締約国政府の明示的な承認を受けることを確保するものである．

　事実，これは投票における「全会一致」原則への回帰であり，現在一般的に受け入れられているコンセンサス・ルールからの逸脱である．そのことは，すべての締約国が以上の義務に付与している重要性を示唆している．同時に，この手続は，「クラブ」の潜在的な新加盟国に対する許可規制を示している．4分の3の多数による意思決定は次のことを確保するものである．すなわち，議定書の附属書 B にはいまだ掲載されていないが，拘束的な数量化された目標を受け入れようとするいかなる締約国も（例えば，排出量取引に参加できるようにするために），そうするために締約国の大多数の同意を必要とする．

19.4　評価と展望

　国際環境法は（間違いなく気候変動の問題には）急速に変化する科学的および政治的な変数に特徴づけられるので[17]，柔軟かつダイナミックな立法プロセスのための多くの方策がさまざまな国際条約の中で作り上げられてきている[18]．約束の適正さの検討と条約規定の改正規則は，このような柔軟かつダイナミックな立法プロセスを確保する上で最も重要な側面のうちの 2 つである．現代のダイナミックな国際環境条約の多様な実例は，条約規則と変化する状況とを調整することを促す規則が重要であるばかりでなく，日程と主題が特定された検討に関する規定も重要であることを証明してきている．

　例えば，約束の適正さをめぐる第 1 回検討に関する国連気候変動枠組条約の具体的規定は，京都プロセスに着手するのに非常に役立った．すなわち，国連気候変動枠組条約 4 条 2 (d) によれば，COP1 は，4 条 2 (a) および (b) の約束が条約の目的を達成するのに適切であるかどうかを検討しなければならなかった[19]．この検討は先進締約国によってとられてきた措置が不

---

[17] Contini/Sand 1972, p.38を参照．気候レジームに関しては，Bodansky 1993, p.549を参照．
[18] この問題に関して一般的に取り扱っているものとして，Ott 1998a, p.145以下を参照．また，Sand 1990, p.14以下；Palmer 1992, p.270以下も参照．
[19] この目的は，2条に規定されている．すなわち，気候系に対して危険な人為的な干渉を及ぼすことを防止する水準において大気中の温室効果ガスの濃度を安定化させることである．第3章を参照．

適切であることを強調した．つまり，そのうち 9 カ国については，いかなる追加的措置もとられないのであれば，CO_2 の排出量は 1990 年レベルと比較して 2000 年には増加すると予測された[20]．このように，この検討は 2 年半後に『京都議定書』の採択につながることになるベルリン・マンデートの基礎となった．

検討および柔軟な改正手続の両者にかかわる最も進んだ青写真は，『モントリオール議定書』の交渉者によって作成されたといえよう．この議定書 6 条は，規制措置が議定書の下の専門家からなる適当な委員会の意見をとり入れ「少なくとも 4 年ごとに」評価されると定めている．結果として，現行の規制措置は，開発途上締約国および先進締約国双方の多数を示す 3 分の 2 の多数によって強化されうることになる．そのように調整された規制措置は，自動的にすべての締約国を拘束することになる．それとは対照的に，新しい規制措置の導入（すなわち，新しい物質の規制）は批准を必要とする（『モントリオール議定書』2 条 9 および 10 条参照）．これに基づいて，『モントリオール議定書』は 1987 年以来 4 回にわたって柔軟に強化されている[21]．

これに対して，『京都議定書』の関連規定がダイナミックな発展に資するとはいえない．おそらく『モントリオール議定書』がオゾンレジームの中でうまく機能しているためであろうが，『モントリオール議定書』の手続に類似する手続が気候レジームにおいて真剣に検討されていない．代わりに，かなり不明確な文言が同意，目標および将来の検討（第 1 回目の検討とは異なる）の時期に関して使用された．さらに，『京都議定書』の下での新規の拘束的な義務の効力発生には，時間と複雑な批准プロセスが必要となるであろう．

したがって，『京都議定書』のダイナミックな発展は，適当な政治的枠組の状況が存在していることに大きく依存することになろう．COP/MOP が定期的な間隔で約束の適正さを検討するかどうかは，指導的立場にある締約国グループの強力な手腕にかかっている．さらに，かかるレジームの規則の柔軟な発展は，主要諸国の政治的状況が迅速な改正の批准を認める場合にのみ可能になるといえよう．これに代わるものとして，締約国は COP/MOP

---

[20] UN Doc.A/AC.237/81. 環境NGOによる検討については，CNE/USCAN 1995も参照．検討の影響については，Oberthür/Ott 1995を参照．
[21] Benedick 1998a; Oberthür 1997; Ott 1998aを参照．

の通常の決定により，採択された改正の暫定的適用に関するものを含む規則を発展させることができる．以上は，ほかの多くの現代の国際環境条約で成功裡にて採用されている方式である[22].

---

[22] Ott 1998aを参照.

第 20 章 『京都議定書』の最終規定
（22 条-28 条）

　署名，批准および効力発生についての『京都議定書』の最終規定は一般的に，国際法の下で確立された実行に従っている．それゆえ，議定書の効力発生を定める 25 条を除いて，議定書の関連条項については主要な論争は起こらなかった．より詳細な検討は，20.1 で扱われる．次に投票権，条約の寄託者，留保および脱退についての諸規定を論ずることにする（20.2 を参照）．

20.1 署名，批准および効力発生（24 条，25 条）

　『京都議定書』の署名，批准および効力発生についての諸規定は，効力発生のプロセスを引き延ばそうとして入念に起草された手続という印象を与える．これは，京都での合意が未了であるという理由によるものであり[1]，具体化するには若干の時間を要するであろう．しかしながら，このプロセスを引き延ばすことは，実質的なプロセスを遅らせることにもなりかねない．したがって，議定書 24 条は 1998 年 3 月 16 日から 1999 年 3 月 15 日までの 1 年間を署名のための期間として設けている．条約締約国の 84 カ国が，この期間に議定書に署名した．このうち，温室効果ガスの主要な排出国はすべてこの中に含まれている．この行為によって早くも法的義務が課せられる．すなわち，一般国際法の下では，つまり，ウィーン条約法条約 18 条（1969 年）によれば，国家は条約署名後，当該条約の趣旨および目的を失わせるような行為を行わないようにしなければならず，これにより，署名国は少なくとも，『京都議定書』の精神と効力発生を妨げてはならない．

　1999 年 3 月 15 日以来，議定書は条約締約国による批准のために開放されている．批准手続はより複雑であり，すべての主要な汚染国による参加を

---

[1] この特徴は，多くの条項が，その表題において「未了」になっていることに反映されている．Ott 1998b; Jacoby et al. 1998; Schneider 1998を参照．

要請するように規定された．それゆえ，議定書 25 条はかなり高い敷居を設定しており，「二重の誘因」を採用している．議定書は，条約締約国 55 カ国による批准を求めているのみならず，附属書 I の締約国による批准が，附属書 I の締約国の 1990 年の CO_2 の排出量の合計の少なくとも 55% を占めなければならない．正確な数に関する不確実性を避けるために，権威的なデータとしては，国連気候変動枠組条約 12 条に従い，締約国が最初の情報で通報することになっている[2]．

表 20.1 締約国および締約国グループの排出割合

締約国／締約国グループ	1990 年の附属書 I の締約国の排出割合（%）
EU	24.2
CEIT（ロシアを除く）	7.4
EU＋ロシア＋日本＋CEIT	57.5
ロシア	17.4
JUSSCANNZ	50.8
米国	36.1
日本	8.5
カナダ	3.3

出典：FCCC/CP/1997/7/Add.1, Annex. ウクライナは最初の情報を提出していないので，附属書 I の締約国の約 5% を占める 1990 年のウクライナの排出は批准の目的のためには考慮されていないことに注意．

表 20.1 で示されているように，主要な排出国としての米国は 1990 年の地球規模での CO_2 排出の約 36% を示しており，EU 加盟国は累積で約 24% を排出し，ロシアは 17.4% であった．次に多く排出しているのは 8.5% で日本であり，中・東欧諸国では 7.4% を示した．したがって，米国自身が『京都議定書』の効力発生を妨げるには，ちょうど 9% 近く不足している．もし米国がロシア（53.5%）か JUSSCANNZ のほかの国（約 51%）と結束すれば，米国は事実上，批准プロセスを足踏み状態にすることができる．かりに EU が米国なしで議定書の効力を発生させたいならば，事実上，中・東欧諸国に加えて，ロシアおよび日本の両者による批准を得る必要がある（57.5%）．

「二重の誘因」は，一定の「臨界数」が議定書の有効性を支持するまで

---

[2] ある計算によれば，1990 年の実際の排出はより高く試算されている．Greenpeace: Analysis of the Kyoto Protocol, Greenpeace 1998, p.14 を参照．

に達する場合にのみ，議定書が効力を発生することを保証している．気候変動の緩和は費用がかかり，世界市場に対してかなりの不利益を創出すると，ほとんどすべての締約国からみなされているので，「二重の誘因」は「ただ乗り」の機会を防止，あるいは少なくとも制限するのに役立つ．

「二重の誘因」の要件にはそれなりの論理があるが，交渉者に対して55%という敷居を強制的に選択させるものは何もなかった．実際，交渉の最後の夜まで，効力発生に関する多様な選択肢が交渉のテーブルにあがっていた．議長草案には，55/55方式が含まれていた．米国による最後の提案は，敷居を附属書Iの締約国の排出の50%にまで下げるというものであった．この米国の提案は，効力発生に必要な批准の数をわずかに増加させていたが（65-70カ国），もしその提案が認められていたら，拒否権に近い権限を有する米国の地位は低下したであろう．EUは，米国が署名することなくEUに義務が課せられることに明白な不快感を示した．事実，英国は，米国の提案を支持せず，ほかのEU加盟国はこの機会をとらえて早期の効力発生のチャンスを増やそうとした．他方，カナダは65%の敷居を提案し，日本およびオーストラリアは妥協案として60%を示した．最終的に，エストラーダ議長は，彼の提案したテキストを変更することについて何らコンセンサスがなかったことを根拠に，議長規則に従い，彼の最初の提案に立ち戻った[3]．

最終的に合意された55/55方式は，米国に重要な権限を付与している．これは，（民主党の）大統領と（共和党優位の）議会との間に国内政治的な争いがあるため，議定書の効力発生に関して問題を生じさせる．米国上院による批准には3分の2の多数が必要である．このことが1992年の生物多様性条約および1989年の有害廃棄物質の国境を越える移動およびその処分の規制に関するバーゼル条約を含む，いくつかの国際環境条約を米国が批准する際に大きな障害になっていることはすでに証明されている．それゆえ，米国の『京都議定書』の批准は，最近の上院の構成に大きな変化がない限り望めない．しかしながら，米国が参加しなくても『京都議定書』が効力発生する政治的な選択は存在する（第25章参照）．

---

[3] 筆者による見解．

20.2 投票権,寄託者,留保および脱退(22条,23条,26条,27条,28条)

　『京都議定書』の下の投票権は,国際法の十分に確立された規則に従っており,22条は条約の文言を繰り返している.22条1によれば,地域的な経済統合のための機関の場合を除いて,各締約国は1票を有する.同規定は,これまでのところ欧州共同体にのみ関連している.欧州共同体は議定書を批准し,構成国のいずれもが投票権を行使しない場合のみ,その投票権を行使しうる.共同体が投票することを決定する場合,議定書の締約国である構成国数と同数の票を投ずる権利を行使しうる(22条2).

　23条は国際連合事務総長が条約と同様,『京都議定書』の寄託者であることを定めている.寄託者は,批准,脱退および新しい附属書もしくは附属書改正の不承認の通知を受領する.寄託者はまた,24条3の下で議定書によって規律される問題に関して,地域的な経済統合のための機関の権限の範囲に関する宣言を受領し,締約国に通報しなければならない.28条は,一般的な慣行に従い,『京都議定書』のテキストは国際連合の6つの公式言語をひとしく正文とすると定めている[4].

　『京都議定書』は,締約国に留保を付すことを認めていない(26条)[5].これは現代の国際環境条約に共通する実行である.留保を禁止する目的は,通常,締約国間に統一した義務を定め,「ただ乗り」を防止することにある[6].しかしながら,議定書は締約国が批准書に「解釈」宣言を付すことを妨げていない.これは,締約国が国連気候変動枠組条約を署名,批准する際に共通して広く用いられた手法である.これらの宣言は法的効果を有せず,それゆえ締約国の法的関係に変更をもたらさない.

　27条によれば議定書からの脱退は,締約国について効力を生じた日から3年を経過した後,許される.脱退は,寄託者に脱退の通告後1年で効力を生ずる.批准の重要性は条約からの即時的脱退が禁止されるという事実によって強調されるので,このタイムラグは,締約国間に一定の予測可能性とい

---

[4] アラビア語,中国語,英語,フランス語,ロシア語およびスペイン語.
[5] 『モントリオール議定書』18条(1987年),バーゼル条約26条(1989年),生物多様性条約37条(1992年)も参照.「留保」の定義はウィーン条約法条約2条1(d)(1969年)に定められている.
[6] Bodansky 1993, p.552.

う安定性を与える意味をもつ．約束期間（5年）の長さと比較して，脱退の効力がその通告から1年後に発生するということは，予測可能性という安定性を持続するにはむしろ短いように思われる．しかしながら，脱退する権利は，一般的には国際環境関係においてはめったに利用されない．締約国は議定書から脱退する自由を有するが，国連気候変動枠組条約には留まり続けることができる．しかし，条約からの脱退は同時に『京都議定書』からの脱退を意味する（27条3）．これは条約締約国のみに議定書に署名し，批准することを認める24条1に反映されている．議定書は，多くの点で，「親条約」に言及しているので，議定書のみの締約国となることには重大な困難が伴うだろう．

第3部　結論と将来展望

　『京都議定書』は，そのでき上がるまでの過程という点においても，またその設計という点においても，国際環境政治の中で特異な存在である．『京都議定書』は，次世紀の国際気候政治の基盤を作り上げた．京都プロセスの動態は，同プロセスに参加したすべての人々にとって魅了されるものであった．しかしながら，多くの意味で，『京都議定書』はまだ発展途上である．つまり，1つのプロセスの終了と，新たなプロセスの開始を提示しているのである．議定書に含まれている多くの革新的構想（例えば，排出量取引やCDMなど）については，今後数年かけて詳細を決定し試行してみなければ，最終的な評価を下すことはできない．このような不確実性に加えて，同議定書は，最終的合意を得るためには必要であった各国のさまざまな国益をそのまま反映してしまっている．したがって，『京都議定書』の条文の大部分は，曖昧なまま残されている．

　以上の点をふまえた上で，本書の最後の章では，議定書の評価を試み，将来への挑戦を探索し，まだ創世記にある気候レジームの発展的進化にとって助言となりうるいくつかの手段について慎重な議論を試みる．第21章と22章では，『京都議定書』および議定書採択に至るまでの政治プロセスを評価する．第23章では，気候変動に関して展開している国際レジームと，環境やその他の分野に関する国際制度との関連性についてなど，国際という点からの関連性や共通点の可能性について議論する．気候レジームの発達に応じて，これらの関連性の重要性はきわめて高くなった．この運命は，将来にも続くことが予想されるため，第23章では，気候政治および国際環境政治一般において将来問題となってきそうな課題を掘り下げて議論する．また，第24章では，京都会議と，ブエノスアイレスで開催されたCOP4後の，国際・国内・地域レベルでの政治的全体像を描く．そして，最後に第25章では，さらに政治的視点から，著者や交渉担当者のこれからの経験に基づいて，次世紀早いうちに国際プロセスが始動することを狙った新たなモメンタムを創造するためのリーダーシップ・イニシアティブに関し，その中でのいくつかの要素の概要を説明する．

第21章　京都プロセスからの教訓

『京都議定書』交渉の華やかな出来事の話とは別に，交渉経緯から，幾つかのより一般的な教訓を引き出すことができるだろう．それは，国際環境関連の交渉で EU が見せる（21.1）類のリーダーシップの重要性，あるいは，最終合意に到達する際に影響を及ぼしいくつかの状況的要因（21.2）に関連するような事柄である．さらには，京都プロセスは，21世紀への移行期における世界政治の中で気候変動政策が果たす役割の変遷，そしてこの分野における政府間および非政府間の政治の特徴を明確に示している（21.3）．

21.1　リーダーシップの重要性

国際環境レジームの形成および変遷に関する研究を行っている研究者の多くが，交渉過程が成功に至るには，リーダーシップの存在が非常に重要であるとしている[1]．リーダーシップは，環境レジーム形成の初期段階，まだレジームのための規則や手続きを決定するための恒常的な制度枠組みが存在していない時期にとりわけ必要とされる．1992年に採択された国連気候変動枠組条約では，たしかに基礎的な制度枠組みが設立されたが，この枠組みは気候変動政策の発展には十分明確な方向性を示してはいなかった．それは，同条約に，気候保護あるいは気候変動政策実施のための明確な目標が設定されていないという理由もあるが，それに加えて，そのような実質的規則について合意するための手続きが欠如しているという制度上の欠陥があったのである．そのため，京都プロセスは，気候変動に関する国際レジーム形成の初期段階というリーダーシップを必要とする段階に相当したのである．

学術研究においては，幾つかの異なる種類のリーダーシップが挙げられているが，中でも効果的でかつ強固なレジームを作ろうとする強いアクターの存在が最も重要であると考えられる．この前提条件は，国際気候変動政治がそうであったように，きわめて政治色の強い問題について議論する際に特

---

[1] 例えばYoung 1991; Gupta/Grubb 1999を参照．

に重要である．このような「構造的リーダーシップ」をとろうとした国はごくわずかであった[2]．一般的政治状況からして，国際環境および気候変動に関する政策決定においては，米国と EU がそのようなリーダーシップの主要な候補であるといえる．例外的な事例においては，例えばベルリンの COP1 においてインドが中心になって形成した「グリーン・グループ」の推進力に見られたように（4.2 参照），開発途上締約国の連合体もそのような役割を果たすことがある[3]．近年では，米国は，先導的な発言を続けながらも，地球環境関連，特に気候変動政治関連では，リーダーシップをとろうとはしていない．

ここ数年間，国際気候変動政治において唯一のリーダーは EU となってしまっており，EU は，京都プロセスにおけるリーダーシップを顕示することによって，その立場を利用しようとした．EU の中の数か国は，国際交渉の場において，常時，厳しい数量目標やタイムテーブルの設定やその他の厳しい規定を求めた．その結果，EU は，京都プロセスの期間，その他の大半の先進締約国，とりわけ JUSSCANNZ よりも先んじて積極的な態度を維持することができた．このことは，EU が早期から拘束力のある義務に関して真剣な交渉を望んでいたこと，また，相対的により多くの削減を求める目標数値に関する EU の提案において明らかとなった（第 1 部参照）．

しかしながら，京都プロセスにおける EU のリーダーシップは，COP3 の最終日に文字どおり崩壊した．EU の代表は，京都で「EU バンカー」と呼ばれていた障害物によって身動きがとれなくなってしまったのである．これは，EU 加盟国が，EU 内で出されていたさまざまな提案を調整するのに苦慮している間に，交渉を先導すべくイニシアティブをとることはおろか，EU 外での動きに対処できなくなってしまったということだ．京都での混乱した日々において，EU のリーダーシップは，革新的な解決方法の創設や厳しい規則作りに向けた連携を望む声の高まりに応えることができなかった（第 7 章参照）．

そのため，京都会議では，以前から実はよく知られてきたこと，すなわち，気候変動における EU の表面的なリーダーシップは非常に不安定な基

---

[2] 構造的リーダーシップについては，Young 1991を参照．
[3] このような特殊な事例が実現した背景には，積極的な性格をもつインド政府代表団長の存在があった．

盤の上に成り立っていたということを顕わにすることになった．気候変動におけるEUのリーダーショップの脆弱さの根源は，EUレベルと国際レベル双方に存在する．EUレベルでは，EUとしての気候変動政策はほとんど進展していない．気候変動政策に関するEUのさまざまな法的イニシアティブの決定には常にコンセンサスが必要であるが，国家間での政策の違いや，決定権がEUレベルに移行してしまうのではないかというおそれから，しばしば採択に至ることができない事態となる．その結果，EUにおいて，気候変動に関する共通かつ協調した政策・措置の実施は，きわめて限定的となっている[4]．このような事態は，国際レベルにおけるEUのリーダーシップの信憑性を弱めているだけではない．EUでの決定がEU加盟国の主張の総意とはならなかったために，気候変動外交政策におけるEU内での協調をより困難なものにしてしまった[5]．

さらに，国際交渉においてEUの主張を効果的に打ち出していくことが非常に困難となった．15のEU加盟国の間での合意を図るため，「気候変動に関するEUアドホックグループ」を設立するなど手続きを改善する試みがなされたが，それでも，決定は複雑かつ時間を要した．年に2回議長国が変わるために議論の基盤が不安定となり，欧州委員会の役割はきわめて限定的なものにとどまった．その結果，ほとんどのEU加盟国は，国内の問題に関心をもち，ほかの国との連携に失敗した．

確かに，EU内での協調は，国際環境政治においてEUが1つのアクターとして行動するためには不可欠である．国際気候政治において，EUとその加盟国は，京都プロセスにおいて一貫して真剣な交渉を推し進め，1997年春に数量目標に関してイニシアティブをとり，京都会議までこの目標に固執したという点において重要な役割を果たした．EUが存在しなければ，京都において数量目標に合意することはできなかっただろうといわれている．しかし，EUのリーダーシップの脆弱さは，誰の目にみても明らかであった．その結果，『京都議定書』に含まれた数量目標以外の大半の規定が，米国およびその同盟国であるJUSSCANNZの国々によって提案され推し進められた．

---

[4] Oberthür/Bär 1998; Michaelowa 1998を参照．
[5] 気候変動交渉におけるEUのリーダーシップの「不適切性」については，Sjöstedt 1998; Gupta/ Grubb 1999を参照．『モントリオール議定書』の枠組みにおける対照的な状況に関しては，Oberthür1999aを参照．

国際気候政治における強力なアクターのリーダーシップは，今後もしばらくの間必要となるだろう．というのは，気候変動レジームは，強力なリーダーシップなしでも自動的にプロセスを進めていくのに必要な原動力をいまだに確立していないからである．『京都議定書』は，そのような原動力の出発点となりうるが，そのためには，今後の議論を注意深く進めていくことが必要である．それでもまだ，国際気候政治においては EU が唯一の潜在的リーダーである．もしも『京都議定書』を気候保護に効果的な手段として用いることになるなら，EU のリーダーシップを抑制している上記の問題点を克服しなければならない（第 25 章参照）．

21.2 状況ごとの特殊な要因の重要性

国際（環境）レジームの交渉および交渉の結果における国家の態度を説明するための変数について，国際関係論のさまざまな学派が関心を寄せてきている．その中でも主要な要因は，(1) 国ごとの経済的，政治的，文化的，およびその他の関心事，(2) 知識および見解，(3) 国際体系の中，および，ある特定の政策分野におけるパワーの配分および影響である[6]．

当然のことながら，これらの要因は京都プロセスにおいても主要な役割を果たした．それぞれのプレイヤーの利害関係（第 2 章参照）は，確かに，交渉における各国の態度や，これらの態度によって変動する状況を理解するのに役立つ．知識および見解に関しては，IPCC およびその第二次評価報告書が交渉に与えた影響を見れば明らかだろう．最後に，気候変動の分野における影響の全般的な配分，とりわけ世界全体の温室効果ガス排出総量に占める各々のプレイヤーの排出量の割合が交渉における各国の発言力の強さに影響を与えた．

これに加えて，最近の文献では，交渉を意見交換の過程として重視する傾向が見られる．プレイヤーは，そのために，取引と主張（影響力を維持するためにひたすら主張し続ける）の必要性を感じるようになる[7]．この要因の重要性の証拠は，京都プロセスにも見られる．プロセスの最終場面におけ

---

[6] 例えば，Haas 1993; Levy et al. 1995を参照．
[7] Gehring 1996を参照．

るEUの弱さ（上記参照）は，情報交換不足の結果であったという側面もある．ホスト国であった日本の影響力の弱さも，絶えざる情報交換の過程に十分参加できなかったことが1つの要因となったと言えるだろう．

それでも，京都プロセスを詳細に分析すると，国際関係論における3つの「最も重要な変数」[8]や「情報交換」の重要性も全体像を描くには不十分であることがわかる．ほかの交渉事例よりもより気候変動問題での特徴かもしれないが，多くの状況的要因（つまり，あるプロセスに特有の要因，あるいは少なくとも従来の交渉分析概念のいずれにも相当しない要因）が，交渉プロセスに決定的な影響を与えているのだ．特に重要と思われる3つを挙げると，(1) 近代的な情報技術の役割，(2) 議長の役割，(3)（交渉者の）疲労の重要性（第7章参照）がある．

この中で，近代的な情報技術の役割は，今後，交渉分析学の中で確立した概念として扱われる必要がある．京都会議前での電子メールを用いた情報交換などの「バーチャル外交」や，会議場での携帯電話を用いた会話，透明性を高めるためのビデオ放映など（第7章参照）が，今後，21世紀における国際（環境）交渉における通常の特徴となるだろう．携帯電話のおかげで，専門家の助言が求められた京都会議の最終日，最後の数時間においても，各国政府代表団やNGO参加者の間には，連絡をとろうとすればとれる状態が維持された．さらに，情報交換技術は，京都会議の進行状況を一般の人々にもすべて明らかにしたために，交渉者は，世論の関心に耳を傾けることになった．これらの近代情報技術がなければ，間違いなく，京都プロセスはかなり異なった（そしてこれほど変動の激しくない）道をたどり，違った結果を生み出していたことだろう．

その他の2つの要因についてもほぼ同じようなことが言えるだろう．国際交渉では，ぎりぎりまで決まらず，代表団が疲れ切ったことでようやく決着がつく場合が多いが（気候変動枠組条約は1992年5月8日の早朝に合意された），京都会議の最後の数時間における「疲労による交渉」手続きは特別なものであった．何人かの交渉者は，疲労のために反対し続けることをやめてしまったと思われる．米国は主要交渉者を数時間ごとに交代させることによってこの問題を回避し，リリーフという方法があることを示した（しか

---

[8] Haas 1993を参照．

し，そのような手段をとれない国にとっては，適応できない）．問題の深刻さ，および国それぞれが抱える利害を考えると，『京都議定書』は，疲労という要因がなければ合意できなかったかもしれない．

最後に，議長の影響は，予想するのが困難な要因である．エストラーダ議長は，交渉を各国の譲歩に向けて推し進める力強いリーダーであった．京都会議中のみならず，京都に至るまでの交渉過程を形成し，進むべき方向を示したエストラーダ議長がいなかったならばどうなっていたかということを想像するのは不可能である．最終的な国家間の妥協を決断するために最後に槌をふるった「京都のヒーロー」のリーダーシップなしには，かなり違った合意になっていただろう．京都会議で合意を確実なものにしたのは，この革新的な会議進行だった．

まとめとして，ここで示した京都プロセスの分析により，環境に関する国際交渉を分析する際に状況的要因を考慮することの重要性および潜在性が明らかとなった．この結論は，これらの状況的要因を理解するためには，交渉場面を実際に経験することが重要であるということも示している．これは，国際関係論での分析が一般的に無視されるべきだということではない．国際環境交渉とその結果を理解するためには，従来の国際関係論における理論に加えて，より一般的ではない，その問題特有の影響を含めて考える必要があるということである．

21.3　21世紀の気候政治：地球社会におけるハイ・ポリティクス

環境政治は，国内レベルにおいても国際レベルにおいても，伝統的には「ロー・ポリティクス」と考えられてきた．つまり，環境問題は，安全保障や経済的厚生などのわかりやすい国益に関する政治（ハイ・ポリティクス）の下にあると考えられてきたのである．かつて外務大臣や国家主席は環境問題の国際会議などには参加してこなかったことからも，国際レベルではこのことは明らかであった．「環境外交政策[9]」ということばを定義しようとする試みもむなしく，京都プロセス以前には，外務大臣や国家主席は国際環境政

---

[9] Prittwitz 1984を参照．

治の実質的な議論にはかかわろうとしなかった.

京都プロセスにより，この点については折り返し地点を通過したようである．京都会議前においても，米国のクリントン大統領（およびオルブライト国務省長官），英国のブレア首相，その他の国家主席や外務大臣が個人的に国際気候交渉にかかわった．実際，1997 年に開催されたハイレベルでの政府間会合で気候問題が議題に取り上げられなかったものはなかったほどである（第 5 章参照）．このような政府高官のかかわりは，京都会議が近づくにつれてさらに深まった．国を代表して京都会議の場に実際に参加していたのは環境大臣だけであったが，上記に述べた人物に加えて，日本の橋本首相，ドイツのコール首相をはじめとしてさまざまな国家主席が，京都会議の最後の数日，数時間，それぞれの首都から最終的な合意に深くかかわったのである．このようなことが可能となったのも，近代的な情報技術を駆使できたからである．

このようなことから，京都会議は，環境問題をハイ・ポリティクスの領域に位置させる契機になったかもしれない．環境政治が今後さらに重視されるようになるだろうと予期されるのは，環境問題（特に地球規模の気候変動）を，外交政策や安全保障政策といったハイ・ポリティクスに関連づけて議論される傾向があることである[10]．全般的に，環境問題は政治一般の中で重要性を増してきているといえる．

この傾向は，京都プロセスにおいて，さまざまな NGO の代表者による参加や意見提出が比較的厳しく抑制されていた理由を，部分的に説明するものでもあるだろう[11]．政府は，ハイ・ポリティクスの分野においては，政策決定における NGO のアクセスを阻もうとする．しかしながら，国際気候交渉における NGO の影響力は，安全保障や経済分野の政治と比較すればかなり大きかったといえる．近代的な情報技術を用い，専門的な知見を提示し，参加の権利やメディアや大衆とのつながりを効果的に使い，環境 NGO は京都プロセスに決定的なインプットを与えることができた．

たしかに，多くのほかの環境関連における制度では，NGO に，より幅広く参加の権利や政府に助言する機会を与えている．また，気候変動政治が今

---

[10] 例えば，United States Department of State 1997を参照．環境と安全保障に関しては，一般的にはCarius/Lietzmann 1998; NATO/CCMS 1999を参照．

[11] Yamin 1997を参照．

後さらに進展していくためには，NGO の気候変動に関する意見交換の場の拡張が不可欠である．加えて，気候変動がハイ・ポリティクスになりつつあるということから，京都プロセスへの NGO の提言をまた違った視点で見ることができる．つまり，『京都議定書』における NGO の影響は，政府，社会，経済，そしてその他のアクターを統合する「地球市民社会」の創出に向けた第一歩としてとらえることができるのである[12]．

---

[12] Wapner 1997を参照．

第22章 『京都議定書』の評価

　『京都議定書』は，明らかに欠点はあるものの，気候保護の歴史にとっての一里塚として見ることができる．歴史上初めて，世界の主要な国を含めて大半の国が，経済・社会的繁栄が必ずしも際限ない温室効果ガス排出量の増加とは結びつかないことを理解したのだった．議定書がCOP3に出席していたすべての条約締約国によって満場一致で採択されたのであるから，このような理解は産油国によっても得られたと考えることができる．後に残されているのは，この枠組みから抜け出そうとする国の反発と，排出量削減という負担の配分に関する争いである．

　『京都議定書』は，次の世紀に進むべき方向性を示す制度的な基盤となっている．しかしながら，吸収源による温室効果ガスの吸収量の正確な測定方法や，京都メカニズムの規則に関する詳細な議論，本当に効果のある不遵守手続きの設定などが今後の主要な検討課題として残されている．COP4では，これらの課題に関して，今後の締約国会議，特に2000年末あるいは2001年初旬に開催が予定されているCOP6で大方の方向性を決定するよう，膨大な作業計画が定められた（第24章参照）．しかし，京都での合意の究極的な形がまだ不明確であることから，今，『京都議定書』について評価を下すのは賭けに近い[1]．それを前置きにした上で，議定書のいくつかの特徴を挙げ，以下のように評価した．

　気候変動レジームやその一部としての『京都議定書』のような国際環境条約を評価する際には，いくかの異なった評価基準がある[2]．ここでは，その中でも3つの中心的な評価基準にしたがって評価を行うことにする．(1)『京都議定書』の存在によって，政府や産業界，個人の行動が，温室効果ガス排出量がより少なくなる方向に変えられるか（行動への効果），(2) 気候変動問題の解決に十分か（環境面の効果），(3)『京都議定書』は今後より強固かつ広範な総合的レジームを形成していくために適切な手段を確保して

---

[1] Ott 1998c; Müller-Kraenner 1998を参照．さらには，Jacoby et al. 1998; Schneider 1998; Grubb et al. 1999も参照．
[2] 一般的には，Young 1994; Bernauer 1995; Oberthür 1997; Victor et al. 1998を参照．

いるか（制度的効果）．

　生態学的な側面からは，『京都議定書』の短期的な「環境面の効果」はかなり限定的であるといわざるをえない．1990 年から 1995 年までに附属書 I の締約国全体で排出量が 4.6%減っている（この多くは CEIT の経済活動の低下による）のと比べて，京都で合意された附属書 I の締約国全体で 5.2%の削減は，1995 年レベルでの排出量の安定化と変わらない（11.4 参照）．たとえこの目標が達成され，先進締約国が『京都議定書』の第 3 条に掲げられた義務をすべて完全に遵守したとしても，開発途上締約国での排出量の増加を考慮すれば，世界全体での排出量はまだかなりの割合で増加を続けるだろう．しかしながら，『京都議定書』の実施は，現在の排出量の伸びる傾向を明らかに変えていくものである．さらに，その他の環境条約の経験にもとづけば，気候変動枠組条約と『京都議定書』の採択によって定められたプロセスは，それ自身生命を与えられ，中長期的にはより多くの削減への合意をめざしていくことになる[3]．

図 22.1　気候系を安定化させるためのモデルによるシナリオ

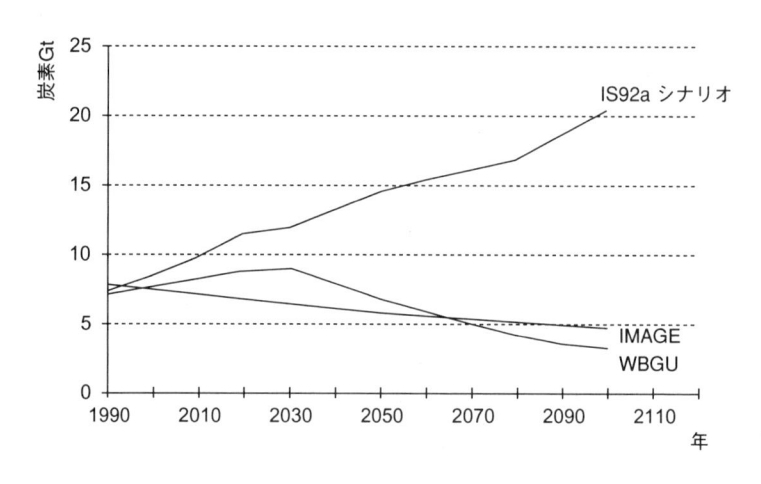

出典：IS92a：IPCC 1996a；IMAGE：Alcamo/Kreileman 1998；WBGU：Petschel-Held/Schellnhuber 1998．規範的シナリオ（WBGU と IMAGE）と，人口や経済発展に関する主要な将来予測から導出した IPCC の IS92a シナリオとの比較．

---

[3] 最も典型的な例としては『モントリオール議定書』（1987年）の進展がある．これについては，特に，Benedick 1998a; Ott 1998a; Oberthür 1997を参照．

モデルで得られたシナリオによれば,「気候系に対する危険な人為的影響を防止する」(気候変動枠組条約 2 条) ためには, 排出パターンをまだ画期的に変えていく必要があることになる[4]. ポツダム気候影響研究所のシナリオによれば, 次世紀, CO_2, CH_4, N_2O の世界総排出量を毎年 1%ずつ減らしていかなければ, 気候系を「許容できる窓[5]」の内側に納めておくことができないという. 2010 年までに開発途上締約国で予想される排出量増加のことを考慮すると, 先進締約国は毎年 3%ずつ減らしていかなければならないことになる. この計算でいくと, 2010 年までに附属書Ⅰの締約国は 23%ほどの削減義務を求められることになる. 同様に IMAGE モデルでのシナリオにおいても, 2100 年に大気中濃度が 450ppm 以下の範囲に「安全着陸」するために必要な排出経路が示されている (図 22.1 参照).

『京都議定書』の「行動への効果」については, より肯定的な評価ができるだろう. というのは, 何も対策をとらなかった場合の排出量と比べればずっと多くの削減を求めているからである. 国際エネルギー機関 (IEA) の予測[6]によれば, 米国とカナダにおける燃料の燃焼に伴う CO_2 排出量は, 対策がとられない場合には 2010 年には 1990 年と比べて 32%増加することになる. 太平洋 OECD 諸国 (訳者注: 日本, オーストラリア, ニュージーランド) でもほぼ同じ増加割合 (31%増加), 欧州 OECD 諸国は若干少ない割合 (26%) が予想されている. このような数値を念頭におけば,『京都議定書』の数量目標を達成するためにはすべての先進締約国で画期的な政策転換が必要であることがわかる.

このような変革は, 吸収源および京都メカニズムに関する今後の議論の行方に依存する. 吸収源に関して部分的に 3 種類の活動を認めるという限定的グロス・ネットアプローチを採用したことにより, いくつかの国にとっては, それだけで数量目標達成がかなり楽になってしまっている (11.3 参照). 京都以降の議論では, 排出量の計算に含める炭素吸収関連の活動や部門の範囲をより拡張しようとする動きが見られている. 科学的不確実性がかなり残されていることや, 信頼性のあるベースラインを定めることが難しい

---

[4] 多様なシナリオの概要は, IPCC第3作業部会の排出シナリオに関する特別報告書の作成に際する公開手続き規定にもとづき以下のウェブサイトで見ることができる <http://cres.ciesin.org/ index.html>.

[5] Petschel-Held/Schellnhuber 1998; Schellnhuber/Fuentes 1997, p.445以下を参照.

[6] IEA 1998.

ことから，このように吸収源に依存することは，『京都議定書』が依拠するそもそもの基盤を弱めてしまうことになる．ある程度正確なデータと目録なしには議定書に対する信頼性はなくなってしまう．

　排出量取引や，共同実施，CDM（第13-15章参照）は，次世紀の気候レジームの最も重要な礎石になる可能性がある．これらの制度の政治的な重要性はどんなに高く見積もっても過大評価にはならないだろう．これらの制度は，気候レジームを従来の環境問題としての合意から「ハードな」経済協定と変えていくことになる．CDMは，いつの日か，今までの多国間開発支援に匹敵するものになるかもしれず，排出枠の取引（そして先物などの派生商品）制度の設立は，大規模な資金移動を伴う莫大な新マーケットを作り出すかもしれない．

　しかし，次期の交渉では，多くの課題について，内容を明らかにし詳細な規制を定めておく必要がある．京都後に開催されている数多くのワークショップや会議において，この問題がきわめて複雑であることが明らかになってきている．COP6を2001年初旬までに動かそうという動きがあったのも，それぞれのメカニズムに関して，および，3つのメカニズム間のつながりに関して提起されている込み入った問題について合意を得ることが難しいと考えられていたからである．3つのメカニズムは並行して議論されるため，例えばモニタリングや検証，認証などに関してはメカニズム間の連携を議論するよい機会となる．また，それぞれのメカニズムによって生じたクレジット（排出枠）を別のメカニズムで取引できるかという問題，あるいは，メカニズムに関連する規定，規則を遵守させる共通の手続きの設定が重要な課題となるだろう．また，それぞれのメカニズムにおいて政府ではなく民間主体が参加する場合にも同じ規則が用いられるのかという点についても締約国の間で明確にしておく必要がある[7]．

　さらに，各々の京都メカニズムの形態は，ほかの2つのメカニズムに直接影響を与える．例えば，排出量取引に制限を加えることにすれば，共同実施とCDMの使用量が増えると予想される．後者の2つのメカニズムは，手続きに必要な費用の面で凌ぎを削っているが，あまり違わないことが理想である．しかし，CDMでは，費用の一部を，制度運営に必要な管理や気候変

---

[7] 民間部門の役割については，Campbell 1998を参照．

動への適応の目的に用いられることになる「利益の一部」に充てなければならないことになっているため，すでに若干不利な立場にある．すべてのメカニズムに手続き費用をとるべきとする意見の背景には，このような事情がある（第 15 章，25 章参照）．このことは，手続き費用を高めることは国内実施予測を高めるために，EU に追加保障を求める要求にも応えることになる．

メカニズム間には，「最低を目指した競争」の危険性が存在する．それぞれのメカニズムがより多く用いられるように設計されたならば，まず排出枠のインフレ状態に，そして，市場がそれに適応するうちに排出枠の価値が下がるような状態に発展するおそれがある．その結果，メカニズムは，たんに追加的な収入をもたらさなくなるばかりでなく，気候系を守るための努力というそもそもの意義を損なうことになることから，その存在意義を問われることになる[8]．

京都プロセス開始時期には，透明性の確保，および，信頼の醸成が，『京都議定書』に規定された制度が確立すべき土台となる．したがって，今後議論されるメカニズムの規則は，何よりもまして，メカニズム下のすべての活動に関する正確かつ透明で確証可能な情報が必要であるという状況を十分反映していなければならない．このような配慮により，すでにホット・エアを組みこんだことによりいくらかインフレぎみの排出枠がさらに大量に増えるのではないかというおそれに対処することができる．そもそも京都メカニズムは，それが存在しない場合と比べてより多くの排出量削減を可能とするために用いられるべきものなのである．

最後に，共同実施などのメカニズムが用いられる度合は，『京都議定書』の義務に関する国内での実施の成功度によって違ってくる．国内での対策が積極的に取り組まれた場合，気候変動政策によって生じた技術的，行動的，構造的変化は，国内対策に必要な費用を十分に押し下げ，その結果京都メカニズムの潜在的市場の大きさを大幅に縮小するかもしれない[9]．

『京都議定書』の「制度的効果」の面から見た評価はより複雑なものである．この概念は，制度的側面（機関や意思決定手続き）の適切性を，科学

---

[8] Grubb et al. 1999, p.193を参照．
[9] 現状のままでも，欧州委員会は，EUの数量目標である8％削減のうちの3分の2が1CO_2t当たり5ユーロ以下で達成できると推定している．European Commission 1999, p.10を参照．

的知見や技術の進歩や政治的状況の変化とともに,条約に規定されている義務の強化や拡張の際の基盤として評価するものである.さらに,この概念は,条約に規定されている条項の強化のために適切な手段が存在するかという側面から評価を行う.このような観点から見てみると,一方では,気候変動枠組条約に用いられる制度が単に複製されている場合がある(第18章参照).締約国会議,事務局,補助機関は今のところかなりうまく機能しており,将来議定書の機関としても同じようにうまくいくと思われる.京都メカニズムについては,CDMの下にほとんど定義されていない執行委員会を設立するということが決まっていることを除いては(第14章参照),制度上の内容に関してはまだ不明確である.これらの制度,特にCDMと排出量取引を監視する機関については,各々自発的に変遷をとげ,次世紀の気候レジームのために効果的な機関となるかも知れない.

しかしながら,『京都議定書』の締約国は,条約に関しても最大の問題として残されている課題(投票手続)を解決しなければならない.産油国の強固な反対から,議定書は,条約と同様,本文と附属書の改正の際には4分の3の多数決ということが決まっている以外は投票の規定がない(20条3および21条4).『京都議定書』が真の効力をもつためには,何らかの多数決ルールを決めておく必要がある.

議定書の執行に関するメカニズムについては,18条が明確に今後不遵守規定について議論することを定めている.さらに,締約国は,COP4において,そのような手続きを議論し,採択するための計画をたてた[10].拘束力をもつ義務を定めた『京都議定書』には,不遵守規定について確実な規定をもうけることが必要であるとの認識が広がっているようである(18.3参照).

『京都議定書』が完成したものではないということから,それは,正式な改正手続きまたは積み上げ的な決定方法を通じて初めて効力を発揮できる.改正は,例えば,拘束力のある結果を含めた不遵守手続きを採択する際には必要となる.他方,排出量取引制度や共同実施,CDMについては,締約国会議の決定を通じて発展させるだけで十分と考えられる.

このように批判的な評価ではあるものの,『京都議定書』は,成功ともなりうるし,将来の気候変動に対する行動の基礎となるべきである.現存する

---

[10] FCCC/CP/1998/16/Add.1の中のDecision8/CP.4.Annex II.

気候レジームの中で国際気候変動政治がかたつむりの速度でしか進展しないことに不満の声を上げるのは当然である[11]. しかし, まったく違ったアプローチをとるべきだという意見もあるものの[12], 実際には気候外交の 10 年間の結果としての気候変動枠組条約と『京都議定書』に代替できるような信頼性のある手段はない. 加えて, 例えば枠組みの中でリーダーシップ・イニシアティブを打ち上げるなど, 現存のレジームを強化する余地は, まだ十分残されている (第 25 章参照). 信頼性がありかつ政治的にも合意可能な代替案なしに『京都議定書』を放棄してしまうと, 国際気候政治は, 気候レジームが存在しないほうが得をする国の手によって, 弱められてしまうだろう.

『京都議定書』は, 気候変動に対処するための国際協力に関して国際社会が直面する幾多もの問題に最終的な解を提示しているものではない. しかし, 同議定書は, 産業中心の社会から次世紀の化石燃料に依存しない社会に急速に転換していくための国際気候政治の強固な基礎となっているのである. 最後に, これが最も重要であるかもしれないが, 同議定書は, 気候変動が世界の議題として確固たる地位を得たということを, 政策決定者, 産業界, そしてその他の関連する国内主体に対して明確なシグナルを送っているのである (第 24 章参照).『京都議定書』は, 我々の生産方法や消費方法にまで深く関連してくるために, 次世紀には, ほかのいかなる国際条約よりも, この地球に住む 1 人 1 人の生活に影響を及ぼすことになると予想される.

---

[11] Flavin 1998.
[12] Benedick 1998b; Cooper 1998を参照. また, 米国の交渉団長であったEizenstat 1998aの的を得た回答も参照.

第 23 章　他の国際組織との協働作用と紛争

　環境に関連する国際組織と条約は，ほかの政策分野でもそうであったように，これまでの 20-30 年の間にその数を増やしてきた[1]．その結果，これらの組織間の連携と重複の可能性が確実に強まってきた．つまり，それらの国際組織（それが国際機関であれ，より重要な国際条約レジームであれ）の間における協働作用を実施する可能性と同時に紛争を生じさせる危険性も高まっている[2]．それゆえ，すでに述べてきたように，気候変動レジームとほかの国際組織との間に大きな連携があることは驚くべきことではない．具体例としては，バンカー燃料からの温室効果ガスの排出問題（第 10 章）での IMO ならびに ICAO との連携，国連気候変動枠組条約の資金メカニズムと連携している GEF（第 3 章）等が含まれる．ここでは，関連するすべての国際制度については触れず，気候変動レジームとその他の取り決めとの間の最も関連性のある幾つかの問題を取り上げることにする．具体的には，世界貿易機関（WTO）（23.1 参照），『モントリオール議定書』（23.2 参照）ならびに，生物多様性条約（CBD）および砂漠化対処条約（CCD）（23.3 参照）である．

23.1　GATT/WTO と多数国間投資規則

　多数国間環境条約と国際貿易についてのルール（GATT/WTO）の間の関係は，すでに何度か議論の対象となっている[3]．気候変動の文脈の中では，交渉担当者は，当初からこの問題に注意を払ってきており，国連気候変動枠組条約および『京都議定書』の両方とも国際貿易と国際経済に関する言及を含んでいる．そのため，国連気候変動枠組条約の 3 条は「締約国が協力的かつ開放的な国際経済体制の確立に向けて協力すべき」であり，いかなる措

---

[1] 本章の内容は， Richard G. Tarasofsky からの助言によっている．
[2] 一般的に Young 1996 および 1999 を参照．
[3] 例えば，Tarasofsky 1998; Moltke 1997; Housman et al. 1995．WTO ルールと気候変動に関しては，特に Sampson 1998 を参照．

置も「国際貿易における恣意的なあるいは，不当な差別の手段，または偽装した国際貿易の制限となるべきではない」ことを求めている．より緩和された表現で，『京都議定書』の 2 条 3 は，締約国に「国際貿易への影響……を最小限にするような方法で」政策および措置を実施するよう義務づけている．

GATT/WTO 規則は，締約国に，下記に掲げる中心的な原則に反する措置をとることを禁じている．
● 全締約国において生産された「同種の産品」の間の差別待遇の禁止（「最恵国待遇」原則，GATT1 条）
● 輸入された「同種」の産品と国内の「同種」の産品との間での差別待遇の禁止（GATT2 条）
● 輸出入の数量制限の禁止（GATT11 条）

　これらの原則が，どれだけ，貿易関連の環境措置に影響するのかは，GATT/WTO に，動植物，あるいは人間の健康ならびに天然資源の保全に関連する措置についての例外が置かれているため（GATT20 条），いまだ明確ではない．例えば，重要なパネル裁定では，「同種の産品」について産品の製造工程より，産品の特性に関連している同種性について述べている．しかし，産品に関連する「同種性」の定義が，製造工程における持続可能性と同様の内容のものとして定義されるまでは，環境と貿易の間の緊張関係は存在し続けるであろう．環境問題は WTO の貿易と環境に関する委員会において継続的に議論されており，ミレニアム・ラウンドにおける貿易交渉の予想される論点の 1 つである．

　気候変動枠組条約も『京都議定書』も，まだ何らの貿易制限も設けていない．事実，これまでのところ，多数国間環境条約（MEA）と GATT/WTO の間において何の紛争も国際訴訟の対象とはなっていないが，『モントリオール議定書』，バーゼル条約および CITES における貿易措置について紛争が生じる可能性は否定できない．上記のすべての条約に国際社会のほとんどの国が加盟していることで，これまで紛争が本格化することが避けられてきたことは明らかである．また，WTO 自身も一方的措置よりも多国間で合意された措置のほうが好ましいという強いシグナルを送っている．しかし，法的に見ると，GATT/WTO と環境条約の厳密な関係は不明確であり，それゆえ，国際的な課題となっているのである．

第 23 章　他の国際機関との協働作用と紛争　353

　紛争は，直接的措置（禁止）や間接的措置（自発的な基準，補助金，検証およびラベリング）での一方的貿易措置において発生する可能性が高いが，その措置が環境条約を実施する中でとられる場合にどのような事態が生じるかは明確ではない．紛争が生じる可能性があるのは，締約国が競争上の理由から，国内の炭素・エネルギー税のため生じる不利益を相殺するための輸入産品への国境税調整を実施するような場合である[4]．ひとたび締約国が，『京都議定書』のより効果的な実施のための取り組みを開始すれば，このようなケースが生じてくるものと思われる．そのような措置に対して WTO 上の不服申し立てが成されれば，『京都議定書』締約国が，WTO 上違法と見なされる望ましくない結果をもたらす可能性はあるため，それらの政策および措置の既存の貿易ルールへの適合性を証明することが求められる．WTO 上違法と見なされるのは，WTO レジームにとっても，気候変動にとっても望ましいことではないために，貿易と気候変動レジーム間の国際的な調整を図る理由があるのである．しかし，気候変動枠組条約と『京都議定書』が，より貿易問題に焦点を向けるようになるまでは，全体のプロセスは，若干，バランスを欠いたものになるだろう．

　京都メカニズムと，国際的な貿易ルールとの関係については，さらなる検討が必要である．具体的には，各国が，排出量取引を WTO ルールから除外できるかどうか，いまだ曖昧である．一見して，WTO ルールは，製品，サービスそして知的所有権についてのみ適用されるべきであるため，排出量取引には影響を与えるべきではないが，識者の中には，懸念を表明しているものもいる[5]．ほかの解決されなければならない問題としてあげられるのは，『京都議定書』における不遵守によって課せられる貿易制限と WTO との整合性である．

　しかし，紛争だけではなく，協働作用と学習の可能性も存在している．暫定的な取り決めから，完全に自立した国際機関へと発展してきた 50 年にわたる GATT の歩みそのものが，気候変動レジームにとって重要で，励みとなる例と見なされるであろう[6]．それゆえ，GATT/WTO システムは，気

---

[4] 例えば，UNU 1998; Chambers 1998b を参照．
[5] UNU 1998; Chambers 1998b, pp.48-49 参照．
[6] Jacoby et al. 1998 参照．また，GATT と環境レジームの地位に関する法的な比較については，Ott 1998a を参照．

候変動に関する国際レジームの基本設計についての考え方について情報を提供してきたし,今後も,そうし続けるであろう.この点は,特に,実施の検討（レビュー）,不遵守,そして紛争解決の分野と関係している[7].原則上は,気候レジームは,WTO 上の紛争の中でも,特に気候変動に関連する紛争について代替的な紛争解決手続きとなりうるような効果的な紛争解決メカニズムを開発することも可能である.

より技術的な規定に関連して,産業への競争力強化のために政府が補助金を提供することを禁じた WTO 補助金協定も重要な教訓を提供する可能性が高い.これは,まさしく化石燃料部門への補助金に対する『京都議定書』のアプローチと同一のものであり（2 条 1 および第 10 章参照）,温室効果ガス排出につながる補助金を削減するよう締約国に求める圧力をより高めるために利用できるであろう.一方で,補助金協定は,特定の条件のもとで,環境基準の遵守のための補助金提供を認めている.

貿易だけでなく,投資フローも国際経済秩序の重要な側面である.まだいかなる国際条約も締結されていないが,多数国間投資協定（MAI）は,OECD が主導して 1990 年代後半に,交渉が続けられていた.最恵国待遇,内国民待遇は,MAI 草案の中心的な規定となっている.これらの原則のもとでは,すべての投資者は等しく待遇されるべきであり,投資者の出身国いかんにかかわらず,いかなる差別的待遇も許されない.つまり,外国と自国の投資家を同等な待遇のもとに置かなければならないのである.

1998 年に,OECD の枠組みの中での交渉が事実上,頓挫してしまったために,多数国間投資協定の今後の展望は,非常に不透明なものになっている.しかし,WTO の枠内での国際投資ルールの締結を目指した交渉を求める声もある.上述の基準に基づくいかなる合意も,『京都議定書』12 条に基づく CDM と矛盾することになると思われる（おそらく,6 条の下での共同実施もまた,その可能性がある）.CDM のための特定のルールは,まだ決定されていない.もし,そのようなルールが,投資受入国に対して『京都議定書』における地位（附属書 I の締約国,不遵守状態の締約国）を根拠として投資家の差別を要求する,あるいは促す場合,将来の多数国間投資ルールとの間

---

[7] 例えば,FCCC/AG13/1996/MISC.2 and Add.1; Victor 1995; Ott 1996b を参照.

に緊張を生じさせることになるだろう[8].

　結局，以上の問題点や，ほかの問題点は，WTOを含む幅広い経済的な制度を一方とし，他方を気候変動レジームとする両制度間での協力と情報交換を強化することを求めているのである．貿易に関連する協議の場「ミレニアム・ラウンド」は，2つの体制の調整に向けて前進する機会を作りだす可能性がある．

23.2　オゾン層を破壊する物質に関する『モントリオール議定書』

　当初から，オゾン層保護のための国際協力と気候変動に関連する国際政治の間には，特別な関係が存在してきた[9]．これは，『モントリオール議定書』が，特に，気候変動枠組条約ならびに『京都議定書』にとっての有用な先例およびモデルとしての役割をこれまで果たしてきており，また，その役割を果たし続けているためである．同議定書は，数年にわたり，気候変動レジームの進展についての，実施の検討に関するルール作成を含むさまざまな側面にわたる情報を提供し続けてきた（第16章参照）．実効性のある措置に反対する者は，『モントリオール議定書』の経験から，オゾンレジームにおいては有効性が証明されている規定と同内容の規定の採択を阻止した．そのことは，（『モントリオール議定書』の下では存在する）技術的・経済的評価パネルの設置に関する議論がいまだ決着がついていないことに示されている．

　『モントリオール議定書』は，今後も有用な先例として確実に機能し続けるであろう．『モントリオール議定書』から学びとる新たな機会が，『京都議定書』にHFC，PFC，SF_6が含まれることによって明らかになってきた（11.2参照）．なぜなら，これらの温室効果ガスと『モントリオール議定書』において規制されるオゾン層破壊物質の間には類似性があるために，フッ素処理された温室効果ガスに関する政策決定は，『モントリオール議定書』における経験（特にデータ収集[10]，排出量のモニタリング，効果的な排出削減

---

[8] Chambers 1998a; Werksman/Santoro 1998.
[9] 1985年オゾン層保護のためのウィーン条約および1987年オゾン層を破壊する物質に関するモントリオール議定書に基づく．これらの条約の発展に対してはOberthür 1997参照; Ott 1998a; Benedick 1998a参照．本節で取り上げている問題については，Oberthür 1999bにてより詳細な説明が加えられている．
[10] 『モントリオール議定書』の下でのデータ収集および報告についてはUNEP 1999を参照．

政策）から，容易に教訓を導くことができるためである．例えば，オゾン層破壊物質の輸出入に関するデータ収集を可能にするとともに容易にするためのそれらの化学物質への共通税関コードを付与しようとする『モントリオール議定書』の枠内での長い努力の歴史がある．この中で，世界関税機構（WCO）との協力体制を必要とし続けるとともに，より複雑で長期間にわたる課題となることが明らかになってきている[11]．『京都議定書』締約国は，フッ素化処理された温室効果ガスに関連して，同様の問題に直面するであろう．

さらに，気候変動とオゾン層破壊における原因と効果に関する密接な関係から，これらの2つの条約体制の間での緊密な協力が必要とされている（例えば，オゾン層破壊物質は温室効果ガスでもある，第1章）[12]．このことは，すでにある程度2つの条約体制の中で考慮されてきている．気候変動枠組条約では，重複をさけるために，「『モントリオール議定書』で規制されていない」温室効果ガスのみについて明示的に言及している[13]．しかし，フッ素化処理された温室効果ガス，そしてHFCは特に，クロロフルオロカーボンの代替物として，またその他のオゾン層破壊物質の代替物としてオゾンレジームのもとで，奨励されてきた．そのため，それらの物質は，『モントリオール議定書』のもとでは，解決策の一部となっているが，『京都議定書』の中では，問題の1つとなっている．さらに1998年のオゾン破壊の科学的評価に含まれている図は，HFCならびにPFCの地球温暖化係数（GWP）が，以前考えられていたよりも高い可能性があることを示唆していた（表23.1参照）．

---

[11] Ozone Secretariat 1996; 1998に含まれる『モントリオール議定書』締約国の会合に関するさまざまの関連決議を参照．
[12] UNEP 1998.
[13] この除外条項は，『京都議定書』のもとで，オゾン層破壊物質の破壊にクレジット付与を目指した日本政府のイニシアティブが気候交渉の正式な議題に含まれなかった理由となった．

表 23.1　ハロカーボン関連物質の潜在的地球温暖化効果（100 年単位）

物質	潜在的地球温暖化効果（IPCC1996a）	潜在的地球温暖化効果（UNEP1998）
HFC-32	650	880
HFC-43-10	1300	1700
HFC125	2800	3800
HFC-134a	1300	1600
HFC-143a	3800	5400
HFC-152a	140	190
HFC-227(ea)	2900	3800
CF_4(aPFC)	6500	5700
C_2F_6(aPFC)	9200	11400

出典：IPCC1996a；UNEP1998.

　1998 年から 2 つの条約の締約国は，問題を認識し，その問題に取り組み始めた．『モントリオール議定書』第 10 回締約国会合と，気候変動枠組条約 COP4 は，1999 年に現時点で利用可能な HFC と PFC の制限手法と今後利用される可能性を有する制限手法に関するワークショップを 1999 年に開催することを，IPCC ならびに『モントリオール議定書』技術経済評価パネル（TEAP）に要請し，奨励した．事務局によってとりまとめられたこのワークショップならびに締約国からの情報をもとに，SBSTA は，報告書を COP5 に報告することになっているとともに，TEAP も 1999 年の第 11 回締約国会合に報告することになっている[14]．IPCC/TEAP 共同ワークショップは，1999 年 5 月に開催され，HFC と PFC の代替技術や，それらの利用によって生じる排出量を削減するための選択肢について明らかにした[15]．

　HFC/PFC 問題については多くの政策が関連している．まず挙げられるのが，『モントリオール議定書』の実施のための開発途上締約国におけるオゾン層破壊物質漸減プロジェクトの増加費用に対して資金提供を行う『モントリオール議定書』多数国間基金の将来的な政策との関連である[16]．1995 年まで，多数国間基金はプロジェクトの中でも最も費用効率の高い解決策，結

---

[14] FCCC/CP/1998/16/Add.1 の中の Decision 13/CP.4 および UNEP/OzL.Pro.10/9 の中の Decision X/16.
[15] IPCC/TEAP 1999.
[16] DeSombre/Kauffman 1996; Biermann 1997 参照．

果として HFC 転換技術への資金提供につながるプロジェクトを優遇してきた．1995 年以来，炭化水素転換技術については，承認過程においてこの代替技術が対等な基盤を提供する範囲に限り当該費用に 35％の割引が認められてきた[17]．それにもかかわらず，HFC はオゾン層破壊物質の代替技術として利用され続け，多数国間基金執行委員会が了承した冷蔵庫部門へのプロジェクトのうち 80％以上にものぼっている[18]．HFC と PFC の利用を最小化するためには，GEF が，CEIT におけるオゾン層破壊物質漸減支援でおこなったように，代替技術を技術的可能性や経済的な許容範囲にかかわらず，優先すべきである[19]．もし代替技術が HFC 技術よりも費用が高くなる場合は，そのようなプロジェクトは，『京都議定書』における CDM に該当するプロジェクト（開発途上締約国が，それにより温室効果ガスの排出を回避する）となるかも知れない．

　さらに，適用上の類似性は，オゾン層破壊物質への有効性が証明されてきた HFC 排出規制と同様な措置や，政策的アイディアを各国が適用する可能性も示唆している．これらの措置には，目標を付された財政的誘因措置，自発的合意そして義務的な製造あるいは消費制限措置，不可欠な用途以外の全面禁止，税，貿易規制，特定用途の使用禁止などが含まれる[20]．HFC および PFC の排出制限政策によって生じるであろう開発途上締約国への影響について『モントリオール議定書』の歴史から 1 つ懸念されている問題がある．『モントリオール議定書』の枠組みの中で，先進諸国からの圧力の結果として，それらの国々はクロロフルオロカーボン産業を部分的に HFC 技術に転換して来た．このようなことから，先進工業国は開発途上締約国からの関連製品（冷蔵庫のように HFC を含んでいるもの）の輸入を規制する際に政治的，道義的（もし法的でなければ）な難問に直面することになるのであろう．

---

[17] UN Doc. UNEP/OzL.Pro/ExCom/17/60の中のDecision 17/14を参照．またMultilateral. Fund 1998, p.84参照．
[18] Pinto et al. 1999参照．
[19] GEF 1996, p.64参照．
[20] 例えば，Cook 1996; UNEP/SEI 1996を参照．

23.3 生物多様性条約と砂漠化対処条約

気候変動レジームと生物多様性ならびに砂漠化レジームの間には明白な関連性がある．それは，生物多様性条約も砂漠化対処条約も双方とも目的達成のために全体的ならびに総合的なアプローチを採用しているためである．これらの条約自体には明白な気候変動問題への取り組みの規定はないが，双方とも気候変動に取り組んでいる．

具体的には，生物多様性条約 7 条 (c) は，締約国に，「生物の多様性の保全および持続可能な利用に著しい悪影響を及ぼしまたは恐れのある作用および活動を特定」することを求めている．また，8 条 1 では，続けて締約国に上記で特定された活動や作用の規制を求めている．生物多様性条約の科学上および技術上の助言に関する補助機関は，1996 年に，上記の活動や作用の中でも特に気候変動を生じさせるものを特定する枠組みを承認した[21]．

同様に，砂漠化対処条約は，締約国に，「砂漠化および干ばつの過程の物理的，生物学的および社会経済的側面に対する総合的な取り組み方法を採用すること」を求めている (4 条 (a))．砂漠化は，また気候変動が砂漠化や干ばつに影響を与える限り，気候変動とも関連している．事実，砂漠化対処条約は 8 条 1 において下記のような規定を置いている．

> 「締約国は，この条約および自国がほかの関連の国際条約（特に気候変動に関する国際連合枠組条約および生物の多様性に関する条約）の締約国である場合には，当該他の関連の国際条約に基づいて行われる活動につき，努力の重複をさけつつ各条約に基づく活動から最大の利益が得られるよう，調整を奨励する．」

これらの条約と気候変動枠組条約は，持続可能な開発に到達することを目的としているが，これらの条約がすべて相互補完的に実施されることを確実にするという試みは，今後も継続されるであろう．気候変動枠組条約の 4 条 1 (d) がバイオマスおよび森林を含む吸収源の持続可能な管理の促進ならびにそれらの保全と改善を求めているものの，森林をおもに潜在的な CO_2 の吸収源としてみなしている気候変動枠組条約と『京都議定書』のもとでの森林の取り扱いについて大きな問題が生じている（11.3 参照）．さらに，『京

---

[21] UNEP/CBD/SBSTTA/2/3.

都議定書』は先進工業締約国に，吸収源と貯蔵源の改善と保護に関連する政策および措置の実施の際には，「関連する国際環境条約に基づく約束を考慮した，持続可能な森林管理の実践，植林および再植林の促進」を求めている（2条1（a）（ii））．この規定にもかかわらず，これらの問題は，京都会議ならびにそれ以降の重要な議題にはならなかった．

事実，『京都議定書』3条は，ほかの環境上の価値を考慮しなければ，森林の CO_2 吸収源機能を最大化させる誘因となりうる（将来的にはほかの生態系についても可能性がある）．例えば，CO_2 吸収の最大化は，生物学上多様な森林生態系を「天然林とはまったくの逆の農園に似た」「高収穫単一樹種プランテーション」に転換することにつながるであろう[22]．このような影響は，『京都議定書』を森林に関する政府間フォーラム（IFF）と対立する状況に置くかもしれない．持続可能でない森林管理の実践は，また影響を受けやすい土壌にも悪影響を与えうる[23]（結果として，土壌浸食と砂漠化に寄与することになる）．

多くの開発途上締約国は，生物多様性に富んでおり，生態学的に影響を受けやすくかつ価値のある森林とともにそのほかの生態系を有している．生物多様性保全，持続可能な林業および砂漠化対処を狙った国際的な取り決めにおける取り組みと『京都議定書』の間の調整の必要性は，吸収源プロジェクトが CDM の対象となれば，より増していくことであろう（第14章参照）[24]．もし開発途上締約国が『京都議定書』のもとでの排出削減義務を負うようになれば，開発途上締約国は，自国における吸収源能力を改善することで，その義務を達成しようとするであろう（第17章参照）．

これらの条約間での協働作用の問題は，京都会議以降注目を集めてきたし，今後も益々関心が高まっていくことは間違いない．2000年までに作成される予定の吸収源に関する IPCC 特別報告書（11.3 参照）は，これらの問題をより詳細に調査する重要な機会を提供するだろう．将来の議論に資するであろう幾つかの分析が，京都会議後，明らかにされている[25]．『京都議定書』と上記の各国際条約との間で生じる可能性のある潜在的な矛盾につい

---

[22] UNU 1998, p.42; Tarasofsky 1999; Brown 1999.
[23] Ibid.; Downes 1999.
[24] Brown 1999参照．
[25] 例えばBrown 1999; Gillespie 1998b; WBGU 1998.

ての認識が高まった結果,COP4 では,また,「気候変動枠組条約と生物多様性条約間の相互の懸念は,補助機関によって取り扱われるべきである」と決議された[26].生物多様性条約と砂漠化対処条約の締約国会議も,また気候変動枠組条約との関係について取り組んでいるところである.

　議論は始まったばかりであり,どのような方法で締約国が関連する問題を解決していくか,まったく明らかではない.現場で対立を回避し,相互補完的な実施を強化しようと思えば,実体的な統合と手続的措置が必要になるであろう.手続に関しては,それぞれの事務局の組織的な協力体制の改善が,格好の糸口となるであろう.

---

[26] FCCC/CP/1998/16/Add.1, p.71.

第 24 章　世紀間の国際気候政治の状況

　気候変動に関する国際協力の将来は，『京都議定書』が主要国に批准および実施されるか否か，そしてそれはいつなのかによる．次に，それは，主要国の戦略的思考と国内気候政治の双方に大きく影響される．地球市民社会が出現しつつある中で，国内および国際気候政策は，NGO から大きな影響を受ける．以下では，気候政策に関する国際状況とこの状況の一部としての『京都議定書』の展望について述べる．このため，世紀間における，主要国および地域，そして非政府分野の展開に関する国際レベルでの京都会議後の状況について検討する．

24.1　京都会議後の国際プロセス：ブエノスアイレスとそれ以後

　京都会議終了直後，疲弊感が広まり，国際気候政策に関する活動は低調であった．しかし，京都で採択された「即時開始」の決定は，下部組織や第 4 回締約国会議（COP4）に対して，特に京都メカニズムに関して決定を行い準備するよう命じた[1]．その結果，メカニズム（共同実施，CDM，排出量取引）と吸収源の問題は，気候外交の焦点となり，1998 年 11 月にブエノスアイレスで開催された COP4 でもう 1 つの重要な段階を経た．さらに，開発途上締約国の参加が国際的課題として大きく残った．しかし，全体の進展は，ゆるやかなものであった．

24.1.1　京都メカニズムと吸収源

　京都メカニズムは，京都会議後の政策過程における関心の的である．次に挙げるトピックに関して，議定書には多くの問題が残されている．それは，組織機関，モニタリングおよび検証の問題，計画により達せられる削減量を計算するために利用されるべき測定方法，CDM の下での吸収源プロジェク

---

[1] FCCC/CP/1997/7/Add.1 の中の Decision 1/CP.3 参照．

トの適格性である．具体的なメカニズムの条件に関する多くの技術的問題に加えて，政治的にきわめて論争的な問題がある[2]．それは，他国の排出量の購入が（議定書が規定するように）「補完的」であることを確保するために，京都メカニズムの利用について上限（「キャップ」）を設定すべきか否かという問題である．

京都メカニズムの作成において相互に対峙した政治「陣営」は，京都会議以来まったく変わっていない．他方，米国をはじめとする「アンブレラ・グループ」（オーストラリア，カナダ，アイスランド，日本，ニュージーランド，ノルウェー，ロシア，ウクライナ，米国）は，京都会議の結果形成され，メカニズム，とりわけ排出量取引を無制約に利用できるようにするため，できる限り規制をしないことを選好する．ブエノスアイレスのCOP4（1998年 11 月 2-13 日）での米国の主席交渉担当官，ステュアート・アイゼンスタットは，第 2 次世界大戦時のチャーチルの有名な格言を引用して，メカニズムの利用に対するいずれの「キャップ」にも米国は猛反対することを強調した．すなわち，彼は，米国はかかる制限に対して「海岸でも塹壕でも戦う」ことを誓った．

他方，EU は，依然として，プロジェクトに基づいた（CDM や共同実施）排出削減および検証の予測に対して厳格なガイドラインを選好する．1999年，EU は，相当複雑なキャップの定式化を提案し，「議定書の書き換え」を試みたことについて米国から非難された（15.3.3 参照）[3]．しかし，EU はこれらの問題について内部で次第に意見が対立するようになった．

排出量取引の規則のみは 2008 年までの約束期間の前に求められるだろうが，CDM は，議定書 12 条にしたがって，2000 年以後「検証された排出削減量」を生み出すために利用されうる．これは，各国が排出削減量の予測について自ら作成した規則に従わないようにするため，法的拘束力のある規制を必要とするだろう．実際には，柔軟性措置に関するあらゆる規則の作成は，関連問題の解決を『京都議定書』の批准の前提条件にした．その結果，京都

---

[2] 特にロシアとウクライナが1990年代の経済不況の結果として，莫大な販売用排出許容量を潜在的に有するという事実によって生じる「ホット・エア」を含めた，関連問題は，各メカニズムを扱っている各章において詳細に述べる．13章（共同実施），14章（クリーン開発メカニズム），15章（排出量取引）参照．

[3] 「クリントン大統領は，気候変動防止条約を書き換えようとするEUを非難した．」Wall Street Journal, 18 May 1999; EUのキャップの提案については，Council Conclusions on a Community Strategy on Climate Change, EU Doc. 8346/99, 18 May 1999参照．

第24章 世紀間の国際気候政治の状況

メカニズムに関連するすべての政策課題を 1 つにまとめることは，長い交渉の末，COP4 で採択されたブエノスアイレス行動計画に盛り込まれた[4]．

『京都議定書』のメカニズムに関する作業計画は[5]，かかる行動計画の一部を構成し，あらゆるメカニズムに対する詳細な規則が（おそらくオランダで）2000 年後半か 2001 年はじめに開催を予定される COP6 で一括して採択されるべきであることを明記した．確立されるべき規制の範囲は，合意に至った，残された問題の長い目録によって明らかなように，際限がない．この目録は，各参加国によりあげられたほぼすべての項目を含む目録リストであり，参加国がそれぞれの立場の違いを埋められないことを示す．

3 つすべての京都メカニズムの規則をひとまとめにすることによって，先進工業国は，多くが一定の利害を示した CDM のみならず，先進工業国間での排出量取引および共同実施にも合意するよう開発途上締約国に圧力をかけることに成功した．そのようにすることで，文書の環境上の実効性が途中でなくなる危険がある[6]．

レジームの実効性に対するもう 1 つの考えられる脅威は，『京都議定書』の下で考慮されるべき吸収源の範囲を性急に拡大することであろう（11.3 参照）．1998 年の長い議論の末，COP4 において締約国は，森林吸収源の扱いと吸収源のカテゴリーの一層の拡大を 2000 年以降に採択される気候変動に関する政府間パネル（IPCC）による特別報告書に委ねた[7]．政策課題は，このように事実上延期されたものの，最も重要なことは，米国およびその他 EU 以外の先進工業国が 1999 年 6 月のボンでの補助機関会合の開催中に政治レベルでの議論を推進しようとしたことである[8]．これらは，IPCC 特別報告書が利用できるようになる前に，事実（すなわち，議定書の下での吸収源の範囲拡大）を作り出す試みである．EU は，これらの試みにほとんど抗しようとはしなかった．

---

[4] FCCC/CP/1998/16/Add.1の中のDecision 1/CP.4参照．
[5] FCCC/CP/1998/16/Add.1の中のDecision 7/CP.4参照．
[6] 締約国は，1999年に共同実施活動（AIJ）に関する試験段階を評価しなければならないだろう．FCCC/CP/1998/16/Add.1の中のDecision 6/CP.4参照．
[7] FCCC/CP/1998/16/Add.1の中のDecision 9/CP.4．また11.3参照．
[8] これらの会合については，Earth Negotiations Bulletin, Vol.12, No.110, 14 June 1999を参照．

24.1.2 開発途上締約国の参加

『京都議定書』への開発途上締約国の参加は（第 17 章参照），公式課題ではないものの，京都会議後の議論を通じて最も顕著な政策課題の 1 つとして残った．当該課題は，ブエノスアイレスでの COP4 の廊下や控室で最も活発に議論され，部分的に会議が遅々として進まない原因であった．かかる対立の原因は，米国やその他 EU 以外の先進締約国が気候変動に対処する際に開発途上締約国の「意味のある参加」を求め続けたことにある．これに対して，中国とインドは，一国当たりの排出権の配分を優先要求事項の 1 つにした．結果は，行き詰まった．

ブエノスアイレスの COP4 での議論を誘発し，活発にした事件は，アルゼンチン大統領メネムによる会議の歓迎演説であった．開発途上締約国の合意を取りつけ，彼は，1999 年の COP5 までに自国に対する自発的な排出量約束の採択を宣言した．これは，すべての京都メカニズムに対する平等なアクセスの要求（排出量取引への明確な言及）と対になっていた[9]．もし，アルゼンチンが自主目標以下に止まるならば，アルゼンチンは，国際市場においてホット・エアを販売することになろう．多くのオブザーバーにとって，この種の自発的な排出制限は，先進締約国の削減義務を一層緩める危険がある．アルゼンチンの高い自主目標は，政治的に旧来通りのエネルギー・シナリオに基づき，大量のホット・エアを排出量取引制度に導入できる（第 17 章も参照）．

京都会議後，財政資源や技術ノウハウの移転強化について，いくらか進展が見られた．技術移転[10]と財政メカニズム[11]に関する決定は，ブエノスアイレス行動計画の一部として採択された．財政メカニズムの運用は，GEF に委託され，4 年ごとに見直される予定である．GEF も，気候変動の影響（例えば，海面上昇）に合わせて影響を受けやすい開発途上締約国を援助するために企図された財政措置をとり始めるだろう．同時に，気候保護によって起こりうる悪影響に対する補償は，化石燃料および原料に対する需要を削

---

[9] Annex I of FCCC/CP/1998/16参照．
[10] FCCC/CP/1998/16/Add.1の中のDecision 4/CP.4.
[11] FCCC/CP/1998/16/Add.1の中のDecision 2 and 3/CP.4.

減する形で，同様に条約機関の政策課題として残るだろう[12]（第17章参照）．

24.1.3　不遵守手続とその他の問題

　国際気候政策のアジェンダに関する他の議題の数は，京都会議後，まったく減らなかった．むしろ，レジームは，その範囲をさらに広げつつある．京都会議以前から依然として残っている活動もある．例えば，不遵守手続の作成，気候変動の緩和に対する政策および措置　の発展がある．前者に関して，COP4は，SBIとSBSTAの下に遵守に関する合同作業グループを設立した．かかるグループは，COP5で報告しなければならず，COP6までに不遵守手続を作成することになろう（16.3参照）．政策および措置に関して，COP4において締約国は，事務局に対して，1999年の終わりにSBSTAの第11回会合に対して関連の「最善の実行」について報告し，2000年に当該問題に関するワークショップを組織するよう命じた（第10章参照）．結局，この問題は，京都後にそれほど顕著にはならなかった．

　加えて，COP4は，1998年夏に補助機関会合で作成された方法論，国内情報（の審査），排出目録に関する作業計画を認めた[13]．これらの項目は，議定書のCOP/MOPの第1回会合で作成される．他の国際条約との関係，特に，フッ素化した温室効果ガスについて『モントリオール議定書』と，吸収源について生物多様性条約およびその他森林関連条約との関係が，国際的アジェンダにあげられた[14]（第23章参照）．

　別の分野では，明らかに遅れた点がある．ベルリンでの気候変動枠組条約COP1の下で先進締約国の「約束の妥当性」に関する最初の審査は，ベルリン・マンデートと結局は『京都議定書』を生み出すことになった（第4章参照）．かかる条項の重要性に鑑みて，条約4条2（d）は，1998年12月31日までに第2回目の審査を命じた．しかし，これは，ブエノスアイレスでは行われなかった．これは，おもに，先進締約国と開発途上締約国の行き詰まりの結果であった．先進締約国の中には，審査に開発途上締約国の排出量を含めるよう要求した国もあった．これに対抗して，開発途上締約国は，

---

[12] FCCC/CP/1998/16/Add.1の中のDecision 5/CP.4.
[13] FCCC/CP/1998/16/Add.1の中のDecision 8/CP.4; また後者の点については，FCCC/SBSTA/1998/9 and FCCC/SBI/1998/7参照．
[14] FCCC/CP/1998/16/Add.1の中のDecision 13/CP.4.

先進締約国が条約義務を遵守しているか否かを評価する詳細なクライテリアの作成を要求した．ここで特に述べておかなければならないことは，条約締約国が条約で設定された具体的な期限を看過しようとしている事実である．

COP4 において締約国が第 3 回の審査の日程に合意できなかったことも重大であった．交渉は行われ，最新の草案によれば，第 3 回審査の期日は，2002 年の末までと予想された．この場合，約束の妥当性に関する新たな決定は，2001 年を期限として気候変動に関する政府間パネル（IPCC）の第 3 次評価報告書に基づくことができよう．締約国は，COP4 で 2001 年末までに先進締約国に対する第 3 回の国家情報／国別報告書の提出の合意に達したため[15]，2002 年における約束の妥当性に関する第 3 回（あるいはむしろ第 2 回）の評価も，より良い国内排出量データに基づくことができよう．

24.2　欧州連合とその加盟申請国

京都会議後，EU は，国際的なリーダーシップのために奮闘し続けた．特に，EU は，京都メカニズムに関する環境上効果的な構想を採択するよう，米国およびその他アンブレラ・グループ諸国に圧力をかけ続けようとした．1999 年，EU は，先進締約国が実効的な国内措置をとることを確保するため，京都メカニズム（15.3.3 参照）の利用に関するキャップを決定するための具体的で，かなり複雑な定式化を示した．

さらに，EU は，『京都議定書』の交渉中に，その内部的焦点に対する批判に対抗する努力を行ってきた（21.1 参照）．この努力の一部として，EU は，CEIT および開発途上締約国との連携を強めた[16]．この点に関して，欧州委員会は，開発途上締約国と協調する戦略を考案することに努めはじめた．

中欧および東欧の CEIT との緊密な連携は，部分的に，EU 拡大過程の所産である．この結果は，21 世紀初頭にチェコ，エストニア，ハンガリー，ポーランド，スロベニアが加盟すると思われる．拡大過程の一部として，加盟申請諸国は，ますます，EU の要件に自国の国内立法および行政構造を適合させる．その結果，EU との共通利益および連携が生まれつつある．最初

---

[15] FCCC/CP/1998/16/Add.1 の中の Decision 11/CP.4.
[16] また，European Commission 1998b 参照．

の建設的な結果として，EU といくつかの CEIT は，京都後のプロセスにおいて関連主題に関する多くの共通見解を示した[17].

英国が EU の議長国を務めているとき，EU は 1998 年 6 月に内部での負担割当量に合意した．これは，批准に関する『京都議定書』4 条の下で共同達成に関する宣言の根拠を形成するだろう（第 12 章参照）．2010 年までの温室効果ガスの総排出削減量は，『京都議定書』における EU の約束と併せて，8%達成に設定される（図 12.1，12.3 参照）．

この合意にもかかわらず，EU は，『京都議定書』の早期批准に必要な措置を未だとっていない[18]．これは，おもに戦略的思考のためであると思われる．第一に，京都で残された課題があるため，早期批准は，部分的に未知の義務の承認を意味することになるだろう．第二に，EU は未批准を脅しに利用して，米国と「アンブレラ・グループ」（以下参照）に圧力をかけ続けたいのだろう．第三に，EU には最初の東欧諸国の加盟に関して内部的な事情があるように思われる．もし，その加盟が批准に先立って行われるならば，これにより，EU はこれらの諸国から利用可能な「ホット・エア」を自己の共同達成合意に導入できるだろう（第 12 章参照）．しかし，早期に批准するのではないかとまことしやかに思われる点もある．つまり，加盟国への国内および欧州レベルでの温室効果ガス排出を削減する効果的な政策および措置を最終的に実施する圧力は増大するだろう．かかるリーダーシップは，効果的な気候政策が可能であることを証明できる．それはまた，『京都議定書』の発効を妨げている国が明らかになるように，世界の人々に遅鈍な国をさらすことにもなろう（第 25 章も参照）．

『京都議定書』に批准しないまま，EU は温室効果ガス排出を制限する政策をほとんど進展させていない[19]．京都会議後におもに達成されたことは，2008 年までに新車の平均 CO_2 排出量を 1km 当たり 140mg に制限するため，1998 年に欧州の自動車メーカーと合意したことである．これは，現行レベルよりも 25%の削減となり，EU の京都目標を 6 分の 1 達成することになる[20]．欧州以外の自動車メーカーとの交渉も進行中である．加えて，欧州理

---

[17] 例えば，FCCC/CP/1998/MISC 7; FCCC/SB/1998/MISC.1/Add.3/Rev.1 and Add.6参照．
[18] European Commission 1999, p.11参照．
[19] WWF 1998参照．
[20] EWWE, Vol.7, No.15, 7 August 1998, pp.3-5.

事会は，環境および気候政策のほかの政策領域への統合を強化する政策過程を 1998 年に開始した．いくつかの関連政策領域（エネルギー，農業，輸送，工業など）に関する戦略文書は，作成されたか，作成中である[21]．さらに，1999 年中ごろのアムステルダム条約の発効は，欧州議会の環境適応化を強化するため，欧州レベルで作成される環境政策の見通しを改善しうる[22]．しかし，これらの要素（政策統合，アムステルダム条約）の具体的な影響は，不明瞭なままである．1999 年 5 月の欧州委員会の推定によれば，EU の温室効果ガスの総排出量は，依然として，追加措置がとられないならば，2010 年までに 1990 年レベルより 6％増大すると考えられている[23]．

上記の建設的な発展とは対照的に，京都メカニズムに関する内部対立は，加盟国の中に徐々にメカニズムの可能性を探求する国が出てくるようになって，より一層明確になってきた．例えば，オランダは，排出量取引，共同実施，CDM を利用することにより，1999 年の負担割当協定の下で自国目標の 50％（通常のシナリオの事業と比較して）を実現する計画を立てている[24]．加えて，多くの内部政策イニシアティブに関する進展が欠如している．1999 年中ごろに，新しいエネルギー源により生産された電力供給を支援する立法のために用意されている提案は，依然として，欧州委員会の議題にあがっていない．エネルギー産品への課税提案に関する交渉は，同様に行き詰まっているように思われる[25]．さらに，EU は，CO_2 以外の温室効果ガスに対する政策および措置の作成に遅れている．フッ素ガス（HFC，PFC，SF_6）に関しては，EU は，1999 年中ごろまで戦略を立てなかった[26]．

このように進展していないことは，多くの分析と対照的である．かかる分析は，費用効果の選択肢が 2010 年までに 8％の排出量削減という EU の目標を実施するためにあることを示す．京都会議後の委員会の推定によれば，当該目標の 3 分の 2 は，1t の CO_2 当たり 5 ユーロ以下のコストで達せられ

---

[21] ENDS Daily, 23 June 1999参照．
[22] Bär/Kraemer 1998．アムステルダム条約の一部でもある共通外交および安全保障政策の新たな規則が気候外交におけるEUの役割を高めるか否かは，今後を見守るほかない．
[23] European Commission 1999, p.3参照．
[24] ENDS Daily, 23 June 1999．また，1999年6月24日時点での，オランダ環境大臣の次のウェブサイト<http://www.minvrom.nl/milieu/broeikaseffect/f.html?41901.htm>も参照．
[25] ENDS Daily, 26 May 1999．
[26] European Commission 1999参照．

うる[27].その目標を達成するために必要な措置は,もし早晩効果を及ぼすならば,EU およびその他加盟により即時に採択されなければならない.

　要するに,EU および中東欧の CEIT による早期批准は,ありそうもないが,これらの諸国に『京都議定書』の締約国になる意思があることにはほとんど疑いがない.実質的に,批准は 21 世紀初頭になると思われる.しかし,EU が自身の政策および措置を作成し,ほかの締約国,特に開発途上締約国との安定的な連携および同盟を確立することにより,リーダーシップを実現することをできるか否かは,今後を見守る必要がある[28](第 25 章参照).

24.3　「アンブレラ・グループ」

　京都会議後,「アンブレラ・グループ」は,国際気候政治における JUSSCANNZ 諸国の継承者になった.グループのメンバーは,オーストラリア,カナダ,日本,ニュージーランド,ノルウェー,ロシア,ウクライナ,米国である.JUSSCANNZ 諸国の中心メンバーに加えて,このグループには,温室効果ガスを最も多く排出し,「ホット・エア」取引に最も関心の強い 2 つの市場経済移行過程国が入っている.アンブレラ・グループは,EU を除く先進諸国のうち主要な温室効果ガス排出国をすべて含む.このグループのメンバー間において確実に合意できているのは,予測に関する事柄である.しかし,米国の主席交渉担当官ステュアート・アイゼンスタットは,1998年 5 月に,グループは「相互に排出権を取引するための……概念的な理解」に達したと指摘した[29].

　京都以来の米国の気候政治には,ほとんど変化はなかった.米国政府は,「主要開発途上締約国の意味のある参加」を『京都議定書』の批准を考える前提条件にすることを続けた.同時に,国際交渉中に,京都メカニズムの利用に対して,量的に制限させまいとする力が作用した.国内的に,連邦議会は,いくつかの関連する立法的な気候政策イニシアティブを議論したものの,

---

[27] European Commission 1999, p.10参照.
[28] 一般に,Gupta/Grubb 1999参照.
[29] Stuart Eizenstat, Statement before the House International Relation Committee, Washington, D.C., 13 May 1998, as released by the Bureau of Oceans and International Environmental and Scientific Affairs(on file with the author).EU諸国以外にバブルを導入することの難しさについては,第12章参照.

372　第3部　結論と将来展望

　かかるイニシアティブは，温室効果ガス排出の増加傾向を大幅に変えるとは思われない．逆に，上院財政委員会は，1998年に，気候にやさしい税インセンティブと研究助成を取り消し，多くの共和党議員は，米国の京都目標の実施に向けたあらゆる行財政的または規制的動きを止めることを誓った[30]．京都プロセスにおけるように，「炭素クラブ」は，相当な影響力を保持し，米国での効果的な措置を妨げるよう行動した（以下参照）．

　米国の温室効果ガス排出量は，2010年までに1990年レベルから23%まで増加すると推定される[31]．米国の国内気候政策のこう着状態が長くなれば長くなるほど，そして，立法措置が延期されればされるほど，米国は，マイナス7%の目標達成という京都メカニズムからかけ離れていくことになるだろう．世紀間に，米国が国内措置のみによりその約束を実行したのでは，遅きに失する．

　しかし，より良い方向での発展も多く見られる．第一に，気候変動懐疑論者が科学者間で非常に小さな集団となったことが，ますます明らかになった．異常気象や地球の温度上昇に関するニュースが多くなるにしたがって，米国での公共政策作成への懐疑論者の影響は，低下せざるを得ない．第二に，「炭素クラブ」に以前から関連した部門を含めて，産業団体の中での成長部門は，措置の必要性を容認したよう思われる（以下参照）．米国の貿易相手国が議定書を批准した後は，いくつかの部門による条約反対は，世界市場に関する基準の相違のため，弱まるかもしれない[32]．さらに，クリントン大統領は，政府ビル内でのエネルギー効率を1985年レベルから35%改善し，政府ビルでのエネルギー利用から生じる温室効果ガスの排出を2010年までに1990年レベルの30%以下に削減するようあらゆる連邦政府機関に命じた[33]．

　2000年11月の大統領選挙および連邦議会選挙は，国内バランスを気候政策に傾倒するよう変える可能性があるため，重要なイベントとなる．21世紀初頭には，批准の承認を行う米国上院は，より有利な構成になるだろう．ア

---

[30] "Global-Warming Debate Gets No Consensus in Industry", Wall Street Journal, 16 April 1998.
[31] FCCC/CP/1998/11/Add.1.
[32] Smeloff 1998, p.67参照．例えば，フォルクスワーゲン社は，旧式の「ビートル車」が高いカリフォルニア州の基準を遵守できないことが明らかになった後に，この車の生産を中止することを決定した．
[33] Global Environmental Change Report, Vol.XI, No.11, 11 June 1999, p.3.

ルゼンチンとカザフスタン（およびその他開発途上締約国）が温室効果ガスの排出量を抑制する量的約束を遂行することを宣言し，CDM が実施されるようになるならば，開発途上締約国の「意味のある参加」に対する米国の主張は，十分に満たされるだろう．米国の政治に特有なことであるが，世論によって最終的に決められることになるだろう．結局，米国の批准の見通しは，かなり不確かであるが，その機会は，21 世紀初頭に訪れるかもしれない．

日本は，『京都議定書』のための国際協力に建設的に参加することに強い外交利益を有する．最終的に京都で合意に達したわけであり，日本が『京都議定書』の発効を妨げるということは考えられない．国内実施に関して，日本はマイナス 6% の京都目標を達成する政策選択肢を徹底的に研究してきた．すでに 1998 年に，日本は，ロシアにおける共同実施プロジェクトの可能性を探りはじめた（第 13 章参照）．日本は，京都目標を満たすための戦略作成に着手した．この戦略目的は，CO_2 排出量を安定させることであり，温室効果ガス排出削減量の 6% のうち 1.8% については，共同実施および排出量取引を利用する予定である．日本は，このために，地球温暖化を防止する措置を促進する法律を含めて，1998 年 10 月にいくつかの法律を制定し，自国の目標達成のために原子力発電の利用を拡大することを計画している[34]．日本は，政治的に国内で自国目標を完全に達成する状況ではなさそうであるため，『京都議定書』を批准するか否かに関する実質的な決定も，京都メカニズムに関する国際交渉の結果次第であろう．これらのことにより，日本がある程度共同実施および排出量取引を利用できるならば，日本は 21 世紀初頭に議定書に参加すると思われる（もし，他国，例えば EU もそのようにするならば）．

ロシアにおける『京都議定書』の批准および実施の見通しは，最も不確かである．京都会議以前でさえ，ロシア政府は気候政策を多くもっていなかった．この状態は，1998 年秋の財政危機により悪化した．世紀間において，ロシアの経済的・政治的見通しも不明瞭である．1990 年代初頭以来，ほぼ毎年予測されてきた経済回復は，不透明なままである．政治的に 2000 年に誰がエリツィン大統領の後継者となるかは，明らかでない．ロシア政治の中

---

[34] "Analyses on Japan's Post-Kyoto Policy Measures to Achieve the Kyoto Target", 31 May 1999, Bonn （on file with authors），および "Law Concerning the Promotion of Measures to Cope with Global Warming", in Japan Environment Quarterly, Vol.3, No.4, December 1998参照．

で気候保護が十分な関心を得ていないため，多くのことは排出量取引の企図に関する国際議論に左右されるだろう．なぜなら，排出量取引はロシアがホット・エアを販売できるという点で，きわめて重要だからである．排出量取引制度の確立は，ロシアを『京都議定書』に参加させるおもなインセンティブとなろう．

その他の EU 以外の先進 OECD 諸国による批准は，附属書 I の CO_2 総排出量の割当量が比較的低いため，『京都議定書』の発効にはそれほど重要ではない．しかし，いずれの主要国が批准するかによって，低排出国は，議定書の発効に必要な，附属書 I の CO_2 排出量の合計 55％達成を左右しうる．統一的な発展は，その点について見られない．ノルウェーとスイスは，かなりの程度まで京都会議時に目的を達成し，国際努力への建設的な参加の歴史をもつ．このように，再度京都メカニズムに関する議論の確かな結論を考える場合，両国は，実質的に議定書の加盟国になることが期待されうる．他の諸国（オーストラリア，カナダ，ニュージーランド）の状況は，さらに不明瞭である．最終的には，これらの諸国は，「乗り遅れまい」として批准するかもしれないが，他国が先乗りするのを見過ごすだろう．要するに，これらの諸国は，自国の京都目標達成への努力において，温室効果ガス排出の傾向を逆戻りさせる国内措置をほとんどとってこなかった．

24.4 開発途上締約国

最低 55 カ国の批准が必要であるため，『京都議定書』が発効するためには，開発途上締約国もゲームに参加しなければならないだろう．いくつかの点において，開発途上締約国の参加は，議定書の枠組み内における国際協力の将来の成功に極めて重要となる．短期的，中期的には，開発途上締約国の前向きな参加は，京都メカニズム，特に排出量取引と CDM の合意達成に必要である．長期的には，開発途上締約国は，自国の温室効果ガス排出量を抑制し削減する必要がある（第 17 章参照）．

京都会議のフォローアップにおいて，石油輸出国機構（OPEC）諸国は，化石燃料の輸出に依存する諸国に対する補償努力に焦点を当ててきた．それらの諸国は，政治プロセスのペースを落とすおそれがあり，また，落とすこ

とができる．しかし，京都プロセスは，ほかの主要大国が京都プロセスを継続させることを決意すれば，OPEC諸国の影響が制約されることを示した．もし，『京都議定書』が発効するならば，OPEC諸国は，将来のゲームに影響を与えることができるようにするため，クラブに参加すると思われる．結局，これらの諸国は，議定書を採択する際に，ほかのすべての諸国に同調する政治的な見通しをもっていた．OPEC諸国は，1人当たりの排出量や1人当たりの所得から，開発途上締約国の中でおもな批准候補になるかもしれないが，サウジアラビアとクウェートは，いずれの排出制限をも誓約しそうにない．予見可能な将来においては，石油の国際価格にとっては，どのような気候政策よりもOPECの生産割当の遵守のほうが重要であるにもかかわらず，両国は，ほかの諸国による対策措置に反対すると思われる．

京都会議後，AOSISは，2つの部分的に競合する目的を調整した．一方では，そのメンバーは，CDMによる適応に関する資源を増大させることにより，気候変動から特に影響を受ける諸国に対して最大限の支援をさせるという自己の明確な利益を追求してきた（第14章参照）．他方で，それらの諸国は，気候変動と戦う際に京都メカニズムの実効性を確保するため『京都議定書』を一層詳細にすることを支持し続けてきた．CDMを最大限利用すること（そして適応に利用可能な資金負担）により，先進締約国は，その従来の排出量を変更する必要がなくなるため，これら2つの目的のバランスをとることは，相当な難題となる．結局のところ，AOSISは，国際気候交渉に関する道義的な意識をもち続けるであろう．さらに，AOSISのメンバーは，最初に議定書に署名し，1999年6月16日現在で，議定書に批准した10カ国のうち7カ国がAOSISメンバーであった．

『京都議定書』に関するG77のその他メンバーおよび中国の立場は，一層曖昧である．これらの諸国の大部分は，議定書を批准する努力をほとんど行っていない．しかし，（クラブの一員になるため）批准することでの利益は，議定書が発効しそうになるならば，大きくなろう．その上，G77諸国の立場は，AOSISとOPECの立場を両極とする線上の中でますます分散している．グループ内部で立場の相違が拡大していることは，アルゼンチンが1999年のCOP5で自発的な量的約束を表明するというCOP4での宣言（後にカザフスタンも同様の宣言をした）によって最も明らかになった（第17章参照）．かかる意思は，排出量取引への参入利益に密接に関連するので，

アルゼンチンはまた，排出量取引制度の確立にも興味をもつ．これは，必ずしも G77 の結束の終焉を意味するわけではない．しかし，その他の開発途上締約国，特にインドと中国は，議定書における排出権の配分および分配について多大な関心をもつことを表明してきた．これらの関心は，排出量取引を承認しようとする際に，考慮されなければならない．排出権の配分と衡平性に関する建設的な対話は，先進締約国の国内措置により補完されるならば，将来の約束に関する議論に参加する動機を開発途上締約国に与えることになろう（以下の第 25 章参照）．

24.5 非政府の展開

当初，京都会議後の運動は，以前と同じ方法で行われていた．したがって，京都会議の終了直後には，炭素クラブは，『京都議定書』を妨害するため米国でキャンペーンを開始した．それは，議定書に署名しないよう米国議会に訴え，また「環境条約が不確実な科学に基づかれていると公衆を納得させるために数百万ドルを費やす」計画を立てた[35]．化石燃料界のロビー活動は，効果的な措置と議定書の批准を妨害するために国際気候外交と国内の双方で行われた．概して，米国企業の態度は，ほかの先進工業国のそれよりも，「寡黙なままである」[36]．

しかし，多くの発展により，産業団体における力の均衡がより穏当かつ進歩的な方向へ向かうのではないかという期待が広まった．1998 年 4 月，石油メジャーのシェル社は，ブリティッシュ・ペトロリアム社（BP）に習い，世界気候連合を脱退した[37]．その後，産業団体における欧米企業との合併により，米国行政府は，より穏健な欧州企業からの増大する圧力にさらされることになった．例えば，BP アモコ社は，1999 年に誕生し，BP の進歩的な立場を踏襲した[38]．BP 社長のジョン・ブラウンは，京都会議の前後に，

---

[35] "Industrial Group Plans to Battle Climate Treaty", The New York Times, 26 April 1998.
[36] Grubb et al. 1999, p.261.
[37] Dow Jones Newswires, 21 April 1998, "Shell oil withdraws from powerful U.S. energy lobby group"; Greenpeace Press Release, "Shell pulls out U.S. Anti-Climate lobby group", 21 April 1998, <http://www.greenpeace.org/pressreleases/ 1998apr21.html>にて閲覧可能.
[38] "BP Clashes with Esso over Action on Global Warming", The Guardian, 15 April 1999.

一貫して，企業が気候変動に率先した立場をとる必要性を強調した[39]．シェル社と BP 社は，太陽エネルギーに対して莫大な投資を行うことにより 1997 年に自らの戦略的な立場を変更したことに加えて，シェル社が 2002 年までに，BP 社が 2005 年までに 1990 年レベルから 10％の温室効果ガスの排出量を削減する計画を宣言した．このようにするため，BP 社は，国内で排出量取引計画を利用するだろう．同時に，コーゲン，持続可能なエネルギー未来のための産業評議会およびその欧州のカウンターパート（e^5）のような産業界の進歩的なロビーグループは，合併し，自己の影響力を強化してきた．要するに，「多くの企業は，純粋に自発的なものから，より制約的な規制とどちらが良いかという脅迫的状況の下で政府と交渉した協定に至るまで，さまざまな行動をとってきた」[40]．

　環境 NGO は，国際プロセスと先進締約国の国内実施に継続して働きかけてきた．特に米国の NGO は，議会の支持がなければ議定書は批准されないため，国際レベルから国内レベルへその焦点を移した．気候活動ネットワーク（CAN）の枠組み内で協調することで，環境 NGO は，議定書の早期批准と，国際レベルでの京都メカニズムの環境上効果的な計画について働きかけてきた．環境 NGO は，京都会議後に 2 つの問題に直面した．第一に，先進締約国では，公共政策課題としての気候変動の重要性は，一般的に，衰退してきた．第二に，NGO は，（京都メカニズムや吸収源のように）問題がますます複雑になったため，公衆に明確なメッセージを伝えることが困難になった．これらの問題を一層複雑にした『京都議定書』の採択とともに，環境ロビー活動は，これまでのフォーカルポイントを喪失した．その結果，上記の問題は大きくなった（以下参照）．

24.6　結論：気候政策の現状とその根底にある原因

　気候政策の国際状況は，京都会議後，比較的安定したままである．21 世紀を迎えるにあたり，主要大国の役割は，依然として過去数十年間と変わりない．政府を超えて市民社会は，矛盾した傾向を帯びている．一方では，引

---

[39] Smeloff 1998, p.67参照．
[40] Grubb et al. 1999, p.258.

き続き高い公的関心があるにもかかわらず，多くの先進諸国で公共政策課題としての気候変動の重要性は，衰退しつつある．他方では，産業界は，ますます行動の必要性を認め，大企業は，戦略的に，より気候にやさしい発展に向けて方向転換をした．しかし，温室効果ガス排出量は，ほぼすべての国で増加し続けている．

国際レベルでは，ブエノスアイレス行動計画が気候変動枠組条約とその『京都議定書』の下での将来の国際プロセスに対する措置を設定した．この国際プロセスは，京都会議後に勢いを失った．事実上，進展は，緩やかというよりも，ないに等しい．むしろ，遅延のさまざまな要因は，京都合意を粉砕し，後退させるあらゆる機会を生じさせるように思われる．

この状況を説明するいくつかの隠れた傾向がある．第一に，議定書の国内実施は，国際レベルでの進展に重要であるが，2，3の例外を除いて（上記参照），せいぜい表面的なものにすぎない．第二に，米国国内の政治対立は，国際レベルへと移行した．『京都議定書』で開発途上締約国の「意味のある参加」を求めることは，米国上院で形成され，『京都議定書』の批准を促進するために米国の行政府に引き継がれた．開発途上締約国の「自発的約束」を要求した結果，石油産出国，中国，インド，その他開発途上締約国は，崩しがたい壁を形成し，京都後の国際議論を行き詰まらせた．

第三に，これらの問題に対処する気候変動枠組条約締約国会議およびCOP/MOPの組織上の権限は，まったく不十分である．条約プロセスは，依然として手続規則において表決上の合意を欠く．この構造的欠陥は，『京都議定書』に組み込まれてしまっており，進展を止めるおそれがある．コンセンサスの要件は，OPECやオーストラリアのような特別な利害を有する個別国家や小グループに不当な影響力を認めるので，最低共通分母に基づく決定に至るだろう．その結果，先進締約国の義務に関して一層大きな「抜け道」ができるだろう．他方，EUやAOSISのような，進歩的な勢力がリーダーシップをとることが妨げられる．

第四に，京都後の交渉は，複雑になっている．『京都議定書』にいくつかの「柔軟性措置」を導入し，温室効果ガス吸収源を含めることによって，JUSSCANNZ諸国は，政治プロセスに多くの技術問題を課すことを画策した．京都会議後，交渉に参加した人々は，実質的に，だれも気候交渉過程の全体像を把握できていない．

第 24 章　世紀間の国際気候政治の状況　　379

　結果的に，市民社会の代表も，複雑性というワナに捕らわれていることに気づいている．彼らは，ますます専門知識の会得を強いられる細かい技術のミクロの宇宙にはまっただけでなく，メディアに対する仲介者としての役割も喪失した．大きな見出しは，見当たらなくなった．温室効果ガス排出量を削減する拘束力のある目標として『京都議定書』を容認した後，彼らは，公衆に示しうる具体的かつ強制的な目標を失った．しかし，明確なメッセージがない場合，NGO が公衆の支持を高め，政府に圧力をかけることは，困難である．

　これらの状況において，世紀間における『京都議定書』の発効および実施の見通しは，依然として多くの不確実性がある．もし，先進締約国の気候変動に関する国内措置と発効が 2003 年ないし 2004 年までに達成されないならば，『京都議定書』を完全な失敗に終わらせないようにすることは，相当な難題となるだろうし，おそらく，達成不可能だろう[41]．この場合，特に米国と日本にとって排出傾向を逆転させることは時間がかかるため，『京都議定書』により設定された目標達成は不可能になるだろう．たとえ機会が到来するとしても，特に米国と日本（おそらく欧州諸国も同様）による京都メカニズムの利用は，目標を遵守するために緊急に必要となるだろう．それゆえ，国際レベルで停滞している関連諸問題の解決はきわめて重要であるものの，『京都議定書』のおもな目的は，効果的な国内措置をとることに止まっている．

　世紀間において，国際気候政策は，重大な転機を迎えている．国際プロセスは，明らかに，新鮮な勢い，ビジョン，リーダーシップを欠いている．国際議論から十年後，強力な国内実施に基づくリーダーシップ・イニシアティブをとる機は熟した．現状では，世紀間におけるかかるリーダーシップをとる先進締約国は，EU だけである（第 25 章参照）．

---

[41] また，Grubb et al. 1999, p.253 以下参照.

第 25 章　蟻塚からの視点：気候変動のリーダーシップ・イニシアティブにむけて

　1997 年 11 月に京都で開催された COP3 は畏敬の念を抱かれ，あたかも禅の伝統における「公案」のようであった[1]．その後，国際交渉のプロセスは活気を失い，後退していった．この点は，特に，「京都メカニズム」（24.1 参照）と呼ばれる柔軟性措置の具体的な設計において顕著であった．

　しかしながら，時は流れており，京都での目標の実施は年々遅れており，その実現が難しくなっている．国際エネルギー機関の予測によれば，もし追加的な対策がとられなければ，2010 年までに主要な工業国における CO_2 の排出量はかなり増大する（第 22 章参照）．京都での目標を達成するためには，主要な工業国において早急に大幅な政策の変更が必要となっている．もし政策の変更が実現しなければ，化石燃料の消費の少ない，気候に優しい経済にむけた工業社会の緊急な改革が遅れてしまう．世界の手本となるべき西側先進工業国において気候政策が停滞していることは，現在の開発途上締約国が追随している伝統的な開発の道筋をより強固なものとしてしまい，将来における地球規模の排出量に多大な影響をもたらすであろう．

　国際的な気候政策はミレニアム（千年期）を迎えているが，明らかに，モメンタムとイニシアティブが欠けている．行動を起こさない悪循環が見られる．進歩的な工業国（特に，EU の加盟国）は米国がその責任を受け入れて同調することを待つ一方で，米国やオーストラリアのような消極的な姿勢をとっている国々はより譲歩を得ようと行動を遅らせている．合意の成立や行動の開始が遅れれば遅れるほど，現実性が薄れて，既存の義務がなし崩しにされてしまう．

---

[1]　Earth Negotiations Bulletin, Vol. 12, No 76, 13 December 1997, p. 14.

25.1 気候変動のリーダーシップ・イニシアティブの必要性

たとえ EU が京都会議後の気候変動についてのリーダーシップを大袈裟に公約したとしても，言葉どおり，これを正当化することは難しい．米国を合意に拘束して同盟を築こうとする京都会議後の戦略はその費用の面から見て効果的であるとは言えない．対照的に，ほかのレジームの経験によれば，次のような3つの構成要素が組み合わされば，リーダーシップは効果的に働くようになる．第一に，リーダーは，一般の政治的そして経済的なウェイトをうまく活用しなければならない（「構造によるリーダーシップ」）．第二に，国際交渉におけるリーダーシップは，熟練した連携の確立から恩恵をうけることは明らかである（「手法によるリーダーシップ」）．第三に，おそらくこれが最も重要なものであるが，実際の解決策をとり始めることは信頼性のあるリーダーシップを効果的に形成する（「指揮によるリーダーシップ」）．この最後の点では，「模範を示すことによるリーダーシップ」といった国内的な行動が決定的な要素となる[2]．

1980 年代中頃にオゾン層破壊物質に関するモントリオール議定書が採択されたことは，(1990 年代には考えられないような) 米国による環境分野での強いリーダーシップの代表的な事例であった[3]．同様のリーダーシップ戦略は，地雷条約の交渉においても大きな成功を納めている．1998 年 6 月にローマに設置された国際刑事裁判所の事例からもわかるように，気候変動に関するリーダーシップについての先駆者達は NGO から大きな支援を受けることになるであろう．

米国や日本による抵抗を考えれば，気候変動のリーダーシップ・イニシアティブをとることが合理的に期待できるのは EU だけである．EU のリードによって，気候保護のための行動的で開かれた連携が国際レベルで形成されるであろう．その成功の展望をもって，EU は，CEIT，開発途上締約国，そして，可能であれば，COP3 開催国であった日本から，また別の問題についても支援を勝ちとろうとするかもしれない．このような形で，国際的な気候政策に新しい活力をもたらす主要な国々がまとまりをみせるであろう．

---

[2] Gupta/Grubb 1999参照．
[3] Benedick 1998a; Flavin 1998.

第 25 章　蟻塚からの視点

　このイニシアティブは気候レジームの枠組みのなかで実施される必要があるが，その進展を望まない協力からは独立したものでなければならない[4]．前述のとおり，消極的な国々をただ待っているだけでは，プロセスを無力にするだけであり，独立した行動が必要となっている．しかしながら，同時に，既存のレジームの価値低下が気候プロセスを危うくするので，リーダーシップ・グループが気候レジームの枠内にとどまることも大切である．気候プロセスは脆弱なものなので，このことが現時点そして当面は政府間交渉プロセスにとって唯一信頼性があって実行可能なものである．国連気候変動枠組条約と『京都議定書』は，地球の気候保護のために効果的な国際協力の実現にとって必要な構造の多くを盛り込んでおり，将来に大きな可能性を残している．さらに，気候レジームは広く一般の関心と支持を得ている．国連気候変動枠組条約と『京都議定書』が弱体化するかどうかは，化石燃料の利用制限という考え方に反対する勢力にかかっているのである．

　リーダーシップ・イニシアティブは，国際レベルと国内レベルとの同時行動を通して，国際的な気候プロセスにモメンタムをもたらすであろう．こうした役割を果たすために，欧州は米国の動きを見るべきではない．経済的な競争に敗れることを恐れるあまり，米国の参加は不可欠であると考えられている．温室効果ガスの排出量削減のために入手可能で低費用な潜在性を開拓したり，経済的な便益をもたらすような生態学的な近代化へ投資するなどによって，米国を抜きにして，行動を起こす余地は大きい[5]．EU その他が 10 年もの間米国を待ち続けるようなことが起こりかねない．最近の噂では，2000 年 11 月の米国大統領選挙の結果を待つために，COP6 は 2001 年初頭まで延期されるのではないかと言われている．これと同じように，1992 年と 1996 年の大統領選挙によって気候保護が延期されたことがある．どちらのときも環境保護論者が支持する候補者が勝利したにもかかわらず，米国はその立場を大きく変えなかった．EU がリードするときを迎えたのである．

　多くの点で，EU は新しいリーダーシップ・イニシアティブを発揮する大きな潜在性を備えている．疑いなく，国際問題，特に気候政策において影響

---

[4] Christopher Flavinは，地域的な政府，都市，企業の共同によって，気候レジームの枠外での国々によるリーダーシップ・グループの形成という，別の提案を行っている．Flavin 1998 参照．
[5] EUの目標のうち3分の2は，CO_2で1t当たり5ユーロまでの低費用で達成できる．European Commission 1999, p.10参照．

力のあるプレイヤーであり，政治的にも経済的にも重要な資源を備えている（「構造によるリーダーシップ」）．これらの資源は交渉の相手方に圧力をかけ，効果的な連携の構築に利用できる．その多様な外交能力は，加盟国における外交関係の経験を結集することによって，より強化されるであろう（「手法によるリーダーシップ」）．英国，フランスそしてドイツやその他の EU 加盟国には，世界全体のなかで長期間に築き上げてきた緊密な関係がある[6]．こうした優れた条件が結集すれば，EU は気候変動における強いリーダーシップの連携を生むことができる．少なくとも，加盟国の多様な経験と欧州レベルでの共通政策にむけた既存のシステムは，国内で行動を起こし，模範を示すことによるリーダーシップや米国その他の国々への圧力の増大のための特別な手段を EU にもたらしてくれる（「指揮によるリーダーシップ」）．

　今後のリーダーシップ・イニシアティブでは，次のような重要な構成要素に焦点があてられるであろう．第一に，『京都議定書』の早期批准である．これは最優先である．第二に，イニシアティブは，『京都議定書』に決められた義務を国内的に実施のための対策を導入し，国際的に対策を調整する共同の取り組みにつなげなければならない．第三に，気候プロセスにおける開発途上締約国の参加が，気候保護の中長期的な実効性，そして気候レジームのさらなる進展にとって不可欠であり，開発途上締約国を国際的な気候政策の形成に参加してもらうための特別な取り組みが必要となっている．これら 3 つの構成要素について，以下で検討する．

25.2　リーダーシップ・イニシアティブの第 1 の構成要素：早期批准

　『京都議定書』批准の展望と発効は，かなり厳しい状況にある（第 24 章参照）．締約国である AOSIS 諸国の多くが批准するので，55 カ国の批准という要件は議定書の発効にとって障害とはならない．ここで深刻な問題は，1990 年における CO_2 の総排出量のうち少なくとも 55％ を占める附属書 I の締約国が批准しなければならないという要件である（20.1 参照）．このためには，3 つの主要排出国（米国，EU，ロシア）のうち 2 つが批准しなけれ

---

[6] European Commission 1998b 参照．

ばならない．まず必要なことは，1999年中頃の委員会で提案されたように，EUとその加盟国による同時批准のための内部戦略である[7]．

さらに，EUはロシアと日本（そしてウクライナ）を「アンブレラ・グループ」から抜けさせ，ほかのCEITからの支持を勝ちとろうとするであろう．このアンブレラ・グループは京都で結成されたもので，JUSSCANNZ諸国（米国，日本，カナダ，オーストラリア，ノルウェー，ニュージーランド）そしてロシアとウクライナによって構成されている．京都メカニズムをできうる限り柔軟なものに設計しようという共通目標で一致団結しており，京都会議後の交渉におけるEUの交渉相手として効果的な役割を果たしている．

気候変動に関して，ロシアの最大の関心は，できるだけ多くのホット・エア（排出量割当の余剰分など）を売ることである（第15章参照）．ホット・エアを売る前提条件として，『京都議定書』と取引レジームが発効することが必要となってくるので，ロシアはこれに強い関心を払っている．米国が主要な買い手になるであろうから，欧州諸国（そして日本）が少しでも多くの排出量割当を買ってくれれば，ロシアに便益がもたらされる．これには，『京都議定書』の発効が不可欠である．

EUがこうした状況をつくりだすこともできるが，そのためには『京都議定書』について積極的で柔軟な立場をとらなければならない．例えば，EUが京都メカニズムの活用における数値の上限を求めてきたことは，EUとロシア（そしてウクライナ）との連携にとって大きな障害となっている．京都で，EUは，この要求を通すことに失敗している[8]．この点，硬直したEUの姿勢が議定書の発効を遅らせている限り，「ループホール（抜け道）」を拡大させようとする圧力が増大するだけである（その最も重要なものが，吸収源を対象に含める点である）．決定的な国内実施がないまま時間が経過しているため，工業国にとって目標の達成がますます困難となっている．EU加盟国さえも，その義務を履行するために排出量取引，共同実施，CDMにか

---

[7] European Commission 1999, p. 11参照．
[8] そのため，米国は，「『京都議定書』の書き換え」を試みようとしたEUを非難した．James Foley of the State Department in Global Environmental Change Report, Vol. XI, No. 10 of 28 May 1999, p.1の引用を参照; "Clinton accuses EU of Trying to Rewrite Global Warming Pact", Wall Street Journal, 18 May 1999参照．

なり頼ろうとしている[9].

　EU は，目標達成のために，最大限の柔軟性を示さなければならないことは言うまでもない．これとは対照的に，レジームのルールの明確な定義づけ，厳しい監視と報告，効果的な執行がメカニズムの環境面と経済面での実効性にとって最も重要である．EU はこれらの点を強調している．さらに，『京都議定書』がインフレ的に新しく吸収源を対象として追加したことは，数値化が難しく，『京都議定書』の基礎を危うくするものである．こうした京都メカニズムや吸収源のルールの設計を主張すると，EU は多くのクレジットを獲得する側に立つことになり，相手方の腰が引けてしまう．

　しかし，「補完性」をより柔軟に取り扱うことは，ロシアと日本の戦略的な同盟の形成に道を開くもので，『京都議定書』の発効に必要な排出量の割合を確保するものとなる．日本は『京都議定書』の成功に外交的に大きな関心をもっており，このことが新しい同盟に加わるインセンティブをもたらすであろう．東欧の CEIT，特に EU への加盟候補国は 1990 年代になって EU と同調する傾向があるので，これらの国々からの支援も得ることができる．こうしたシナリオのもとで，これらグループの国々にとって，京都メカニズム（特に，排出量取引の場合）のもとでのあらゆる活動の対価について合意することも可能である．CDM の場合も同様である．このことは，別々のメカニズムにおける対象領域をバランス良く決定し，CDM に関心をもつ多くの開発途上締約国の承認を得やすくするものである．また，排出量取引の取引費用が高くなることによって，比較優位のある国内対策も進む（15.3.3 参照）．

　この同盟は，新しい連携の構築によって，ブロック間（EU−JUSSCANNZ，EU−アンブレラ・グループ）の重苦しい対立が解消するであろう．このことは，京都メカニズムの検討に影響をもたらし，新世紀の最初の年に，COP6 後における『京都議定書』の早期発効を実現させるものとなる．そして，残った国々に対しても同調するよう圧力がかかる．米国は議定書を受け入れなければ，意思決定に影響を及ぼすような優位な立場を保つことはできないであろう．国際的なプロセスにおいて米国が事実上もっている拒否権を失わせ

---

[9] 例えば，オランダは，ビジネス・アズ・ユージュラルのシナリオの50％について京都メカニズムを利用することを計画している．ENDS Daily, 23 June 1999参照．

るものになり，ほかの事例ですでに見られるように，世界が最後に残された超大国から独立して行動を起こすことができるような状況を再び生むことになるであろう．

25.3 リーダーシップ・イニシアティブの第2の構成要素：国内実施とその調整のための対策

　国内実施は気候変動のリーダーシップにとって最も基本的な部分となる．『京都議定書』の交渉では弱い面があったが，国内実施が始まれば，EUのリーダーシップは最も信頼されるものとなるであろう（6.1参照）．しかし，京都会議の後，この点はフォローアップされていない．政治的な意思の欠落，地球規模の市場における比較優位の問題，いくつかの工業国の抵抗，そして市民による圧力の不足が原因となって，効果的な気候政策にむけた包括的な国内政策や対策は依然として生まれていない．そのため，リーダーシップ・イニシアティブにとっての第二の柱は，構造的な脱炭素経済にむけた長期的なプロセスを始めるために，多くの国々のグループにおいて政策および措置が実施に移されることである．

　京都会議の以前でも，数多くの研究によって，EUその他の地域で温室効果ガス削減のための低費用あるいは費用のかからない多様なオプションの潜在性があることが明らかとなっている（第2章，第6章参照）．京都会議後も，このことは確認され，裏づけられている．1999年の欧州委員会による分析では，EUは最初の約束期間におけるマイナス8％のうち3分の2をCO_2で1tについて5ユーロまでの費用の低い対策によって達成できると結論づけている[10]．こうした潜在性があるとすれば，EUにとって京都での目標の実施にとって妨げとなっているのは，経済的な費用ではなく，政治的な抵抗である．

　リーダーシップ・イニシアティブの枠組みのなかで，その実施を遅らせているのはEU加盟国その他の同盟国のおける共通の政治的な意思である．競争力に対する依然として根強い関心が，日本などとの政策の調整を難しくさせている．EUとその加盟国では，過去に欧州委員会などで準備作業がな

---

[10] European Commission 1999, p.10.

されているので，この目標にむけての政策調整は容易であり，経験も豊富である（例えば，6.1 参照）．

『京都議定書』において，法的拘束力のある政策および措置を確立しようとした EU の取り組みが失敗に帰したことは（第 10 章参照），いくつかの示唆を与えてくれる．第一に，法的拘束力のある措置に固執するのではなく，一般の人々にその内容がわかるように，透明性の高い調整プロセスを大切にしなければならない．第二に，調整によって得られるであろう便益に従って，イニシアティブの対象を合意に達しやすい措置だけに絞るべきである．これによって，約束をした国々のなかからリーダーシップ・グループが現れて，生態学的な近代化と効率的な経済とを両立できるばかりでなく，目標にむけて相互に補完し合うものであることを示すことができる．

財政政策は，気候政策にとっても重要な手法の 1 つである．欧州における有鉛ガソリンの使用禁止の経験が物語っているように，税金における僅かな差異化でさえも大きな効果がある[11]．数多くの国々（特に，欧州の国々）は，エネルギー税／炭素税の実施に成功している．この政策手法は産業界の競争状態に直接影響を及ぼすことなく，そのため，程度の差こそあれ，関係国は関連産業に課税の免除を認めている．こうした競争力の観点から，欧州そして国際レベルで，関連する取り組みを調整する事例は多くなっている．しかし，米国の反対が予想されることがおもな原因となって，地球規模レベルでの税金については政治的に見て実現不可能であろう[12]．一般的には，日本は税金を好んでいるようであり，国レベルにおけるエネルギー税／炭素税の実施の調整については受け入れるであろう[13]．

さらに，新しい世紀における構造的な脱炭素のためには，低費用あるいは炭素を排出しないエネルギー源の早期の開発が必要である[14]．そのために，リーダーシップ・グループにとって次の問題点は，再生可能エネルギー源やエネルギーの効率的な利用の研究開発における大規模で調整された取り組みを約束することである[15]．このような取り組みの調整は，共通の対応を生み

---

[11] European Commission 1999, p.7参照．
[12] 例えば，Cooper 1998 と Schneider 1998の要請を参照．
[13] 最近の日本の環境庁による世論調査によれば，日本企業の多くがCO_2を抑制するための化石燃料への課税を支持している（<http://biz.yahoo.com/rf/990527/u.html> as of 27 May 1999.）．
[14] Jacoby et al. 1998, p.61参照．
[15] 技術に基づくイニシアティブについては，The Battelle Global Energy Technology Strategy

出す潜在性をもたらす．調整された研究開発戦略など，既存の国際制度や研究ネットワークに依存することは，もし適当な資金が提供されるのであれば，10年以内に大きな進展が求められる．

　第三に，気候に悪影響をもたらすような補助金を廃止する国際合意が形成されれば，結果として，資源が利用可能となるであろう．数多くの研究がすでに明らかにしているとおり，莫大な資金が炭素集約度の高い，持続可能ではない産業や活動に流れている[16]．このような補助金の理論的な根拠は，しばしば国際競争から関連産業を保護する点にある．国際的に調整された行動はこの問題点の解決にも役立つであろう．こうしたイニシアティブは，WTOにおける取り組みにも関係している（第23章参照）．少なくとも，これら補助金の一部は研究開発や（一時的には）再生可能エネルギー源を市場に供給するための開発と導入の支援に充てることができる．

　第四に，主要な工業国におけるエネルギー効率基準強化のための調整された取り組みが必要となっている．エネルギー利用の効率改善は，地球規模での温室効果ガス排出量削減のための主要な戦略として重要なだけではない．（家庭電化製品などの）効率性基準の調整も，貿易障壁を除去したり，回避することで国際貿易を促進するものとなり，工業国にとっても関心事となっている（例えば，効率性基準の適合を，海外市場への参入の条件とする）．最後に，気候に優しい公共調達や排出量削減対策に関する合意形成についても[17]，政治的に実現可能なものでなければならない．公共部門は国内需要の多くの責任を担っており，市場に多大な影響を及ぼすことができる[18]．

　国内対策の調整にむけたリーダーシップ・イニシアティブの活動は，締約国による『京都議定書』の義務の履行を決定的に支援するものであり，学習のプロセスを開始させるものとなる．この活動は，締約国のグループによる批准と実施を求める一般の要求によってさらに後押しされる必要がある．こうした戦略はオゾン交渉において成功しており，ここでは，追加的な対策についてコンセンサスによる合意を得られなかったため，主導的な立場にあ

Project to Address Climate Change, <http://gtsp.pnl.gov/ge/home.nsf/webpage/>参照．
[16] OECD 1995; Moor/Calami 1997；特に気候に関しては；Koplow/Martin 1998参照．
[17] "Clinton orders government to reduce energy use and emissions", Global Environmental Change Report, Vol. XI, No.11, 11 June 1999, p.3参照．
[18] Benedick 1998a, p.20; The Climate Technology Initiative of the IEA: "Enhancing Markets for Climate Friendly Technologies: Leadership Through Government Purchasing"; June 1998（<http://www.iea.org/climate.html>でも入手可能）参照．

った国々が，この内容を盛り込んだ報告を締約国会議の議決と宣言に附帯したのであった．大多数によるこの要求は，その後の交渉ラウンドで承認されている[19]．

　この分野では，調整的な方法によって交渉を進めることが特に適している．さらに，広範囲な国際的な調整にかかわらず，EUとその他の地域についての京都での約束を実施するための統一的な行動を起こす余地も残されている．統一的な取り組みは，『京都議定書』の実施を成功させ，気候変動に関するリーダーシップを強めるために不可欠である．

25.4　リーダーシップ・イニシアティブの第3の構成要素：開発途上締約国の参加

　ベルリンでのCOP1におけるEUと多数の開発途上締約国との歴史的な同盟の後（第4章参照），EUはそれまでの開発途上締約国との緊密な関係をおろそかにしてきた．そこで，気候レジームへの開発途上締約国の参加を推進することが，リーダーシップ・イニシアティブにとっての3つ目の目標となる．米国が求めるような「意味のある参加」が不適切であって，国際的な気候レジーム進展の現段階では難しいとしても，近い将来，地球の長期的な持続可能性にとって開発途上締約国の実質的な参加が不可欠となってくる（第17章参照）．京都会議の前後において，開発途上締約国はJUSSCANNZによる強力な要求に対して敏感となったことから，外交的な努力はこれが成功するように慎重に進められなければならない．

　開発途上締約国のニーズと利害が最優先されるべきである．多くの開発途上締約国は，地球規模そして地域的な気候変動に対して脆弱なため，適応に強い関心をもっている．そのため，適応は，京都にむけたラウンドアップでブラジルが提案したクリーン開発基金のなかでもとり上げられている[20]．京都会議後には，環境に関するアフリカ環境大臣会合（AMCEN）が1998年10月に開催され，「適応のための基金」や「シード（種まき）基金」の設置を勧告している[21]．現在，GEFを通して僅かばかりの基金が適応に充

---

[19] 例えば，Ott 1998a, p.200以下参照．
[20] FCCC/AGBM/1997/MISC.l/Add.3参照．
[21] UNEP press release 1998/11参照．

てられているだけである.『京都議定書』の12条8では,CDM活動からの「利益の一部」は開発途上締約国における適応の費用負担を支援するために活用することが規定されている(第14章参照).しかし,これらの資源はおのずと限られており,CDMが実践に移されるようになるまで,このような状況が続くであろう.

まず,リーダーシップ・イニシアティブでは,EUと主要な開発途上締約国との間での適応の戦略に重点がおかれることになる.適応のための基金を設けるなどして,影響と適応に関する研究に資金を投じるとともに,適応のために追加的な資源を用意すべきであろう[22]. 適応の戦略に必要な資金は,3つのメカニズム(前記参照)のもとでの行動から発生した対価(CDMのもとですでに適用可能なものと類似したもの)から調達され,この対価の一部はこうした基金に用いられるであろう.このイニシアティブによる良い副作用として,気候変動における適応の実際の費用がわかりやすくなる.これによって,気候変動を緩和するための費用を見積もることが可能となる.

適応のイニシアティブは,気候変動レジームの内外において多くの支援を生み出す.今後顕在化するかもしれない問題点の発生を恐れることなく,開発途上締約国における特別な状況を考慮することもできる.AOSIS諸国にとっては,強力で信頼性のあるCDMの設計を提唱するジレンマから解放されるとともに,適応を活用することによって歳入を増やすことができる(第14章参照).

リーダーシップ・イニシアティブの短期的な構成要素として,環境面において効果的で,経済面でも効率的な方法で,CDMの設計について外交的に協調して取り組むことが挙げられる.ここで解決すべき問題点は,検証可能で厳格なベースライン,比較可能な検証方法など,この手法を効果的に機能させることだけでなく,ほかの資金供与(政府開発援助)に関する「資金の追加性」や持続可能な開発に関する目的の統合など,開発途上締約国によって主張されている点である[23]. 本当の意味で,相互に便益を受ける形でのCDMを設計するための協調的な取り組みは信頼醸成につながるであろう.

---

[22] Humphreys, Stephen/Sokona, Youba/Thomas, Jean-Philippe: "Equity in the CDM", ENDA TM, Dakar, <http://www.enda.sn/energie/cdmequity.htm> as of 15 October 1998; Mathur, Ajay: "Climate Change: Post-Kyoto Perspectives from the South", TERI, New Delhi, <http://www.teriin.org/climate/cp-4/contents.html> as of 7 July 1999参照.

[23] Humphreys et al., (上記注参照).

第三に，リーダーシップ・イニシアティブでは，公正で衡平な「排出権」の割当について，開発途上締約国との政策対話を始めることになる．『京都議定書』における1990年の排出量（「既得権」）に基づいた「割り当てられた排出量」の配分は，不衡平なものと考えられている．歴史的な排出量を基礎として排出権を割り当てる（「実際の排出量」）といった京都会議前におけるブラジルの提案など，排出権の配分については数多くの代替案が示されている．最も多いものは，ベルリンでのCOP1においてインドが主張したような，国民1人当たりの排出量を均等化させようとするものであろう[24]．国民1人当たりのGDPその他の要素を排出量の割当に用いる提案もある（第17章参照）．

これらはとても微妙な問題である．そのため，交渉とは切り離した議論のプロセスのなかで，信頼と共通理解の醸成を重視すべきである．もしEU（およびその同盟国）がパートナーに対して圧力をかけるようなことを慎重に回避すれば，このような分離されたプロセスは交渉における緊張を緩和するものとなるであろう[25]．工業国と開発途上締約国との間における排出量の配分という難しい問題に取り組むこととは別に，この議論は開発途上締約国相互間における差異化についてより建設的なアプローチをもたらすものとなるであろう．

この問題は，法的拘束力がある形で，条約のなかで附属書Iの締約国とそれ以外との2つの区分があることにも起因している．『京都議定書』の附属書Bもこの人為的な区分を踏襲している．これとは対照的に，経済的あるいは生態学的な区分のラインは，こうしたカテゴリーを超えたところにある．開発途上締約国に区分されている国々のなかには，ほかよりも豊かな国がある．シンガポール，韓国[26]，イスラエルの国民1人当たりのGDPは，ギリシャ，スペイン，ポルトガルといったEUの加盟国と同等かそれ以上である[27]．

---

[24] "Contraction and Convergence: A Global Solution to a Global Problem", Global Commons Institute, 18/07/1997<http://gci.org.uk/contconv/cc.html>as of 9 June 1999参照.
Friends of the Earth International 1998; INFRAS AG/TERI 1997; Kinzig/Kammen 1998; Baumert et al. 1999参照.
[25] 京都会議以前に「附属書X」が示されたことで，EUは，OECDに加盟していない開発途上締約国にも範囲を広げるとの印象を与えて，これらの国々との関係の緊張を高めた．
[26] 1996年からOECD加盟国となっている．
[27] メキシコ，トルコ，ハンガリーといった新しいOECD加盟国と比較すると，最高で9倍も高い．Fischer 1998; CIA World-Factbook 1998 <http://www.odci.gov/cia/publications/factbook>

そのため，開発途上締約国における約束の差異化は合理的なものである．『京都議定書』そのものは，附属書Bに掲げた目標と，EUの加盟国内部での負担配分に従った削減目標の達成を認める4条の「共同達成」を通して，差異化の必要性を認識している（第12章参照）．AGBMにおける約束についての交渉の間に，数多くの国々が多様なクライテリアに基づいた差異化された目標の設定を求めている[28]．ラテンアメリカとAOSIS諸国の多くは，開発途上締約国のための特定の目標に対して寛大である[29]．

これまで，気候変動についての工業国の対応における失敗は，近い将来に気候変動の緩和へ貢献しようとする意思を開発途上締約国にもたせることができなかった点である[30]．それにもかかわらず，主要な開発途上締約国は，多くの工業国より以上に，経済成長と温室効果ガスの排出量を効果的に分離してきたのであった[31]．こうした状況のもとでは，すべての国々にとって公正な形で，開発途上締約国が参加するプロセスを進展させるためには，長期的な議論のプロセスを始めるための慎重でかつ巧妙な取り組みが必要となっている．

25.5 結論

10年間にわたる議論の末，新しいモメンタムをもったミレニアム（千年期）を迎え，温室効果ガスの削減行動にむけた国際的な気候政策を進める上での好機を迎えている．EUは，次のような目標にむけたリーダーシップ・イニシアティブを実行に移す能力をもった工業国の中で唯一のプレイヤーである．(1)『京都議定書』の発効，(2) 京都での目標の広範な国内実施，(3)

---

as of 6 April 1999参照．
[28] これらの提案は，FCCC/AGBM/MISC.3 とMISC.3/Add.1 to 3としてまとめられている．
[29] 例えば，アルゼンチン，カザフスタン，コスタリカは，すでに法的拘束力のある約束を受け入れる考えを発表している．韓国もこれを考慮している．"Towards Global Participation", Presentation by Mr. Raeckwon Chung on behalf of the Korean Ministry of Foreign Affairs and Trade at the OECD/IEA Climate Change Forum in Paris, 10 March 1999 （著者のファイルに保存）参照．
[30] 米国では，1990年から1997年までに温室効果ガスの純排出量は21.54％も増加している（EPA draft US GHG inventories, 3 February 99, <http://www.epa.gov/globalwarming/inventory/1999inv.html> as of 9 June 1999）．附属書IIの24カ国のうち，CO_2の排出量が2000年末までに1990年のレベルを下回るのは7カ国だけである（FCCC/CP/1998/11/Add.2）．
[31] Reid/Goldemberg 1997; 1998参照．

国際的な取り組みにおけるより緊密でより衡平な開発途上締約国の参加という長期的な目標にむけた国際的な議論のプロセスの開始．

　今後，リーダーシップ・イニシアティブが成功すれば，将来にむけて大きな機会が生まれてくるであろう．大量な化石燃料の燃料を伴わないで，福利を改善できるような社会的な学習プロセスを実施に移すことができる．これは，国際プロセスにおける次なるステップを決定的に推進するものとなる．この点で，次の 2013-2017 年の約束期間における工業国の数値目標は，これからの 10 年の間には検討課題となってくるであろう．現在の約束を実質的に強化することは，80％という単位の排出量削減という長期目標にむけた工業国の今後にとって不可欠となってくる．衡平性をもったスキームが形成されれば，開発途上締約国のなかの主要な排出国による約束も 21 世紀にはいって 20 年も過ぎれば現実のものとなるであろう．これまでの約 10 年間の成果を踏まえて，気候レジームのリーダーシップ・イニシアティブは人類に便益をもたらすような地球の気候の保護にむけたダイナミックな進展の機会をもたらすことであろう．

付録：気候変動に関する国際連合枠組条約京都議定書（和文）*

環境省地球温暖化対策研究会暫定訳

注）これは、環境庁地球温暖化対策研究会暫定訳であり、日本国政府の公的な翻訳とは何ら関係ない。

この議定書の締約国は、気候変動に関する国際連合枠組条約（以下「条約」という。）の締約国として、条約第 2 条に規定する条約の究極的な目的を追求し、条約の規定を想起し、条約第 3 条の規定を指針とし、条約の締約国会議の決定 1/CP.1 により採択されたベルリンマンデートに従い、次のとおり協定した。

第 1 条

この議定書の適用上、条約第 1 条の定義を適用する。これに加え、
1. 「締約国会議」とは、条約の締約国会議をいう。
2. 「条約」とは、1992 年 5 月 9 日にニューヨークで採択された気候変動に関する国際連合枠組条約をいう。
3. 「気候変動に関する政府間会合」とは、1988 年に世界気象機関及び国際連合環境計画により共同で設置された気候変動に関する政府間会合をいう。
4. 「モントリオール議定書」とは、1987 年 9 月 16 日に採択され、その後、調整され及び改正されたオゾン層を破壊する物質に関するモントリオール議定書をいう。
5. 「出席しかつ投票する締約国」とは、出席しかつ賛成票又は反対票を投ずる締約国をいう。
6. 「締約国」とは、文脈により別に解釈される場合を除くほか、この議定

---

* 環境省地球温暖化対策研究会による暫定訳より転載

書の締約国をいう。
7. 「附属書Ⅰの締約国」とは、その後改正されたものも含め、条約の附属書Ⅰに掲げる締約国又は条約第4条2(g)の規定に従って通報した締約国をいう。

第2条

1. 附属書Ⅰの締約国は、第3条に規定する数量的な排出抑制及び削減の約束の履行に当たり、持続可能な開発を促進するために、次のことを行う。
(a) 各国の事情に応じて、政策及び措置（例えば、次に掲げるもの）を実施し又は策定しなければならない。
  (i) 自国の経済の関連部門におけるエネルギー効率の向上
  (ii) 関連する国際的な環境協定に基づく約束を考慮した温室効果ガス（モントリオール議定書によって規制されているものを除く。）の吸収源及び貯蔵庫の保護及び強化並びに持続可能な森林管理慣行、植林及び再植林の促進
  (iii) 気候変動を考慮した持続可能な形態の農業の促進
  (iv) 新エネルギー及び再生可能エネルギー、二酸化炭素固定技術並びに高度で革新的な環境上適正な技術の研究並びに促進、開発及び利用の増進
  (v) 条約の目的に反するすべての温室効果ガス排出部門における市場の不完全性、財政的インセンティブ、免税及び補助金の段階的な縮小及び撤廃並びに市場的手法の適用
  (vi) 温室効果ガス（モントリオール議定書によって規制されているものを除く。）の排出を抑制し又は削減する政策及び措置の促進を目的とする関連部門における適当な改革の奨励
  (vii) 運輸部門における温室効果ガス（モントリオール議定書によって規制されているものを除く。）の排出を抑制し又は削減する措置
  (viii) 廃棄物の管理並びにエネルギーの生産、輸送及び分配の際の回収及び再利用によるメタンの排出の抑制又は削減
(b) 条約第4条2(e)(i)の規定に基づき、この条の規定により採用された政策

及び措置の単独の効果及び複合的な効果を高めるために、他の附属書Ⅰの締約国と協力すること。このため、これらの締約国は、そのような政策及び措置の経験を共有し及び情報を交換するための措置をとらなければならない。この措置には、比較可能性、透明性及び効果を改善する方法の開発を含む。この議定書の締約国の会合として機能する締約国会議は、第1回会合において又はその後できる限り速やかに、すべての関連する情報に考慮を払いつつ、そのような協力を促進する方法を検討しなければならない。

2. 附属書Ⅰの締約国は、国際民間航空機関及び国際海事機関を通じて作業を行い、それぞれ、航空機燃料及びバンカー油から排出される温室効果ガス（モントリオール議定書によって規制されているものを除く。）の抑制又は削減を検討しなければならない。

3. 附属書Ⅰの締約国は、条約第3条の規定に考慮を払いつつ、気候変動の悪影響、国際貿易への影響並びに他の締約国（特に開発途上締約国及びとりわけ条約第4条8及び9の締約国）に対する社会上、環境上及び経済上の影響その他の悪影響を最小限にするような方法で、この条の規定に基づく政策及び措置を講じるよう努めなければならない。この議定書の締約国の会合として機能する締約国会議は、この3の規定の実施を促進するために、適当な場合には、さらなる行動をとることができる。

4. この議定書の締約国の会合として機能する締約国会議は、各国の異なる事情及び潜在的な影響を考慮に入れつつ、1(a)に規定する政策及び措置を調整することが有益であると決定した場合には、その政策及び措置の調整を更に詳細に詰めるための方法と手段を検討しなければならない。

第3条

1. 附属書Ⅰの締約国は、2008年から2012年までの約束期間において、附属書Ⅰの締約国全体の排出量を1990年の水準から少なくとも5パーセント削減することを念頭において、個別に又は共同で、附属書Ａに掲げる温室効果ガスの人為的な排出量（二酸化炭素換算量）の合計が、附属書Ｂに定める数量的な排出抑制及び削減の約束に基づいて計算さ

れた割当量を超えないことを確保しなければならない。
2. 附属書Ⅰの締約国は、2005年までに、この議定書に基づく約束の達成に当たって、明らかな進捗を実現していなければならない。
3. 各約束期間において検証できるような炭素貯蔵量の変化として測定された、1990年以降の植林、再植林及び森林の減少に限り、直接的かつ人為的な土地利用変化及び林業活動から生ずる温室効果ガスの発生源による排出及び吸収源による除去の純変化は、附属書Ⅰの締約国のこの条の規定に基づく約束の履行のために用いられなければならない。これらの活動に関連する温室効果ガスの発生源による排出及び吸収源による除去は、透明かつ検証可能な方法で報告され、条約第7条及び第8条の規定に従って検討されなければならない。
4. 附属書Ⅰの締約国は、この議定書の締約国の会合として機能する締約国会議の第1回会合の時までに、科学上及び技術上の助言に関する補助機関による検討のために、1990年の炭素貯蔵量の水準を確定し、及びそれ以降の年の炭素貯蔵量の変化を推測できるようにするためのデータを提供しなければならない。この議定書の締約国の会合として機能する締約国会議は、その第1回会合において又はその後できる限り速やかに、不確実性、報告の透明性、検証可能性、気候変動に関する政府間会合が行う方法論についての作業並びに第5条の規定及び締約国会議の決定に基づき科学的及び技術的助言に関する補助機関が行う助言に考慮を払いつつ、農業土壌、土地利用変化及び林業分野における温室効果ガスの発生源による排出及び吸収源による除去の変化に関連する追加的な人為的活動のうち、附属書Ⅰの締約国の割当量に加え、又は割当量から差し引くべき活動の種類及び方法に関する仕組み、規則及び指針を決定しなければならない。この決定は、第2期の約束期間又はそれ以降の約束期間に適用されるものとする。締約国は、その活動が1990年以降に行われる場合には、これらの追加的な人為的活動に係る決定を、第1期の約束期間に適用することを選択することができる。
5. 市場経済への移行の過程にある附属書Ⅰの締約国であって、締約国会議の第2回会合における決定9/CP.2によって基準年又は基準間が定められているものは、この条の規定に基づく約束の履行に当たって、当該基準年又は基準期間を用いなければならない。その他の市場経済への移行

の過程にある附属書Ⅰの締約国であって、条約第12条の規定により最初の情報を送付していない国は、この条の規定に基づく約束を履行するために、1990年以外の過去の基準年又は基準期間を用いる旨を、この議定書の締約国の会合として機能する締約国会議に通告することができる。この議定書の締約国の会合として機能する締約国会議は、この通告の受諾について決定しなければならない。

6. この議定書の締約国の会合として機能する締約国会議は、条約第4条6の規定に考慮を払いつつ、市場経済への移行の過程にある附属書Ⅰの締約国によるこの条の規定に基づく約束以外のこの議定書に基づく約束の履行については、ある程度の弾力的適用を認めることとする。

7. 2008年から2012年までの最初の数量的な排出抑制及び削減の約束期間における附属書Ⅰの締約国の割当量は、1990年又は5の規定に従って決定される基準年又は基準期間における附属書Aに掲げる温室効果ガスの人為的な排出量（二酸化炭素換算量）の合計のうち、当該締約国につき附属書Bで定める割合に相当する量に、5を乗じて得た量に相当するものとする。附属書Ⅰの締約国であって、1990年の土地利用変化及び林業が温室効果ガスの純発生源となるものは、その国の割当量を計算するために、1990年の排出の基準年又は基準期間に、1990年の土地利用変化からの人為的な発生源による排出量（二酸化炭素換算量）から吸収源による除去量を差し引いたものを含めなければならない。

8. 附属書Ⅰの締約国は、7の規定による計算のために、ハイドロフルオロカーボン、パーフルオロカーボン及び六弗化硫黄に係る基準年を1995年とすることができる。

9. 附属書Ⅰの締約国の次の期間における約束は、第21条7の規定に従って採択されるこの議定書の附属書Bの改正によって設定する。この議定書の締約国の会合として機能する締約国会議は、1に規定する第1期の約束期間の終期の7年前までに、この約束に関する検討を始めなければならない。

10. 締約国が第6条又は第17条の規定に従って他の締約国から獲得した排出削減単位又は割当量の一部は、これを獲得した締約国の割当量に加えなければならない。

11. 締約国が第6条又は第17条の規定に従って他の締約国に移転した排出

削減単位又は割当量の一部は、これを移転した締約国の割当量から差し引かなければならない。
12. 締約国が第 12 条の規定により他の締約国から獲得した認証排出削減量は、これを獲得した締約国の割当量に加えなければならない。
13. 附属書 I の締約国の約束期間における排出量が、この条の規定による割当量を下回る場合には、当該締約国の求めにより、その差に相当する量を次の約束期間の割当量に加えることができる。
14. 附属書 I の締約国は、開発途上締約国（特に条約第 4 条 8 及び 9 に規定する開発途上締約国）に及ぼす社会上、環境上及び経済上の悪影響を最小化するような方法で、1 の規定に基づく約束を履行するよう努めなければならない。この議定書の締約国の会合として機能する締約国会議は、第 1 回会合において、これらの規定の実施に関する締約国会議の関連する決定に従って、これらの規定で定める締約国に及ぼす気候変動の悪影響又は対応措置の影響を最小化するために、どのような行動が必要であるかについて検討しなければならない。この検討の対象には、基金の設置、保険及び技術移転が含まれる。

第 4 条

1. 前条の規定に基づく約束を共同で履行することについて合意に達した附属書 I の締約国は、附属書 A に掲げる温室効果ガスの人為的な排出量（二酸化炭素換算量）の合計を合算した量が、附属書 B に掲げる数量的な排出抑制及び削減の約束に基づき及び第 3 条の規定により計算した割当量を超えない場合には、その約束を達成したものとみなされる。この合意の当事国であるそれぞれの締約国に割り当てられる排出量の水準は、当該合意において示されなければならない。
2. この合意の当事国である締約国は、この議定書の批准書、承諾書、承認書又は加入書の寄託の日に、その合意の内容を事務局に通告しなければならない。事務局は、条約の締約国及び署名国に対し、この合意の内容を通報しなければならない。
3. この合意は、前条 7 に規定する約束期間の終了までの間は、効力を有

する。
4. 締約国が、地域的な経済統合のための機関の枠組により、及び地域的な経済統合のための機関とともに実施する場合には、この議定書の採択後の当該機関の構成の変更は、この議定書に基づく既存の約束に影響を及ぼさない。当該機関の構成の変更は、その変更後に定める第3条の規定に基づく約束についてのみ適用する。
5. この合意の当事国である締約国が、合算した排出削減の水準を達成できなかった場合には、当該合意の当事国である各締約国は、各締約国につき当該合意で定められた排出量の水準について、責任を有する。
6. 締約国が、この議定書の締約国である地域的な経済統合のための機関の枠組により、及び地域的な経済統合のための機関とともに実施する場合で、合算した排出削減の水準を達成できなかったときは、当該機関の構成国は、個別に及び第24条の規定に従って実施する地域的な経済統合のための機関と共同で、この条の規定に従って通告した排出量の水準について、責任を有する。

第5条

1. 附属書Ⅰの締約国は、第1期の約束期間が始まる1年前までに、すべての温室効果ガス（モントリオール議定書によって規制されているものを除く。）の発生源による人為的な排出量及び吸収源による除去量を推計するための国内の制度を整備しなければならない。この議定書の締約国の会合として機能する締約国会議は、第1回会合において、2に規定する方法を含む国内の制度についての指針を決定する。
2. すべての温室効果ガス（モントリオール議定書によって規制されているものを除く。）の発生源による人為的な排出量及び吸収源による除去量を推計するための方法は、気候変動に関する政府間会合が承認し、及び条約の締約国会議が第3回会合において合意したものとする。この方法が用いられない場合には、この議定書の締約国の会合として機能する締約国会議が第1回会合において合意する方法に従って、適正な調整を加えなければならない。この議定書の締約国の会合として機能する締約国

会議は、特に気候変動に関する政府間会合の成果並びに科学上及び技術上の助言に関する補助機関が行う助言に基づき、条約の締約国会議が行う関連する決定に十分に考慮を払いつつ、当該方法及び調整を定期的に検討し、適当な場合には改正するものとする。方法又は調整の改正は、その改正後に採択される第3条の規定に基づく約束の履行を確保するためにのみ用いるものとする。

3. 附属書Aに掲げるすべての温室効果ガスの発生源による人為的な排出量及び吸収源による除去量の二酸化炭素換算量を計算するために用いる地球温暖化係数は、気候変動に関する政府間会合が承認し、及び条約の締約国会議が第3回会合において合意したものとする。この議定書の締約国の会合として機能する締約国会議は、特に気候変動に関する政府間会合の成果並びに科学上及び技術上の助言に関する補助機関が行う助言に基づき、条約の締約国会議が行う関連する決定に十分に考慮を払いつつ、それぞれの温室効果ガスに係る地球温暖化係数を定期的に検討し、適当な場合には改正するものとする。地球温暖化係数の改正は、その改正後に採択される第3条の規定に基づく約束の履行を確保するためにのみ用いるものとする。

第6条

1. 第3条の規定に基づく約束を履行するため、附属書Iの締約国は、他の附属書Iの締約国から、あらゆる経済部門における温室効果ガスの発生源による人為的な排出の削減又は吸収源による人為的な吸収の強化を目的とする事業から生じる排出削減単位を、移転し又は獲得することができる。ただし、次の要件を満たすことを条件とする。

(a) かかる事業について、関係締約国の承認を得ていること。

(b) かかる事業が、当該事業が行われない場合に対して、追加的な、発生源による排出の削減又は吸収源による吸収の強化をもたらすこと。

(c) 第5条及び第7条の規定に基づく義務を遵守していない場合には、排出削減単位を獲得しないこと。

(d) 排出削減単位の獲得が、第3条の規定に基づく約束を履行するための国

内の措置に対して補完的なものであること。
2．この議定書の締約国の会合として機能する締約国会議は、第 1 回会合において又はその後できる限り速やかに、検証及び報告のためのものを含め、この条の規定を実施するために必要な指針を策定することができる。
3．附属書 I の締約国は、その責任により、この条の規定に基づく排出削減量の発生、移転又は獲得につながる活動への法的主体の参加を認めることができる。
4．第 8 条の関連する規定に従って、附属書 I の締約国によるこの条に規定する条件の実施についての疑義が提起された場合であっても、当該疑義が提起された後も、引き続き、排出削減単位の移転及び獲得を行うことができる。ただし、遵守の問題が解決するまでは、いかなる締約国も、第 3 条の規定に基づく約束の履行のためにこの排出削減単位を用いてはならないことを条件とする。

第 7 条

1．附属書 I の締約国は、条約の締約国会議の関連する決定に従って提出する、すべての温室効果ガス（モントリオール議定書によって規制されているものを除く。）の発生源による人為的な排出及び吸収源による除去に関する毎年の目録に、4 の規定により決定される第 3 条の遵守を確保するために必要な補足的な情報を含めなければならない。
2．附属書 I の締約国は、条約第 12 条の規定に従って提出する自国の情報に、4 の規定により決定されるこの議定書に基づく約束の遵守を明らかにするたに必要な補足的な情報を含めなければならない。
3．附属書 I の締約国は、自国に対してこの議定書が効力を生じた後に求められる最初の目録とともに、及びそれ以降は毎年、1 の規定により求められる情報を提出しなければならない。附属書 I の締約国は、自国に対してこの議定書が効力を発生し、及び 4 の規定で定める指針が採択された後に求められる最初の自国の情報の送付の一部として、2 の規定により求められる情報を提出しなければならない。この条の規定により求め

られる情報の提出のその後の頻度は、締約国会議が決定する各国の情報の提出に関する日程を考慮しつつ、この議定書の締約国の会合として機能する締約国会議が決定する。
4．この議定書の締約国の会合として機能する締約国会議は、締約国会議が採択する附属書Ⅰの締約国による各国の情報の準備のための指針に考慮を払いつつ、第１回会合において、この条の規定により求められる情報の準備のための指針を採択し、その後、定期的に見直さなければならない。この議定書の締約国の会合として機能する締約国会議は、第１期の約束期間の前に、割当量の計算の方法を決定しなければならない。

第8条

1．前条の規定に従って附属書Ⅰの締約国が提出する情報は、関連する締約国会議の決定に基づき、及びこの議定書の締約国の会合として機能する締約国会議が４の規定に従って採択する指針に従い、専門家による検討チームが検討する。附属書Ⅰの締約国が前条１の規定に従って提出した情報は、排出の目録及び割当量の毎年の編集及び計算の一部として検討する。また、附属書Ⅰの締約国が前条２の規定に従って提出した情報は、情報の送付の検討の一部として検討する。
2．専門家による検討チームは、事務局が調整し及び締約国会議がこの目的のために条約の締約国会議が採択する指針に従い、条約の締約国及び適当な場合には政府間機関が指名する者の中から選ばれる者によって構成する。
3．この検討は、締約国によるこの議定書の実施のすべての側面について、完全かつ包括的に技術的な評価を行うものとする。専門家による検討チームは、締約国の約束の実施を評価し及び約束の履行における潜在的な問題及び約束の履行に影響を与える要因を評価して、この議定書の締約国の会合として機能する締約国会議に報告を提出する。事務局は、この報告をすべての条約の締約国に送付する。事務局は、この議定書の締約国の会合として機能する締約国会議が更に検討を行うために、この報告が示唆する実施に関する疑義を提示する。

4. この議定書の締約国の会合として機能する締約国会議は、締約国会議の関連する決定に考慮を払いつつ、専門家による検討チームが行うこの議定書の実施に関する検討のための指針を、第1回会合において採択し、その後は定期的に検討する。
5. この議定書の締約国の会合として機能する締約国会議は、実施に関する補助機関及び適切な場合には科学上及び技術上の助言に関する補助機関の支援を得て、次の事項を検討する。
(a) 第7条の規定に従って締約国が送付する情報及びこの条の規定に従って専門家による検討チームが作成する報告書
(b) 締約国が提起し、及び3の規定に従って事務局が提示する実施に関する疑義
6. この議定書の締約国の会合として機能する締約国会議は、5の規定による情報の検討に基づき、この議定書の実施のために必要な事項について決定するものとする。

第9条

1. この議定書の締約国の会合として機能する締約国会議は、気候変動及びその影響に関する利用可能な最善の科学上の情報及び評価並びに関連する技術上、社会上及び経済上の情報に照らして、この議定書を定期的に検討する。この検討は、条約に基づく関連する検討、特に条約第4条2(d)及び第7条2(a)の規定により求められる検討と調整される。この議定書の締約国の会合として機能する締約国会議は、この検討に基づき、適当な措置をとる。
2. 第1回目の検討は、この議定書の締約国の会合として機能する締約国会議の第2回会合において行う。その後の検討は、一定の間隔で、かつ適当な時期に行う。

第10条

締約国は、それぞれ共通に有しているが差異のある責任並びに各国及び地域に特有の開発の優先順位並びに各国特有の目的及び事情を考慮し、非附属書Ⅰの締約国についていかなる新たな約束も導入しないが、条約第4条の規定に基づく既存の約束を再確認し、並びに持続可能な開発を達成するためにその約束の履行の促進を継続し、条約第4条3、5及び7の規定を考慮して、次のことを行う。

(a) すべての温室効果ガス（モントリオール議定書によって規制されているものを除く。）について、発生源による人為的な排出及び吸収源による除去に関する自国の目録を準備し及び定期的に更新するために、適当な場合に、かつ、可能な範囲において、締約国会議が定める比較可能な方法を用い、及び締約国会議が採択する自国の情報の送付の準備のための指針に従って、締約国の社会経済的状況を反映する、地域の排出係数、活動データ又はモデルの質を改善するための費用対効果の大きい自国の（適当な場合には地域の）計画を作成すること。

(b) 気候変動を緩和するための措置及び気候変動への適応を容易にするための措置を含む自国の（適当な場合には地域の）計画を作成し、実施し、公表し及び定期的に更新すること。

　(i) これらの計画は、特に、エネルギー、運輸及び産業分野並びに農業、森林及び廃棄物の管理に関するものとする。さらに、土地利用計画の改善のための適応の技術及び方法は、気候変動に対する適応を改善するものとする。

　(ii) 附属書Ⅰの締約国は、第7条の規定に従い、自国の計画等この議定書に基づき講じる措置に関する情報を提出しなければならない。他の締約国は、適当な場合には、温室効果ガスの排出の増加の逓減及び吸収源による除去の強化並びに能力の向上及び適応措置等当該締約国が気候変動及びその悪影響に対処することに寄与すると認める措置を含む計画に関する情報を、自国の情報の送付に含めるよう努めなければならない。

(c) 気候変動に関連する環境上適正な技術、知見、慣行及び工程を開発し、

利用し及び普及するための効果的な方法の推進について協力するとともに、適当な場合には、特に途上国に対してこれらを移転し又は取得する機会の提供を促進し、容易にし、及び資金を供与するため、実施可能なすべての措置をとること。この措置には、環境上適正な技術を促進し、その移転及び取得の機会を強化するために、公的に所有され、又は公共部門に帰属する環境上適切な技術の効果的な移転のための政策及び計画を作成すること並びに民間部門の対応を可能にする環境を創設することが含まれる。

(d) 科学的及び技術的研究について協力し、気候変動とその悪影響及び種々の対応戦略による社会上及び経済上の結果に関連する不確実性を軽減するための、組織的観測の維持及び開発を促進し、並びに資料の保管所を設立し、並びに条約第5条の規定を勘案して、研究及び組織的観測に関する国際的及び政府間の努力、計画及び協力網に参加する各国の能力の開発及び強化を推進すること。

(e) 国際的なレベルで、適当な場合には既存の団体を活用しつつ、国家の能力、特に人材及び組織の能力の向上の強化、及び特に開発途上国のためのこの分野での専門家を養成するための人的交流又は派遣等教育訓練事業の計画の作成及び実施について協力し、及びその促進を図るとともに、自国において、気候変動に関する国民の意識を啓発し及び気候変動に関する情報の公開を促進すること。条約第6条の規定に考慮を払いつつ、条約の関連機関を通じて、これらの活動を実施するために、適切な方法が開発されなければならない。

(f) 締約国会議の関連する決定に従って、この条の規定に従って講じる計画及び活動に関する情報を、自国の国別報告書に含めること。

(g) この条の規定に基づく約束の実施に当たり、条約第4条8の規定に、できる限り考慮を払うこと。

第11条

1. 締約国は、前条の規定の実施に当たり、条約第4条4、5、7、8及び9の規定に考慮を払わなければならない。

2．条約の附属書 II に掲げる先進締約国は、条約第 4 条の規定の実施に関し、条約第 4 条 3 及び第 11 条の規定に従って、並びに条約の資金供与の制度の運営を委託された組織を通じて、次のことを行う。
(a) 開発途上締約国が第 10 条(a) の規定の対象とされている条約第 4 条 1(a) の規定に基づく既存の約束の履行を促進するために負担するすべての合意された費用に充てるため、新規のかつ追加的な資金を供与すること。
(b) また、前条の規定の対象とされている条約第 4 条 1 の規定に基づく既存の約束の履行を促進するための措置であって、開発途上締約国と条約第 11 条に規定する国際的組織との間で合意するものを実施するためのすべての合意された増加費用を負担するために開発途上締約国が必要とする新規のかつ追加的な資金（技術移転のためのものを含む。）を同条の規定に従って供与すること。

これらの既存の約束の履行に当たっては、資金の流れの妥当性及び予測可能性が必要であること、並びに先進締約国間の適当な責任分担が重要であることについて考慮を払う。締約国会議の関連する決定で定める条約の資金供与の制度の運営を委託された組織に対する指導（この議定書の採択の前に合意されたものを含む。）は、この 2 の規定に準用する。

3．条約の附属書 II に掲げる先進締約国は、また、二国間の及び地域的その他の多数国間の経路を通じて、第 10 条の実施のための資金を供与することができるものとし、開発途上締約国は、これを利用することができる。

第12条

1．クリーン開発メカニズムについて、ここに定める。
2．クリーン開発メカニズムの目的は、非附属書 I の締約国が持続可能な開発を達成し、及び条約の究極の目的に貢献することを支援し、並びに附属書 I の締約国が第 3 条の規定に基づく数量的な排出抑制及び削減の約束の遵守を達成することを支援することとする。
3．クリーン開発メカニズムの下で、
(a) 非附属書 I の締約国は、認証された排出削減量をもたらす事業活動から利益を得る。

(b) 附属書Ⅰの締約国は、この議定書の締約国の会合として機能する締約国会議の決定に従い、第3条の規定に基づく数量的な排出抑制及び削減の約束の一部の履行に寄与するため、事業活動から生ずる認証排出削減量を利用することができる。

4．クリーン開発メカニズムは、この議定書の締約国の会合として機能する締約国会議の権威と指導に従い、及びクリーン開発メカニズムの執行委員会によって監督される。

5．各事業活動から生ずる排出削減量は、この議定書の締約国の会合として機能する締約国会議が指定する運営組織が、次の原則に基づいて認証する。

(a) 関係締約国によって承認された自主的な参加
(b) 気候変動の緩和に関連する実質的で、測定可能な、長期的な利益
(c) 認証された事業活動がない場合に生じる削減に対し、追加的な排出削減

6．クリーン開発メカニズムは、必要に応じ、認証事業活動の資金の準備を支援する。

7．この議定書の締約国の会合として機能する締約国会議は、第1回会合において、事業活動に対する独立した監査及び検証を通じて透明性、効率性及び責任を確保するために、方法及び手続を策定しなければならない。

8．この議定書の締約国の会合として機能する締約国会議は、認証事業活動の利益の一部が、運営費用を賄うとともに、気候変動の悪影響に対して、特に脆弱な開発途上締約国が適応の費用を支払うことへの支援に用いられることを確保しなければならない。

9．3(a)の規定による活動及び認証排出削減量の獲得を含むクリーン開発メカニズムへの参加は、民間又は公的主体を含むことができ、クリーン開発メカニズムの執行委員会が与えるすべての指導に従わなければならない。

10．2000年から第1期の約束期間が始まるまでの期間に得られた認証排出削減量は、第1期の約束期間における遵守の達成を支援するために用いることができる。

第13条

1. 条約の最高機関である締約国会議は、この議定書の締約国の会合として機能する。
2. この議定書の締約国でない条約の締約国は、この議定書の締約国の会合として機能する締約国会議のいずれの会合の議事にもオブザーバーとして参加できる。締約国会議がこの議定書の締約国の会合として機能するときは、この議定書に基づく決定は、この議定書の締約国のみによってなされなければならない。
3. 締約国会議がこの議定書の締約国の会合として機能する場合は、締約国会議のビューローの構成員であって、その時点においてこの議定書の締約国でない条約の締約国を代表するものは、この議定書の締約国により、及びこの議定書の締約国の中から選ばれる追加的な構成員によって代えられなければならない。
4. この議定書の締約国の会合として機能する締約国会議は、この議定書の実施状況を定期的に検討するものとし、その権限の範囲内で、この議定書の効果的な実施を促進するために必要な決定を行う。このため、この議定書の締約国の会合として機能する締約国会議は、付与された任務を遂行するとともに、次のことを行う。

(a) この議定書により得られるすべての情報に基づき、この議定書の締約国による実施の状況、この議定書により採用された対策の全体としての効果、特に環境上、経済上及び社会上の効果並びに対策の累積的な影響並びに条約の目的の達成に向けた進展の程度を評価すること。

(b) 条約の目的、その実施により得られた経験並びに科学的及び技術的知見の進展に照らして、条約第4条2(d) 及び第7条2の規定により求められる検討を考慮しつつ、この議定書に基づく締約国の義務を定期的に点検するとともに、この観点からこの議定書の実施に関する定期的報告を検討し及び採択すること。

(c) 締約国の様々な事情、責任及び能力並びにこの議定書に基づくそれぞれの締約国の約束に考慮を払いつつ、気候変動及びその影響に対処するために締約国が採用する措置に関する情報の交換を推進し及び助長するこ

と。
(d) 二以上の締約国の要請に応じ、締約国の様々な事情、責任及び能力並びにこの議定書に基づくそれぞれの締約国の約束に考慮を払いつつ、気候変動及びその影響に対処するためにそれらの締約国が採用する措置の調整を促進すること。
(e) 条約の目的とこの議定書の規定に従い、締約国会議による関連する決定に十分に考慮を払いつつ、この議定書の締約国の会合として機能する締約国会議が合意するこの議定書の効果的な実施のための比較可能な方法の開発と定期的な改良を推進し及び指導すること。
(f) この議定書の実施のために必要な事項に関して勧告すること。
(g) 第11条2の規定に従い、追加的な資金供給がなされるよう努めること。
(h) この議定書の実施のために必要と考えられる補助的な機関を設けること。
(i) 適当な場合には、適切な国際機関並びに政府間及び非政府の組織により提供されるサービス、協力及び情報を求め及び利用すること。
(j) この議定書の実施のために求められる任務を果たし、及び締約国会議の決定により生じる課題を検討すること。

5．締約国会議の手続規則及び条約に基づいて適用される財政手続は、この議定書の締約国の会合として機能する締約国会議がコンセンサスにより決定する場合を除くほか、この議定書について準用する。

6．事務局は、この議定書の効力発生の日の後に予定される最初の締約国会議の会合と併せて、この議定書の締約国の会合として機能する締約国会議の第1回会合を招集する。この議定書の締約国の会合として機能する締約国会議のその後の通常の会合は、この議定書の締約国の会合として機能する締約国会議が別段の決定を行わない限り、毎年、締約国会議の通常の会合と併せて開催する。

7．この議定書の締約国の会合として機能する締約国会議の特別の会合は、この議定書の締約国の会合として機能する締約国会議が必要と認めるとき又はいずれかの締約国から書面による要請があり、事務局がその要請を締約国に通報した後6箇月以内に締約国の少なくとも三分の一がその要請を支持するときに開催する。

8．国際連合、その専門機関、国際原子力機関及びこれらの国際機関の加盟国又はオブザーバーであってこの条約の締約国でないものは、この議定

書の締約国の会合として機能する締約国会議の会合にオブザーバーとして出席することができる。国内若しくは国際の又は政府若しくは民間のもののいずれであるかを問わず、この議定書の対象とされている事項について認定された団体又は機関であって、この議定書の締約国の会合として機能する締約国会議にオブザーバーとして出席することを希望する旨事務局に通知したものは、当該会合に出席している締約国の三分の一以上が反対しない限り、オブザーバーとして出席することを認められる。オブザーバーの取扱い及び参加については、5の規定による手続規則に従わなければならない。

第14条

1. 条約第8条の規定に基づき設置された事務局は、この議定書の事務局として機能する。
2. 事務局の任務に関する条約第8条2の規定及び事務局の任務の遂行のための措置に関する条約第8条3項の規定は、この議定書に準用する。事務局は、また、この議定書で定める任務を遂行する。

第15条

1. 条約第9条及び第10条の規定に従って設置された科学上及び技術上の助言に関する補助機関及び実施に関する補助機関は、それぞれ、この議定書の科学上及び技術上の助言に関する補助機関及び実施に関する補助機関として機能する。条約に基づくこれらの機関の機能に関する規定は、この議定書に準用する。この議定書の科学上及び技術上の助言に関する補助機関及び実施に関する補助機関の会合は、それぞれ、条約の科学上及び技術上の助言に関する補助機関及び実施に関する補助機関と併せて開催する。
2. 議定書の締約国でない条約の締約国は、補助機関のどの会合の議事についてもオブザーバーとして参加することができる。補助機関が、この議

定書の補助機関として機能する場合、この議定書に基づく決定は、この議定書の締約国のみによってなされなければならない。
3. 補助機関が、この議定書に関係した事項についての機能を行う場合は、その補助機関のビューローの構成員であって、その時点においてこの議定書の締約国でない条約の締約国を代表するものは、この議定書の締約国により、及びこの議定書の中から選ばれる追加的な構成員によって代えられなければならない。

第16条

この議定書の締約国の会合として機能する締約国会議は、できる限り速やかに、条約の締約国会議が採択する関連する決定に照らし、条約第13条で規定する多数国間の協議手続のこの議定書への適用及び適切な改正を検討しなければならない。この議定書に適用される多数国間の協議手続は、第18条の規定に従って設けられる手続と仕組みに影響を及ぼさないように実施されなければならない。

第17条

締約国会議は、排出量取引に関連する原則、方法、規則及び指針(特に検証、報告及び責任に関するもの)を定める。附属書Bに掲げる締約国は、第3条の規定に基づく約束を履行するために、排出量取引に参加することができる。いかなるこうした取引も、当該規定に基づく数量的な排出抑制及び削減に関する約束を履行するための国内的な行動に対して補完的なものでなければならない。

第18条

この議定書の締約国の会合として開催する締約国会議は、第1回会合において、不履行の原因、種類、程度及び頻度を考慮しつつ、結果の示唆的なリ

ストの作成によることを含め、この議定書の規定に係る不履行の事例を決定し及び取り扱うための適当かつ効果的な手続及び仕組みを承認しなければならない。この条の規定に基づく拘束力のある結論を伴う手続及び仕組みは、この議定書の改正によって採択しなければならない。

第19条

紛争の解決に関する条約第14条の規定は、必要な変更を加えて、この議定書に適用する。

第20条

1. 締約国は、この議定書の改正を提案することができる。
2. この議定書の改正は、この議定書の締約国の会合として開催する締約国会議の通常の会合において採択する。この議定書の改正案は、その採択が提案される会合の少なくとも6箇月前に、事務局が締約国に通報する。事務局は、また、改正案を条約の締約国及び署名国並びに参考のために寄託者に通報する。
3. 締約国は、議定書の改正案につき、コンセンサス方式により合意に達するようあらゆる努力を払う。コンセンサスのためのあらゆる努力にも拘わらず合意に達しない場合には、議定書の改正案は、最後の手段として、当該会合に出席しかつ投票する締約国の四分の三の多数決によって採択する。採択された改正は、事務局が寄託者に通報するものとし、寄託者はすべての締約国に対してその受諾のために送付する。
4. 改正の受諾書は、寄託者に寄託する。3の規定に従って採択された改正は、この議定書の締約国の少なくとも四分の三の受諾書を寄託者が受領した日の後90日目の日に、当該改正を受諾した締約国について効力を生ずる。
5. 改正は、他の締約国が当該改正の受託書を寄託者に寄託した日の後90日目の日に当該国について効力を生ずる。

第21条

1. この議定書の附属書は、この議定書の不可欠の一部を成すものとし、「この議定書」というときは、別段の明示の定めがない限り、附属書を含めていうものとする。この議定書の発効後に採択された附属書は、表、書式その他科学的、技術的、手続的又は事務的な性格を有する説明的な文書に限定される。
2. 締約国は、この議定書の附属書を提案し、及びこの議定書の附属書の改正を提案できる。
3. この議定書の附属書及び附属書の改正は、この議定書の締約国の会合として機能する締約国会議の通常の会合において採択される。附属書案及び附属書改正案文は、その採択が提案される会合の少なくとも6箇月前に、事務局が締約国に通報する。事務局は、附属書案又は附属書の改正案を条約の締約国及び署名国並びに参考のために寄託者に通報する。
4. 締約国は、附属書案及び附属書の改正案につき、コンセンサス方式により合意に達するようあらゆる努力を払う。コンセンサスのためのあらゆる努力にも拘わらず合意に達しない場合には、附属書又は附属書の改正は、最後の手段として、当該会合に出席しかつ投票する締約国の四分の三の多数決によって採択される。採択された附属書又は附属書の改正は、事務局が寄託者に通報するものとし、寄託者がすべての締約国に対し受諾のために送付する。
5. 3及び4の規定に従って採択された附属書又は附属書A若しくは附属書B以外の附属書の改正は、寄託者がその附属書の採択又は附属書の改正の採択を締約国に通報した日の6箇月後で、その期間内に当該附属書又は附属書の改正を受諾しない旨を書面により通告した締約国を除くほか、この議定書のすべての締約国について効力を生ずる。当該附属書又は附属書の改正は、当該通告を撤回する旨の通告を寄託者が受領した日の後90日目の日に当該通告を撤回した締約国について効力を生ずる。
6. 附属書の採択又は附属書の改正がこの議定書の改正を伴うものである場合には、採択された附属書又は改正された附属書は、この議定書の改正が効力を生ずる時まで効力を生じない。

7．この議定書の附属書A及び附属書Bの改正は、いかなる附属書Bの改正も、関係する締約国の書面による同意があってはじめて採択されるという条件で、前条に規定する手続に従い採択され及び効力を生ずる。

第22条

1．各締約国は、2に規定する場合を除くほか、一の投票権を有する。
2．地域的な経済統合のための機関は、その権限の範囲内の事項について、この議定書の締約国であるその構成国の数と同じ数の票を投ずる権利を行使する。当該機関は、その構成国が自国の投票権を行使する場合には、投票権を行使してはならない。その逆の場合も、同様とする。

第23条

国連事務総長は、この議定書の寄託者とする。

第24条

1．この議定書は、署名のために開放され、並びに条約の締約国である国家及び地域的な経済統合のための機関により、批准され、受託され又は承認されなければならない。この議定書は、1998年3月16日から1999年3月15日までニューヨークの国際連合本部において署名のために開放しておく。この議定書は、署名のための期間の終了の日の後は、加入のために開放しておく。批准書、受託書、承認書又は加入書は、寄託者に寄託する。
2．この議定書の締約国となる地域的な経済統合のための機関で当該機関のいずれの構成国も締約国となっていないものは、この議定書に基づくすべての義務を負う。当該機関の一又は二以上の構成国がこの議定書の締約国である場合には、当該機関及びその構成国は、この議定書に基づく義務の履行につきそれぞれの責任を決定する。この場合において、当該

機関及びその構成国は、この議定書に基づく権利を同時に行使することができない。
3．地域的な経済統合のための機関は、この議定書の規律する事項に関する当該機関の権限の範囲をこの議定書の批准書、受諾書、承認書又は加入書において宣言する。当該機関は、また、その権限の範囲の実質的な変更を寄託者に通報し、寄託者は、これを締約国に通報する。

第25条

1．この議定書は、附属書Ⅰの締約国の1990年における二酸化炭素排出総量の少なくとも55パーセントを占める附属書Ⅰの締約国を含む55箇国以上の条約の締約国が批准書、受諾書、承認書又は加入書を寄託した日の後90日目の日に効力を生ずる。
2．この条の規定の適用上、「附属書Ⅰの締約国の1990年における二酸化炭素排出総量」とは、この議定書の採択の日又はそれ以前に、条約第12条の規定に従って提出した最初の自国の情報の送付において、附属書Ⅰの締約国が通報した量とする。
3．この議定書は、1に規定する効力発生の要件が満たされた後に、これを批准し、受諾し若しくは承認し又は加入する国又は地域的な経済統合のための機関については、批准書、受諾書、承認書又は加入書の寄託の後90日目の日に効力を生ずる。
4．地域的な経済統合のための機関によって寄託される文書は、この条の規定の適用上、当該機関の構成国によって寄託されたものに追加して数えてはならない。

第26条

この議定書には、いかなる留保も付することができない。

第27条

1. 締約国は、この議定書が効力を生じた日から 3 年を経過した後いつでも、寄託者に対して書面による脱退の通告を行うことにより、この議定書から脱退することができる。
2. 1の脱退は、寄託者が脱退の通知を受領した日から1年を経過した日又はそれよりも遅い日であって脱退の通告において指定されている日に効力を生ずる。
3. この条約から脱退する締約国は、この議定書からも脱退したものとみなす。

第28条

アラビア語、中国語、英語、フランス語、ロシア語及びスペイン語をひとしく正本とするこの議定書の原本は、国際連合事務総長に寄託する。

1997年12月11日に京都で作成した。

以上の証拠として、下名は、正当に委任を受けて記載の日にこの議定書に署名した。

附属書A

温室効果ガス

二酸化炭素（CO_2）
メタン（CH_4）
亜酸化窒素（N_2O）
ハイドロフルオロカーボン（HFC_S）
パーフルオロカーボン（PFC_S）
六弗化硫黄（SF_6）

部門／発生源分野

エネルギー
　燃料の燃焼
　　エネルギー産業
　　製造業及び建設
　　運輸
　　その他の部門
　　その他
　燃料の漏出
　　固形燃料
　　石油及び天然ガス
　　その他

工業プロセス
　鉱業製品

化学産業
　金属生産
　その他の生産
　ハロカーボン及び六弗化硫黄の生産
　ハロカーボン及び六弗化硫黄の消費
　その他

溶剤及びその他の製品の使用

農業
    家畜の腸内発酵
    家畜の糞尿管理
    稲作
    農業土壌
    サバンナの野焼き
    農業廃棄物の野焼き
    その他

廃棄物
    固形廃棄物の埋立
    下水処理
    廃棄物の焼却

その他

附属書B

締約国	数量的な排出抑制又は削減の約束 (基準年又は基準期間の割合)
オーストラリア	108
オーストリア	92
ベルギー	92
ブルガリア*	92
カナダ	94
クロアチア*	95
チェコ共和国*	92
デンマーク	92
エストニア*	92
欧州共同体	92
フィンランド	92
フランス	92
ドイツ	92
ギリシャ	92
ハンガリー*	94
アイスランド	110
アイルランド	92
イタリア	92
日本国	94
ラトヴィア*	92
リヒテンシュタイン	92
リトアニア*	92
ルクセンブルグ	92
モナコ	92
オランダ	92
ニュー・ジーランド	100
ノールウェー	101
ポーランド*	94
ポルトガル	92
ルーマニア*	92
ロシア連邦*	100
スロバキア*	92
スロベニア*	92
スペイン	92
スウェーデン	92
スイス	92
ウクライナ*	100
グレート・ブリテン及び北部アイルランド連合王国	92
アメリカ合衆国	93

*市場経済への移行の過程にある国

付表1：附属書Ⅰの締約国の1990年における二酸化炭素排出量

締約国	排出量（$GgCO_2$）	パーセント
オーストラリア	288,965	2.1
オーストリア	59,200	0.4
ベルギー	113,405	0.8
ブルガリア	82,990	0.6
カナダ	457,441	3.3
チェコ共和国	169,514	1.2
デンマーク	52,100	0.4
エストニア	37,797	0.3
フィンランド	53,900	0.4
フランス	366,536	2.7
ドイツ	1,012,443	7.4
ギリシャ	82,100	0.6
ハンガリー	71,673	0.5
アイスランド	2,172	0.0
アイルランド	30,719	0.2
イタリア	428,941	3.1
日本国	1,173,360	8.5
ラトヴィア	22,976	0.2
リヒテンシュタイン	208	0.0
ルクセンブルグ	11,343	0.1
モナコ	71	0.0
オランダ	167,600	1.2
ニュー・ジーランド	25,530	0.2
ノールウェー	35,533	0.3
ポーランド	414,930	3.0
ポルトガル	42,148	0.3
ルーマニア	171,103	1.2
ロシア連邦	2,388,720	17.4
スロバキア	58,278	0.4
スペイン	260,654	1.9
スウェーデン	61,256	0.4
スイス	43,600	0.3
グレート・ブリテン及び北部アイルランド連合王国	584,078	4.3
アメリカ合衆国	4,957,022	36.1
合計	13,728,306	100.0

出典：FCCC/CP/98/7/Add.1

参考文献

ABARE 1997: *The Economic Impact of International Climate Change Policy* (Research Report 97.4). Canberra: ABARE.
AFEAS 1998: *Production, Sales and Atmospheric Release of Fluorocarbons through 1996.* Washington D. C.: AFEAS.
Agarwal H. and S. Narain 1991: *Global Warming in an Unequal World. A Case of Environmental Colonialism.* New Delhi: Centre for Science and Environment.
Alcamo, J. and E. Kreileman 1998: Emission Scenarios and Global Climate Protection, in: J. Alcamo, R. Leemans and G.J.J. Kreileman (eds.): *Global Climate Change Scenarios of the 21st Century. Results from the IMAGE 2.1. Model.* Oxford (UK): Pergamon/Elsevier Science, 163–192.
Alexy, Robert 1995: *Recht, Vernunft, Diskurs. Studien zur Rechtsphilosophie.* Frankfurt a.M: Suhrkamp.
Altvater, Elmar, Achim Brunnengräber and Heike Walk 1998: Substitut des Staatsvolkes: Nicht-Regierungsorganisationen als neue Akteure transnationaler (Umwelt-) Politik. *Ökologisches Wirtschaften*, No. 2 (1998), 23-25.
Arrhenius, Svante 1896: On the Influence of Carbonic Acid in the Air Upon the Temperature of the Ground, in: *Philosophical Magazine* 41, No. 251 (April 1896), 237–277.
Australia 1997: *Australia's Second National Report under the United Nations Framework Convention on Climate Change.* Canberra: Department of the Environment.
Bail, Christoph 1998: Das Klimaschutzregime nach Kyoto. *Europäische Zeitschrift für Wirtschaftsrecht*, Vol. 9, No. 15, 457–464.
Bals, Christoph 1997: *Klimaskeptiker im Treibhaus. Die wissenschaftliche Debatte um den globalen Treibhauswandel.* Bonn: Forum Umwelt & Entwicklung.
Bär, Stefani and R. Andreas Kraemer 1998: European Environmental Policy After Amsterdam. *Journal of Environmental Law*, Vol. 10, No. 2, 315–330.
Barratt-Brown, Elizabeth 1991: Building a Monitoring and Compliance Regime Under the Montreal Protocol. *Yale Journal of International Law*, No. 16 (1991), 519–570.
Baumert, Kevin A., Ruchi Bhandari and Nancy Kete 1999: *What might a Developing Country Climate Commitment Look Like?* Washington, D.C.: World Resources Institute.
Belliveau, Michael 1998: *Smoke Mirrors. Will Global Pollution Trading Save the Climate or Promote Injustice and Fraud?* San Francisco: Transnational Resource & Action Center.
Benedick, Richard Elliot 1998a: *Ozone Diplomacy. New Directions in Safeguarding the Planet.* Second edition, Cambridge (Massachusetts): Harvard University Press.
Benedick, Richard Elliot 1998b: Auf dem falschen Weg zum Klimaschutz? *Universitas*, November 1998, 1017–1031.
Berk, Marcel, Michel den Elzen and Bert Metz 1999: *Global Climate Protection and Equitable Burden Sharing – An Exploration of Some Options.* Paper presented at the EFIEA policy workshop on "Integrated climate policies in the European Environment, costs and opportunities", Milan, 4–6 March 1999.
Bernauer, Thomas 1995: The Effect of International Environmental Institutions: How We Might Learn More. *International Organization*, Vol. 49, No. 2, 351–377.

Beuermann, Christiane and Jill Jäger 1996: Climate Change Politics in Germany: How Long Will any Double Dividend Last? in: Timothy o'Riordan and Jill Jäger (eds.): *Politics of Climate Change – A European Perspective*. London/New York: Routledge, 186–227.

Beyerlin, Ulrich and Markus Ehrmann 1997: Fünf Jahre nach dem Erdgipfel von Rio: eine kritische Bestandsaufnahme der Sondergeneralversammlung vom Juni 1997. *Umweltpolitik und Recht (UPR)*, No. 9, 356–361.

Biermann, Frank 1997: Financing Environmental Policies in the South. Experiences from the Multilateral Ozone Fund. *International Environmental Affairs*, Vol. 9, No. 3, 179–218.

Blok, K., G.J.M. Phylipsen and J.W. Bode 1997: *The Triptique Approach. Burden Differentiation of CO_2 Emission Reduction Among European Union Member States.* Discussion paper for the informal workshop for the European Union Ad Hoc Group on Climate Change, Zeist, The Netherlands, 16–17 January 1997.

Bodansky, David 1993: The United Nations Framework Convention on Climate Change: A Commentary. *Yale Journal of International Law*, Vol. 18, 451–558.

Botcheva, Liliana 1996: Focus and Effectiveness of Environmental Activism in Eastern Europe: A Comparative Study of Environmental Movements in Bulgaria, Hungary, Slovakia, and Romania. *Journal of Environment and Development*, Vol. 5, No. 3, 292–308.

Brack, Duncan 1996: *International Trade and the Montreal Protocol*. London: Earthscan.

Brauch, Hans Günter (ed.) 1996: *Klimapolitik – naturwissenschaftliche Grundlagen, internationale Regimebildung und Konflikte, ökonomische Analysen sowie nationale Problemerkennung und Politikumsetzung*. Berlin/Heidelberg: Springer.

Breitmeier, Helmut 1996: *Wie entstehen globale Umweltregime? Der Konfliktaustrag zum Schutz der Ozonschicht und des globalen Klimas*. Opladen: Leske+Budrich.

Brown, Paige 1998: *Climate, Biodiversity, and Forests: Issues and Opportunities from the Kyoto Protocol*. Washington, D.C.: World Resources Institute.

Browne, John 1997: *Climate Change: The New Agenda* (A presentation to Stanford University, California, 19 May 1997). London: British Petroleum Company.

Brownlie, Ian 1990: *Principles of Public International Law*. Oxford: Oxford University Press.

Burtraw, Dallas 1999: Cost savings, market performance and economic benefits of the US Acid Rain Program, in: Steve Sorell and Jim Skea (eds.) 1999: *Pollution for Sale: Emissions Trading and Joint Implementation*. Northampton (Massachusetts): Edward Elgar, 43–62.

Cameron, James and Matthias Buck 1998a: *The Clean Development Mechanism and Investment Opportunities for the Private Sector*. Paper, presented at UNEP, Fourth International Roundtable on Finance and the Environment, Cambridge/UK, 17–18 September 1998.

Cameron, James and Matthias Buck 1998b: *Designing the 'Clean Development Mechanism'*. FIELD Working Paper, presented to Aspen Global Forum in October 1998.

Campbell, Laura B. 1998: Emission Trading, Joint Implementation and the Clean Development Mechanism: The Role of Private Sector and Other Non-State Actors in Implementation, in: W. Bradnee Chambers (ed.). *Global Climate Governance: Inter-linkages Between the Kyoto Protocol and Other Multilateral Regimes*. Tokyo: United Nations University, Institute of Advanced Studies, 7-12.

Carius, Alexander and Kurt M. Lietzmann (eds.) 1999: *Environmental Change and Security. A European Perspective*. Berlin: Springer.

CEPS (Centre for European Policy Studies) 1997: *EU Climate Change Policy on the Road to Kyoto and Beyond*. Policy Conclusions and Background Report. Brussels: CEPS.

Center for Health and the Global Environment 1998: *Extreme Weather Events: The Health and Economic Cosequences of the 1997/98 El Niño and La Niña*. Havard: Havard Medical School.

Centre for Science and Environment 1998: *The Kyoto Protocol. What it says?* New Delhi (India): CSE.

Chambers, W. Bradnee (ed.) 1998a: *Global Climate Governance: Inter-linkages Between the Kyoto Protocol and Other Multilateral Regimes*. Tokyo: United Nations University, Institute of Advanced Studies.

Chambers, W. Bradnee 1998b: International Trade Law and the Kyoto Protocol, in: W. Bradnee Chambers (ed.). *Global Climate Governance: Inter-linkages Between the Kyoto Protocol and Other Multilateral Regimes.* Tokyo: United Nations University, Institute of Advanced Studies, 39–58.

Chartier, Denis and Jean-Paul Deléage 1998: The International Environmental NGOs: From the Revolutionary Alternative to the Pragmatism of Reform. *Environmental Politics,* Vol. 7, No. 3, 26–41.

Chayes, Abram and Eugene B. Skolnikoff 1992: *A Prompt Start: Implementing the Framework Convention on Climate Change.* Conference Report, Bellagio/Italy, 28–30 January 1992.

Chayes, Abram and Antonia Handler Chayes 1993: On compliance. *International Organization,* Vol. 47, No. 2, 175–205.

Chatterje, Pratap and Matthias Finger 1994: *The Earth Brokers. Power, Politics and Development.* London and New York: Routledge.

CAN-CEE/CNE (Climate Action Network – Central and Eastern Europe and Climate Network Europe) 1995: *Independent NGO Evaluations of National Plans for Climate Change Mitigation: Central and Eastern Europe,* First Review, January 1995.

CNE/USCAN (Climate Network Europe/United States Climate Action Network) 1995: *Independent NGO Evaluations of National Plans for Climate Change Mitigation: OECD Countries – Third Review,* January 1995.

CNE/USCAN (Climate Network Europe/United States Climate Action Network) 1997: *Independent NGO Evaluations of National Plans for Climate Change Mitigation: OECD Countries – Fifth Review,* September 1997.

CNE (Climate Network Europe) 1997: *Targeting Kyoto and Beyond. The Role of Europe.* Conference Proceedings, Bonn, 16/17 October 1997.

Coenen, Reinhard and Gerhard Sardemann 1998: Das Kyoto-Protokoll zum Schutz des Klimas – Erfolg oder Mißerfolg? (ITAS Arbeitsbericht 1/1998). Karlsruhe: Forschungszentrum Karlsruhe/ITAS.

Collier, Ute 1996: *Implementing a Climate Change Strategy in the European Union: Obstacles and Opportunities.* EUI Working Paper RSC No. 96/1. Badia Fiosolana: European University Institute.

Collier, Ute 1997: The EU and Climate Change Policy: The Struggle Over Policy Competences, in: Ute Collier (ed.): *Cases in Climate Change Policy: Political Reality in the European Union.* London: Earthscan, 43–64.

Contini, Paolo and Peter H. Sand 1972: Methods to expedite Environment Protection: International Ecostandards. *American Journal of International Law,* No. 66 (1972), 37–59.

Cook, Elizabeth (ed.) 1996: *Ozone Protection in the United States. Elements of Success.* Washington, D.C.: World Resources Institute.

Cooper, Richard N. 1998: Toward a Real Global Warming Treaty. *Foreign Affairs,* Vol. 77, No. 2, 66–79.

Corfee Morlot, Jan 1998: *Ensuring Compliance With a Global Climate Change Agreement.* OECD Information Paper: ENV/EPOC (98)5/REV1. Paris: OECD.

Craig, Paul and Graáinne de Búrca 1998: *EU Law, Text, Cases and Materials.* Oxford: Oxford University Press.

Dessus, Benjamin 1998: Equity, Sustainability and Solidarity Concerns, in: José Goldemberg (ed.): *Issues & Options: The Clean Development Mechanism.* UNDP.

DeSombre, Elizabeth R. and Joanne Kauffman 1996: The Montreal Protocol Multilateral Fund: Partial Success, in: Robert O. Keohane and Marc A. Levy (eds.): *Institutions for Environmental Aid. Pitfalls and Promise.* Cambridge (Massachusetts) and London: MIT Press.

DFAT/ABARE 1995: *Global Climate Change: Economic Dimensions of a Cooperative International Policy Response Beyond 2000.* Canberra: ABARE.

Downes, David R. 1999: Global Forest Policy and Selected International Instruments: a Preliminary Review, in: Richard G. Tarasofsky (ed.): *Assessing the International Forest Regime.*

Gland (Switzerland), Cambridge (UK) and Bonn (Germany): International Union for Conservation of Nature and Natural Ressources (IUCN).
Dudek, Daniel J. 1996: *Emission Budgets: Creating Rewards, Lowering Costs and Ensuring Results.* Springfield (Virginia): Proceedings Climate Change Analysis Workshop (6–7 June).
Dutschke, Michael 1998: *Nord-Süd-Kooperation in der Klimapolitik. Zwischen Umwelt und Entwicklung: Joint Implementation am Beispiel Costa Rica.* Berlin: Öko-Institut.
Dutschke, Michael and Axel Michaelowa 1998a: *Der Handel mit Emissionsrechten für Treibhausgase; Empfehlungen aus ökonomischer Sicht auf der Grundlage des Kyoto-Protokolls* (HWWA-Report 187). Hamburg: HWWA.
Dutschke, Michael and Axel Michaelowa 1998b: *Issues and open questions of Greenhouse Gas Emission Trading under the Kyoto Protocoll* (Executive Summary). Hamburg: HWWA.
Dworkin, Ronald 1972: *Taking Rights Seriously.* London: Duckworth.
Easterbrook, Gregg 1998: Hot and Not Bothered. *The New Republic*, 4 May, 1998, 20-22.
Ehrmann, Markus 1997: Die Globale Umweltfazilität (GEF). *Zeitschrift für ausländisches öffentliches Recht und Völkerrecht/ Heidelberg Journal of International Law*, Vol. 57, No. 2–3, 565–614.
Ehrmann, Markus and Sebastian Oberthür 1997: Spring in Climate Negotiations? Environmental Policy and Law, Vol. 27, No. 3, 192–196.
Ehrmann, Markus 1999: *Erfüllungskontrolle im Umweltvölkerrecht – Verfahren der Erfüllungskontrolle in der umweltvölkerrechtlichen Vertragspraxis.* PhD-thesis to be published late 1999.
EIA 1999: *International Energy Outlook.* Washington, D.C.: Energy Information Administration.
Eizenstat, Stuart 1998a: Stick with Kyoto. A Sound Start on Global Warming. *Foreign Affairs*, Vol. 77, No. 3, 119–121.
Ellerman, Denny and Richard Schmalensee, Paul L. Joskow, Juan Pablo Montero, Elizabeth M. Bailey 1999: Summary evaluation of the US SO_2 Emissions Trading Program as Implemented in 1995, in: Steve Sorell and Jim Skea (eds.) 1999: *Pollution for Sale: Emissions Trading and Joint Implementation.* Northampton (Massachusetts): Edward Elgar, 27–42.
Environmental Defense Fund 1997: *Emissions Budgets. Building an Effective International Greenhouse Gas Control System.* Washington, D.C.: EDF.
European Commission 1996a: *Communication from the Commission under the United Framework Convention on Climate Change* (Articel 4, 2, b, c, d and Articel 12), (COM(96) 217 final), Brussels.
European Commission 1996b: *Communication from the Commission: Strategy Paper for Reducing Methane Emissions* (COM(96) 557 final), Brussels.
European Commission 1996c: *European Energy to 2020.* Directorate General for Energy (DG XVII), Brussels.
European Commission 1996d: *Recommendation for a Decision of the Council* (SEK(96) 2002 final), Brussels.
European Commission 1997a: *Communication from the Commission: An Overall View of Energy Policy and Actions* (COM(97) 167 final), Brussels.
European Commission 1997b: *Communication from the Commission: The Energy Dimension of Climate Change* (COM(97) 196 final), Brussels.
European Commission 1997c: *Communication from the Commission: Climate Change – The EU Approach for Kyoto* (COM(97) 481 final), Brussels.
European Commission 1997d: *Proposal for a Council Decision Concerning a Multiannual Programme for the Promotion of Renewable Energy Sources in the Community* (Altener II) (COM (97) 87 final), Brussels.
European Commission 1997e: *Proposal for a Council Directive Restructuring the Community Framework for the Taxation of Energy Products* (COM(97) 30 final), Brussels.
European Commission 1997f: *Amended Proposal for a Council Directive to Introduce Rational Planning Techniques in the Electricity and Gas Sectors* (COM(97) 69 final), Brussels.

European Commission 1998a: *Communication from the Commission – Energy Efficiency in the European Union – Towards a Strategy for the Rational Use of Energy* (no number), Brussels.
European Commission 1998b: *Climate Change – Towards an EU Post-Kyoto Strategy. Commission Communication to the Council and the European Parliament.* (COM(98)353 final), Brussels.
European Commission 1999: *Preparing for Implementation of the Kyoto Protocol. Commission Communication to the Council and the Parliament* (COM(99)230 final), Brussels.
Fairman, David 1996: The Global Environment Facility: Haunted by the Shadow of the Future, in: Robert O. Keohane and Marc A. Levy (eds): *Institutions for Environmental Aid: Pitfalls and Promises.* Cambridge (Massachusetts): MIT Press, 55–88.
Fan, S., M. Floor, J. Mahlmann, S. Pacala, J. Sarmiento, T. Takashashi and P. Tans 1998: A Large Terrestrial Carbon Sink in North America Implied by Atmospheric and Oceanic Carbon Dioxide Data and Models. *Science*, No. 282, 442–446.
Filho, Gylvan Meira 1998: Ideas for Implementation, in: José Goldemberg (ed.): *Issues & Options: The Clean Development Mechanism.* UNDP.
Fischer 1998: *Fischer Weltalmanach 1999.* Frankfurt am Main: Fischer.
Flavin, Christopher 1998: Last Tango in Buenos Aires. *World•Watch*, November/December 1998, 11–18.
Friends of the Earth International 1998: *Carbon Justice! Developing an Equitable Global Solution to Stabilize Greenhouse Gas Concentrations at a Safe Level in Accordance With the Climate Convention* (Climate Change Briefing October 1998). Amsterdam.
Gallup 1992: *The Health of the Planet Survey. A Preliminary Report on Attitudes on the Environment and Economic Growth Measured by Surveys of Citizens in 22 Nations to Date.* Princeton, New York: The George H. Gallup International Institute.
GEF 1996: *Operational Strategy of the Global Environment Facility.* Washington, D.C.: GEF.
Gehring, Thomas 1990: International Environmental Regimes: Dynamic Sectoral Legal Systems. *Yearbook of International Environmental Law*, Vol. 1, 35–56.
Gehring, Thomas 1994: *Dynamic International Regimes. Institutions for International Environmental Governance.* Frankfurt am Main: Peter Lang.
Gehring, Thomas 1996: Arguing and Bargaining in internationalen Verhandlungen, in: Volker von Prittwitz (ed.): *Verhandeln und Argumentieren. Dialog, Interessen und Macht in der Umweltpolitik.* Opladen: Leske & Budrich, 207–238.
Gelbspan, Ross 1995: The Heat is On. *Harper Magazine*, December 1995, 31–37.
Gelbspan, Ross 1997: *The Heat is On. The High Stakes Battle over Earth's Threatened Climate.* Reading (Massachusetts).
Germany 1997: *Second Communication of the Federal Republic of Germany to the UNFCCC*, Bonn: Federal Ministry for the Environment, Nature Protection and Nuclear Safety.
Gillespie, Alexander 1998a: The Formation of Climate Change Policy in New Zealand 1992–1995: The Conflict Between International and Domestic Responses. *Environmental Politics*, Vol. 7, No. 3, 134–143.
Gillespie, Alexander 1998b: Sinks, Biodiversity & Forests: The Implications of the Kyoto Protocol Upon the Other Primary UNCED Instruments, in: Bradnee W. Chambers (ed.): *Global Climate Governance: Inter-linkages between the Kyoto Protocol and other Multilateral Regimes.* Tokyo: United Nations University, Institute of Advanced Studies, 117–139.
Global Commons Institute 1991: *A 'Comprehensible Approach' to Human Induced Climate Change, Recognizes the Natural Link Between 'Equity and Survival'.* London: GCI.
Goldberg, Donald M. 1998: *Carbon Conservation. Climate Change, Forests and the Clean Development Mechanism.* Washington, D:C.: Center for International Environmental Law (CIEL) and Centro de Derecho Ambiental y de los Recursos Naturales (CEDARENA).
Goldemberg, José (ed.) 1998: *Issues & Options: The Clean Development Mechanism.* UNDP.
Goldemberg, José and Walter Reid 1999: Greenhouse Gas Emissions and Developments: A Review of Lessons Learned, in: José Goldemberg and Walter Reid (eds.): *Promoting Develop-*

参考文献

ment while Limiting Greenhouse Gas Emissions: Trends & Baselines. New York: UNDP, 1-13.

Gore, Albert 1992: *Earth in the Balance: Ecology and the Human Spirit.* New York: Plume Book.

Grant, Cedric 1995: Equity in International Relations: a Third World Perspective. *International Affairs,* Vol. 71, No. 3, 567–587.

Greenpeace International/Stockholm Environment Institute 1997: *Towards a fossil free energy future. The Next Energy Transition.* Boston.

Greenpeace 1997: *Towards the Kyoto Protocol. Update on Key Issues and Country Positions.* Bonn, 22–31 October 1997 (AGBM 8).

Greenpeace 1998: *Greenpeace Analysis of the Kyoto Protocol* (Greenpeace Briefing Paper). Bonn: UNFCCC Sessions of the subsidiary bodies June 2–12, 1998.

Grubb, Michael 1995a: From Rio to Kyoto via Berlin: Climate Change and the Prospects for International Action, in: Michael Grubb and Dean Anderson (eds.): *The Emerging International Regime for Climate Change. Structures and Options after Berlin.* London: The Royal Institute of International Affairs, 79–96.

Grubb, Michael 1995b: Seeking Fair Wheather: Ethics and the International Debate on Climate Change. *International Affairs,* Vol. 71, No. 3, 463–496.

Grubb, Michael 1996: The Rise of Climate Change, in: John V. Mitchell, Peter Beck and Michael Grubb (eds.): *The New Geopolitics of Energy.* London: The Royal Institute of International Affairs.

Grubb, Michael 1998: International Emissions Trading under the Kyoto Protocol: Core Issues in Implementation. *Review Of European Community & International Environmental Law,* Vol. 7, No. 2, 140–146.

Grubb, Michael, Christiaan Vrolijk and Duncan Brack 1999: *The Kyoto Protocol. A Guide and Assessment.* London: The Royal Institute of International Affairs, Earthscan.

Gupta, Joyeeta; Richard van der Wurff and Gerd Junne 1995: *International Policies to Address the Greenhouse Effect.* Amsterdam: University of Amsterdam – Deptartment of International Relations and Public International Law.

Gupta, Joyeeta 1997: *The Climate Change Convention: From Conflict to Consensus?* Dordrecht: Kluwer.

Gupta, Joyeeta 1998: Leadership in the Climate Regime: Inspiring the Commitments of Developing Countries in the Post-Kyoto Phase. *Review of European Community & International Environmental Law,* Vol. 7, No. 2, 180–190.

Gupta, Joyeeta and Michael Grubb (eds.) 1999: *Climate Change and the Leadership Paradigm: Options for the European Union.* Dordrecht: Kluwer (forthcoming).

Haas, Peter M. 1993: Epistemic Communities and the Dynamics of International Environmental Co-operation, in: Volker Rittberger (ed.): *Regime Theory and International Relations.* Oxford: Clarendon Press, 168–201.

Haigh, Nigel 1991: The European Community and International Environmental Policy. *International Environmental Affairs,* Vol. 3, No. 3, 163–180.

Haigh, Nigel 1996: Climate Change Policies and Politics in the European Community. A European Perspective, in: Timothy o'Riordan and Jill Jäger (eds.): *Politics of Climate Change.* London: Routledge, 155–184.

Hamilton, Clive 1997: *Climate Change Policies in Australia. A Briefing to a Meeting of the Ad Hoc Group on the Berlin Mandate* (Bonn (Germany), 5 August 1997). Lyneham ACT: The Australian Institute.

Hamwey, Robert 1998: *Can Attractive Models for Joint Implementation and the Clean Development Mechanism be Developed for Buenos Aires?* Geneva (Switzerland): International Academy of the Environment.

Handler Chayes, Antonia, Abram Chayes and Ronald B. Mitchell 1995: Active Compliance Management in Environmental Treaties; in: Winfried Lang (ed.): *Sustainable Development and International Law.* London/Dordrecht/Boston: Graham & Trotman/Martinus Nijhoff, 75–89.

Hansjürgens, Bernd 1998: Wie erfolgreich ist das neue Schwefeldioxid-Zertifikatesystem in den U.S.A.? – Erste Erfahrungen und Lehren für die Zukunft. *Zeitschrift für Umweltpolitik & Umweltrecht*, Vol. 21, No. 1, 1–32.

Hadley Centre 1998: *Climate Change and its Impacts.* Bracknell: UK Meterological Office.

Harris, Paul G. 1998: *Understanding America's Climate Change Policy: Realpolitik, Pluralism, and Ethic Norms.* OCEES Research Paper No 15. Oxford: Oxford Center for the Environment, Ethics & Society.

Hassing, Paul and Matthew S. Mendis 1998: Sustainable Development and Greenhouse Gas Reduction, in: José Goldemberg (ed.): *Issues & Options: The Clean Development Mechanism.* UNDP.

Heinegg, Wolff Heintschel von 1998: §22 EG im Verhältnis zu internationalen Organisationen und Einrichtungen (zugleich zur Vertragsschlußkompetenz der Gemeinschaft im Bereich des Umweltschutzes), in: Hans-Werner Rengeling (ed.): *Handbuch zum europäischen und deutschen Umwltrecht. Eine systematische Darstellung des europäischen Umweltrechts mit seinen Auswirkungen auf das deutsche Recht und mit rechtspolitischen Perspektiven.* Köln: Carl Heymanns, 648–692.

Hession, Martin and Richard Macory 1994: The Legal Framework of European Community Participation in International Environmental Agreements. *New Europe Law Review*, Vol. 2, No. 1, 61–136.

Hoof, G.J.H. van and K. de Vey Mestdagh 1984: Mechanisms of International Supervision; in: Peter van Dijk (gen.ed.): *Supervisory Mechanisms in International Economic Organisations.* Deventer: Kluwer.

Houghton, John T. 1997: *Global Warming: The Complete Briefing.* Second edition, Cambridge: Cambridge University Press.

Housman, Robert, Donald Goldberg, Brennan Van Dyke and Durwood Zaelke (eds.) 1995: *The Use of Trade Measures in Select Multilateral Environmental Agreements.* UNEP.

Hurrell, Andrew and Benedict Kingsbury 1992: The International Politics of the Environment: An Introduction, in: Andrew Hurrell and Benedict Kingsbury (eds.): *The International Politics of the Environment. Actors, Interests, and Institutions.* Oxford: Oxford University Press, 1–47.

IEA (International Energy Agency) 1996: *World Energy Outlook 1996 Edition.* Paris: IEA/OECD.

IEA (International Energy Agency) 1997: CO_2 *Emissions from Fuel Combustion. A New Basis for Comparing Emissions of a Major Greenhouse Gas.* Paris: IEA/OECD.

IEA (International Energy Agency) 1998: *World Energy Outlook 1998 Edition.* Paris: IEA/OECD.

INFRAS AG/TERI 1997: *Long term carbon emission targets aiming towards convergence.* New Delhi.

IPCC 1990: *Climate Change. The IPCC Scientific Assessment* (ed. by J. T. Houghton, G. J. Jenkins, J. J. Ephraums). Cambridge: Cambridge University Press.

IPCC 1992: *Climate Change 1992. The Supplementary Report to the IPCC Scientific Assessment* (ed. by J. T. Houghton et al.). Cambridge: Cambridge University Press.

IPCC 1994: *Radiative Forcing of Climate Change. The 1994 Report of the Scientific Assessment Working Group of IPCC* (ed. by Bert Bolin, J. T. Houghton, L. Gylvan Meira Filho). WMO/UNEP (without place).

IPCC 1995: *IPCC Second Assessment: Climate Change 1995. A Report of the Intergovernmental Panel on Climate Change.* WMO/UNEP (without place).

IPCC 1996a: *Climate Change 1995. The Science of Climate Change.* Contribution of Working Group I to the Second Assessment Report of the Intergovernmental Panel on Climate Change (edited by J.T. Houghton, L.G. Meira Filho, B.A. Callander, N. Harris, A. Kattenberg, K. Maskell). Cambridge: Cambridge University Press.

IPCC 1996b: *Climate Change 1995. Impacts, Adaptations and Mitigation of Climate Change: Scientific-Technical Analyses.* Contribution of Working Group II to the Second Assessment Report of the Intergovernmental Panel on Climate Change (edited by Robert T. Watson, Marufu C. Zinyowera, Richard H. Moss, David J. Dokken). Cambridge: Cambridge University Press.

IPCC 1996c: *Climate Change 1995. Economic and Social Dimensions of Climate Change.* Contribution of Working Group III to the Second Assessment Report of the Intergovernmental Panel on Climate Change (edited by James P. Bruce, Hoesung Lee, Erik F. Haites). Cambridge: Cambridge University Press.

IPCC 1997: *Stabilization of Atmospheric Greenhouse Gases: Physical, Biological and Socioeconomic Implications* (edited by John T. Houghton, L. Gylvan Meira Filho, David J. Griggs, Kathy Maskell). WMO/UNEP (without place).

IPCC 1998: IPCC/OECD/IEA *Programme on National Greenhouse Gas Inventories: Managing Uncertainty in National Greenhouse Gas Inventories* (Meeting Report). Paris.

IPCC 1999: *Aviation and the Global Atmosphere. A Special Report of IPCC Working Groups II and III* (edited by Joyce E. Penner, David H. Lister, David J. Griggs, David J. Dokken, Mack McFarland). Cambridge: Cambridge University Press.

IPCC/TEAP 1999: *Report of the Joint IPCC/TEAP Meeting on Options for the Limitation of Emissions of HFCs and PFCs* (26–28 May 1999). Petten (The Netherlands).

Jacoby, Henry D., Ronald G. Prinn and Richard Schmalensee 1998: Kyoto's Unfinished Business. *Foreign Affairs*, Vol. 77, No. 4, 54–66.

Jaeger, Jill and H. L. Ferguson (World Meteorological Organisation) 1991: *Climate Change: Science, Impacts and Policy: Proceedings of the Second World Climate Conference.* Cambridge: Cambridge University Press.

Jaeger, Jill and Reinhard Loske 1994: *Options for the Further Development of the Commitments Within the Framework Convention on Climate Change* (Wuppertal Paper No. 22, August 1994). Wuppertal: Wuppertal Institute.

Jancar-Webster, B. (ed.) 1993: *Environmental Action in Eastern Europe*. London: M. E. Sharpe.

Janett, Daniel 1996: Allianzsysteme von Nicht-Regierungsorganisationen in der Klimapolitik. Zwischenbericht aus einer Fallstudie zum Berliner Klimagipfel. *Forschungsjournal Neue Soziale Bewegungen*, Vol. 9, No. 2, 83–89.

Jänicke, Martin and Helmut Weidner (eds.) 1997: *National Environmental Policies. A Comparative Study of Capacity-Building*. Berlin: Springer.

Japan 1997: Japan's Second National Communication under the United Nations Framework Convention on Climate Change. Tokyo: The Government of Japan.

Jefferson, Michael 1996: *Climate Change 1995, The Intergovernmental Panel on Climate Change Second Assessment Report Reviewed.*

Jepma, Catrinus J. (ed.) 1995: *The Feasibility of Joint Implementation*. Dordrecht: Kluwer.

Kamieniecki, Sheldon (ed.) 1993: *Environmental Politics in the International Arena. Movements, Parties, Organizations, and Policy*. Albany: SUNY Press.

Kassler, Peter and Matthew Paterson 1997: *Energy Exporters and Climate Change. Energy and Environmental Programme*. London: The Royal Institute of International Affairs.

Kelly, P. Mick 1990: *The Climate in Crisis: Halting Global Warming*. Climatic Research Unit/School of Environmental Sciences, University of East Anglia/Norwich, prepared for Greenpeace International, Amsterdam.

Kinley, R.J. 1994: The Communication and Review of Information under the United Nations Framework Convention on Climate Change, in: W. Katscher, G. Stein, J. Lanchbery and J. Salt (eds.): *Greenhouse Gas Verification – Why, How and How Much? Proceedings of a workshop*. Konferenzen des Forschungszentrums Jülich, Vol. 14, 141–146.

Kinzig, Ann P. and Daniel M. Kammen 1998: National Trajectories of Carbon Emissions: Analysis of Proposals to Foster the Transition to Low-carbon Eonomies. *Global Environmental Change*, Vol. 8, No. 3, 183–208.

Klaassen, Ger 1999: Emissions trading in the European Union: Practice and Prospects. in: Steve Sorell and Jim Skea (eds.) 1999: *Pollution for Sale: Emissions Trading and Joint Implementation.* Northampton (Massachusetts): Edward Elgar, 83–100.

Koplow, Douglas and Aaron Martin 1998: *Fueling Global Warming. Federal Subsidies to Oil in the United States* (a report for Greenpeace).

Koskenniemi, Martti 1992: Breach of Treaty or Non-Compliance? Reflections on the Enforcement of the Montreal Protocol. *Yearbook of International Environmental Law*, Vol. 3, 122–162.

Krägenow, Timm 1995: *Verhandlungspoker um Klimaschutz. Beobachtungen und Ergebnisse der Vertragsstaatenkonferenz zur Klimarahmenkonvention in Berlin.* Freiburg i.B.: Öko-Institut.

Krämer, Ludwig 1998: *E.C. Treaty and Environment Law.* London: Sweet & Maxwell.

Lanchbery, John and David Victor 1995: The Role of Science in the Global Climate Negotiations, in: Helge Ole Bergesen and Georg Parman (eds.): *Green Globe Yearbook of International Cooperation on Environment and Development.* Oxford: Oxford University Press, 29–39.

Lanchbery, John 1997: What to Expect from Kyoto. *Environment*, Vol. 39, No. 9, 4–11.

Lanchbery, John 1998: Verifying Compliance with the Kyoto Protocol. *Review of European Community & International Environmental Law*, Vol. 7, No. 2, 170–175.

Lashof, Daniel A., Benjamin J. DeAngelo, Scott R. Saleska and John Harte 1997: Terrestrial Ecosystem Feedbacks to Global Climate Change. *Annual Review of Energy and Environment*, Vol. 22 (1997), 75–118.

Levy, Marc A. et al. 1995: The Study of International Regimes. *European Journal of International Relations*, Vol. 1, 267–330.

Liberatore, Angela 1995: Arguments, Assumptions and the Choice of Policy Instruments. The Case of the Debate on the CO_2/Energy Tax in the European Community", in: Bruno Dente (ed.): *Environmental Policy in Search of New Instruments.* Dordrecht-Boston-London: Kluwer, 55–71.

Loske, Reinhard and Sebastian Oberthür 1994: Joint Implementation under the Climate Change Convention. *International Environmental Affairs*, Vol. 6, No. 1, 45–58.

Loske, Reinhard 1996: *Klimapolitik. Im Spannungsfeld von Kurzzeitinteressen und Langzeiterfordernissen.* Marburg: Metropolis.

Loske, Reinhard and Hermann E. Ott 1998: Reflections on Kyoto – "Success or Failure"? *Oxford Energy Forum*, No. 33 (May 1998), 6–8.

Luhmann, Hans-Jochen, Hermann E. Ott, Christiane Beuermann, Manfred Fischdick, Peter Hennicke and Liesbeth Bakker 1997: *Simulation von Joint Implementation innerhalb der Klimarahmenkonvention anhand ausgewählter Projekte.* Berlin: Erich Schmidt.

Macrory, Richard and Martin Hession 1996: The European Community and Climate Change: The Role of Law and Legal Competence, in: Tim o'Riordan and Jill Jäger (eds.): *Politics of Climate Change. A European Perspective.* London/New York: Routledge, 106–154.

Michaelis, Laurie 1997a: *Policies and Measures for Common Action – Special Issues in Carbon/Energy Taxation: Marine Bunker Fuel Charges.* Working Paper No. 11 of the Annex I Expert Group on the UN FCCC. Paris: OECD/IEA.

Michaelis, Laurie 1997b: *Policies and Measures for Common Action – Special Issues in Carbon/Energy Taxation: Carbon Charges on Aviation Fuels.* Working Paper No. 12 of the Annex I Expert Group on the UN FCCC. Paris: OECD/IEA.

Michaelowa, Axel 1998: Impact of Interest Groups on EU Climate Policy. *European Environment*, Vol. 8, 152–160.

Michaelowa, Axel and Michael Dutschke 1999: Economic and Political Aspects of Baselines in the CDM Context, in: José Goldemberg and Walter Reid (eds.): *Promoting Development while Limiting Greenhouse Gas Emissions: Trends & Baselines.* New York: UNDP, 115–133.

Mintzer, Irving M. and Amber J. Leonhard 1994: *Negotiating Climate Change: The Inside Story of the Rio Convention*. Cambridge: Cambridge University Press.

Missfeldt, Fanny 1998: Flexibility Mechanisms: Which Path to Take after Kyoto? *Review of European Community & International Environmental Law*, Vol. 7, No. 2, 128–139.

Moltke, Konrad von 1993: U.S. Foreign Environmental Policy: A New Era in Transatlantic Relations?, in: Reinhard Loske (ed.), *The Future of Environmental Policy in Transatlantic Relations*. Conference Report, Wuppertal: Wuppertal Institute for Climate, Environment & Energy 1997, 26–43.

Moltke, Konrad von and Atiq Rahman 1996: External Perspectives on Climate Change: A View from the United States and the Third World, in: Timothy o'Riordan and Jill Jäger (eds.): *Politics of Climate Change – A European Perspective*. London/New York: Routledge, 330–345.

Moltke, Konrad von 1997: Institutional Interactions: The Structure of Regimes for Trade and the Environment, in: Oran R. Young (ed.): *Global Governance. Drawing Insights from the Environmental Experience*. Cambridge (Massachusetts) and London: MIT Press, 247–272.

Moor, André de and Peter Calami 1997: *Subsidizing Unsustainable Development. Undermining the Earth with Public Funds* (commissioned by the Earth Council).

Müller, Benito 1998: *Justice in Global Warming Negotiations. How to Obtain a Procedurally Fair Compromise*. Oxford: Oxford Institute for Energy Studies.

Müller-Kraenner, Sascha 1998: Zur Umsetzung und Weiterentwicklung des Kioto-Protokolles. *Zeitschrift für Umweltrecht*, Vol. 9, No. 3, 113–115.

Müller-Rommel, Ferdinand 1993: *Grüne Parteien in Westeuropa – Entwicklungsphasen und Erfolgsbedingungen*. Opladen: Westdeutscher Verlag.

Mullins, Fiona 1997: *Lessons from Existing Systems for International Greenhouse Gas Emissions Trading*. Paris: OECD.

Mullins, Fiona and Richard Baron 1997: *International GHG Emission Trading. "Policies and Measures for Common Action"* (Working Paper 9). Paris: OECD.

Multilateral Fund 1998: *Policies, Procedures, Guidelines and Criteria* (as at March 1998). Multilateral Funds for the Implementation of the Montreal Protocol.

Munich Re 1998: *Topics 1998*. Munich.

NATO/CCMS 1999: *Environment & Security in an International Context. Final Report March 1999* (edited by Kurt M. Lietzmann and Gary D. Vest). Berlin.

Nordic Council 1997: *Criteria and Perspectives for Joint Implementation. Ten Nordic Projects in Eastern Europe*. Copenhagen: Nordic Council of Ministers.

Oberthür, Sebastian 1993: *Politik im Treibhaus. Die Entstehung des internationalen Klimaschutzregimes*. Berlin: Edition Sigma.

Oberthür, Sebastian and Hermann Ott 1995: UN/Convention on Climate Change: The First Conference of the Parties. *Environmental Policy and Law*, Vol. 25, No. 4/5, 144–156.

Oberthür, Sebastian 1996a: Sign of Progress. *Environmental Policy and Law*, Vol. 26, No. 4, 158–160.

Oberthür, Sebastian 1996b: The Second Conference of the Parties. *Environmental Policy and Law*, Vol. 26, No. 5, 195–201.

Oberthür, Sebastian 1997 *Umweltschutz durch internationale Regime. Interessen, Verhandlungsprozesse, Wirkungen*. Opladen: Leske & Budrich.

Oberthür, Sebastian and Stefanie Bär 1998: *Untersuchung zur Umsetzung eines Protokolls zur Klimarahmenkonvention: Auswirkungen von Aktivitäten und Regelungen der EU auf die Emission klimawirksamer Gase*, Berlin: Ecologic.

Oberthür, Sebastian 1999a:The EU as an International Actor: The Case of the Protection of the Ozone Layer. *Journal of Common Market Studies* (forthcoming).

Oberthür, Sebastian 1999b: *Linkages between the Montreal and the Kyoto Protocols*. Paper prepared for the International Conference on Synergies and Coordination between Multilateral Environmental Agreements, Tokyo, 14–16 July 1999.

Oberthür, Sebastian 1999c: The EU in International Environmental Regimes and the Energy Charter Treaty. The Existing Experience, in: Joyeeta Gupta and Michael Grubb (eds.): *Climate Change and the Leadership Paradigm: Options for the European Union.* Dordrecht: Kluwer (forthcoming).
OECD 1992: *Climate Change: Designing a Tradeable Permit System.* Paris: OECD.
OECD 1993a: *Indicators for the Integration of Environmental Concerns into Energy Policies.* Environmental Monographs No. 79. Paris: OECD.
OECD 1993b: *Indicators for the Integration of Environmental Concerns into Transport Policies.* Environmental Monographs No. 80. Paris: OECD.
OECD 1995: *Subsidies and the Environment – Exploring the Linkages.* Paris: OECD.
OECD 1997: *Economic Globalisation and the Environment.* Paris: OECD.
OECD 1999: *Experience with Emission Baselines under the AIJ Pilot Phase.* OECD Information Paper. Paris: OECD.
O'Riordan, Timothy and Jill Jäger 1996: *Politics of Climate Change – A European Perpective.* London/ New York: Routledge.
Ott, Hermann E. 1991: The New Montreal Protocol: A Small Step for the Protection of the Ozone Layer, a Big Step for International Law and Relations. *Verfassung und Recht in Übersee/Law and Politics in Africa, Asia and Latin America,* No. 24 (1991), 188–208.
Ott, Hermann E. 1994: Tenth Session of the INC/FCCC: Results and Options for the First Conference of the Parties. *Environmental Law Network International Newsletter,* No. 2/1994, 3–7.
Ott, Hermann 1996a: Völkerrechtliche Aspekte der Klimarahmenkonvention, in: Hans Günter Brauch (ed.): *Klimapolitik – naturwissenschaftliche Grundlagen, internationale Regimebildung und Konflikte, ökonomische Analysen sowie nationale Problemerkennung und Politikumsetzung.* Berlin/Heidelberg: Springer, 61–74.
Ott, Hermann E. 1996b: Elements of a Supervisory Procedure for the Climate Regime. *Zeitschrift für ausländisches öffentliches Recht und Völkerrecht/Heidelberg Journal of International Law,* No. 56 (1996), 732–749.
Ott, Hermann 1997: Outline of EU Climate Policy in the FCCC – Explaining the "EU-bubble"; in: Japan Center of International and Comparative Environmental Law, UNFCCC Protocol Working Group 1997: *Climate Change and the Future of Mankind. Pre-COP3 International Symposium on Legal Strategies to Prevent Climate Change,* 13–14 September 1997, 1–7.
Ott, Hermann E. 1998a: *Umweltregime im Völkerrecht. Eine Untersuchung über neue Formen internationaler institutionalisierter Kooperation am Beispiel der Verträge zum Schutz der Ozonschicht und zur Kontrolle grenzüberschreitender Abfallverringerung.* Baden-Baden: Nomos.
Ott, Hermann E. 1998b: Operationalizing 'Joint Implementation'. Organizational and Institutional Aspects of a New Instrument in International Climate Policy. *Global Environmental Change,* Vol. 8, No. 1, 11–41.
Ott, Hermann E. 1998c: The Kyoto Protocol. Unfinished Business. *Environment,* Vol. 40, No. 6, 16–20, 41–45.
Ozone Secretariat 1996: *Handbook for the International Treaties for the Protection of the Ozone Layer, Fourth Edition (1996).* Nairobi: Ozone Secretariat/UNEP.
Ozone Secretariat 1998: *1997 Update of the Handbook for the International Treaties for the Protection of the Ozone Layer.* Nairobi: Ozone Secretariat/UNEP.
Palmer, Geoffrey 1992: New Ways to Make International Environmental Law. *American Journal of International Law,* No. 86 (1992), 259–283.
Panayotou, Theodore 1998: Six Questions of Design and Governance, in: José Goldemberg (ed.): *Issues & Options: The Clean Development Mechanism.* UNDP.
Parson, Edward A. 1993: Protecting the Ozone Layer, in: Peter M. Haas; Robert O. Keohane and Marc A. Levy (eds.): *Institutions for the Earth. Sources of Effective International Environmental Protection.* Cambridge (Massachusetts): MIT Press, 27–73.

Parson, Edward and Owen Greene 1995: The Complex Chemistry of the International Ozone Agreements. *Environment*. Vol. 37, No. 2, 17–20, 35–43.
Parson, Edward A. and Karen Fisher-Vanden 1997: *Joint Implementation and its alternatives: choosing systems to distribute global emissions abatement and finance*. Cambridge (Massachusetts): Center for Science and International Affairs.
Pearce, Fred 1998: Growing Pains. *The New Scientist*, 24 October 1998, 20–21.
Petschel-Held, G. and H.J. Schnellnhuber 1998: The Tolerable Windows Approach to Climate Control: Optimization, Risks and Perspectives, in: F.L.Toth (ed.): *Cost-Benefit Analyses of Climate Change. The broader Perspectives*. Basel: Birkhäuser.
Pinto, Frank, S.M. Si-Ahmed and Steve Gorman 1999: *Options for Reduction of Emissions of HFCs in Developing Countries*. Paper presented at the Joint IPCC/TEAP Expert Meeting on Options for the Limitation of Emissions HCFs and PFCs, The Netherlands, 26–28 May 1999.
Princen, Thomas and Finger, Matthias (eds.) 1994: *Environmental NGOs in World Politics. Linking the Local and the Global*. London: Routledge.
Prittwitz, Volker von 1984: *Umweltaußenpolitik. Grenzüberschreitende Luftverschmutzung in Europa*. Frankfurt a.M.: Campus.
Prittwitz, Volker von 1990: *Das Katastrophenparadox. Elemente einer Theorie der Umweltpolitik*. Opladen: Leske & Budrich.
Rahmstorf, Stefan 1997: Risk of sea-change in the Atlantic. *Nature*, Vol. 388, 28 August 1997, 825–826.
Ramakrishna, Kilaparti 1994: *The Financial Mechanism of the Framework Convention on Climate Change: Operational Issues*. Woods Hole (Massachusetts): Woods Hole Research Center.
Raufer, Roger K. 1996: Market-Based Pollution Control Regulation: Implementing Economic Theory in the Real World. *Environmental Policy & Law*, Vol. 26, No. 4, 177–184.
Rayner, Steve 1991: The Greenhouse Effect in the US: the Legacy of Energy Abundance, in: Michael Grubb (ed.): *Energy Policies and the Greenhouse Effect*. London.
Reid, Walter V. and José Goldemberg 1997: Are Developing Countries Already Doing as Much as Industrialized Countries to Slow Climate Change? *Climate Notes*, July 1997. Washington, D.C.: World Resources Institute.
Reid, Walter V. and José Goldemberg 1998: Developing Countries are Combating Climate Change. *Energy Policy*, Vol. 26, No. 3, 233–237.
Richardson, Dick and Chris Roots 1995: *The Development of Green Parties in Europe*. London and New York: Routledge.
Ringius, Lasse, Asbjørn Torvanger and Bjart Holtsmark 1998: *Can Multi-criteria Rules Fairly Distribute Climate Burdens? OECD Results from Three Burden Sharing Rules*. Oslo: CICERO.
Roland, Kjell and Torleif Haugland 1995: Joint Implementation - Difficult to Implement? in: Catrinus C. Jepma (ed.): *The Feasibility of Joint Implementation*. Dordrecht, Boston, London: Kluwer.
Rose, A., B. Stevens, J. Edmonds and M. Wise 1998: *International Equity and Differentiation in Global Warming Policy, Environmental and Resource Economics*. 12, 25–51.
Roson, R. and F. Bosello 1999: *Distributional Consequences of Alternative Emissions Trading Schemes*. Paper submitted for the EFIEA Workshop "Integrating climate policies in the European environment: costs and opportunities", Milan, 4–6 March.
Rowbotham, Elizabeth J. 1996: Legal Obligations and Uncertainties in the Climate Change Science and Politics, in: Timothy o'Riordan and Jill Jäger (eds.): *Politics of Climate Change: A European Perspective*. London/New York: Routledge, 32–50.
Rowlands, Ian H. 1995: *The Politics of Global Atmospheric Change*. Manchester/New York: Manchester University Press.
Salt, Julian E. 1998: Kyoto and the Insurance Industry: An Insider's Perspective. *Environmental Politics*, Vol. 7, No. 2, 160–165.

Sampson, Gary 1998: WTO Rules and Climate Change: The Need for Policy Coherence, in: Bradnee W. Chambers (ed.): *Global Climate Governance: Inter-linkages between the Kyoto Protocol and other Multilateral Regimes*. Tokyo: United Nations University, Institute of Advanced Studies, 29–38.

Sand, Peter H. 1990: *Lessons Learned in Global Environmental Governance*. Washington, D.C.: World Resources Institute.

Sand, Peter H. 1997: Das Washingtoner Artenschutzabkommen (CITES) von 1973, in: Thomas Gehring and Sebastian Oberthür (eds.): *Internationale Umweltregime: Umweltschutz durch Verhandlungen und Verträge*. Opladen: Leske & Budrich, 165-184.

Sands, Phillippe 1992: The United Nations Framework Convention on Climate Change. *Review of European Community & International Law*, No. 1 (1992), 270–277.

Sands, Phillippe 1994: *Greening International Law*. New York: The New Press.

Schärer, Bernd 1999: Tradable Emission Permits in German Clean Air Policy: Considerations on the Efficiency of Environmental Policy Instruments, in: Steve Sorell and Jim Skea (eds.) 1999: *Pollution for Sale: Emissions Trading and Joint Implementation*. Northampton (Massachusetts): Edward Elgar, 141–153.

Schellnhuber, Hans-Joachim and Ursula Fuentes 1997: Globaler Klimaschutz: Ziele, Hemmnisse und Chancen für ein Steuerungsproblem vom Multiakteur-Langfrist-Typus. *Zeitschrift für Angewandte Umweltforschung*, Vol. 10, No. 4, 441–447.

Schlamadinger, Bernhard and Gregg Marland 1998: *Some Technical Issues Regarding Land-use Change and Forestry in the Kyoto Protocol*. Oak Ridge (USA): Oak Ridge National Laboratory, Environmental Sciences Division.

Schneider, Stephen S. 1998: Kyoto Protocol: The Unfinished Agenda. *Climatic Change*, No. 39 (1998), 1–21.

Schmidt, Hilmar and Ingo Take 1997: *More Democratic and Better? The Contribution of NGOs to the Democratization of International Politics and the Solution of Global Problems* (Working Paper No. 7, World Society Research Group). Darmstadt: Technical University/Darmstadt and Johann Wolfgang Goethe University/Frankfurt.

Schreurs, Miranda A. 1996: *Domestic Institutions, International Agendas, and Global Environmental Protection in Japan and Germany*. Dissertation, Department of Political Science/University of Michigan.

Schreurs, Miranda 1997: A Political System's Capacity for Global Environmental Leadership: A Case Study of Japan, in: Lutz Mez und Helmut Weidner (eds.): *Umweltpolitik und Staatsversagen. Perspektiven und Grenzen der Umweltpolitikanalyse* (Festschrift für Martin Jänicke zum 60. Geburtstag). Berlin: Sigma, 323–331.

Simeonova, Katia and Fanny Mißfeldt 1997: *Emission Trends in Economies in Transition* (EEP Climate Change Briefing). London: The Royal Institute of International Affairs.

Simonis, Udo Ernst 1998: Das Kioto-Protokoll und seine Bewertung. *Spektrum der Wissenschaft*, March 1998, 96–103.

Sjöstedt 1998: The EU Negotiates Climate Change. External Performance and Internal Structural Change. *Cooperation and Conflict*, Vol. 33, No. 3, 227–256.

Smeloff, Edward A. 1998: Global Warming: The Kyoto Protocol and Beyond. *Environmental Policy and Law*, Vol. 28, No. 2, 63–68.

Sohn, Louis B. 1983: The Future of Dispute Settlement; in: R.St.J. MacDonald and D.M. Johnston (eds.): *The Structure and Process of International Law. Essays in Legal Philosophy, Doctrine and Theory*. The Hague: Martinus Nijhoff, 1121–1146.

Solomon, Barry D. 1995: Global CO_2 Emissions Trading: Early Lessons from the U.S. Acid Rain Program. *Climatic Change*, No. 30 (1995), 75–96.

Sorell, Steve and Jim Skea (eds.) 1999: *Pollution for Sale: Emissions Trading and Joint Implementation*. Northampton (Massachusetts): Edward Elgar.

Sprinz, Detlef and Urs Luterbacher 1996: *International Relations and Global Climate Change*. PIK Report No. 21. Potsdam: Potsdam Institute for Climate Impact Research.

Steward, Richard B., Jonathan B. Wiener and Philippe Sands 1996: *Legal Issues Presented by a Pilot International Greenhouse Gas Trading System.* Genf: UNCTAD, United Nations.

Sydnes, Anne Kristin 1996: Norwegian Climate Policy: Environmental Idealism and Economic Realism, in: Timothy o'Riordan and Jill Jäger (eds.): *Politics of climate change.* London/New York: Routledge, 268–297.

Széll, Patrick 1995: The Development of Multilateral Mechanisms for Monitoring Compliance, in: Winfried Lang (ed.): *Sustainable Development and International Law.* London/Amsterdam: Graham & Trotman/Martinus Nijhoff, 97–109.

Taalab, Azza 1998: *Rising Voices Against Global Warming.* Frankfurt a.M.: IZE.

Take, Ingo 1997: *NGOs: Protagonists of World Society? Strategies and Levels of NGO Influence on International Relations.* Working Paper No. 8. World Society Research Group. Darmstadt: Technical University Darmstadt/Johann Wolfgang Goethe University Frankfurt.

Tarasofsky, Richard G. 1998: Ensuring Compatibility between Multilateral Environmental Agreements and GATT/WTO. *Yearbook of International Environmental Law*, Vol. 7, 52–74.

Tarasofsky, Richard G. (ed.) 1999: *Assessing the International Forest Regime.* Gland (Switzerland), Cambridge (UK) and Bonn (Germany): International Union for Conservation of Nature and Natural Ressources (IUCN).

Taylor, Bron et al. 1993: Grass-Roots Resistance: The Emergence of Popular Environmental Movements in Less Affluent Countries, in: Sheldon Kamieniecki (ed.), *Environmental Politics in the International Arena: Movements, Parties, Organizations, and Policy.* Albany: SUNY Press, 69–90.

The Corner House 1997: *Climate and Equity After Kyoto.* London.

Tietenberg, Tom, Michael Grubb, Axel Michaelowa, Byron Shift and Zhong Xian Zhang 1998: *International Rules for Greenhouse Gas Emissions Trading.* Geneva: UNCTAD.

UNCTAD 1994: *Combating Global Warming. Possible Rules, Regulations and Administrative Arrangements for a Global Market in CO_2 Emission Entitlements.* Geneva: UNCTAD, United Nations.

UNEP/SEI 1996: *Regulations to Control Ozone-Depleting Substances: A Guidebook.* UNEP and Stockholm Environment Institute.

UNEP 1997: *Statement of Environmental Commitment by the Insurance Industry.*

UNEP 1998: *Scientific Assessment of Ozone Depletion: 1998.* World Meteorological Organization Global Ozone Research and Monitoring Project – Report No. 44: NOAA/NASA/UNEP/WMO/European Commission.

UNEP 1999: *Handbook on Data Reporting under the Montreal Protocol.* UNEP/ Multilateral Fund for the Implementation of the Montreal Protocol.

UN 1996: *Indicators of Sustainable Development. Framework and Methodologies.* New York: United Nations.

UNU 1998: *Global Climate Governance: A Report on the Inter-linkage between the Kyoto Protocol and other Multilateral Regimes.* Tokyo: The United Nations University (UNU) and Global Environment Information Centre.

U.S. Department Of Energy 1996: *Policies and Measures For Reducing Energy Related Greenhouse Gas Emissions. Lessons From Recent Literature.* Washington, D.C.

U.S. Department of State 1997: *Environmental Diplomacy. The Environment and U.S. Foreign Policy.* Washington, D.C.

Vari, A. and P. Tamas (eds.) 1993: *Environment and Democratic Transition: Policy and Politics in Central and Eastern Europe.* Boston: Kluwer.

Victor, David G. and Julian E. Salt 1994a: Keeping the Climate Treaty Relevant. *Nature*, Vol. 373, 280–282.

Victor, David G. and Julian E. Salt 1994b: From Rio to Berlin: Managing Climate Change. *Environment*, Vol. 36, No. 10, 6–15; 25–32.

Victor, David G. 1995: *Design Options for Article 13 of the Framework Convention on Climate Change: Lessons from the GATT Dispute Panel System.* Laxenburg (Austria): International Institute for Applied Systems Analysis.

Victor, David G. 1998: The Operation and Effectiveness of the Montreal Protocol's Non-Compliance Procedure, in: David G. Victor, Kal Raustiala and Eugene B. Skolnikoff (eds.): *The Implementation and Effectiveness of International Environmental Commitments: Theory and Practice.* Cambridge (Massachusetts): MIT Press, 137–176.

Victor, David G., Kal Raustiala and Eugene B. Skolnikoff (eds.) 1998: *The Implementation and Effectiveness of International Environmental Commitments: Theory and Practice.* Cambridge (Massachusetts): MIT Press.

Vine, Edward and Jayant Sathaye 1999: *Guidelines for the Monitoring, Evaluation, Reporting, Verification, and Certification of Energy-Efficiency Projects for Climate Change Mitigation.* Berkeley: Energy Analysis Department.

Vogel, David 1986: *National Styles of Regulation. Environmental Policy in Great Britain and the United States.* Ithaca and London: Cornell University Press.

Wang, Xueman 1998: Towards a System of Compliance: Designing a Mechanism for the Climate Change Convention. *Review of European Community & International Environmental Law,* Vol. 7, No. 2, 176–179.

Wapner, Paul 1996: *Environmental Activism and World Civic Politics.* Albany: SUNY Press.

Wapner, Paul 1997: Governance in Global Civil Society, in: Oran R. Young (ed.): *Global Governance. Drawing Insights from the Environmental Experience.* Cambridge (Massachusetts) and London : MIT Press, 65–84.

WBGU (German Advisory Council on Global Change) 1997: *Targets for Climate Protection, 1997. A Study for the Third Conference of the Parties to the Framework Convention on Climate Change in Kyoto* (September 1997). Bremerhaven: WBGU.

WBGU (German Advisory Council on Global Change) 1998: *Die Anrechnung biologischer Quellen und Senken im Kyoto-Protokoll: Fortschritt oder Rückschlag für den Umweltschutz?* (Sondergutachten 1998).

Weizsäcker, Ernst Ulrich von, Amory B. Lovins and L. Hunter Lovins 1997: *Factor Four. Doubling Wealth - Halving Resource Use.* London: Earthscan.

Weizsäcker, Ernst Ulrich von and Hermann E. Ott 1998a: Tax Bads, not Goods. *Our Planet,* Vol. 9, No. 6, 17–18.

Weizsäcker, Ernst Ulrich von and Hermann E. Ott 1998b: Das Klimaschutz-Protokoll: Auch ein Erfolg der Zivilgesellschaft *(The Kyoto Protocol: A success of civil society).* Contribution to the second Environment Report 1998 of Asea Brown Boveri (ABB).

Werksman, Jacob and Farhana Yamin 1995: Carrying forward the Berlin Mandate: Protocol Negotiations and Implementing Activities Jointly, in: K. Ramakrishna, A. Deutz and L. Jacobsen (eds.): *The Ad Hoc Process to Strengthen the Framework Convention on Climate Change.* Woods Hole (Massachusetts): The Woods Hole Research Center.

Werksman, Jacob 1996: Compliance and Transition: Russia's Non-Compliance Tests the Ozone Regime. *Zeitschrift für ausländisches öffentliches Recht und Völkerrecht (Heidelberg Journal of International Law),* No. 56 (1996), 750–773.

Werksman, Jakob 1998a: The Clean Development Mechanism: Unwrapping the 'Kyoto Surprise'. *Review of European Community & International Environmental Law,* Vol. 7, No. 2, 147–158.

Werksman, Jacob 1998b: *Responding to Non-Compliance under the Climate Change Regime.* OECD Information Paper October 1998. Paris: OECD.

Werksman, Jake and Claudia Santoro 1998: Investing in Sustainable Development: the Potential Interaction Between the Kyoto Protocol and a Multilateral Agreement on Investment, in: Bradnee W. Chambers (ed.): *Global Climate Governance: Inter-linkages between the Kyoto Protocol and other Multilateral Regimes.* Tokyo: United Nations University, Institute of Advanced Studies, 59–76.

World Bank 1999: *World Development Report 1998/99. Knowledge for Development.* Oxford: Oxford University Press.

World Energy Council (WEC) 1996: *Climate Change 1995 – The Intergovernmental Panel on Climate Change. Second Assessment Report Reviewed.* London: WEC.

WRI (World Resources Institute) 1996: *World Resources 1996–97*. Oxford: Oxford University Press.
WWF 1996: *Policies and Measures to Reduce CO_2 Emissions by Efficiency and Renewables. A Preliminary Survey for the Period to 2005* (edited by Kornelis Blok, Detlef van Vuuren, Ad van Wijk and Lars Hein). Utrecht (The Netherlands): Department of Science, Technology and Society, Utrecht University.
WWF 1997a: *Policies and Measures to Reduce CO_2 Emissions in the United States. An Analysis of Options for 2005 and 2010* (edited by Stephen Bernow, Wiliam Dougherty, Max Duckworth, Sivan Kartha, Michael Lazarus and Michael Ruth). Boston/Massachusetts: Tellus Institute and Stockholm Environment Institute.
WWF 1997b: *Key Technology Policies to Reduce CO_2 Emissions in Japan. An Indicative Survey for 2005 and 2010* (edited by Haruki Tsuchiya, Yuzuru Matsuoka, Ad J.M. van Wijk and G.J.M. Phylipsen).Tokyo: WWF.
WWF 1998: *A Review of the Stage of Implementation of European Union Policies and Measures for CO_2 Emission Reduction* (edited by Dian Phylipsen, Kornelis Blok and Chris Hendriks). Utrecht (Netherlands): WWF.
WWF 1999: *Integrating Climate Change and Forest Conservation Policies. The WWF Perspective*.
Yamin, Farhana 1995: Additional Commitments and Joint Implementation: the Post-Berlin Landscape, in: Michael Grubb and Dean Anderson (eds.): *The Emerging International Regime for Climate Change*. London: The Royal Institute of International Affairs, 59–66.
Yamin, Farhana 1997: *NGO Participation in the Convention on Biological Diversity: Insights and Recommendations for the UNFCCC Process*. London: Field Working Paper, 24 July 1997.
Yamin, Farhana 1998a: The Kyoto Protocol: Origins, Assessment and Future Challenges. *Review of European Community & International Environmental Law*, Vol. 7, No. 2, 113–127.
Yamin, Farhana 1998b: Unanswered Questions, in: José Goldemberg (ed.): *Issues & Options: The Clean Development Mechanism*. UNDP.
Young, Oran R. 1989: The Politics of International Regime Formation: Managing Natural Resources and the Environment. *International Organization*, Vol. 43, No. 3, 349–375.
Young, Oran R. 1991: Political Leadership and Regime Formation: On the Development of Institutions in International Society. *International Organization*, Vol. 45, No. 3, 281–308.
Young, Oran R. 1994: *International Governance. Protecting the Environment in a Stateless Society*. Ithaca: Cornell University Press.
Young, Oran R. 1996: Institutional Linkages in International Society: Polar Perspectives. *Global Governance*, Vol. 2, No. 1, 1–24.
Young, Oran R. 1999: *Institutional Dimensions of Global Environmental Change:Science Plan* (IHDP Report No. 9). Bonn: International Human Dimensions Programme on Global Environmental Change (IHDP).
Ziesing, Hans Joachim et al. 1998: *Ursachen der CO2-Entwicklung in Deutschland in den Jahren 1990 bis 1995*. Berlin: Umweltbundesamt.

監訳者略歴

岩間　徹（いわま　とおる）

1945年生まれ．1969年国際基督教大学教養学部卒業，1980年一橋大学大学院法学研究科博士課程修了．一橋大学法学部助手，福岡大学法学部教授を経て，1994年西南学院大学法学部教授，現在に至る．
専攻分野：国際法，環境法

礒崎博司（いそざき　ひろじ）

1950年生まれ．1973年東京都立大学法学部卒業，1975年東京都立大学大学院社会科学研究科博士課程中退．東京都立大学法学部助手，岩手大学人文社会科学部助教授を経て，1999年岩手大学人文社会科学部教授，現在に至る．
専攻分野：国際法，環境法

国際比較環境法センター　紹介

1991年3月，地球環境問題に関する情報を収集するとともに，研究者，企業実務家等の共同研究・意見交換を通じ，日本の環境問題を主として法制度面から調査・研究することを目的として設立された．講演会・シンポジウム等の開催，実業界と学界・官界との意見交換や政策立案のための調査・研究等を行っている．

　　問合せ先：　〒104-0032　東京都中央区八丁堀2-27-10
　　　　　　　　社団法人　商事法務研究会内
　　　　　　　　国際比較環境法センター事務局
　　　　　　　　Tel: (03)3552-4947/ Fax: (03)3555-1300

地球環境戦略研究機関（IGES）紹介

1998年3月，持続可能な開発の実現に向けた革新的な政策手法の開発や環境対策の戦略づくりのための政策的・実践的研究（戦略研究）を行うことを目的として設立された財団法人．2001年4月から気候政策，森林保全等について第2期戦略研究を実施している．

　問合せ先：　〒240-0198　神奈川県三浦郡葉山町上山口1560-39
　　　　　　　湘南国際村センター内
　　　　　　　財団法人　地球環境戦略研究機関事務局
　　　　　　　Tel: (0468)55-3700/ Fax: (0468)55-3709
　　　　　　　URL: http://www.iges.or.jp

著者

S. オーバーテュアー（Sebastian Oberthür）
ベルリンにあるEcologic, Centre for International and European Environment Researchの特別研究員．国際環境および気候政策問題について，とりわけ国際環境協定と制度の研究を進めている．

H.E. オット（Hermann E. Ott）
ミュンヘン，ロンドン，ベルリンで弁護士，政治学者として活動後，Wuppertal Institute for Climate, Environment and Energyの気候政策部長として，気候変動や環境保護における法的，政治的，経済的状況の研究に取り組む．

京都議定書 ── 21世紀の国際気候政策　　　　定価（本体3,800円＋税）

発　行	2001年7月 3日初版初刷 2001年8月13日初版2刷 2001年8月23日初版3刷
著　者	S. オーバーテュアー／H.E. オット
翻　訳	国際比較環境法センター／（財）地球環境戦略研究機関
監　訳	岩間　徹／磯崎博司
発行者	平野　皓正
発行所	シュプリンガー・フェアラーク東京株式会社 〒113-0033 東京都文京区本郷3丁目3番13号 TEL (03) 3812-0757（営業直通）
印刷所	平河工業社

＜検印省略＞許可なしに転載，複製することを禁じます．
落丁，乱丁はお取り替えします．

ISBN 4-431-70910-X　C3030　　http://www.springer-tokyo.co.jp
©Springer-Verlag Tokyo 2001
Printed in Japan